ISBN 978-0-282-43285-0
PIBN 10520942

1 MONTH OF
FREE
READING

at
www.ForgottenBooks.com

By purchasing this book you are eligible for one month membership to ForgottenBooks.com, giving you unlimited access to our entire collection of over 700,000 titles via our web site and mobile apps.

To claim your free month visit:
www.forgottenbooks.com/free520942

WIENER ENTOMOLOGISCHE ZEITUNG.

GEGRÜNDET VON

L GANGLBAUER, DR. F. LÖW, J. MIK, E. REITTER, F. WACHTL.

———•———

HERAUSGEGEBEN UND REDIGIERT VON

ALFRED HETSCHKO,   UND   EDMUND REITTER,
K. K. PROFESSOR IN TESCHEN,   KAISERL. RAT IN PASKAU,
SCHLESIEN.   MÄHREN.

XXVI. JAHRGANG.

MIT EINER TAFEL UND 5 FIGUREN IM TEXTE.

WIEN, 1907.
VERLAG VON EDM. REITTER
PASKAU (MÄHREN).

204

Inhalts-Übersicht.

Namen-Register.

Die in diesem Jahrgange publizierten »Nova« sind durch fette Schrift kenntlich gemacht. Die Zahlen bezeichnen die Seiten.

Thysanura.

Corynephoria Absol. 338, 342, **Jakobsoni Absol.** 338, 339, 341, Cyphoderus 337, agnotus 337, albinos 337, arcuatus 337, assimilis 337, bidenticulatus 337, Heymonsi 337, javanus 337, sudanensis 337, termitum 337.
Isotoma decemoculata 342, elongata 342, producta 342; Isotomodes 343, diophthalmus 342.
Machilis alternata 222; Megalothorax 338, minimus 342.
Schäfferia emucronata 342; Sminthurinus pygmaeus 342, binoculatus 342.
Tritomurus 338; **Troglopedetes Absolon** 335, 338, **pallidus Absol.** 335.

Pseudoneuroptera.

Dictyopterygidae 118.
Ephemeriidae 119.
Plecoptera 119.

Orthoptera.

Acheta deserta 273; Acrydium acuminatum 272, 274, attenuatum 272, 276, v. binotatum 276, v. bimaculatum 277, bipunctatum 271, 272, 273, 274, brevipenne 275, v. carinale 275, Charpentieri 272, v. circumscriptum 274, 276, v. **concolor Karny** 274, 277, v. conspersum 274, v. contiguum 274, 276, v. cristatum 276, v. deltigerum 275, depressum 272, 274, v. dimidiatum 274, v. discolor 275, Dohrni 272, elevatum 272, v. dorsale 277, v. ephippium 276, v. equestre 276, v. fuscum 277, v. hyeroglyphicum 275, v. hilare 275, v. humorale 277, Kraussi 272, v. laterale 275, v. limbatum 276, v. lineatum 277, Linnei 272,

Corrodentia.

Rhynchota.

Neuroptera.

Ecclisopteryx Dziedzielewiczi 119.
Myrmeleonidae 119.

Lepidoptera.

Cossus ligniperda 261.
Geometridae 311.

Diptera.

Acrophaga stelviana 259; Agonosoma 53, 294; Agria hungarica 259; Agriolyza 1, annulimana 4, annulitarsis 4, M-atrum 1; Aloeoneurus 53; Alsomyia gymnodiscus 251; Arasia 56; Arphinore 56; Anisomera 52; Anisopus 55; Anopheles 345; Anthomyia pluvialis 51, punctipennis 52; Antiopa 56; Aphaniosoma 239; Aphria longilingua 257, xyphias 257; Aphritis 55, 280, 293, 294; Apivora 56; **Apotropina Hend.** 98; Araba fulva 257, 258, 263, tabaniformis 263; Argyrophylax galii 256; Arrenopus piligena 257; Arrhinomyia separata 248, 249, 260, tragica 249; Asilus 38, mantiformis 296; **Aspilomyia Hend.** 98; Aspilota 98; Atlanta 56; Atractochaeta graeca 256; Atylotus latistriatus 263; Avihospita 294.

Bactromyia scutelligera 249; Batrachomyia 293; Bavaria rrinabilis 247; Blepharidopsis nemea 250, 251; Bonannia ronticola 255; Brachychaeta spinigera 248; Brachymera Letochae 259; Branchiurus 293, 294, quadripes 293; Braueria longimana 259; Bucentes 259.

Calirrhoa 56; Calliphora erythrocephala 331, voritoria 296; Callopistria 98; **Callopistromyia Hend.** 98; Calobata 51, 279; Calotarsa 219; Campontia 293, eruciformis 293; **Camptoprosopella Hend.** 223, **albiseta Hend.** 225, **melanoptera Hend.** 224, **xanthoptera Hend.** 224; Catachaeta depressariae 250; Catagonia nerestrina 251, 255, 263; Centor 98; Centrophlebomyia antipodum 243, furcata 243, **orientalis Hend.** 243; **Cerataulina Hend.** 236, **longicornis Hend.** 236; Ceratochaetus 51, 279; Ceratocystia 293; Ceratopogon 56; Cerochetus 51, 279; Ceroplatus 295; Cestrotus 233; **Cetema Hend.** 98; Ceyx 51, 279, 296; Chaetina palpalis 254; Chaetocoelia 228, angustipennis 229, **caloptera Hend.** 229, distinctissima 229, palans 229, veigens 229; Chaetogena redia 256, segregata 256; Chaetolyga 254, separata 247; Chaetomyia crassiseta 247, 254, iliaca 247, 254; Chaoborus 55, antisepticus 55, 292; Chironoridae 346; Chironorus 55, 293; Chlorops flavus 226; Chortophila 52, 331; **Chrysocosmius Bezzi** 294; Chrysogaster 56; Chrysops 51, 56; Chrysopsis 51, 279; Chrysosoma 294; Chrysozona 56; Cinxia 56; Cleona 56; **Cleptodromia Corti** 101, 102; Clista foeda 248, 261, iners 248; Clitellaria 279; Clythia 56; Cnephalotachina crepusculi 259; Coelodiazesis 293; Conophorus 55; Corethra plumicornis 292, 294; Coryneta 56; Cosrins 51, 280; Craspedochaeta 52; Crassiseta 35; Craticula 258, frontalis 257; Craticulina 257; Crocuta 56; Ctenophora 56; Culex 345, claviger 292; Cyanea 56; **Cyclocephalomyia Hend.** 98; Cylindrogaster sanguinea 248; Cylindromyia 55; Cypsela 56; **Czernyola Bezzi** 52.

Degeeria halterata 249, ruscaria 248, 261, strigata 248, tragica 249; Dermatoestrus 293; Desmometopa 1, 239, 242, annulimana 242, annuhtaise 1, 242, flavipes 1, 5, griseolum 1, 5, halterale 242, latipes 1, 4, 5, 242,

Coleoptera.

Formicomus Hauseri 27, Sterbae 27.

Galerucella lineola 13, pusilla 14; **Gastraspis Flach** 44, 47, 50; Geodromicus 196, v. nigritus 100; Geotrupes mutator 29; Glaphostoma 299, 300; Gnathoncus 197; Gyratogaster comosus 29.

Haliplus leopardinus 7, a. nitidicollis 195, a. pallidior 7, variegatus 7, Weberi 195; Haplocnemus 197, Reitteri 209; Harmonia 15; Harpalophonus 195; Harpalus anxius 7; Helops carinatus 30, **Picianus Reitt.** 30; Heterocerus albineus 209, Apfelbecki 10, flexuosus 10, fossor 10, Hauseri 209, laevigatus 39, parallellus 209; Heterognathus 334; Hister najor 334; Hoplia farinosa a. Karamani 201, **Paganettii Jos. Müll.** 62; Hydnobius andalusicus 268, edentatus 268, fulvescens 268, v. intermedius 267, 268, multistriatus 264, 265, 266, punctatissimus 266, 267, 268, punctatus 264, 265, 266, 267, 268, puncticollis 268, secundus 268, septentrionalis 268, spinipes 267, 268, spinula 268, tarsalis 266, 267, 268, tibialis 107; Hypera 201; Hypocyptini 196; Hypocoelus 198.

Jebusaea **persica Reitt.** 217.

Lamprinodes 196; Lamprinus 196; Laria 24; Lasiostola **scabricollis Reitt.** 206; Lathrimaeum 196; Lathrobium elongatum v. nigrum 209, fraudulentum 209, laevipenne 110; Latipalpis stellio 198; Leistus v. punctatus 194; Leonhardella **Setniki Reitt.** 321; Leptochirus **Klimschi Bernh.** 281; Leptoderini 196; Leptodopsis **Suworowi Reitt.** 205; Leptura 199, Leptusa 196; Lesteva 196, monticola 110; Leucoparyphus 196; Limatogaster 201; Liedes algerica ac. **nigerrima Fleisch.** 20, baicalensis 103, 105, ac. bicolor 106, curta 108, inordinata 20, 104, 105, v. **laevigata Fleisch.** 108, lateritia 270, nigrita 106, nitidula 92, **punctatissima Fleisch.** 107, puncticollis 103, 105, punctulata 20, ruficollis 20, 105, 106, rufipes 269, **Sahlbergi Fleisch.** 104, 105, Trybomi 105; Lixus **obliquus Petri** 59; Lebenyx 197; Longitarsus aeruginosus 14, ordinatus 13, rubiginosus 14; Lucanidae 39; Lyctidae 198; Lyphia tetraphylla 199.

Machaerites Lucantei 26, spelaeus 25; Macrolister 334; Macrotarsus **ovalis Petri** 58; Mallosia 199; Melanodytes pustulatus 196; Melanotus sulcicollis 198; Meleus 13; Meloë concicollis 215, corallifer 19, **Gaberti Reit.** 214, majalis 19, v. **Evae Flach** 19; Mendidius granulifrons 334; Microlestes 195; Microtelus **binodiceps Reitt.** 115; Molops 195; Mordellidae 198; Morimus funereus 30, Ganglbaueri 30, orientalis 30; Morychus dovrensis 198; Myllocerus angustirostris 73.

Napochus 298; Nargus 197, Kraatzi 30, Leonhardi 30, phaeacus 30; Nebria commixta 210, viridipennis 210; Necrobinus 197; Nemosoma caucasicum 209, 210, cornutum 209, 210, elongatum 210, Reitteri 209, Starcki 209; Notiophilus 109; Notoxus minutus 33.

Oedichirus 196; Olophrum 196; Omophlina **Matthiesseni Reitt.** 207; Omphreus 195; Omophron v. **sardoum Reitt.** 333, tesselatum 333, variegatum 333; Onthophagus Brisouti 201; Oocassida obscura 14; Opatrum lucifugum 11, sabulosum 11; Orchestes 109; Oryctes **Matthiesseni Reitt.** 205; Oryotus v. subdentatus 197; Otiorrhynchus v. aethiops 200, alutaceus 200, v. angustior 200, aurosignatus 200, v. bilekensis 200, v. brattiensis 200, v. brevipes 200, v. bulgaricus 200, cardiniger 200, cardinigeroides 200, caudatus 200, consentaneus 200, v. crivoscianus 200, dalmatinus 200, v. dryadis 200,

Hymenoptera.

Wohn- und Nährpflanzen.

Namen-Verzeichnis der Autoren,

deren Arbeiten in diesem Jahrgange sub »Literatur« besprochen werden sind.

Personalien aus den „Notizen".

WIENER
ENTOMOLOGISCHE
ZEITUNG.

GEGRÜNDET VON

L. GANGLBAUER, DR. F. LÖW, J. MIK, E. REITTER, F. WACHTL.

HERAUSGEGEBEN UND REDIGIERT VON

ALFRED HETSCHKO,   UND   **EDMUND REITTER,**

K. K. PROFESSOR IN TESCHEN,   KAISERL. RAT IN PASKAU

SCHLESIEN.   MÄHREN.

XXVI. JAHRGANG.

I. HEFT.   1989

AUSGEGEBEN AM 1. JÄNNER 1907.

WIEN, 1907.

VERLAG VON EDM. REITTER

PASKAU (MÄHREN).

INHALT.

Desmometopa.

Loew, Berl. Entom. Zeitschr. IX, 185, VI. Centuria (1865).

Agromyza p. p. Meig., Macq., Zett., Walc., Schin., Wulp.

Madiza p. p. Fall., Zett., Wulp.

Von **Th.** Becker in Liegnitz.

Loew gründete bei Beschreibung seiner amerikanischen Dipteren auf eine Art *tarsalis* aus Kuba die Gattung *Desmometopa*, indem er als typische Art *Agromyza* M. *atrum* Mg. und ihre nächsten Verwandten hinstellte.

Als paläarktische Formen sind von mir im Katalog der paläarktischen Dipteren folgende acht Arten: *annulitarse* v. Ros., *flavipes* Meig., *griseolum* Wulp., *latipes* Meig., *M. atrum* Meig., *M. nigrum* Zett., *niloticum* Beck. und *sordidum* Fall. aufgeführt worden. Obgleich mir damals schon wohlbewußt war, daß gerade dieser Teil des Kataloges einer gründlichen Revision bedürftig sei und daß die genannten Arten zum großen Teil als selbständige nicht Bestand haben würden, so fehlte mir doch die Zeit, um diese Arbeit noch vor dem Drucke zu erledigen. Jeder, der ähnliche Untersuchungen auf Grund von Typen-Vergleichen eingeleitet hat, weiß, wie zeitraubend oft solche Vorarbeiten sind. Erst heute komme ich dazu, das Resultat meiner vergleichenden Studien vorlegen zu können. Während ich früher nur einzelne Typen ohne Vergleichsmaterial sehen konnte, ist es mir jetzt ermöglicht worden, die zur endgültigen Feststellung notwendigen Typen von Fallén, Zetterstedt aus Lund, von Meigen aus Wien, von v. Roser aus Stuttgart, von v. d. Wulp aus Amsterdam gleichzeitig mit den Exemplaren meiner Sammlung beisammen zu haben und vergleichen zu können, dank dem liebenswürdigen Entgegenkommen der Museums-Vorstände.

Das Resultat meiner Untersuchungen ist, um es kurz vorweg zu sagen, folgendes: drei von den genannten acht Arten gehören zur Gattung *Desmometopa*, drei andere sind synonym und zwei gehören anderen Gattungen an. Ferner fand sich in der Wulpschen Sammlung eine neue Art: außerdem konnte ich feststellen, daß die

Loewsche Art *tarsalis* aus Kuba auch in Nord-Africa vorkommt,
so daß wir also in der Gattung *Desmometopa* fünf Arten besitzen.
Es sind folgende:

1. Desmometopa sordidum Fall. *(Madiza)*.

Synonym: *Agromyza* M. *atrum* Melg.

Madiza sordida Weyenbergh.

Ich habe das typische Exemplar von **Fabricius** in der
Zetterstedtschen Sammlung, dessen **Zetterstedt** besonders Er-
wähnung tut, gesehen; es stimmt vollkommen überein mit den
Exemplaren, die wir bisher für *M. atrum* Meig. angesehen haben
und ist identisch mit der **Meigen**schen Type dieser Art in Paris.
Die Fliege scheint selten zu sein: ich selbst besitze nur ein einziges
Stück, ein anderes sah ich noch in der **Wulp**schen Sammlung.
Das Tier hat eine schwarzbräunliche Färbung, im Gegensatz zu
D. M. nigrum Zett., das mehr graubräunlich ist; erstere Art hat
dunkelbraune Schwinger und Taster, letztere helle Schwinger und
Taster, die an der Wurzel gelb, an der Spitzenhälfte braun sind.
Hiernach lassen sich diese an und für sich nahestehenden Arten
am besten und sicher unterscheiden.

2. Desmometopa M. nigrum Zett.

Synonym: *Desmometopa niloticum* Beck.

Ich war nicht wenig überrascht, bei Vergleichung der **Zetterstedt**schen Typen (2 ♂, 2 ♀) diese Synonymie zu entdecken und
doch kann ich dies Resultat nicht etwa einer Nachlässigkeit meiner-
seits zuschreiben, denn ich habe damals bei Aufstellung meiner Art
zwar nicht **Zetterstedt**s Typen, wohl aber dessen Beschreibung
genau verglichen und glaubte, da **Zetterstedt** im allgemeinen
richtig beschreibt, zweifellos, daß *D. niloticum* als neue Art bezeichnet
werden müsse: es sind nämlich vier verschiedene Punkte, in denen
diese Art von **Zetterstedt**s Beschreibung abweicht: 1. sagt **Zetterstedt** »palpi flavi«; nun sind die Taster zwar an der Wurzel gelb,
an der Spitzenhälfte aber entschieden schwarzbraun, so daß man
sie nicht ohneweiters als gelb bezeichnen kann. 2. sagt **Zetterstedt**
»thoracis dorsum brunneo-lineatum«; aber weder an den vier **Zetterstedt**schen Exemplaren, noch an den vielen Exemplaren meiner
Sammlung kann ich die geringste Rückenstreifung bemerken. 3. heißt
es »alarum nervo costali nigro«; auch das ist nicht der Fall: die
Randader ist gelblich, allerdings mit zarten schwarzen Randbörstchen

besetzt. 4. sagt Zetterstedt »tibiae et tarsi omnes in bene conser-
vatis speciminibus annulis angustissimis testaceis«. Die Art hat aber
ganz schwarze Beine, nur bei nicht ganz ausgereiften Exemplaren kann
man an den äußersten Schienenwurzeln eine leichte Bräunung wahrnehmen. Niemand würde angesichts dieser widersprechenden Beschreibung Identität vermuten. Offenbar hat Zetterstedt hier ausnahmsweise nicht zutreffende, irreführende Angaben zusammengestellt: ich
vermute, daß dies dadurch zustande gekommen ist, daß Zetterstedt
bei seiner Beschreibung versehentlich weibliche Exemplare der Art
D. latipes Meig. oder seiner *annulitarsis* mitbenutzt hat; ich habe
stets die Vermutung gehegt, daß seine Art mit *latipes* Meig. identisch
sei; der gestreifte Rücken, die gelben Taster, die geringelten Beine
weisen ziemlich deutlich auf *D. latipes* Meig. hin; die richtige Art
D. M. nigrum Zett. steckte bis vor kurzem in meiner Sammlung
als eine zweifelhafte Art.

3. **Desmometopa tarsalis** Lw.

Synonym: *D.* var. *niloticum* Beck.

Diese amerikanische Art kommt auch in Aegypten vor. In
meiner Sammlung findet sich bei *D. niloticum* eine Varietät mit
ganz schwarzen Tastern, hellen Schwingern und rostgelben Tarsen,
genau wie Loew sie beschreibt. Ich habe damals schon auf diese
Varietät hingewiesen, eine besondere Art darin vermutend, hatte
aber versäumt, die amerikanischen Arten zu vergleichen. Erst heute
mache ich die interessante Entdeckung, daß wir *D. tarsalis* Lw.
zu den paläarktischen Arten zu rechnen haben.

Diese drei genannten Arten stehen einander sehr nahe und
bilden durch die besondere Gestaltung der Stirne eine kleine Gruppe
für sich: auf der Stirn stehen die den Milichinen eigentümlichen
beiden parallelen Haarstreifen (Kreuzborstenreihen) nicht direkt auf
der Stirnfläche, sondern auf besonderen Chitinleisten, die sich in der
grauen, mit den Orbitalleisten übereinstimmenden Färbung auf dem
dunklen Grunde besonders deutlich abheben. Bei den zwei nachfolgenden Arten fehlen diese Leisten und auch die Haarreihen sind
sehr unbedeutend und auf der dunklen Fläche häufig nur unter
Anwendung besonderer Hilfsmittel wahrnehmbar; da sie aber vorhanden sind, im übrigen auch Kopfform und Beborstung von Kopf
und Thorax die gleiche ist, so erscheint es mir nicht erforderlich,
sie einer besonderen Gattung zuzuweisen.

t. **Desmometopa latipes** Meig.

Synonym: *Madiza annulitarsis* Zett. ♀.
Agromyza annulitarsis v. Ros. ♂♀.
Agromyza annulimana v. Ros. ♀.

Diese im männlichen Geschlecht durch die breiten Hinterschienen charakteristisch gebildete Art ist im weiblichen Geschlecht,
dem dies Merkmal fehlt, mehrfach als besondere Art angesehen
worden. Ich hatte seinerzeit bei der ersten Besichtigung der
v. Roserschen Typen auch noch geglaubt, daß letztere als eine
besondere Art aufrecht zu halten seien: der nicht gestreifte Thoraxrücken, die scheinbar nur am ersten Gliede geringelten Tarsen und
der Glanz des Körpers, der sich bei einigen Exemplaren mehr oder
weniger zeigt, hatten mich zu dieser Ansicht geführt. Bei noch-
maliger Besichtigung und Vergleichung mit allen anderen mir zu
Gebote stehenden Stücken muß ich heute jedoch die v. Rosersche
Art fallen lassen und kann die bemerkten Unterschiede teils nur
als individuelle, teils durch Alter und Präparation hervorgerufene
ansehen; dem einzigen ♂ von *D. annulitarsis* v. Ros. fehlen die
Hinterbeine.

5. **Desmometopa simplicipes** n. sp. ♀.

Ich sah vier Exemplare in der Sammlung des Herrn v. d. Wulp
aus Hilversum, Holland. Es ist möglich, daß eines derselben ein ♂
ist, ich kann es aber nicht mit Bestimmtheit behaupten und daher
auch nicht sagen, ob das ♂ wie bei *D. latipes* besondere Auszeichnungen an den Beinen hat; aber auch ohne diese Gewißheit
läßt sich die Art von *latipes* sehr leicht unterscheiden und kann
nicht mit ihr verwechselt werden.

Thoraxrücken matt aschgrau, mitunter schwach glänzend, ohne
braune Streifen mit dem normalen hinteren Dorsocentralborsten-
paar und den vier Schildborsten. Stirn auf der Vorderhälfte rot,
hinten schwarzbraun: die sehr schmalen Orbitalleisten und das
Ocellendreieck nebst Hinterkopf grau. Kreuzborstenreihen sehr zart.
Untergesicht gelblich: Fühler schwarzbraun, drittes Glied rötlich. Rüssel schwarzbraun, gekniet, mit langen zurückgeschlagenen Saugflächen: Taster rotgelb, stark entwickelt, aber den Mundrand nicht überragend. Hinterleib dunkelbraun, mitunter etwas
glänzend, fast nackt. Beine: Hüften und Schenkel schwarz, Knie
gelb: die hinteren Schienenpaare schwarz, die vordersten gelb, mit
breiter dunkler Binde; Tarsen, mit Ausnahme des letzten Gliedes

gelb. Flügel milchweiß, Adern normal, blaß. Vorderrandader bis zur zweiten Längsader mit sehr feinen schwarzen Börstchen besetzt. $1^1/_4 - 1^1/_2$ mm lang.

Diese fünf Arten lassen sich wie folgt leicht auseinanderhalten und bestimmen:

Bestimmungstabelle.

1. Die Kreuzborstenreihen auf der Stirn stehen auf deutlichen Chitinleisten 2
 Die Kreuzborstenreihen stehen nicht auf Chitinleisten . . . 4
2. Schwinger schwarz, Taster und Beine ganz schwarz *sordidum* Fall. Schwinger hell 3
3. Taster ganz schwarz, Tarsen rostgelb . . . . . *tarsalis* Lw. Taster an der Wurzel gelb, an der Spitze schwarz: Tarsen schwarz . . . . *M. nigrum* Zett.
4. Vordere Schienenpaare an der Wurzel und auf der Mitte hell geringelt, Tarsen an der Wurzel desgleichen; Hinterschienen des ♂ stark verbreitert . . . . *latipes* Meig. Schienen und Tarsen nicht geringelt: die vier ersten Tarsenglieder gelb . . . . **simplicipes** n. sp.

Es erübrigt sich noch, die beiden anderen Arten, *flavipes* Melg. und *griseolum* Wulp zu besprechen:

Desmometopa flavipes Melg. *(Opomyza)*. Eine Type ist in der Winthem schen Sammlung. Wie ich bei Vergleichung mit den Exemplaren meiner Sammlung sehe, ist es keine *Desmometopa* in unserem Sinne, sondern das Weibchen von *Phyllomyza securicornis* Fall. Diese Gattung steht der *Desmometopa* zwar sehr nahe, ist aber in ihrer abweichenden Beborstung deutlich zu unterscheiden. Siehe hierüber Hendel, Wien. Ent. Zeitg. XXII, 249—251 (1903).

Desmometopa griseolum v. d. Wulp. *(Madiza)*. Die Type ist gleichbedeutend mit *Rhicnoëssa albosetulosa* Strobl und muß dieser Name daher aus Prioritätsgründen zugunsten von *griseola* eingezogen werden.

Schließlich mache ich noch darauf aufmerksam, daß, veranlaßt durch die Bezeichnungen: *Madiza griseola* Wulp. und *Madiza sordida* Weyenbergh diese im Katalog auch bei der Gattung *Madiza* als besondere Arten stehen. Da sie aber nur Synonyme zur Gattung *Rhicnoëssa* und *Desmometopa* darstellen, sind sie bei *Madiza* zu streichen.

Ein neuer Thamnurgus aus Griechenland.

Von Forstassessor **Strohmeyer** in Niederbronn (Elsaß).

Thamnurgus Holtzi n. sp.

♀ (?) *Linearis, cylindricus, nigropiceus, nitidus, parce albopilosus, antennis pedibusque rufo-brunneis, prothorace cylindrico ovali, latitudine sexta parte longiore, parce subaequaliter punctato, linea media laevi; elytris thorace vix duplo longioribus, dense ac fortiter substriato-punctatis; apice rotundato declivi, prope suturam vix elevatam vix plane impresso.* Long. 2·4 mm, prothor. 0·97 mm.

Patria: Graecia (M. Holtz legit prope Kalávryta, Morea).

Gestreckt, zylinderförmig, pechschwarz, glänzend, schwach hell behaart, mit rotbraunen Fühlern und Beinen, zylinderförmigem, ovalem Prothorax, der um ein Sechstel länger als breit ist, weitläufig, ziemlich gleichmäßig fein punktiert, mit glatter Mittellinie; Flügeldecken fast doppelt so lang als der Prothorax — genau zwei Fünftel länger —, dicht und kräftig, ziemlich genau in Reihen punktiert; Absturz gerundet, abschüssig, nahe der kaum erhabenen Naht äußerst schwach flach eingedrückt.

Thamnurgus Holtzi m. unterscheidet sich von allen verwandten Arten, die bisher beschrieben wurden, durch die Form seines Absturzes. Dieser ist gerundet und neben der sehr wenig erhöhten Naht kaum merklich flachgedrückt, ohne erhabene Seitenränder; der Eindruck ist noch geringer als bei *Brylinskyi* Reitt. und verliert sich nach den Seiten allmählig in der Rundung der Flügeldecken. Die Größe, Farbe und das glatte glänzende Aussehen hat *Holtzi* mit *Brylinskyi* gemeinsam, ist aber von diesem sofort zu unterscheiden durch seine dunkleren rotbraunen Beine und die feinere und viel weitläufigere Punktur des Halsschildes; letzterer ist bei *Brylinskyi* ebenso grob und dicht punktiert wie die Flügeldecken. *Thamnurgus characiae* Rosenh. und *delphinii* Rosenh. haben zwar auch die feinere, weitläufigere Punktur des Halsschildes wie *Holtzi*, sind aber am Absturze viel deutlicher eingedrückt. Bei *delphinii* ist der Eindruck wenigstens ganz unten recht deutlich und mit erhabenen Seitenrändern versehen, die wie die stärker erhöhte Naht auch skulptiert sind. *Delphinii* hat außerdem ein an den Seiten noch mehr gerundeten und verhältnismäßig etwas kürzeren Halsschild, auch ist seine Behaarung stärker und sein Gesamteindruck wegen der rauhen Flügeldeckenskulptur weniger glatt und glänzend als der des *Holtzi*.

Coleopterologische Notizen.

Von **Dr. Josef Müller**, Triest. Staatsgymnasium.

VII.

1. *Harpalus anxius* Duft. kommt in Istrien gar nicht selten mit zwei bis drei Porenpunkten im distalen Teil des siebenten Zwischenraumes der Flügeldecken vor. Ich erwähne dies, weil in der Reitterschen Bestimmungstabelle der *Harpalini*, S. 119, Leitzahl 16″, *Harpalus anxius* (nebst einigen anderen Arten) durch den Mangel einer Punktreihe im siebenten Zwischenraume der Flügeldecken charakterisiert wird.

2. *Dromius linearis* v. *strigilatera* Reitt., aus Syrien beschrieben (in dieser Zeitung 1894, S. 191 und 1905, S. 231), kommt auch bei Triest unter typ. *linearis* vereinzelt vor und dürfte wohl nur als eine Skulpturaberration des letztgenannten aufzufassen sein.

3. *Haliplus leopardinus* J. Sahlb. (Öfv. af Finska Vet. Soc. Förh., XLII, 1900, 183), der von Apfelbeck (Käf. Balkanhalbinsel, I, 360) als Rasse des *H. variegatus* Sturm richtig erkannt wurde, ist identisch mit *H. variegatus* ab. *pallidior* m. (Verh. zool. bot. Ges. Wien, L, 1900, 115). Die Identität dieser beiden Tiere, welche schon aus den betreffenden Originalbeschreibungen unzweifelhaft hervorgeht, wurde auch durch den Vergleich des typischen, vom Autor freundlichst mitgeteilten *H. leopardinus* aus Corfú mit meinem *pallidior* aus Süddalmatien (Castelnuovo) festgestellt. Der Name *pallidior* hat die Priorität.[1]

Bei Castelnuovo in Süddalmatien tritt die hell gefärbte Form *pallidior* m. in Gesellschaft des typ. *H. variegatus* Sturm auf, weshalb ich seinerzeit (l. c.) den erstgenannten als eine »Aberration« des *variegatus* beschrieb. Da aber auf Corfú ausschließlich die Form *pallidior* m. (= *leopardinus* Sahlb.) vorzukommen scheint,[2] so dürfte ihr wohl der Rang einer Lokalrasse gebühren.

---

[1] Die Beschreibung des *H. variegatus* ab. *pallidior* ist am 6. April 1900 erschienen; die Arbeit mit der Beschreibung des *H. leopardinus* wurde am 23. April 1900 erst vorgelegt und später publiziert.

[2] Wenigstens erwähnt Prof. J. Sahlberg in seiner Abhandlung über die auf Corfú gesammelten Käfer (Öfv. af Finska Vet. Soc. Förh., XLV, 1902—1903) nur den *H. leopardinus*, nicht aber den typ. *variegatus*.

4. *Staphylinus (Tasgius) ater* Grav. kommt auch bei Grado
an der nördlichen Adria in der Nähe der Meeresküste vor.
Ich kann daher die Vermutung Varendorffs (in dieser Zeitung
1906, 211), daß *Tasgius ater* zu den salzliebenden Käfern gehöre,
für die hiesige Gegend nur bestätigen.

5. Zur Artberechtigung von *Cafius filum* Kiesw.

Cafius filum, von Kiesenwetter (in Küster, Käf. Eur., XVII, 19)
als eigene Art unter dem Namen *Philonthus filum* beschrieben, von
den neueren Autoren als Varietät mit *Cafius sericeus* Holme vereinigt, lebt bei Grado und Monfalcone im Friaul am Meeresstrande
unter ausgeworfenen Massen von Seegras gemeinsam mit der letztgenannten Form. *Cafius sericeus* ist häufig, *filum* tritt mehr vereinzelt auf.

Schon beim Fangen lassen sich die zwei genannten Staphyliniden
durch den auffälligen Größenunterschied auseinanderhalten: *C. seric.*
ist nämlich 5—6 mm, *filum* bloß 3·7—4·2 mm lang. Außerdem
unterscheiden sie sich aber auch constant durch die Länge der
Fühlerglieder: bei *sericeus* sind die Glieder 3—11 schlanker, das
dritte ist stets länger als das zweite; bei *filum* hingegen ist das
dritte Fühlerglied etwas kürzer oder höchstens so lang als das
zweite und auch die auf das dritte folgenden Glieder sind gedrungener. Einen weiteren, wenn auch nicht immer gleich scharf ausgeprägten Unterschied bietet der Kopf. Bei *C. sericeus* ist dieser
nämlich bis auf das glänzende Mittelfeld infolge starker Chagrinierung
meist vollständig matt, während *filum* einen auch gegen die Seiten
zu mehr oder minder glänzenden Kopf besitzt.

Auf Grund dieser Unterscheidungsmerkmale lassen sich wenigstens meine Friauler Exemplare von *C. filum* von dem gemeinsam
vorkommenden *C. sericeus* stets mit Leichtigkeit und vollkommener
Sicherheit auseinanderhalten und ich schließe mich daher der alten
Kiesenwetterschen Anschauung an, wonach *C. filum* eine dem
sericeus sehr nahe verwandte, aber von diesem spezifisch verschiedene Form darstellt.

6. Zur Unterscheidung einiger *Scymnus*-Arten.

a) *Scymnus frontalis* F., *Apetzi* Muls. und *interruptus* Goeze.

Wie ich bereits in meinem Verzeichnisse der Coccinelliden
Dalmatiens[1]) hervorgehoben habe, liefert die Punktierung des

---

[1]) Verh. zool. bot. Ges. Wien. 1901, 515.

Metasternums ein ausgezeichnetes, früher scheinbar nicht beachtetes Merkmal zur Unterscheidung von *Scymnus frontalis* und *Apetzi*. Bei jenem ist das Metasternum in der Mitte ziemlich fein und dicht, bei diesem deutlich gröber und weitläufiger punktiert. Außerdem ist das Metasternum bei *Sc. frontalis* von einer ziemlich tiefen Medianfurche durchzogen, bei *Apetzi* hingegen in der Mittellinie geglättet und höchstens seicht gefurcht.

In der Punktierung des Mesosternums sind auch *Sc. Apetzi* und *interruptus* verschieden, was ich in meiner Coccinelliden-Arbeit (l. c. 516) nur flüchtig angedeutet habe. Bei letzterem ist nämlich der hintere, mediane Teil des Mesosternums sehr fein und spärlich punktiert, viel feiner als bei *Apetzi*.

Der soeben erwähnte Unterschied hat sich besonders in solchen Fällen als recht brauchbar erwiesen, wo es sich darum handelte, zu entscheiden, ob ein *Sc. interruptus* oder ein *Apetzi* v. *incertus* Muls. vorliegt. Bekanntlich ahmt der letztere die Färbung des *interruptus* täuschend nach und war nach den bisher bekannten Merkmalen nur im männlichen Geschlechte durch die tiefere Ausrandung des fünften Ventralsegmentes sicher zu erkennen.[1]) Bei Berücksichtigung der Punktierung am Metasternum konnte ich indes diese beiden Formen stets sicher auseinanderhalten.

b) *Scymnus punctillum* Ws. und *gilvifrons* Muls.

Zur Unterscheidung dieser beiden äußerst ähnlichen Arten wurde bisher unter anderem auch die Schenkellinie am ersten Abdominalsegmente herangezogen: bei *gilvifrons* soll sie nur ein Viertel[2]) oder ein Drittel[3]) der Segmentlänge erreichen, im Gegensatze zu *punctillum*, wo sie fast bis zur Mitte des Segmentes reicht. Tatsächlich variiert aber die Ausdehnung der Schenkellinie bei *Sc. gilvifrons* derart, daß sie zur sicheren Erkennung der Art nicht verwendet werden kann. Bei nicht wenigen Exemplaren von *Sc. gilvifrons* erreicht die Schenkellinie die Mitte des Segmentes, ebenso wie bei *punctillum*.

Am besten lassen sich diese beiden Arten durch die Körperform und die Beinfärbung auseinanderhalten. *Sc. punctillum* ist breit oval und hat schwärzliche Mittel- und Hinterschenkel; *Sc. gilvi-*

---

[1]) Vergl. Ganglbauer, Käfer Mitteleur. III. 968.
[2]) Nach Weise, Bestimmungstab. d. europ. Coleopteren, II, 1885, S. 74.
[3]) Nach Ganglbauer, Käf. von Mitteleuropa, III. S. 966.

frons ist noch breiter, fast rundlich und hat meist rötlichgelbe Schenkel (selten die Hinter- oder auch die Mittelschenkel schwach gebräunt).

7. *Heterocerus Apfelbecki* Kuw., den Grouvelle für eine Farbenvarietät des *H. fossor* hielt (vergl. Bull. Soc. ent. France, 1897, 206), gehört nach einer freundlichen Mitteilung des Herrn Kustos Apfelbeck zu *flexuosus* Steph. Ich kann diese Synonymie insoferne bestätigen, als einige von mir bei Zara (Dalmatien) gesammelte Exemplare, deren Identität mit typischen *Apfelbecki* von Herrn Direktor Ganglbauer festgestellt wurde, ebenfalls zu dem ungemein variablen *H. flexuosus* gehören.

Was den Originalfundort des *H. Apfelbecki* betrifft, so teilt mir Kustos Apfelbeck mit, daß die Typen nicht aus Dalmatien stammen, wie Kuwert in der Originalbeschreibung angibt, sondern aus Monfalcone im Friaul.

8. Über *Zonabris bosnica* Reitt. und *pusilla* Oliv.

Zonabris bosnica Rttr. wird in der Originalbeschreibung (in dieser Zeitung, 1903, S. 230) durch den Mangel der langen Halsschildbehaarung von der nahe verwandten *Z. pusilla* Oliv. unterschieden; nur ein äußerst kurzes Haarkleid am Halsschild soll für *Z. bosnica* charakteristisch sein. Ich finde nun, daß von fünf seinerzeit in der Lika (Kroatien) gesammelten Exemplaren von *Z. bosnica* nur zwei der langen Halsschildbehaarung entbehren, während die drei übrigen außer der kurzen Pubeszenz auch die langen Grannenhaare am Halsschild besitzen. Daß auch bei der südrussischen *Z. pusilla* die lange Halsschildbehaarung bald vorhanden ist, bald nicht, konnte ich mich an einer größeren Serie von Exemplaren im Wiener Hofmuseum überzeugen.

Kann mithin die Behaarung des Halsschildes zur Trennung dieser beiden *Zonabris*-Arten nicht in Betracht gezogen werden, so liefert dafür die Punktierung des Halsschildes einen kleinen Unterschied: bei *Z. pusilla* ist der Halsschild äußerst dicht und fein punktiert und daher fast matt, bei *bosnica* hingegen infolge etwas weniger dichter Punktierung ziemlich glänzend. Ferner wäre das Überwiegen der schwarzen Färbung bei *Z. bosnica* zu erwähnen. Ob sich aber die letztgenannte als gute Art wird halten lassen, ist fraglich.

Bezüglich der Färbung von *Z. bosnica* sei noch erwähnt, daß bisweilen infolge der Ausdehnung der schwarzen Färbung die gelbe Basalbinde der Flügeldecken gänzlich fehlen kann. Dann sind auch die mittlere und hintere Binde der Flügeldecken ziemlich stark reduziert (ab. *decipiens* m., nach zwei Exempl. aus der Lika).

9. *Opatrum lucifugum* Küst., von Herrn kaiserl. Rat Reitter[1]) als eigene Spezies angeführt, ist wohl nur eine südliche Rasse des *sabulosum* L. Dafür spricht die geographische Verbreitung (*O. lucifugum* tritt vicariierend für *sabulosum* auf), sowie das Vorkommen von Übergängen, wie sie namentlich im Küstenlande zu beobachten sind.

10. In der v. Heydenschen Revision der Formen von *Crioceris asparagi* L. (in dieser Zeitung 1906, S. 123 ff.) wird leider nicht genügend scharf zwischen Aberrationen und Lokalrassen unterschieden; sämtliche Formen werden einfach als »var.« angeführt. Ich kann zwar nicht über den systematischen Wert aller dort angeführten Formen ein Urteil abgeben, da mir viele davon fehlen, möchte aber wenigstens hervorheben, daß »var.« *campestris* L. eine gute, südliche Rasse darstellt, die z. B. in Dalmatien die typ. *asparagi* vertritt und daher den Grundsätzen der ternären Nomenclatur gemäß den Namen *Cr. asparagi campestris* L. zu führen hat. Hingegen sind die Formen *Linnaei* Pic, *anticeconjuncta* Pic, *Schusteri* Heyd., *impupillata* Pic, *cruciata* Schuster und vielleicht noch andere bloß Farbenaberrationen der typ. *asparagi* L.

11. *Caccobius Schreberi* L. ab. *niger* Fiori,[2]) mit ganz schwarzen Flügeldecken, dürfte von ab. *infuscatus* m.[3]) (die gelben Makeln der Flügeldecken fast spurlos verschwunden, daher die Oberseite fast einfarbig schwarz) kaum verschieden sein.

---

[1]) Bestimmungstabellen d. europ. Coleopteren, LIII, S. 158.
[2]) Riv. Col. Ital. 1903, 108 ff.
[3]) Verh. zool. botan. Ges. Wien 1902, 454.

Coleopterologische Notizen.

Von Dr. A. Fleischer in Brünn.

Colon griseum Czwalina var. Chobauti m.

Diese Varietät unterscheidet sich von der Stammform durch bedeutend stärker punktierten Halsschild. Bei der typischen Form ist der Halsschild ebenso wie die Flügeldecken sehr fein und dicht punktiert und matt. Gelingt es aber die Art in Mehrzahl zu sammeln, so findet man genau dieselben Differenzen in betreff der Punktierung des Halsschildes wie bei *dentipes* Sahlb. und v. *Zebei* Kraatz. Beim Versuche, die stärker sculptierten Formen nach den Bestimmungstabellen (Reitter und Ganglbauer) zu determinieren, kommt man auf *C. fuscicorne* Kraatz, welchem die neue Varietät täuschend ähnlich sieht, weil eben der Halsschild stärker punktiert ist als die Flügeldecken. Sie läßt sich aber leicht durch folgende Unterschiede diagnostizieren:

D. griseum länger weißgrau behaart, Seitenrand des Halsschildes vor den Hinterecken nicht ausgebuchtet, Hinterwinkel stumpf, beim ♂ die Apicalecke der Vorderschienen in einen etwas hakenförmigen Zahn ausgezogen, die Hinterschenkel hinter der Mitte mit einem langen Zahn bewehrt.

C. fuscicorne kürzer; mehr gelblich behaart, Seitenrand des Halsschildes vor den Hinterecken ausgebuchtet, Hinterwinkel rechteckig, beim ♂ die Apicalecken der Vorderschienen in einen schmäleren, nicht gekrümmten Zahn ausgezogen, Hinterschenkel entweder unbewaffnet oder mit einem nur sehr kleinen Zähnchen versehen.

Herr Dr. Chobaut (Avignon) sammelte die neue Form des *griseum* in größerer Anzahl in Frankreich (Morier. Folard) und zwar im Monate Oktober und November. Daß es sich nur um eine Form des *griseum* handelt, beweist der Umstand, daß dieselbe zugleich mit der Stammform vorkommt und daß man unter den einzelnen Individuen Abstufungen zwischen fein und grob punktiertem Halsschild vorfindet. Ein Exemplar besitze ich auch aus San Remo und glaube, daß *griseum* überall im Süden mit der doppelten Sculptur vorkommt.

Von *Colon Claveli* Guillebeau, welches bisher nur aus Algier bekannt war, erhielt ich auch von Herrn Champion ein Exemplar mit der Etikette Gibraltar, Walker: neuerdings fand denselben Käfer Herr Dr. Chobaut in der Umgebung von Avignon. Der Käfer lebt daher auch wie so viele algerische Arten in Süd-Spanien und Süd-Frankreich.

Kleine Mitteilungen und synonymische Bemerkungen.

Von J. Weise, Berlin (Niederschönhausen).

Plinthus Germ. Ins. spec. 1824, pg. 327 ist mit *Meleus* Lacord. identisch. In der Revision, D. E. Z. 1897, p. 65—75, beschränkt Reitter die Gattung *Plinthus* nur noch auf *caliginosus* Germ. und *imbricatus* Duf., hat also eine von *Plinthus* Germ. abweichende Gattung aufgestellt, da Germar zuerst für sein Genus die Arten *Tischeri*, *Illigeri* und *Sturmi* in Anspruch nimmt. Ich lege daher dem *Plinthus* Reitt., D. 1897, p. 67 und 75, den Namen **Epipolaeus** bei.

Otiorrhynchus (Solariella) Paganettii Flach, W. 1905, 318, ändere ich wegen der gleichnamigen dalmatinischen Art von Stierlin. Mitth. Schweiz. 1899, 198, in **Flachi** um.

Petri stellt, Monogr. p. 185, den *Phytonomus farinosus* Boh. (1842) mit Unrecht als Varietät zum erst 1867 beschriebenen *sinuatus* Cap.

Longitarsus ordinatus Foudr. wurde von meinem Kollegen Herrn Karl Hermann in Biel (Schweiz) bei Nidau am 20. August 1906 gefangen. Entgegen meiner Vermutung (Ins. Deutschl. 6, p. 1019) ist das Tier eine vorzügliche Art, die sich schon habituell auf den ersten Blick von *lycopi* unterscheiden läßt. Sie ist viel schlanker als dieser gebaut und mehr parallel, weil Kopf und Thorax verhältnismäßig breiter und die Flügeldecken schmäler sind. Die Naht der Flügeldecken ist bald mit diesen gleichfarbig, hell bräunlich gelb, bald dunkel gesäumt.

Bei dieser Gelegenheit möchte ich auch einige falsche Angaben über Chrysomeliden bei Bedel, Faune V, berichtigen:

pg. 252· Die ab. *molluginis* Suffr. 1851 ist wegen *molluginis* Redtb. 1879 von mir *galii* genannt worden.

pg. 279· Von *Galerucella lineola* F. gibt Bedel an: »Auf den Blättern einiger *Salix*, namentlich auf *S. vitellina*« und fährt in der Anmerkung 1 fort »und nicht auf *S. viminalis* L., wie Weise sagt.« — Ich habe das Tier noch nie auf *S. vitellina* angetroffen, dagegen wurden 1883 die Weidenanpflanzungen bei Coswig, nahe dem Waldwärterhause an der Elbe, die nur aus *S. viminalis* bestanden, von ihm beinahe kahl gefressen, ähnlich 1885 die Blätter von *Corylus avellana* L. im Finkenkruge bei Berlin, sowie von *Alnus glutinosa* an den Grunewaldseen durch die Larven von *lineola* siebartig durchlöchert.

pg. 279. Anm. 2. *Galerucella pusilla* Duft. kann nicht mit *calmariensis*
vereinigt werden, da sie sich durch Geschlechtsauszeichnung
und Penisbau unterscheidet.

pg. 314. Da ich die meisten deutschen Chrysomeliden selbst gesammelt
und beobachtet habe, stehe ich für die Richtigkeit der von
mir angegebenen Futterpflanzen derselben unter allen Um-
ständen ein. *Longitarsus rubiginosus* lebt in Nord-Deutschland an *Convolvulus sepium* L. und ich habe mir Mühe
gegeben, um ihn auch an *Eupatorium cannabinum* zu
finden, aber daran lebt nicht eine einzige *Halticine*.

pg. 315. *Longitarsus aeruginosus* entwickelt sich an *Symphytum offi-
cinale* und die Blätter werden von dem Käfer durchlöchert.

pg. 318 wird das Vorkommen von *Aphthona euphorbiae* Schrank
und *atrovirens* Först. an *Euphorbia cyparissias* L. bezweifelt.
Warum? Erstere Art ist fast von jedem Sammler schon
an der *Euphorbia* gefangen worden; die zweite Art lebte
in unglaublicher Menge auf einem Brachacker zwischen
Weimar und Erfurt an *E. cyparissias*. Jeder Irrtum ist
ausgeschlossen, denn das Feld wird seit langer Zeit schon
als Schafweide benutzt und die Schafe lassen außer der
Euphorbia dort keine andere Pflanze aufkommen. Man
brauchte nur die Röhre der Sammelflasche an die Wolfs-
milchblätter zu halten, um das Tier zu fangen.

pg. 325. Anmerkung zu *Psyll. instabilis*. Ich habe Ins. D. 815 keine
Pflanze *Sinapis cheiranthus* genannt, sondern die Gattungen
Sinapis, Cheiranthus; es ist nur das Komma zwischen
beiden ausgelassen.

Den Namen der Farbenvarietät von *Cassida murraea dorsalis* Ws.
Ins. D. 1902 ändere ich in **inundata** ab, denn die Bezeichnung
flaveola-dorsalis Desbr. Mon. 27 ist älter und kann wohl bestehen
bleiben, weil die *C. dorsalis* Hbst. längst als Synonym zu *vibex* L.
gezogen ist; ebenso tritt für *nobilis-obscura* Ws. 1113 der Name
obscurella wegen *Oocassida obscura* Boh. und für *rosea* Boh.
(1854) der Name **aurora** ein, wegen *rosea* Ill. Käf. Pr. 1798, 486.

Bei der Anmerkung zu *C. thoracica*, Ins. D. 6. 1106 ist von
mir übersehen, daß es nicht auf die ungenügende Diagnose von
Goeze ankommt, da dieser ja nur die Arten von Geoffroy benannt,
sondern auf die Beschreibung des letzteren, Hist. abr. 314. Hiernach ist
meine *C. tincta (thoracica* Fourcr.) sicher = *ferruginea* Goeze und der
Name *thoracica* Panzer (1785, 1796) ist in **Panzeri** abzuändern.

Von *Coccinella (Harmonia) 4-punctata* Pont. erwähnt Kraatz, Berl. E. Z. 1865, 120 eine Abänderung aus Andalusien mit einfarbig gelber Oberseite. Mir sind solche Stücke noch nicht vorgekommen, dagegen sammelte Herr Rost in Kaschmir einige Exemplare, die auf den Flügeldecken die hell bräunlich gefärbten Normalpunkte 4 und 7 am Seitenrande und einen einfarbig gelben Thorax haben. Zuweilen sind auf letzterem auch zwei Flecken (die beiden mittleren der vorderen Querreihe) oder eine V-förmige Zeichnung durch eine Trübung angedeutet. Diese hellste Form, ohne ausgeprägte schwarze Zeichnung des Thorax, bei der die Flügeldecken einfarbig oder nur mit wenigen angedunkelten Makeln versehen sind, nenne ich *expallida.*

Zwei andere Abänderungen wurden in letzter Zeit von den rührigen Dresdener Entomologen gefangen. Bei der einen, die Herr Oberstleutnant von Haupt unter großer Mühe in einiger Zahl unter der Rinde starker Kiefern bei Tolkewitz erbeutete, der ab. n. *Haupti,* sind die schwarzen Makeln der Flügeldecken in der Regel der Länge nach zusammengeflossen und zu einem Flecke vereint, welcher eine breite Querbinde an der Basis, einen feinen, nach hinten erweiterten Nahtsaum und zwei Makeln hinter der Mitte, nahe dem Seitenrande frei läßt. Die Basalbinde verengt sich nach innen und wird an der Schulter dadurch fast unterbrochen, daß Makel 1 in Gestalt eines dicken Striches nach hinten verlängert und mit dem Scheibenflecke verbunden ist. Der Thorax ist gelb, mit den normalen 11—13 schwarzen Punkten, oder schwarz, gelblich gerandet, zuweilen verschwindet der Nahtsaum.

Die dunkelste Form, die ab. n. *Häneli,* wurde von meinem Kollegen, Herrn Hänel Anfang Oktober, später auch noch in einem Exemplare von Herrn v. Haupt gefangen. Sie ist oberseits tief glänzend schwarz, ein Saum in den Vorderecken des Thorax und eine kleine Makel jederseits am Basalrande nahe den Hinterecken weißlichgelb. Unterseite braun oder nebst den Beinen schwarz, Prosternum und die Seitenstücke der Mittel- und Hinterbrust weißlich gelb.

Übergänge zu dieser Form haben die Flügeldecken pechbraun, mit unbestimmbarer brauner Zeichnung, der Thorax ist an den Seiten teilweise noch hell gesäumt, auch kann am Seitenrande der Flügeldecken im ersten Viertel ein Saum gelblich gefärbt bleiben.

Eine neue Varietät des Colon Perrini Reitt.*)

Von Sanitätsrat **Dr. A. Fleischer** in Brünn.

Diese Art war bisher nur aus Spanien bekannt. Heuer hat Herr Dr. Chobaut dieselbe in Mehrzahl auch in Frankreich und zwar in der Umgebung von Avignon gesammelt. Der Käfer fliegt dort schon im Mai.

Neben der typischen Form, welche laut Originalbeschreibung »äußerst gedrängt und auf dem Halsschild merklich feiner chagriniert ist«, kommen dort auch Individuen vor, bei welchen die Sculptur des Halsschildes entweder ebenso stark oder merklich gröber ist, als auf den Flügeldecken (analog *dentipes* und v. *Zebei*, oder *griseum* und v. *Chobauti*). Letztere Form, welche bei Avignon häufiger ist als die Stammform, nenne ich v. **avinionense** m.

*) Siehe D. 1885. 375.

Tieferliegendes Terrain an der Meeresküste von Käfern gemieden.

Von Prof. **Wilhelm Schuster**, Liverpool.

Beim Sammeln der verschiedensten Coleopteren an der irischen Küste habe ich die Erfahrung gemacht, daß tiefergelegene Lokalitäten an der Meeresküste, sofern sie sich von einem sonst gleichmäßigen Terrain spontan bodenwärts senken, von Käfern auffallend gemieden werden. Hier in Liverpool liegt das relativ große Gebiet St. James Cemetery wesentlich tiefer als alles umliegende Gebinde und dieser Friedhof ist durch Menschenkunst inmitten der Riesenstadt so eigenartig vertieft worden. In der Nähe ist das Becken des River Mersey und das Meer. Ich habe nun einen auffallenden Mangel von Käfern, insbesondere auch Carabiden, in dem tiefergelegenen Gelände konstatiert und zwar von solchen Formen, die sich in den nächsten hochliegenden Parks reichlich finden. Dies, trotzdem die Lebensbedingungen für Coleopteren in dem Cemetery entschieden günstiger sind als anderswo. Ich denke bei dieser Erscheinung an unangenehme Einflüsse der Wasser-, beziehungsweise Feuchtigkeitsverteilung.

Beiträge zur Käferfauna der iberischen Halbinsel.

Von **K. Flach** in Aschaffenburg.

Herr J. Lauffer hatte seinerzeit bei Almeria in einer trockenen Wasserrinne eine kleine *Elaphocerida* in Anzahl gefangen, die Brenske als *Laufferi* beschreiben wollte. Reitter vermutete in ihr die ihm bei Abfassung seiner Tabelle unbekannte *hispalensis* Ramb. aus Sevilla. Bei meinem, durch das miserable Wetter verursachten längeren Aufenthalte in Madrid hatte ich Gelegenheit, in der musterhaften Sammlung des Herrn Professors Martinez y Saez die Rambursche Art zu vergleichen. Sie ist von *Laufferi* sehr verschieden und gebe ich zunächst eine kurze Diagnose der Art aus Almeria:

Elaphocerida Laufferi (Brske. i. l.) *parva, obscure castanea, clypeo latiore, late, obtuse triangulariter exciso, utrinque leviter sinuato, dense, grosse punctato, longius piloso; antennarum articulo tertio tenui, arcuato, intus haud dilatato, clava obscure castanea, funiculi circa. longitudine; prothorax transversus disco glabro, irregulariter punctato, antice posticeque sicut lateribus longe rufescente-piloso; scutellum glabrum, vix punctatum; elytra postice dilatata, densius punctata, lineis 3 evidenter elevatis; in margine externo breviter ciliata; pygidium et propygidium sparsim pilosa, dense grosse punctata (hoc margine posteriore, illo disco excepto).* Long. 9—10 mm.

Der Versuch, die Art in die Reittersche Tabelle einzureihen, führt auf die Kolonne 9″, nur sind die Fühler dunkel, das Pygidium bis auf die Mitte dicht punktiert, der Einschnitt stumpfwinkelig und die Seitenlappen leicht abgerundet. Auch ist der Käfer nur 9 mm lang. Von *angusta* v. *autumnalis* schon durch das einfache dritte Geißelglied weit verschieden.

E. hispalensis liegt mir leider zurzeit nicht vor und kann ich nur die in Madrid notierten scharfen Unterschiede wiedergeben. Der Clypeus ist etwas länger, mit schmalem, tiefem, parallelem Einschnitt, die Seitenlappen stumpfspitzig vorgezogen, die Fühlerkeule ist braunschwarz, bedeutend länger als die Geißel, diese mit winkelig erweitertem dritten Gliede. Auch finden sich auf der Thoraxscheibe Härchen, das Pygidium ist nur sehr spärlich mit flachen Punkten bestreut und die Länge beträgt 10—11 mm. Aus Sevilla.

Am 17. Mai 1905 fand ich auf der staubigen Landstraße bei Portimao in Algarve das ♂ einer *Dorcadion*-Art, das v. Heyden, wie ich selber, als fraglich zu der verschollenen Art *lusitanicum* Chevr. gehörig bestimmte. Das Suchen nach weiteren Stücken war vergebens, so daß ich bei dem ungenügenden Material davon absehe, eine Tabelle der verwandten Arten aufzustellen. Immerhin genügt das vorhandene Exemplar, um die Stellung der Art zu präzisieren. Ein dem Algarve-Stück habituell sehr ähnliches ♂, das ich bei Ronda fing, erwies sich dem Formenkreis des *D. mus* angehörig und verschieden. Doch ergibt die Anordnung der Tomentbinden auf den Decken, soweit sie als solche vorhanden, oder aus der Fleckenanordnung konstruierbar sind, eine nahe Verwandtschaft aller dieser Formen. (Zwischen der dicht, meist hell tomentierten Naht und ebensolchen Schulterbinde zwei Längsbinden, wovon die äußere sich verdoppeln kann). Nach dem Ganglbauerschen Schema gehört unser Portugiese zu *mucidum* und *suturale*, da das erste Fühlerglied an der Spitze eine kielbegrenzte Narbenfläche zeigt. Schon dieser Umstand genügt zur Trennung von *mus-Amori*.

Die Größe ist die halbe des *mucidum*, kaum größer als *Amori* ♀; Oberseite auf Kopf und Halsschild dünn, auf den Decken dicht graubraun tomentiert. Letztere außer der sehr schmalen Nahtbinde, mit zwei die Spitze nicht erreichenden schmalen, scharfen schmutziggrauen Längslinien innerhalb der Schulterbeule. Kopf und Thorax fast gleichmäßig dicht, grob punktiert, letzterer mit sehr deutlicher Querfurche hinter dem Vorderrande, beuliger Oberfläche und sehr schwacher Andeutung eines unbestimmten Mittelkiels.

Von *suturale* durch schmälere Form, Färbung der Decken und den Mangel der glatten, respective nur punktulierten Halsschildbuckel, von *mucidum* durch Kleinheit, deutlich quergefurchten, beuligen Halsschild und die Zeichnung der Decken verschieden. Fühler robust, grau geringelt.

Ein Vergleich mit Chevrolats Beschreibung erweckt allerdings Zweifel, ob wirklich *lusitanicum* vorliegt. Es stimmt nicht: »nitidum« — das Tier ist wenig glänzend, »mandibulis lucidis« — sie sind in unserem Falle dicht punktiert, matt. Auch das »elytris pube brunnea vage et seriatim maculatis« stimmt nicht.

Sollte sich die Form als different erweisen, schlage ich den Namen **Dorcadion Boabdil** vor.

Von *D. mus* fing ich bei Algeciras sechs, bei Ronda ein Stück. Zu der Ganglbauerschen Beschreibung ist nachzutragen, daß von meinen Stücken zwei ♀ und zwei ♂ eine deutliche, kahle, glänzende, kurze Thoraxmittellinie zeigen. Die Farbe ist graubraun, durch oft wechselnde Richtung der schimmernden Härchen plüschartig, kleinfleckig. Das ♂ aus Ronda läßt außerdem innerhalb der Schulterbeule je drei abwechselnd braun und grau tomentierte Längslinien erkennen (var. *Rondae*).

Die hieher gehörigen Arten sind im Gegensatze zu den meisten zahlreich auftretenden spanischen Dorcadien nur spärlich und einzeln zu finden. Vielleicht verwischen spätere Funde die Grenzen zwischen ihnen.

* . *

Es wäre zu wünschen, daß endlich die große, in dortigen Sammlungen aufgestapelte *Dorcadion*-Menge eine Bearbeitung erführe, die weniger durch die metallische Aureole problematischer nov. spec., als durch ernste Würdigung ihrer verwandtschaftlichen Beziehungen geleitet würde. Bei der großen Variabilität der Arten und den vielen Lokalrassen ist nur von massigem Material aus den verschiedensten Gegenden Aufklärung zu hoffen.

Unter drei bei dem abnorm schlechten Wetter in der Nähe von Madrid gefangenen *Meloë corallifer* waren zwei mit braunschwarzen Thoraxbeulen (im Leben!). Diese bemerkungswerte Farbenvarietät nenne ich nach Fräulein Eva Steigerwald, die sich seit Jahren große Verdienste um Konservierung und Präparation meiner Sammlung erwarb, var. n. *Evae*.

Übrigens zeigen alle aus der Gegend stammenden *Meloë majalis* auch nur einfach schwarze Färbung, gehören also nach Reitter der weniger verbreiteten Stammrasse an.

Notiz zu Liodes und Colon.

Anläßlich der verschiedenen Mitteilungen Dr. Fleischers über
die Lebensweise etc. dieser Gattungen, erlaube ich mir auf eine
wenig bekannte Arbeit J. Sahlbergs hinzuweisen, die unter dem
Titel »Anisotomider och Colonider på senhösten« (Anis. und Colon.
im Spätherbste) im Jahre 1898 in Meddelanden af Societas pro
Fauna et Flora fennica XXIII, p. 28 -33 (deutsches Referat, p. 190)
publiziert wurde. Der Aufsatz scheint den Referenten der zoologischen Jahresberichte entgangen zu sein; wenigstens im Zoological
Record ist derselbe nicht erwähnt. In dieser Arbeit macht der Verfasser darauf aufmerksam, daß *Liodes, Colon* und verwandte Gattungen, die meist nur in stillen und warmen Sommerabenden auf Wald-
wiesen zu finden sind, auch im Spätherbste mit Vorteil gesammelt
werden können und zwar zur Mittagszeit auf steinigen und sandigen,
mit *Calamagrostis* bewachsenen Waldhügeln. Der Verfasser beschreibt
zwei neue ausgezeichnete Arten aus Finnland, *Liodes ruficollis* (mit
parvula Sahlb. verwandt) und *L. inordinata* (verwandt mit *flavescens*
Schmidt, aber wie die japanische *multipunctata* Rye punktiert)
und gibt eine neue Beschreibung der vielfach verkannten *L. punctulata* Gyll. Diese Art wurde nach finnischen Stücken beschrieben
und ist nicht mit Sicherheit anderswo gefunden, denn *punctulata*
Thoms. ist vielleicht eine andere Art. Ferner ist nach Sahlberg
der auch in Finnland vorkommende *Colon armipes* Thoms., den er
früher unrichtig als zweifelhaftes Synonym zu *appendiculatus* Sahlb.
var. *subinermis* J. Sahlb. stellte, eine gute, mit *dentipes* Sahlb.
verwandte Art, aber nicht dieselbe Art wie der von Kraatz und
Reitter beschriebene *armipes*.   *E. Bergroth.*

Liodes algerica Rye (ac.) nigerrima m.

Herr Dr. Chobaut fand in Algier von *L. algerica* B. auch
ein Exemplar mit tief schwarzem Kopf, Halsschild und Flügeldecken.
Diese Coloritaberration (ac.) ist gewiß nicht rein local, da der Käfer an
sich in der Farbe sehr variiert; ich benenne dieselbe nur deshalb,
um die Determination zu erleichtern.   *Dr. A. Fleischer.*

Eine neue Art der Pterostichen-Untergattung Cryobius Chaud. aus Nord-Amerika.

Von B. Poppius (Helsingfors).

Pterostichus (Cryobius) montanellus n. sp.

Oben schwarz, mit schwachem Metallschimmer, unten etwas matter, schwarz, das letzte Ventralsegment hinten braun. Die Fühler, die Palpen, die Mandibeln und die Beine rot.

Der Kopf ist gestreckt eiförmig, mäßig groß, die Augen ziemlich groß und vorspringend. Derselbe ist auch in den Stirnfurchen glatt. Diese letzteren sind seicht, parallel miteinander verlaufend, nur nach außen schärfer begrenzt.

Der Halsschild ist bedeutend breiter als der Kopf mit den Augen, kaum breiter als lang, gestreckt herzförmig, mit ziemlich flach gewölbter Scheibe. Die Seiten sind mäßig gerundet, nach vorne in einem kräftigeren Bogen als nach hinten. Die Vorderecken sind abgerundet und nicht vorgezogen. Vor den Hinterecken sind die Seiten kaum merkbar ausgeschweift. Die Hinterecken sind schwach stumpfwinkelig. Die Randung der Seiten ist fein, zur Basis nicht erweitert. Die Basis ist sehr fein gerandet. Von den beiden basalen Seiteneindrücken ist der innere tief und ziemlich breit, fast die Mitte des Halsschildes erreichend, vom äußeren undeutlich begrenzt. Der letztgenannte ist etwa um die Hälfte kürzer als der innere, viel seichter und schmäler als derselbe, nach außen bis zur Seitenrand-kante sich erstreckend. Beide Eindrücke sind im Grunde fein und einzeln punktiert. Die übrigen Teile der Scheibe sind glatt. Die Mittelfurche ist fein, fast die Basis des Halsschildes erreichend. Die Querfurchung am Vorderrande ist seicht, nicht scharf begrenzt. Die Propleuren sind vorne fein und mäßig dicht punktuliert. Die Punktur der Episterna der Mittel- und Hinterbrust sind kaum kräftiger.

Die Flügeldecken sind gestreckt, an den Seiten mäßig gerundet, breiter und etwa doppelt länger als der Halsschild. Die Scheibe derselben ist gewölbt und zur Spitze ziemlich weit abfallend. Die Schultern sind abgerundet. Die Spitze ist ziemlich breit abgrundet, die Seiten vor derselben seicht ausgeschweift. Die Streifen sind fein, die äußeren viel seichter als die inneren und zur Spitze etwas verloschen erscheinend. Nur der siebente Streifen ist hier schwach vertieft. Im Grunde sind dieselben sehr fein punctiert. Die Zwischenräume sind flach, nur die inneren schwach gewölbt. Auf dem dritten Zwischenraume befinden sich zwei seichte Punktgrübchen. Die Seiten der Ventralsegmentè sind fein und weitläufig der Länge nach runzlig gewirct. Long. 7 mm.

Beim ♂ sind die Vordertarsen schwach erweitert und das letzte Ventralsegment trägt am Hinterrande zwei Borstenpunkte: beim ♀ ist dasselbe Segment mit vier Borstenpunkten bewehrt.

Sehr nahe verwandt mit *Pt. hudsonicus* Lec. und *Pt. labradorensis* Chaud. Von der ersteren Art besonders zu unterscheiden durch den Bau des Halsschildes. Derselbe ist schmäler, an den Seiten seichter gerundet, diese vor der Basis caum mercbar ausgeschweift, wodurch die schwach stumpfwinceligen Hinterecken sehr curz abgesetzt sind. Bei *hudsonicus* sind die Hinterecken außerdem scharf rechtwincelig. Der äußere Basaleindruck ist viel cräftiger ausgebildet, länger, breiter und tiefer. Beide Eindrücce sind im Grunde deutlicher punctiert. Außerdem sind die Palpen und die Fühler heller gefärbt. Von *Pt. labradorensis,* welcher Art sie im Bau des Halsschildes mehr gleicht, zu unterscheiden durch oben weniger metallische Farbe, gestreckteren und gewölbteren Körper, sowie durch anders gebaute Eindrücce und stumpfere Hinterecken des Halsschildes.

Fundort: Nord-America, White Mountains. Zwei Exemplare, ♂ und ♀ in Coll. v. Heyden, wo dieselben als *Pt. hudsonicus* Lec. bestimmt waren.

Hier seien auch neue Fundorte zweier americanischer *Cryobius*-Arten erwähnt: *Cr. arcticola* Chaud. aus White Mountains und *Cr. subcaudatus* Mannh. aus Hudson-Bai (Coll. v. Heyden).

Eine neue Art der Rüssler-Gattung Brachysomus aus Siebenbürgen.

Von Postrat **R. Formánek** in Brünn.

Brachysomus Zellichi n. sp.

Kastanien- bis schwarzbraun, mit rötlichen Fühlern und Beinen, der Körper mit kleinen, pünktchenförmigen, isolierten, asch- oder weißgrauen Schuppen bedeckt und mit gleichfärbigen, auf der Oberseite des Rüssels und auf dem Halsschilde abstehenden, sehr kurzen, auf den Zwischenräumen der Flügeldecken in unregelmäßigen Doppelreihen geordneten, nach hinten geneigten, wenig längeren Börstchen besetzt. Der Rüssel kaum oder wenig kürzer als an der Basis breit, nach vorne ziemlich stark verschmälert, samt dem Kopfe einen Konus bildend, nicht gekrümmt, oben der ganzen Breite nach flach, vorne merklich tiefer eingedrückt, mit der der Quere nach sehr schwach gewölbten Stirne in demselben Niveau liegend, von der letzteren nicht abgesetzt. Die Fühlergruben matt, mäßig tief, dreieckig, gegen die Augen gerichtet, die letzteren nicht erreichend, die obere Kante nach hinten stark abgekürzt, kaum oder nur wenig über die Mitte des Rüssels reichend. Die Augen rund, deutlich gewölbt, aus der Wölbung des Kopfes deutlich vorragend, bei der normalen Kopfstellung den Vorderrand des Halsschildes berührend. Die Fühler ziemlich zart, fein und abstehend behaart, den Hinterrand des Halsschildes wenig überragend, der Schaft kaum kürzer als die Geißel samt der Keule, in der basalen Hälfte kaum merklich, in der apikalen mäßig stark verdickt, mäßig gekrümmt, die ersten zwei Geißelglieder gestreckt, das erste gegen die Spitze verdickte wenig länger als das zweite, das dritte kaum oder wenig länger als breit, die äußeren vier in der Länge kaum differierend, schwach quer, die Keule spitz eiförmig, etwa so breit wie die Spitze des Schaftes und kürzer als die anstoßenden drei Geißelglieder zusammengenommen. Der Halsschild etwa zweimal so breit wie lang, vorne schief nach unten, hinten fast gerade abgestutzt, in der Mitte am breitesten, nach vorne wenig stärker als nach hinten verengt, der Länge nach schwach, der Quere nach stark gewölbt, im vorderen Drittel mit mehr weniger deutlicher Andeutung einer Einschnürung. Die Flügeldecken etwa zweimal so breit wie der Halsschild, an der Basis kaum merklich ausgerandet, mit vollkommen verrundeten Schultern, regelmäßig eiförmig, beim ♂ kürzer als beim ♀, hochgewölbt, die Längswölbung bis über die Mitte mäßig aufsteigend, dann stark und zur Spitze steil abfallend, in ziemlich tiefen Streifen grob punktiert, die Punkte weit aufeinanderfolgend, die Zwischenräume deutlich gewölbt. Die Beine bei beiden Geschlechtern gleich stark entwickelt, mit länglichen, weißgrauen Schuppen undicht bedeckt, die Schenkel ziemlich stark angeschwollen, die Schienen gerade, das dritte Tarsenglied tief gespalten, zweilappig, breiter als die vorhergehenden, die Klauen über die Mitte verwachsen. Long. 2·5—3·4 mm.

Der neue *Brachysomus* gehört in die erste, durch die dreieckigen, gegen die Augen gerichteten Fühlergruben ausgezeichnete Gruppe und ist von den hierher gehörigen, sowie von den Arten der übrigen Gruppen durch den von der Basis nach vorne verschmälerten, mit dem Kopfe einen Konus bildenden Rüssel auf den ersten Blick zu unterscheiden. Im Kataloge wäre derselbe vor dem *Brach. transsylvanicus* einzureihen.

Die Art wurde von Herrn Hauptmann Josef Zellich in Karlsburg — Gyulafehérvár —, Komitat Weißenburg (Siebenbürgen), in fünf Stücken gesammelt, wovon mir vom Entdecker drei Exemplare freundlichst überlassen wurden.

Laria oder Bruchus?

Auf Schilskys Darlegungen in »Ein Wort zur Verständigung der *Laria* Scopoli und *Bruchus* Linné« (D. E. Z. 1906, p. 467) möchte ich nur erwidern, daß Linné die Gattung *Laria* Scop. durchaus nicht in *Bruchus* und *Laria* zerlegt, sondern einfach nicht angenommen hat. Hätte er sie zerlegt, so müßte sich ja in der ed. XII seines Systema Naturae (1767), in welcher die Gattung *Bruchus* aufgestellt wurde, neben der Gattung *Bruchus* auch eine Gattung *Laria* finden. Eine solche suchen wir aber unter den 30 von Linné in der ed. XII angenommenen Gattungen der Coleoptera vergebens.

Es bleibt daher mein Standpunkt in der Frage: »*Laria* oder *Bruchus*?« (M. K. Z. 1906, 65—67) unerschüttert. *L. Ganglbauer.*

Uber das Coleopteren-Genus Machaerites Mill.

Von **Edm. Reitter** in Pascau (Mähren).

Machaerites spelaeus Mill ist mir durch Herrn Kustos Schenkling-Berlin zur Bestimmung vorgelegt worden. Die Besichtigung dieses ausgezeichneten Tieres veranlaßt mich zu nachfolgenden Bemerkungen:

Miller hat die Gattung *Machaerites* auf Eigenschaften aufgestellt[1]) (langes erstes Fühlerglied, das lange Endglied der Palpen und die mangelnden Augen), welche mehr weniger auch bei anderen Bythinen sich wiederholten, weshalb man diese Gattung nicht als solche, sondern nur als Abteilung der großen Gattung *Bythinus* annahm wozu ich in meiner Tabelle V, pg. 38 (478)[2]) in einer Fußnote angeraten habe. Nachdem ich das sehr seltene Tier nun aus persönlicher Anschauung kenne, möchte ich nicht mehr auf dieser Meinung bestehen, denn obgleich es anderen blinden Bythinen recht ähnlich ist, so weist es dennoch einige Charaktere auf, welche diesen fehlen und dem Tiere eine gesonderte Stellung in einer besonderen Gattung anweisen.

Gen. *Machaerites* Mill. unterscheidet sich von den blinden Bythinen durch die langen Maxillartaster, welche so lang sind wie die Fühler; ihr Endglied ist nicht wie dort bald länger oder kürzer beilförmig, sondern ziemlich dünn, sehr wenig dicker als die vorhergehenden gekerbten Glieder, lang säbelförmig gebogen, ziemlich von gleicher Stärke. Augen fehlen beiden Geschlechtern. Halsschild vor der Basis jederseits mit einem Grübchen, aber ohne Querfurche. Flügeldecken nach hinten verbreitert, ohne Schulterbeulen, mit tiefem Basalgrübchen. Ein wesentlicher Unterschied liegt in der Bildung der Abdominaltergite. Bei *Bythinus* werden nur die drei ersten sichtbaren Tergite seitlich gerandet, jedes mündet nach hinten in eine Ecke aus, die ersten zwei sind so lang als die nächsten oder etwas länger; bei *Machaerites*

---

[1]) Verb. d. Zoologisch-botanischen Gesellschaft, Wien, V, 1855, 509.
[2]) Verb. d. Zool. bot. Ges. Wien, XXXI, 1881, 478.

sind vier freie Tergite seitlich gerandet, das erste ist kurz, nur halb so lang als zwei und seitlich mit dem zweiten zusammengerandet, zwei länger als drei, drei wenig länger als vier, drei und vier seitlich separat gerandet, die folgenden zwei ungerandet. Bei *Machaerites* ist demnach ein Abdominaltergit mehr unbedeckt als bei *Bythinus*, dieses erste Tergit ist kurz, das zweite lang; bei *Bythinus* ist das erste kurze Tergit noch von den Flügeln bedeckt und das erste sichtbare Tergit ziemlich das längste.

Bei dem ♀ sind die Hinterschienen dünn, das letzte Drittel vor der Spitze deutlich nach einwärts gebogen.

Bei dem bisher unbekannten ♂ sind die Schenkel ein wenig kräftiger, die Hinterschienen etwas stärker gekrümmt, innen dicht hinter der Mitte mit einem Zähnchen, dahinter zur Spitze dünner und einwärts gebogen. An den Vorderschienen ist innen vor der Spitze die Spur einer Ecke zu erkennen: die Fühler bei gleicher Form ein wenig kräftiger. Im. übrigen mit dem ♀ übereinstimmend.

Die Figuren, welche *Machaerites speluens* vorstellen sollen, sind, soweit ich solche kenne, recht ungenau. Bei der vom Autor L. Miller gegebenen Figur ist der Halsschild statt herzförmig, kugelig, die basalen Seitengrübchen sind nicht eingezeichnet, den Flügeldecken fehlt der Nahtstreifen und dem richtig gezeichneten Abdomen samt dem bisher unbeachtet gebliebenen Basaltergite fehlt die Seitenrandung.

Eine andere Figur gab auch de Saulcy in den Ann. Soc. de France 1863, T. 3, Fig. 3. Dieselbe ist ganz schematisch gehalten und kaum von *Linderia Mariae* Duval zu unterscheiden, mithin sehr ungenau.

Ob *Machaerites Lucantei* Saulcy, dem auch eine deutliche Querfurche am Halsschilde fehlen soll und den ich nicht kenne, zu *Machaerites* gehört, wohin er im neuen Kataloge von 1906 gebracht wurde, läßt sich aus der Beschreibung nicht entnehmen; ich möchte aber die Zugehörigkeit dieser Art zur Gattung *Machaerites* bezweifeln.

Coleopterologische Notizen.

Von **Edm. Reitter** in Pascau (Mähren.)

661. *Rhinosimus caucasicus* Reitt. W. 1905, 312, aus dem Kaukasus beschrieben, sammelte auch Hauptmann E. v. Bodemeyer im Belgrader Wald bei Konstantinopel.

662. *Formicomus Hauseri* Pic, der nach einer Notiz von Herrn Pic[1]) mit meinem *F. Sterbae*[2]) gleich sein sollte, hat mir der Autor auf meine Bitte zugesendet und der Vergleich beider Typen hat in der Tat die Gleichheit beider Arten ergeben. Leider kann dieses Tier nach der Originalbeschreibung des *F. Hauseri* niemand erkennen, weil erstere der Wirklichkeit nicht entspricht und ich deshalb geradezu gezwungen wurde, in meinem Tiere *(F. Sterbae)* eine vom *Hauseri*, durch ganz abweichende Punktur ausgezeichnete Art vor mir zu sehen.

Zur Beschreibung dieser Art wurde von uns beiden, außer einigen auch anderen Arten zukommenden Eigenschaften, die Färbung, welche nichts Prägnantes aufweist und die Punktur der Oberseite herangezogen. Das typische Stück von *F. Hauseri*, welches nach der Originalbeschreibung auf dem Kopfe eine »ponctuation forte, écartée«, auf dem Halsschilde eine wiederholt angeführte »ponctuation forte et écartée« und auf den Flügeldecken »une ponctuation fine, espacée« haben soll, hat in der Wirklichkeit eine Punktur, wie ich sie bei *F. Sterbae* beschrieben habe, nämlich sie ist auf der ganzen Oberseite in gleicher Weise sehr fein und spärlich ausgeprägt und erscheint die Oberseite bei oberflächlicher Ansicht nahezu glatt!

Aus obigen Angaben folgt, daß ein Tier, mit der wichtigen Punktur, welches der Originalbeschreibung des *Formicomus Hauseri* Pic entspricht, gar nicht existiert und daß das Objekt, welches dieser irreführenden Beschreibung zugrunde gelegen haben soll, nur als *Form. Sterbae* bezeichnet werden kann. Die Identifizierung beider Arten durch die Typen kann hier unmöglich die Priorität für *Form. Hauseri* sichern, denn wir beschreiben ja eine neue Art, damit sie aus der Beschreibung

---

[1]) Ann. Fr. 1905, Bull. 182.
[2]) W. 1905, 205. Siehe auch W. 1906, pg. 21, Notiz 652.

ercannt werden cann und nicht um nur dadurch eine gleich-
giltige Formalität zu erfüllen und die Priorität zu erlangen. Eine
Type, welche sich nicht mit der Beschreibung deckt, kann
nicht dafür angesehen werden, denn die Beschreibung ist das
Bleibende, die Type das Vergängliche in unserer Wissenschaft
und Niemand cann gezwungen werden, zur Kontrolle der
Beschreibung auch die dazu gehörige Type zu consultieren,
die man in den meisten Fällen gar nicht zu erhalten becommt.
Über den problematischen Wert der Typen und über den
Mißbrauch der Typen werde ich an anderer Stelle referieren.
Neuestens hat Herr M. Pic in den Bull. Soc. Ent. Fr.
1906, 175 dieselbe Angelegenheit zur Sprache gebracht und
sucht sie so darzustellen, als ob die abweichende Punctur,
wie er sie bei *Hauseri* angibt, sexuell beim ♀ und überhaupt
als variabel aufzufassen wäre. Nachdem ich das fragliche
originale ♀ untersuchen connte, muß ich diese Darstellung
als nicht der Wirclichceit entsprechend bezeichnen und das
reichliche, mir später zugecommene Material ist in Bezug der
Punctur ganz gleichartig gestaltet, eine nennenswerte Ungleich-
heit nicht ercennbar. Die obige Notiz hat lediglich den Zweck,
die mißlungene Beschreibung plausibel zu machen und die
verfehlte Art zu retten.

663. Für *Rhizophagus cribratus* Gyll. und *puncticollis* Sahlb. habe
ich in der neuen Katalogs-Ausgabe wegen den scheinbar zehn-
gliedrigen Fühlern mit abgestutztem Endgliede den Namen
Anomophagus eingeführt.

664. In den Ann. d. Mus. Wien, Band XX, Heft 2 und 3, pg. 44
hat Director Ganglbauer nachgewiesen, daß unter den Formen
von *Amphicoma vulpes* zwei gute Arten nach der Sculptur
des Halsschildes zu unterscheiden sind: *vulpes* F., mit dicht
punctiertem, am Grunde fein gerunzeltem und *distincta* Fald.
(Persien) mit spärlicher und feiner punctiertem Halsschilde
auf ebenem, mattem, fein hautartig genetztem Grunde, etwa
wie bei *Eulasia papaveris, Genei* etc. Zu *Amphicoma distincta*
Fald. gehören als Varietäten: v. *immunda* Reitt. aus Mardin,
Persien und v. *basalis* Reitt. aus Kurdistan (Malatia).
Als dritte Form zu *distincta* Fald. kömmt noch: v. *rufo-*
villosa nov. Purpurrot, Flügeldecken braun, Kopfränder unterseits und Palpen schwarz, Beine grün erzfarbig, Abdomen
zum größten Teile rot. Der ganze Käfer dicht rot, die Flügel-

dec┌en spärlicher und ┌ürzer behaart. -- Mesopotamien. —
Befand sich mit *Amphicoma vulpes* ┐. *pyrrhothrix* ┐ermengt,
dem sie täuschend ähnlich ist.

665. *Gyratogaster comosus* K. Daniel, Münch. Kol. Zeitschr. I.,
1903, 319 aus Kleinasien = *Arammichnus larinoides* Reitt.
Wien. Ent. Ztg. 1896, 237 aus Russisch-Armenien (Araxestal
bei Ordubad).

666. Eine Beobachtung über *Geotrupes mutator* Marsh. — Herr
Franz Šterba teilt mir brieflich mit:»Am 7. April 1906
um 6½ Uhr abends sind auf unserem Fabrikshofe in Peče┌
(Böhmen) ┌napp (2 m) vom Fabriksgebäude unter den Eisen-
bahnschienen zu den letzteren etwa 500 bis 600 Exemplare
aus dem Boden ge┌rochen und an ele┌trische Bogenlampen
geflogen. Die Schlupflöcher waren gerade unter den Schienen,
eines neben dem anderen, so daß die Erde, die an dieser Stelle
betonartig mit Asche gestampft ist, ganz loc┌er zerwühlt war.
An dieser Stelle waren ┌eine pflanzlichen oder animalischen
Überreste; nur geht etwa zwei Meter unter der Oberfläche ein
Kanal mit lauwarmen Abfallwasser und die Erde ist, da auf
dem Platze ┐or etwa zwanzig Jahren ein Nachproduktenlokal der
Zuc┌erfabri┌ ┐orhanden war, etwas mit Melasse geträn┌t.«
Diese letzten zwei Umstände dürften aber wohl die Vor-
liebe der *Geotrupes* für den erwähnten erwärmten und durch
Süßig┌eiten durchtrün┌ten Boden er┌lärlich machen.

677. Obgleich sich mit den blinden Silphiden schon zahlreiche
scharfsichtige Entomologen eingehend befaßt haben, so ist
allen bisher ein teilweise sehr auffälliges, für die Systemati┌
wichtiges Mer┌mal derselben entgangen. Die blinden Silphiden
besitzen nämlich jederseits am Vorderrande der Vorderbrust,
wo das Prosternum mit der Trennungsnaht der Seitenstü┌┌e
zusammentrifft, einen bald großen, bald sehr kleinen, nach
unten oder nach unten und hinten abstehenden, nadel-
förmigen Dorn, der auch in der Seitenansicht bei aufge┌lebten
Indi┐iduen sichtbar ist, wenn der Kopf nach ┐orne ┐orgestrec┌t
erscheint. Dieser Stachel ist allerdings bei den Gattungen, wo
die herabhängenden, zapfenförmigen Vorderhüften sehr star┌
entwic┌elt sind, wie bei den Bathyscien etc. meist nur sichtbar,
wenn der Kopf aus der nach unten geneigten Stellung gebracht
wird. Unter den übrigen, mit Augen ausgestatteten Silphiden
habe ich einen ähnlichen Stachel nur noch bei *Pteroloma* bemer┌t.

668. Ich habe Herrn Oberrevidenten J. Breit in Wien mein Sammlungsmaterial der Gattung *Nargus* zur Nachprüfung eingesendet, weil derselbe glaubte, in *N. Leonhardi* nur eine Varietät des *phaeacus* zu erblicken. In seinem Begleitschreiben zur Rücksendung meiner *Nargus* teilt mir derselbe mit, daß er nun überzeugt sei, daß *Leonhardi* eine selbständige Art sei, dagegen der *phaeacus*, der von *Kraatzi* nur durch gebogene Hinterschienen beim ♂ abweiche, doch artlich von letzterer Art nicht verschieden ist, weil dieses sexuelle Merkmal in seltenen Fällen nicht zutrifft. Herr Breit war so freundlich. mir ein ♂ von *phaeacus* zu bezeichnen, das gerade Hinterschienen besitzt, was ich zugeben muß; dieses eine Stück hat die Hinterschienen kaum erkennbar gekrümmt; dann ein ♀ von *Kraatzi*, bei dem die Krümmung der Hinterschiene deutlich zu sehen sei. Der letztere Fall beruht aber auf einem Besichtigungsfehler: die vorgestreckte, gebogene Schiene ist nämlich die Mittelschiene (welche bei den verwandten Arten in beiden Geschlechtern gebogen ist), während die rechte Hinterschiene dem fraglichen weiblichen Tiere überhaupt fehlt. Da aber mir der eine Nachweis genügt, daß es auch *Nargus phaeacus* ♂ mit geraden Hinterschienen geben kann, so bin ich mit Herrn Breit einverstanden, zu erklären, daß *Nargus phaeacus* von den jonischen Inseln eine Rasse des griechischen *Kraatzi* sei.

669. Herr M. Pic schreibt in seinen Materiaux pour serv. a l'étude des Longicornes, Heft 6, I. Teil, pg. 11, daß ihm der *Morimus Ganglbaueri* Reitt. eine simple Varietät des *funereus* zu sein scheint. Nachdem aber *Ganglbaueri* wegen seiner gehöckerten Samtflecken nur in die Nähe des *asper* gehört, so ist seine Zugehörigkeit zu *funereus* Muls. der, sowie auch *orientalis*, glatte Samtflecken besitzt, ausgeschlossen. Eine solche Zusammenziehung hätte ich von Herrn Pic, der ein Kenner der Cerambyciden zu sein beansprucht, nicht erwartet; derselbe scheint sich um meine Beschreibung angesichts der Objekte gar nicht gekümmert zu haben.

670. *Helops carinatus* Pic A'. 1899, 411 aus Kleinasien ändere ich wegen *carinatus* Seidl. in **H. Picianus** um.

Über Bryaxis Kugelann 1794.

Von **Dr. G. Seidlitz** in Ebenhausen bei München.

Raffray hat in seinem letzten, verdienstvollen, großen Werke über die Pselaphiden, auf Bedels Ratschlag, eine, wie er selbst sagt »grande confusion« in der Nomenclatur angerichtet, indem er die bekannte Gattung *Bythinus* Leach jetzt »*Bryaxis* Kug.« nennt. Die Folge ist, daß *Bryaxis* Leach aus der bisherigen Tribus *Bryaxini* (die daher in *Brachyglutini* umgetauft wird) und *Bythinus* Leach überhaupt verschwindet, worauf denn auch die Tribus *Bythinini* den Namen ändern und *Tychini* heißen muß.[1]

Raffray behauptet zwar, daß diese Namensänderung unumgänglich notwendig sei, weil Kugelann 1794 eine (unkenntliche) Gattung *Bryaxis* auf einen (der Art nach unkenntlichen) »unzweifelhaften« *Bythinus* begründet habe. Auf die Unzulässigkeit dieser Namensänderung ist schon kurz hingewiesen worden;[2] hier soll sie jetzt näher begründet werden:

Hätte Raffray die einschlägige Literatur selbst geprüft, statt sich auf das ihm von Bedel mitgeteilte »curieux renseignement bibliographique« zu verlassen, so hätte er finden müssen, daß (wie bekannt) die Gattung *Bryaxis* Kug. 1794 als undefinierbar kassiert und die Art *Br. Schneideri* längst rite begraben ist und daß daher die allgemeine Anerkennung der Gattung *Bryaxis* Leach 1817 zu Recht besteht. Leach zitiert bei seiner Gattung *Bryaxis* nicht etwa Kugelann, sondern Knoch (i. l.) als Autor.[3] Der einzige, der bei *Bryaxis* den Autor Kugelann zitiert, dabei aber die Gattung in Leachs Sinne definiert, ist Redtenbacher (F. austr.), ein Irrtum, der weiter keinen Schaden angerichtet hat, während die jetzt vorgeschlagene Namensänderung fortzeugend Böses nur gebärt, wenn man nicht rechtzeitig einen Riegel vorschiebt.

Kugelanns Gattungsbeschreibung lautet:[4]

---

[1] Genera et Catalogue des *Pselaphides*, p. 229, Ann. Soc. ent. France 73, 1904, p. 108.

[2] Bericht über die wissensch. Leist. d. Entomologie pro 1904, p. 183, 188.

[3] Misc. ent. III, p. 85.

[4] Schneider, N. Mag., p. 580—581 und Illiger, Käfer Preußens 1798, p. 293.

Bryaxis Mihi.

»Die Gestalt ist der Gattung *Pselaphus* ganz gleich. Auch
die Fühlhörner haben dieselbe Form und Lage, sie sitzen ganz am
Ende des Kopfes, sind plump, stehen vorwärts und sind aus elf
Gliedern zusammengesetzt; das Wurzelglied ist sehr groß, noch
größer als das große eiförmige Glied an der Spitze. Eigentliche
Fraßspitzen habe ich keine entdecken können, an deren Stelle befindet
sich ein noch sonderbareres Werkzeug; an jeder Seite des Kopfes
zwischen Fühlhorn und Auge bemerkt man nämlich ein großes, beinahe walzenförmiges Glied, welches das Tierchen so wie die Fühlhörner bewegen kann.«

Nach dieser Beschreibung wird wohl niemand eine Pselaphiden-
Gattung erkennen, da sämtliche Pselaphiden sich deutlicher, großer
Taster erfreuen und das würde eigentlich schon genügen, um die
Verwerfung der Gattung *Bryaxis* Kug. endgültig zu motivieren.
Da aber Raffray — in der falschen Voraussetzung, es genüge für
die Prioritätsberechtigung eines Gattungsnamens, daß man eine dazu-
gehörige Art zur Not als Angehörige irgend einer später gut begründeten
Gattung erkennen könne[1] — die *Bryaxis Schneideri* Kug. 1794
»unwiderruflich« als einen *Bythinus* erkennen will, müssen wir uns
die Mühe nehmen, auch diese Illusion zu zerstören, obgleich auch
hiebei nur an bereits Bekanntes zu erinnern ist.

Die Beschreibung der *Bryaxis Schneideri* Kug. beschränkt
sich auf folgende Worte:[2] »Die Größe des Käferchens ist kaum
eine halbe Linie, überall braunschwarz, zuweilen auch heller oder
dunkler, glänzend. Fühlhörner, das große Glied an den Seiten des
Kopfes und die Füße sind gelblich, durchsichtig. Das Brustschild
ist kugelförmig. Die Deckschilde hinten am breitesten, ein Drittel
kürzer als der Leib, fein punktiert und das Käferchen ist hin und
wieder mit Haarborsten besetzt.«

Aus welchen dieser Merkmale man einen »unzweifelhaften«
Bythinus erkennen soll, verschweigt Raffray leider, wir können
daher gleich zu den entgegengesetzten früheren Deutungen des Käfers
übergehen.

---

[1] Nach dieser unzulässigen Voraussetzung müßten z. B. sämtliche Dejean-
schen Katalogsnamen gültig sein, da man sie sehr wohl nach ihrem Inhalt
deuten kann.

[2] Schneiders Mag. p. 581—582, Illiger Käfer Preußens p. 293—294.

Kugelann selbst »zählte dieses Käferchen ehedem mit unter *Pselaphus*« (p. 582), wobei wir nicht vergessen dürfen, daß damals (und auch 1798) *Pselaphus* auch *Scydmaenus* umfaßte. Illiger, dem der Käfer unbekannt war, so daß er nur Kugelanns Beschreibung (aus dem Berliner Manuskript) wiedergeben konnte,[1]) befürwortet ebenfalls die Vereinigung von *Bryaxis* Kug. mit *Pselaphus* und erklärt das fragliche »große Glied« an der Seite des Kopfes für das Endglied der versteckten Taster. Schneider schickte den Käfer an Kugelann als *Notoxus minutus* Fbr. und diese Deutung hat Kugelann vollständig akzeptiert, indem er (1794) an erster Stelle dieses Zitat bringt und (Käf. Preuß. 1798) die Fabricische Diagnose zur Diagnose seiner Art macht. Der neue Name »*Schneideri*« war also überflüssig, denn hiernach hätte er seine Art eigentlich *Bryaxis minuta* Fbr. nennen sollen. Illiger läßt das Zitat aus Fabricius ganz fort, weil das Merkmal der »verkürzten Flügeldecken« in Kugelanns Beschreibung auf *Notoxus minutus* nicht zutreffe.[2]) Hierin hatte Illiger, sofern er Kugelanns Beschreibung im Auge hatte, unzweifelhaft recht, was aber das Objekt der Beschreibung betraf, so scheint er doch falsch geraten zu haben. Sowohl Schneider als Kugelann hatten in dem Käfer den *Notoxus minutus* Fbr. erkannt (der übrigens von Panzer bereits abgebildet war) und daher hätte Illiger, statt diese Deutung ganz zu verwerfen, um so eher einen Fehler in der Beschreibung der Flügeldecken vermuten können, als er auch die angebliche Palpenlosigkeit als Fehler bezeichnet.

Beide Fehler sind dann auch in der Folge von Kugelann selbst konstatiert worden und Lentz gebührt das Verdienst, die betreffende Notiz aus einem Manuskripte Kugelanns von 1808, das sich im Besitze von Andersch befand, gerettet und publiziert zu haben. Sie lautet:

»3. *Pselaphus Schneideri:* Unter Fichtenrinde. Das walzenförmige Glied, welches an jeder Seite des Kopfes bemerkt wurde, war Täuschung, welche ich jetzt erst entdeckte. Es sind die Vorderfüße, die das Tierchen gebrochen in solche Stellung bringt und

---

[1]) Das Wort »kegelförmig« (Halsschild) dürfte Druckfehler statt »kugelförmig« sein.

[2]) Besser hätte Illiger das Zitat des *Hister apterus* Scop. fortlassen sollen, wie er das aus Geoffroy und wie Kugelann (im Berliner Manuskript) das Zitat des *Claviger testaceus* Preyssl. fortließ, gegen welches schon Schneider (p. 581 Anm.) »kräftigst protestiert« hatte. Als Kuriosum sei erwähnt, daß Kugelann den *Claviger* für eine Wanze erklärt (Käf. Preuß. p. 294).

dadurch den Irrtum veranlaßten. Die Palpen sind wie bei *Pselaphus Hellwigii*, dem er auch an Größe und Gestalt ähnlich ist; nur die Flügeldecken sind etwas abgekürzt.«[1])

Nach diesen zwei Berichtigungen konnte Lentz vor 50 Jahren die *Bryaxis Schneideri* Kug. als Synonym zu *Scydmaenus pusillus* M. & K.[2]) ziehen und damit für endgültig begraben halten so daß er sie in seine Abhandlung »Kugelannsche Rätsel«[3]) gar nicht aufnahm.

Hoffentlich hält nun diese zweite solenne Beerdigung des inhaltlosen Namens länger als 50 Jahre vor und bewahrt ihn vor abermaliger unheilvoller Auferweckung.

---

[1]) Lentz' Neues Verzeichnis der preußischen Käfer, Königsberg 1857, p. 33. — Saparata aus den Neuen preuß. Provinzialblättern. Bd. XI (57), 1857, p. 43—64, 124—138, 248—273, Bd. XII (58), 1858, p. 27—43, 108—126, 165—174.

[2]) Diese Art ist synonym mit *Sc. minutus* Fbr. Gyll. und sollte somit eigentlich *Sc. minutus* Fbr. heißen.

[3]) Loc. cit. Bd. X (56), 1856, p. 49—62.

Berichtigung.

Herr Professor v. Heyden gibt in W. E. Z. 1906, pg. 137 und 138 Bemerkungen zur Monogr. der *Hyperini*, an denen ich folgendes auszusetzen habe:

Die älteren russischen Autoren Gebler, Motschulsky etc. schrieben stets richtig Schrenck, wenn sich die Familie jetzt Schrenk nennt, so ist dies wahrscheinlich in den russichen Zuständen begründet, wo jeder scheinbar seinen Namen beliebig ändern kann. Ich erinnere nur aus neuester Zeit an Jacobsohn, der sich von 1895 ab plötzlich Jacobson schreibt.

Von Petris Angaben, p. 138, Anmerkung, ist zu berichtigen daß die Opusc. ent. 1 von Desbrochers nicht von 1894—1875 erschienen sein können, denn sie sind erst, wie aus pag. 1 hervorgeht, nach dem 28. November 1873 in Druck gegeben worden. Das Erscheinungsjahr ist also, entgegen der Titelangabe, nur 1875.

Phytonomus arcuatus Desbr. soll, wie aus dem Cat. Col. Eur. (1891) p. 304 zu ersehen, mit *gracilentus* Cap. identisch sein.

J. Weise.

LITERATUR.

Diptera.

Bezzi, Mario. Noch einige neue Namen für Dipterengattungen. (Ztschrft. f. Hymenopt. und Dipterol. 1906, Heft 1, pg. 49—55.)

Für eine Anzahl praeoccupierter Gattungen werden neue Namen eingeführt und zwar: *Barychaeta* für *Pachychaeta* Bortsch. 1882 nec Loew 1845 (Dipt.), *Craticulina* für *Craticula* Pand. 1895 nec Lowe 1854 (Moll.), *Cylindropsis* für *Cylindrosoma* Rond. 1856 nec Tschudi 1838 (Rept.), *Deuterammobia* für *Ammobia* v. d. Wulp 1869 nec Billbg. 1820 (Hym.), *Eudoromyia* für *Eudora* Rob.-Desv. 1863 nec Lesson 1809 (Coel.), *Fabriciella* für *Fabricia* Rob.-Desv. 1830 nec Blainw. 1828 (Verm.), *Helicobosca* für *Theria* Rob.-Desv. 1830 nec Hübner 1816 (Lep.). Die Gattung *Microchaetina* Wulp, welche der Verfasser mit *Theria* für identisch zu halten geneigt ist, kann jedoch des ganz anders gebildeten Flügelgeäders wegen nicht mit dieser Gattung zusammenfallen. Ferner werden eingeführt: *Schnablia* für *Microcephalus* Schnbl. 1877 nec Lesson 1820 (Rept.), *Tessarochaeta* für *Tetrachaeta* B. B. 1894 nec Ehrbg. 1844 (Pol.) und *Melanochaeta* für *Pachychaeta* Bzz. 1895 nec Loew 1845 (Dipt.).

Bezzi hält es für nötig, *Crassiseta* »Lw.« (nicht »v. Roser«) zu schreiben, da der von v. Roser aufgestellte Name (Württemb. Correspbl. 1840, 63) nur Katalogsname sei. Nach meiner Meinung muß jedoch »*Crassiseta* von ·Roser« zitiert werden, denn es ist nicht nur von Loew (Dipt. Beitr. T. 50) selbst schon *Pachychaeta* als Synonym zu *Crassiseta* v. Ros. gestellt worden, sondern v. Roser hat auch im Jahre 1840 mehrere Artnamen in Verbindung mit dem Namen *Crassiseta* gebracht, wodurch dieser als Gattungsbegriff genügend gekennzeichnet erscheint.

Es folgen nun in Bezzis Arbeit eine ganze Reihe Bemerkungen über die Nomenclatur der Tachiniden, von welchen allerdings einige nichts Neues bieten, da sie, soweit sie die Synonymie betreffen, schon von Brauer-Bergenstamm bekannt gemacht wurden. Der Bemerkung der Redaktion der Zeitschrift f. Hym. u. Dipt., daß der von Pandellé eingeführte Name *Disjunctio* als Gattungsname für eine Fliege durchaus zu verwerfen sei, stimme ich vollkommen bei; solche Namen sollten keine Berücksichtigung finden!

Wingate, W. J. A preliminary list of Durham Diptera, with analytical tables. (Transactions of the Nat. Hist. Soc. of Northumberland, Durham and Newcastle-Upon-Tyne. New Series. Vol. II., 1906, pg. 1—416. Plate I—VII.)

Wie in der Vorrede gesagt wird, beabsichtigte der Verfasser ursprünglich nur ein vorläufiges Verzeichnis der ihm bekannt gewordenen Dipteren von Durham (636 Arten) zu geben. Er erweiterte jedoch die Bestimmungstabellen (denn nur solche enthält die Arbeit) auf Grund des Verrallschen Verzeichnisses der englischen Arten und fügte 318 europäische Arten hinzu, welche in England noch nicht aufgefunden wurden, so daß also im Ganzen 2526 Arten behandelt werden. Die *Cecidomyiden* und *Psychodiden* mit 390 englischen Arten sind überhaupt nicht berücksichtigt und 284 Arten des Verrallschen Verzeichnisses hat der Verfasser in seine Tabellen nicht einzureihen vermocht.

Diese Bestimmungstabellen lassen überhaupt an vielen Stellen erkennen, daß sie der Verfasser nicht auf Grund eigener Untersuchungen aufgestellt hat, daß vielmehr die Arbeiten anderer Autoren in mehr oder weniger ausgiebiger Weise benützt worden sind. Fast wörtlich ins Englische übersetzt sind z. B. die Steinschen Tabellen von *Homalomyia, Hydrotaea* und *Spilogaster,* sowie die *Scatomyziden*-Tabellen Beckers! Die auf pag. 209—218 gebrachte Tachiniden-Übersicht zeigt schon beim flüchtigen Durchsehen manche Fehler. So ist *Chaetolyga* Rond. mit kahlen Wangen aufgeführt und *Metopia* Mg. werden Borsten auf den Vibrissenleisten wie bei *Frontina* zugeschrieben.

Die von pg. 8—25 gegebene Erläuterung der Tafel I, welche eine Übersicht der Terminologie des Fliegenkörpers zur Darstellung bringt, ist teilweise nicht mit dem nötigen Verständnis für die neueren Forschungen auf diesem Gebiete gegeben. An Undeutlichkeit läßt übrigens die Darstellung der Thoracalbeborstung nichts zu wünschen übrig. Die Bezeichnungsweise der Flügeladern mit kurzen Signaturen, die nicht auf allgemein gebräuchliche Ausdrücke zurückgeführt werden können, ist unpraktisch, denn sie erschwert die Benützung der Tabellen. Abgesehen von einigen anderen falschen Bezeichnungen der Längs- und Queradern, unter denen auch die ominöse »Hilfsader« und »doppelte 1. Längsader« wieder einmal auftaucht, möchte ich bemerken, daß der Verfasser die Bildung der Posticalis (V 5) im Tipulidenflügel (Tfl. IV, Fig. 20—26) nicht richtig erkannt hat. Was er mit 4 bb und 4 b verschieden bezeichnet, ist ein und dieselbe Ader und zwar nicht der hintere Zweig der Discoidalis (V 4), sondern der vordere der Posticalis; die Discoidalis ist streckenweise mit der Posticalis verschmolzen. Die Betrachtung des Flügels von *Ctenophora, Tipula paludosa, flavolineata* u. s. w., wo die unter der Discoidalzelle stehende Querader die Discoidalis und Posticalis trennt, wird die falsche Auffassung des Verfassers beweisen.

Daß Wingate bei mehreren Gattungen, deren Biologie längst bekannt ist, wie z. B. bei *Chrysops* und *Hilara* sagt: »Life history unknown« und daß er von der Lebensweise der Tachiniden-Gattungen *Meigenia* und *Macquartia* noch nichts gehört hat, beweist, daß die neuere Literatur auch in dieser Beziehung nicht genügend berücksichtigt worden ist.

Ganz verfehlt ist aber die Systematik der Musciden! Wer *Rhinophora* zu den Trixinen und *Cercomyia* zu den Gymnosominen bringt, wer nicht einsieht, daß *Brachycoma* ebenso wie *Metopia* auf Grund der Segmentierung des Abdomens zu den Sarcophaginen gehört, wer endlich nicht verstehen will, daß die Beborstung der Hypopleuren von ganz hervorragender Bedeutung für die Systematik der calyptraten Musciden ist und daß auch unter den Anthomyiden Formen mit vollständiger Spitzenquerader vorkommen können, der hat es auch noch nicht der Mühe wert gehalten, tiefer in das Studium der Dipteren einzudringen und die diesbezüglichen Forschungen anderer zu prüfen. Solche bunt zusammengewürfelte Bestimmungstabellen mögen wohl denjenigen willkommen sein, welche vorübergehend einmal Lust verspüren, Dipteren zu spießen und zu bestimmen — wissenschaftlich haben sie wenig Wert.   *E. Girschner.*

Um die Leser über neue Veröffentlichungen auf dem Gebiete der Dipterologie auf dem Laufenden zu erhalten, sollen von jetzt ab im Anschluß an die Referate in fortlaufender Reihenfolge alle diejenigen Publikationen aufgeführt werden, welche seit dem Jahre 1904 zur Kenntnis des Referenten gelangten, zur Besprechung und näheren Inhaltsangabe ihm aber nicht übersandt wurden.

1. Brues, Ch. Th. A Monogr. of the North American Phoridae. (Transact. of the American Entom. Soc. Vol. 29. Philadelphia 1903.) — 2. Mc. Cracken, J. Anopheles in California, with descript. of a new species. (Entomological News. Acad. of Nat. Sc. Vol. 15. Philadelphia 1904.) — 3. Snodgrass, R. E. The Terminal Abdominal Segm. of Female Tipulidae. (Journ. of the New York Entom. Soc. Vol. 11, 4. 1903.) — 4. Smith, J. B. Notes on the Life History of Culex Dupreei Coqu.'(Entomol. News. Vol. 15. Philadelphia 1904.) — 5. Coquillett, W. D. Notes on Culex nigritulus. (cfr. Nr. 4.) — 6. Coquillett, W. D. Several new Diptera from North America. (The Canadian Entomologist. Vol. 36. London 1904.) — 7. Melander, A. L. Notes on North American Stratiomyidae. (cfr. Nr. 6.) — 8. Grünberg, K. Über afrikan. Musciden mit parasit. leb. Larven. (Sitzgsber. Ges. Naturf. Fr. Berlin 1903.) — 9. Taylor, P. H. Note on the habits of Chiron. sordidellus. (Trans. Soc. Ent. London 1903.) — 10. Theobald, F. v. New Culicidae from the Federated Malay States. (The Entomologist. Vol. 37. London 1904.) — 11. Eaton, A. E. New genera of European Psychodidae. (The Entomologists Monthly Magaz. Vol. 15. London 1904.) — 12. Coquillett, D. W. The Genera of the Dipterous Family Empididae [Addenda]. (Proc. Entomolog. Soc. of. Washington, Vol. VI. 1904.) — 13. Eysell, A. Aëdes cinereus Hffgg. und Aëdes leucopygus n. sp. (Abhdlg. Ver. Naturk. Kassel 1903.) — 14. Klunzinger, C. B. Über parasit. Fliegenmaden an einer Kröte. (Jahresber. Ver. Naturk. Stuttg. 1903.) — 15. Bischof, J. Beitrag zur Kenntnis der Muscaria Schizometopa. (Verh. zool. bot. Ges. Bd. 54. Wien 1904.) — 16. Bloomfield, E. N. Diptera from Jersey; D. from Shetlands and Orkneys. (The Entomol. Monthly Magaz. Vol. 15 [40] London 1904.) — 17. Coquillett, D. W. Diptera from Southern Texas, with descr. of new species. (Journal of the New York Entomol. Soc. Vol. 12. 1904.) — 18. Dyar, H. G. The life history of Culex cantans Mg. (cfr. Nr. 17.) — 19. French, G. H. Gastrophilus epilepsalis larvae and Epilepsy. (The Canadian Entomol. Vol. 36. London 1904.) — 20. Grünberg, K. Eine neue Oestridenlarve [Rhinoestrus hippopotami n. sp.] aus dem Nilpferd. (Sitzgsber. Ges. Naturf. Fr. Berlin 1904.) — 21. Derselbe, Ein neuer Anopheles aus Westafrica [A. Ziemanni] und eine neue Tipuliden-Gattung [Idiophlebia] von den Karolinen. (Zool. Anz. Leipzig 1903.) — 22. Giard, A. Sur quelques Diptères intéressants du jardin du Luxembourg, à Paris. (Bullet. de la Soc. Ent. France 1904.) — 23. Chevrel, R. Scopelodromus isomerinus, Genre nouveau et espèce nouv. de Dipt. marins. (Arch. Zool. exp. Paris 1903.) — 24. Kieffer, J. J. Descript. de quelques Cécidomyies nouvelles. (Marcellia, Avellino 1902.) — 25. Derselbe. Descript. de Cécidom. nouv. de Chili. (Rev. Chil. Hist. Nat. Valparaiso 1903. — 26. De Meijere, J. Beitr. z. Kenntn. d. Biol. u. system. Verwandtschaft der Conopiden. (Tijdschrift v. Entomol. s'Gravenhage 1904.) — 27. Villeneuve, J. Contrib. au Catalogue des Dipt. de France. (La Feuille des jeunes Naturalistes IV. Paris 1904.) — 28. Künstler, J. et Chaine, J. Kiefferia musae, Cecidom. nouvelle (Trav. Scientif. Arcachon 1903.) — 29. Yerbury, J. W. Some Diptero-

logical and other Notes on a visit to the Scilly Isles. (The Entomol. Monthly Mag. Vol. 15. London 1904.) — 30. Verrall, G. H. List of British Dolichopodidae. (cfr. Nr. 29.). *E. Girschner.*

Pandellé, L. Contribution à l'étude du genre Asilus L. (Revue d'Entom. XXIV, 1905, pag. 44—98.)

Der nunmehr verstorbene Verfasser, bekannt durch seine große Arbeit Etudes sur les Muscides de France (mit zahlreichen neuen Arten auch von Ost-Preußen aus der Sammlung Czwalinas), gibt in dieser Arbeit in Tabellenform ausführliche Beschreibungen der ihm bekannten 49 Arten der Gattung *Asilus*. Mit diesem Genus vereinigt der Verfasser die zahlreichen, durch Loew von *Asilus* abgetrennten Gattungen, indem er erklärt, daß dieselben sogar als Untergattungen nicht akzeptiert werden können, da sie ineinander übergehen. Von *Asilus* in diesem weiten Sinne werden folgende neue Arten beschrieben: *flaviscopula* (neben *dasypygus* Loew) — Frankreich und Sicilien, *involvilis* (neben *chrysitis* Meig.) — Frankreich, *cyaneocinctus* (neben *punctipennis* Meig.) — Frankreich, *flabellifer* (neben *variipes* Meig.) — Ostpreußen, *lativentris* (neben *erythrurus* Meig.) — Spanien, *hiulcus* (neben *cochlcatus* Loew) — Frankreich und Spanien, *diagonalis* und *vermicularis* (neben *arthriticus* Zell.) — Corsica, *falcularis* und *rotulans* (neben *forcipula* Zell.) — Frankreich. *E. Bergroth.*

Wahlgren, E. Svensk insektfauna. (11. Diptera Orthorrhapha Nemocera. Fam. 1—9. Stockholm. 1905. 68 pp.)

Diese Arbeit, ein Abdruck aus Entom. Tidskrift, gibt in schwedischer Sprache kurze Beschreibungen der aus Schweden gegenwärtig bekannten Arten aus den Familien Tipulidae (vom Verfasser in drei Familien geteilt), Ptychopteridae, Dixidae, Culicidae, Psychodidae, Simuliidae und Rhyphidae. Folgende Arten sind neu und wurden ein wenig früher in zwei anderen Aufsätzen des Verfassers ausführlicher beschrieben: *Dicranomyia aperta, Limnophila robusta, Dicranota gracilipes, Tipula mutila, T. obscurinervis* und *Pericoma albomaculata.* Der Verfasser hat Zetterstedts Typen genau untersucht und über dieselben in einer besonderen, deutsch geschriebenen Abhandlung ausführlich berichtet. Von seinen zahlreichen synonymischen Bemerkungen sind die folgenden von besonderem Interesse. *Limnobia lugubris* Zett. gehört zu *Gnophomyia; L. bifurcata* Zett., auf welche Wallengren eine neue Gattung gründete, scheint ein abnormes Exemplar von *Limnophila ferruginea* Meig. zu sein. *L. coelebs* Zett. gehört in die für Europa neue Gattung *Rhaphidolabis* O.-S., bisher nur aus Nord-Amerika bekannt; *L. zonata* Zett. ist eine *Psiloconopa; Pachyrrhina picticornis* Zett. ist eine *Tipula luteipennis* Meig. mit abnormer Aderung; *Corethra rufa* Zett. ist eine *Mochlonyx*, von *culiciformis* de G. durch ganz andere Färbung verschieden. *Adelphomyia nitidicollis* Meig. (*senilis* Hal.) wird durch einen Lapsus auch in der Gattung *Limnophila* aufgeführt. *Tipula salictorum.* Siebke wird vom Verfasser mit Unrecht zu *Prionocera* gestellt; sie hat haarige Fühler und gehört sicher zu *Tipula.* *E. Bergroth.*

Coleoptera.

Donisthorpe, Horace St. J. K. The Myrmecophilous Coleoptera of Great Britain. (The Vice-Presidents Address.) Proceedings of the Lancashire and Cheshire Entom. Society. 1905. (Sep.-Abdr. 12 pg.)

Der Verfasser, dem wir schon einige Beiträge zur Kenntnis der Myrmecophilen verdanken (On some experiments with myrmecophilous Coleoptera, Entom.
Record, Vol. 13, 1901; Further experiments with myrmecophilous Coleoptera.
ibid. Vol. 15, 1903. Note on the British Myrmecophilous Fauna (excluding
Coleoptera) ibid. Vol. 14, 1902), verzeichnet in dieser Abhandlung die myrmecophilen Coleopteren, die bisher in England beobachtet wurden. In der Ein-
leitung wird die Lebensweise der wichtigsten Vertreter der drei Gruppen der
Ameisengäste: der echten Gäste, der feindlich verfolgten und der indifferent
geduldeten Einmieter geschildert. Bei allen Myrmecophilen sind die Wirtsameisen
sorgfältig verzeichnet und bei den weniger häufigen Arten auch die Fundorte
angeführt. Bezüglich der Mimicry einiger Arten der zweiten Gruppe (z. B. *Myr-
medonia funesta* bei *Lasius fuliginosus*) ist der Verfasser anderer Meinung als
Wasmann. Er hält diese für ein Schutzmittel gegen auswärtige Feinde, während
sich die Käfer ihreWirtsameisen durch einen stechend scharfen Duft vom Leibe halten.

Griffini, Achille. Lucanidi raccolti da Leonardo Fea nell'Africa
occidentale. Annali di Museo Civico di Storia Naturale di Genova, Vol. 42.
1906, p. 135—148.

Die Lucaniden-Ausbeute Feas aus Westafrika enthält Arten aus sechs
Gattungen, ist also ziemlich reichhaltig, da aus der aethiopischen Region überhaupt nur zwölf Lucaniden-Gattungen bekannt sind. Neue Arten befinden sich
darunter nicht, dagegen erhalten wir wertvolle Angaben über die geographische
Verbreitung und die Variation, sowie Ergänzungen zu den Beschreibungen einiger
weniger bekannten Arten. In der Sammlung sind folgende Arten vertreten:
Mesotopus tarandus (Swed.), *Homoderus Mellyi* Parry v. *polyodontus* Boil., *Meto-
podontus Savagei* (Hope), *M. Downesi* (Hope). Das bisher unbekannt gewesene
Weibchen dieser Art wird ausführlich beschrieben. *Proscopocoelus antilopus* (Swed.)
und *P. antilopus* var. *camarunus* (Kolbe). Die von Kolbe beschriebene Art hält
der Verfasser nur für eine Varietät von *antilopus*. *Nigidius nitidus* Thoms.,
Figulus sublaevis (Palis. d. Beauv.).

Klunzinger, C. B. Über einen Schlammkäfer (Heterocerus) und
seine Entwicklung in einem Puppengehäuse. Verhandl. der deutschen
zoolog. Gesellschaft, 16. Jahresversammlung Leipzig 1906, p. 218—222. 1 Fig.

Verfasser beschreibt die im Oktober 1904 in einem Teiche im Feuerbacher
Tale bei Stuttgart aufgefundenen eigentümlichen, aus Schlamm verfertigten Puppengehäuse von *Heterocerus laevigatus* Kiesw. Dieselben sind einer Terebratel ähnlich,
haben einen Durchmesser von 5—10 mm, eine Wanddicke von 1—2 mm und
zwei nahe dem Rande gelegene, etwa 2 mm große Öffnungen, von denen die eine
auf einer halsartigen Erhebung der flachen und rauhen Oberseite, die andere auf
der glatten und gewölbten Unterseite sich befindet. Im Juni des folgenden Jahres
fand der Verfasser in dem halbflüssigen Schlamme am Teichrande zahlreiche
Käfer, die sich in horizontalen Gängen unter einer leichten Schlammdecke fort-
bewegten. Dabei schützt die behaarte Oberfläche den Käfer vor dem Anhaften
des Schlammes. In einer Schlammkultur blieben die Käfer nur kurze Zeit am
Leben und nur einmal wurde ein Eierpaket und eine Larve beobachtet. Von der
Beschreibung der Larve sieht der Verfasser ab, weil er vor seinem Vortrag erfuhr,
daß die Metamorphose von *Heterocerus* schon von Letzner in der Arbeit: »Bei-

träge zur Verwandlungsgeschichte einiger Käfer« (Denkschrift d. schles. Gesellsch.
für vaterländische Kultur zur Feier ihres 50jährigen Bestehens, Breslau 1853)
beschrieben, worden ist. Diese Abhandlung ist nicht so unbekannt geblieben wie der
Verfasser meint. Obwohl sie Carus in der Bibliotheca zoologica und Taschenberg in der Fortsetzung dieses Werkes nicht anführen, verzeichnet sie dagegen
Hagen in der Bibliotheca entomologica und Rupertsberger in der Biologie
der Käfer Europas (Linz 1880). Eine ausführliche Beschreibung der Larve samt
einer Abbildung enthält unser Standard work über Käfer, Ganglbauers Käfer
von Mitteleuropa, 4. Bd., 1. Hälfte (1904). *A. Hetschko.*

Jakobson, G. Die Käfer von Rußland und West-Europa. Verlag von
Devrient in St. Petersburg. 1906. Russisch, vier Hefte in Quart, mit 28 kolorierten Tafeln.

Ein neues Unternehmen des bekannten Coleopterologen G. Jakobson,
welches auch außerhalb Rußlands den größten Anklang fände, wenn es nicht
russisch — in cyrillischen Lettern — gesetzt sein würde. Es sind bisher vier Hefte
erschienen, die 28 schöne Tafeln in Farbendruck begleiten. Im Ganzen sollen
10 Lieferungen mit 83 Tafeln herauskommen, die für 18 Rubel — für das
prächtige Werk ein billiger Preis — bezogen werden können.

Die ersten Hefte enthalten alles Wissenswerte über Entwicklung, Anatomie
und Systematik, mit zahlreichen, sehr instruktiven Abbildungen im Texte; Aus-
weise über die ganze Literatur, welche auf russische Käfer Bezug hat und schließlich ein Katalog der palaearktischen Fauna. Die Familien und Gattungen werden
dichotomisch auseinandergehalten; die Arten nur mit Citaten und ihren Synonymen
angeführt. Wir beglückwünschen den geschätzten Autor zu seinem schönen Werke
und wünschen, daß auch die westeuropäischen Entomologen sich dafür interessieren
möchten. *Edm. Reitter.*

Hymenoptera.

Heyden, Dr. Luc. von. Beiträge zur Kenntnis der Hymenopteren-
Fauna der weiteren Umgebung von Frankfurt a. M. (XII. Teil) Bericht
der Senckenbergischen Naturforschenden Gesellschaft in Frankfurt a. M., 1906,
pg. 53—63.

Der Verfasser gibt ein Verzeichnis der in seiner Sammlung befindlichen
Cynipiden, soweit sie in der weiteren Umgebung von Frankfurt vorkommen.
Edm. Reitter.

Notiz.

Herr Emanuel Duchon in Rakonitz, Böhmen, hat eine zweite Auflage
der »Sammlungs-Etiquetten der europäischen Borkenkäfer« herausgegeben. Die Familiennamen sind auf rotem, die Gattungsnamen auf blauem
Karton gedruckt, die Speziesnamen auf weißem Schreibpapier (40 Heller) oder
auch auf weißem Karton (80 Heller). — Die sehr schönen Etiquetten können Interessenten für Borkenkäfer bestens empfohlen werden.

Druck von Hofer & Benisch Wr.-Neustadt.

WIENER
ENTOMOLOGISCHE
ZEITUNG.

GEGRÜNDET VON

L. GANGLBAUER, DR. F. LÖW, J. MIK, E. REITTER, F. WACHTL.

HERAUSGEGEBEN UND REDIGIERT VON

ALFRED HETSCHKO,   UND   **EDMUND REITTER,**

K. K. PROFESSOR IN TESCHEN,   KAISERL. RAT IN PASKAU

SCHLESIEN.   MÄHREN.

———

XXVI. JAHRGANG.

II. HEFT.

AUSGEGEBEN AM 15. FEBRUAR 1907.

WIEN, 1907.

VERLAG VON EDM. REITTER

PASKAU (MÄHREN)

INHALT.

—

══ Manuscripte für die „Wiener Entomologische Zeitung" sowie Publikationen, welche von den Herren Autoren zur Besprechung in dem Literatur-Berichte eingesendet werden, übernehmen: **Edmund Reitter,** Paskau in Mähren, und Professor **Alfred Hetschko** in Teschen, Schlesien; dipterologische Separata **Ernst Girschner,** Gymnasiallehrer in Torgau a./E., Leipzigerstr. 86.

Die „Wiener Entomologische Zeitung" erscheint heftweise. Ein Jahrgang besteht aus 10 Heften, welche zwanglos nach Bedarf ausgegeben werden; er umfasst 16—20 Druckbogen und enthält nebst den im Texte eingeschalteten Abbildungen 2—4 Tafeln. Der Preis eines Jahrganges ist 10 Kronen oder bei direkter Versendung unter Kreuzband für Deutschland 9 Mark, für die Länder des Weltpostvereines 9½ Shill., resp. 12 Francs. Die Autoren erhalten 25 Separatabdrücke ihrer Artikel gratis. Wegen des rechtzeitigen Bezuges der einzelnen Hefte abonniere man direkt beim Verleger: **Edm. Reitter in Paskau (Mähren);** übrigens übernehmen das Abonnement auch alle Buchhandlungen des In- und Auslandes.

Übersicht
der mir bekannten Brachyderes (Schh.)-Arten.

Von K. Flach, Aschaffenburg.

Ein vergeblicher Versuch, die von mir 1905 in Portugal gesammelten *Brachyderes*-Arten in der Stierlinschen Bestimmungstabelle unterzubringen, veranlaßte mich zu näherem Studium der Gattung. Leider mußte ich mich bei dem Mangel an frischem Material auf Vergleichung des Chitin-Skelettes beschränken. Die Zahl der beschriebenen Arten deckt sich nicht mit meinem Untersuchungs-Ergebnis, da die große Variabilität der *Brachyderes*-Arten und ihre Neigung zu lokalen Abänderungen der Fabrikation von sogenannten nov. spec. viel Stoff bietet. Dies erklärt sich leicht bei einem flügellosen Geschlecht, dessen Hauptgebiet in die durch viele Sierren in viele getrennte Bezirke zerfallende, gleichsam kassetierte iberische Halbinsel fällt. Ein genaueres Studium der *Dorcadion*- und *Asida*-Arten wird wohl ähnliche Resultate ergeben.

Im Septemberheft des Frélon 1905 trennte Desbrochers aus dem bisherigen Bestand die vorgebliche Doppelart: *ophthalmicus-aberrans* Frm. unter dem Gattungsnamen *Caulostrophilus* ab. Für mich unterscheidet sich diese Gattung durch den hinter den Augen furchenartig eingeschnürten Kopf (Furche beim ♀ in der Mitte meist obsolet), die bis zu dieser Linie verlängerte mittlere Rüsselfurche und die dichte Bekleidung mit muschelförmigen Schuppen von *Brachyderes*. Statt der Behaarung finden sich nur sehr kurze Börstchen-Schuppen. Alle übrigen angeführten Differenzen sind durch Übergänge mit *Brachyderes* verbunden.

Aus dieser Gattung sind mir zwei Formen bekannt. Eine fing ich in Anzahl auf *Halimium (Helianthemum) criocephalum* Willk. bei Bareiro in Portugal zusammen mit *Auletes pubescens* und *Apion Perrisi* und besitze sie außerdem von Korb aus Chiclana (Andalusien). Ich halte sie für *ophthalmicus* Fairm., während alle mir zu Gesicht gekommenen Exemplare aus Marocco einer etwas differenten Form angehören, die ich als *aberrans* Fairm. bezeichnet habe. Einzelne Stücke dieser Form stimmen genau mit Desbrochers' *breviusculus*-Beschreibung. *C. aberrans* würde sich durch gröbere Sculptur, deutliche Medianlinie des Thorax und durch unregelmäßige, manchmal sehr undeutliche Längsfurchen über den Scheitel zu beiden Seiten der Mittelfurche unterscheiden und ist wohl Local-Rasse.

Die eigentlichen *Brachyderes* sind in vielen Sammlungen con-
fundiert, da sie außerordentlich variieren. Vor allem sind ♂ und ♀
in der Gestalt immer verschieden, die ♂ viel schmäler als die ♀,
mit relativ viel breiteren Decken. Die Weibchen zeigen häufig sehr
ausgeprägte secundäre Geschlechtscharaktere, die sie oft
leichter erkennen lassen als die Männchen. Dazu kommt nun, daß
diese Sexual-Charaktere bei derselben Art in verschiedenem Grade
der Ausbildung vorkommen; ferner, daß die Wölbung der Decken-
spatien, Größe und sogar relative Breite einzelner Körperteile nicht
constant sind. Es gibt von derselben Art und sogar Localität Individuen,
die verschiedene Spezies vortäuschen, während wiederum andere Arten
sich habituell sehr ähnlich werden.

Bei den meisten Arten besitzen die ♀ in gut ausgebildeten
Exemplaren eine sattelförmige Thoraxdepression, deren Bekleidung
mit sehr kurzer Haarbürste wohl der sexuellen Stimulation von Seite
der ♂ Rüßler dient. Bei allen *Brachyderes* ist die Naht und der
erste Zwischenraum vor der Deckenspitze eingesenkt und seitlich
oft durch einen Wulst oder Höcker begrenzt. In nachfolgender
Bestimmungstabelle habe ich versucht sowohl die variablen als die kon-
stanten Charaktere zu berücksichtigen. Letztere sind durch gesperrten
Druck hervorgehoben.

A″ Flügeldeckenbasis durch eine feine Querleiste deutlich
   gerandet. Oberseite außer der Behaarung mit gestreiften, weiß-
   lichen, bis goldglänzenden Schüppchen bestreut, die am äußeren
   Deckenrande sich zu einer Längsbinde verdichten.

B″ Halsschild mehr weniger runzelig gekörnt. Die Körner oft durch
   kleine, Härchen tragende Grübchen genabelt.

a″ Oberseite außer der kurzen, ziemlich dünnen Behaarung mit
   breitovalen, muschelförmigen Schüppchen bestreut, die
   sich verdichtend nebst der fast die beiden äußeren Decken-
   spatien einnehmenden Seitenbinde einen (selten schwindenden)
   Schulterfleck bilden.

   ♂ fast walzenförmig, mit stumpfer Deckenspitze. Halsschild
nur wenig breiter als lang.

   ♀ Decken breit oval, beträchtlich breiter als der Halsschild,
stumpf zugespitzt; letzterer nach hinten verbreitert, deutlich
breiter als lang. Letztes Abdominalsegment mit tiefer
Längsfurche oder Grube: Subgen. nov. **Sulciurus.**

b″ Die sattelförmige, mehr weniger geglättete Vertiefung des ♀ Prothorax zu einem groben Längskiele eingekniffen, der häufig sehr fein längsgerinnt ist (diese Bildung individuell sehr variabel). Vertiefte Stellen mit kurzer aufstehender Haarbekleidung. ♂. Thorax einfach gewölbt, oft mit feiner Mittelrinne. Letztes Abdominalsegment mit breitem vertieftem, in der Mitte mehr weniger gerinntem, durch zwei schräg nach vorn konvergierende scharfe Leisten seitlich begrenztem Mittelfeld.

c″ ♀. Sechstes Interstitium der Decken gegen die Spitze mit dicht hell beschupptem Längswisch; Schulterfleck groß, meist weißlich bis grünlich; Tuberkel vor der Deckenspitze schwach entwickelt oder obsolet in einen dichten behaarten und beschuppten Längswulst übergehend. Länge 11—16 mm.

Nördliche Form *lusitanicus* F.

c′ Oberseite mit gold- bis kupferglänzenden Schüppchen flitterig bestreut, diese oft an der Naht und auf der Scheibe sich zu unbestimmten Längsbinden verdichtend. Schulterfleck kleiner, sehr selten fehlend. ♀ im sechsten Interstitium immer ohne hellen Längsfleck. Spitzentuberkel kegelförmig hervorragend, dicht grau behaart und beschuppt.

Südliche Form *aurovittatus* Fairm.

b′ Halsschild mit sehr tiefer, kurzer Mittelgrube (ohne Kiel), diese kurz aufstehend behaart. ♀ immer, ♂ bisweilen mit hellem Längswisch im sechsten Interstitium. Tuberkel vor der Deckenspitze fehlend oder obsolet, die Stelle etwas stärker behaart und beschuppt. ♂. Depression des letzten Abdominalsegmentes ohne scharfe Seitenkiele, undeutlich gerinnt.

laesicollis Fairm.

a′ Oberseite dichter grau behaart. Schüppchen (auch der Seitenbinde) schmal, mindestens drei- bis viermal länger als breit. Schulterfleck fehlend oder kaum angedeutet. ♂ sehr schmal. Halsschild meist mit feiner Mittellinie. ♀ mit länglich eiförmigen, fast schnabelförmig zugespitzten Decken. Halsschild (bei beiden Geschlechtern) kaum oder wenig breiter als lang, beim ♀ ohne Satteleindruck. Letztes Abdominalsegment einfach.

d″ Decken mit kleinem, weißlichem Scutellarfleck. Die dichtere Behaarung des äußersten Zwischenraumes greift vorne auf den vorletzten über. Rüssel so lang (♀) oder etwas länger (♂) als am Vorderrand der rundlich hervorragenden Augen breit.

♂ sehr schmal, mit schwach gerundeten, nicht parallelen Deckseiten, meist einfach grau behaart (bis auf die Zeichnung).

♀. Erstes und zweites Bauchsegment gemeinsam gewölbt nach hinten vorgezogen. mit bogenförmigem, stumpfem Rande, die tief eingesenkten letzten Abdominalsegmente überragend: Subgen. nov. **Gastraspis.**

Decken der ♀ aufgeblasen, länglich eiförmig, mit spitz ausgezogenem hinteren Drittel, Oberseite mit kleinen grauen Flecken gesprenkelt. Länge 9—12 mm.

marginellus Graells.

Bisweilen der fünfte bis siebente Zwischenraum der Decken und die Naht, sowie ein sehr kleiner Schulterfleck dichter grau beschuppt. v. *cinctellus* Chevr.

d' Naht und äußerstes Deckeninterstitium sehr dicht und scharf abgesetzt weiß beschuppt. Seitenstreifen an den Thoraxseiten schmal fortgesetzt. Rüssel kürzer als am Vorderrande der Augen breit. Oberseite, besonders des ♀ glanzlos weißlichgrau streifig beschuppt, fein schräg abstehend behaart. Abdomen einfach. Länge 9—11 mm. *albicans* Desbr.

A' Deckenbasis ungerandet, entweder in einfacher Furche gegen den Mesosternalhals abgesetzt oder als verstrichene Hohlkehle in selben übergehend (vergl. übrigens *sculpturatus* Woll.). Halsschildoberfläche punktiert oder gekörnt. Flügeldecken mit oder ohne Randbinde. Abdomen des ♀ einfach.

c'' Körper fast kahl, schwarz glänzend (nur Deckenspitze und Unterseite leicht behaart.) Schaft der rostroten Fühler kurz, nur den Vorderrand des Prothorax erreichend. Beine pechbraun, mit lichteren Tarsen. Halsschild an den Seiten dicht gekörnt, seine Scheibe auf glänzendem Grunde weitläufiger punktiert, beim ♀ mit glatterem Sattel. Augen ziemlich flach. Nahtintervall bei ♂ und ♀ vor der Spitze nur schwach grübchenförmig eingedrückt. Weder Wulst, noch Tuberkel vor der Spitze. ♂ mit fast quer gestutztem, undeutlich eingedrücktem Analsegment. (♀ mit angedeuteter Randung der Deckenbasis!) Länge 9—11 mm. *sculpturatus*. Woll.

c' Körper grau behaart und beschuppt. Fühlerschaft den Vorderrand des Thorax überragend.

f″ Oberseite bis auf die Deckenspitze durchaus niederliegend behaart. Äußerstes Deckenspatium dicht grau bis cupferig behaart. Halsschild dicht runzelig gekörnt punktiert. ♂ mit undeutlichen stumpfen, ♀ mit stark kegelförmig vorragenden, nicht dichter behaarten Tuberkeln vor der Spitze der Decken. Letztes Abdominalsegment des ♂ sehr schwach eingedrückt, undeutlich gerinnt. Thorax bei beiden Geschlechtern ohne deutliche Eindrücke. Augen stark kugelig hervorspringend. Behaarung der Stammform bräunlich, schuppenförmige Härchen cupferig, oft zu feiner Nahtlinie verdichtet. Länge 9—13 mm. ***illaesus*** Boh.

      Behaarung dicht aschgrau. v. *grisescens* Fairm.

f′ Oberseite, wenigstens auf Kopf und Halsschild kurz aufstehend, auf letzterem oft bürstenartig behaart.

g″ Äußerstes Deckenspatium scharf abgesetzt, sehr dicht hell beschuppt. Dieser Streifen setzt sich schmal auf die Thoraxseiten fort. Augen größer, ziemlich flach. ♂ mit breit eingedrücktem letztem Abdominalsegment. ♀ mit geglättetem breitem Satteleindruck des Thorax. Schlanke Art, mit halsförmig verstrichener Deckenbasis. Stammform mit scharf abgesetzter weißer Naht. ***suturalis*** Graells.

      Ohne Nahtbinde, häufig grau fleckig beschuppt.

                           var. *lineolatus* Fairm.

g′ Äußerstes Deckenspatium ohne scharf abgesetzte helle Beschuppung. Oberseite meist braun und grau gefleckt. Gedrungenere Arten.

i″ Scheibe des Halsschildes auf glattem Grunde getrennt punktiert, mit vereinzelten sehr feinen Zwischenpünktchen; beim ♀ mit glatterem Sattel und der Tendenz zur Ausbildung einer glatten, bisweilen leicht erhabenen Mittellinie. Hinterleib des ♂ seitlich weniger gerundet, in der Mitte fast parallel. Deckenbehaarung auf dem Rücken mehr niederliegend. Abdomen ziemlich grob punktiert. Letztes Abdominalsegment des ♂ mit breiter, gegen den Hinterrand durch scharfe parallele Leisten begrenzter Depression. Länge 7—11 mm. ***incanus*** L.

i′ Scheibe des Halsschildes grob dicht gerunzelt punktiert, mit feinen Zwischenpunkten, beim ♀ flachgedrückt, mit der Tendenz zur Bildung einer feinen Mittelfurche. Halsschild und Decken seitlich stärker gerundet. Decken-

behaarung locker abstehend wie am Vorderkörper. Abdomen glatter, fein gewirkt und fein zerstreuter punktiert. ♂. Depression des letzten Ventralsegmentes in der Mitte von zwei kurzen scharfen Kielen begrenzt. Augen kleiner. Länge 6—11 mm.   *pubescens* Boh.
Kleinere Exemplare mit breiterem Kopf bilden die var. *oripennis* Fairm. = *Reitteri* Stierl.

Bemerkungen zu den einzelnen Arten.

1. **B. lusitanicus** F. Als südlichster Fundort dieser größten Art ist mir die Sierra de Monchique in Algarve, als nördlichster Arcachon in den Landes (Bedel: sur *Pinus maritima*) und Rhône-Iseron (Lauffer) in Südfrankreich bekannt. Frische Stücke sind mit dichtem graugelbem bis rötlichgrauem Puder bedeckt. Im Süden von Portugal klopfte ich sie und zwar ausschließlich die var. *aurovittatus* Fairm. von *Cistus ladoniferus* L. zusammen mit *Apion Wenkeri*, im Norden mehr von Strauch-Eichen. Die südliche Form wird besonders kräftig. Ihre ♀ entwickeln in großen Stücken eine faltige Furchung der Flügeldecken. Diese gut unterschiedene Rasse des Südens weicht durch den deutlich spitz vorspringenden Apical-Höcker der ♀ Flügeldecken, das vollständige Fehlen eines weißen Längsfleckes im sechsten Interstitium im hinteren Drittel der Decken und durch die dichtere flitterartige, an der' Naht und sonst oft zu undeutlichen Binden zusammengedrängte goldige oder kupferige Beschuppung von der nördlichen Form ab. Mit ihr gleichzeitig klopfte ich bei Monchique von Buscheichen den *laesicollis* Fairm. in zirka 20 Exemplaren. Derselbe hat den weißen Längsflecken deutlich, keinen höckerförmigen Spitzentuberkel, ziegelrote Bestäubung und eine tiefe Längsgrube im Thorax beim ♀. ♂, die nach Vorkommen und ziegelroter Bestäubung hieher gehören, fand ich weniger, ein Exemplar mit weißem Deckenwisch. Von Übergängen beider Arten fand ich keine Andeutung. Bei Estoril-Lissabon findet sich noch v. *aurovittatus* Fairm. Bei Bussaco treten schon ♀ mit Längswisch und weniger ausgeprägtem Spitzentuberkel auf. Weiter nördlich wird der Deckenfleck Regel und es verschwinden die Tuberkel bis auf einen stärker beschuppten und behaarten Längswulst. Der mediane Reif im Thorax zeigt die verschiedensten Grade der Ausbildung. Sehr häufig ist er sehr fein gerinnt, bald die tiefe, geglättete Grube durchsetzend, bald zu einer kleinen Schwiele auf gerunzeltem Grunde reduziert. Es gibt, wie bei allen *Brachyderes*, schlanke, gedrungene

und breitere Formen. Das Analsegment der ♀ ist bald der ganzen Länge nach mit tiefer Furche durchzogen, bald mit hinten sich erweiternder Grube versehen in allen Übergängen.

2. **B. (Gastraspis) marginellus** Graells. Ich sah dieArt aus dem Süden von Spanien und von Madrid. Der sehr merkwürdigen Bildung des Hinterleibes beim ♀ entspricht die von allen anderen abweichende Form des ♂ Forceps. Diese Bildung ist bei den meisten *Brachyderes* (auch *Caulostrophilus*) nach demselben Schema geformt. Eine gebogene Hohlrinne am Ende in eine kurze, abgestumpfte, hakige Spitze ausgezogen, erreicht bei dem Subgen. *Brachyderes* i. sp. nur mäßige Längendimensionen. Bei *Sulciurus* schon beträchtlich länger (zirka ein Viertel der Körperlänge), streckt sich das Organ bei *marginellus* zu einem sehr langen, dünnen, stark chitinisierten, stark gebogenen Gebilde, das einer langen gekrümmten Injectionsnadel ähnlich sieht und erreicht, gestreckt gedrückt, fast die halbe Körperlänge des ♂. Diese Form ist bei den tief gelagerten Abdominalorganen des ♀ notwendig und bildet ein schönes Beispiel für die Correlation der ♂ und ♀ Sexualorgane im Sinne des Thomsonschen Prinzips.

3. **B. albicans** Desbr. Von dieser anscheinend sehr seltenen Art liegt mir nur ein ♂ und ♀ durch die Güte des Herrn L. Bedel vor. (Charef. Alg. s. *Pinus haleppensis* de Vauloger.) Die Form erinnert an *marginellus*, doch schließen die gerandete Thorax- und Deckenbasis fast so dicht wie bei *Caulostrophilus* aneinander. Thorax bei beiden Geschlechtern mit feiner Mittelrinne. Die Oberseite ist matt grau bestäubt, dicht behaart und beim ♀ teilweise beschuppt. Die breite, scharf abgesetzte, weiße Naht- und Seitenbinde lassen das Tier außerdem leicht erkennen. Augen rund, ziemlich hervorragend. Abdomen bei beiden Geschlechtern ohne deutliche secundäre Charaktere. Bei der Variabilität der *Brachyderes* in Beschuppung u. s. w. mag ein Teil von obiger Beschreibung durch weitere Exemplare sich modifizieren.

4. **B. illaesus** Boh. Durch den Mangel an aufstehender Behaarung (im Profil) auf der ganzen Oberseite, auch bei extremen ♂, leicht zu unterscheiden; ♀ durch die großen, n i c h t d i c h t e r behaarten zitzenförmigen Apicaltuberkel auffallend. Ich fing die Art im Kieferwalde bei Estoril in Portugal, besonders bei Wind auf dem Unterholze zwischen *Pinus maritima* mit *incanus*-Formen zusammen.

Die Stücke, welche K o r b bei Chiclana in Andalusien sammelte, weichen durch sehr dichte, aschgraue Behaarung ab (*grisescens* Fairm.).

5. **B. suturalis** Graells. So leicht die typische Form zu erkennen ist, so ähnlich werden mittelgroße Tiere mit verschwindendem oder fehlendem Suturalstreifen den anderen Verwandten. Einige Stücke aus der Bedelschen Sammlung, Badajoz (Uhagon) haben genau die Färbung und Dimensionen großer *B. incanus* L. Die scharfe, weiße Seitenbinde und das Fehlen der Kiele am ersten Bauchsegment des ♂ lassen sie aber leicht als *suturalis*-Form erkennen. Nach der Bezettelung stimmen sie mit *lineolatus* Fairm. überein. Drei ähnliche Stücke aus Vella-Portugal von P. Oliveira in meiner Sammlung. Ich kenne die Stammart aus Nord- und Zentral-Spanien.

6. **B. incanus** L. Diese Art hat wohl am meisten zur Arten-Fabrik Material geliefert. Die Beschreibungen sind für einen Entomologen, der nur einigermaßen Material in Händen hatte, so nichtssagend, daß man das wichtigtuende Hervorheben von Nichtigkeiten und das vollständige Übersehen der wirklichen verbindenden Charaktere schwer begreift. *B. incanus* variiert zunächst sehr in der Größe. Besonders im Süden von Spanien und Portugal bilden sich oft kleine Formen heraus. Ein sehr kleines, zierliches ♀ von nur 6 mm Länge und matten, dicht gerunzelten Decken bei ziemlich breiter, glatter Thoraxmitte klopfte ich bei Bussaco von einer Eiche. Ein ähnliches sah ich in der Sammlung des Herrn Lauffer. Vielleicht findet sich die reizende Form öfter und kann man sie als ·var. *virgo* bezeichnen. Die anderen Formen als *Brucki, strictus* u. s. w. kann ich von der Stammform durch geringere Größe, sonst aber durch kein konstantes Merkmal trennen. Die ♂ sind oft recht schlank (*strictus* Fairm.). Die ♀ haben bisweilen eine erhabenere glatte Mittellinie am Thorax. Angedeutet ist diese heim ♀ immer. Die Behaarung beim ♀ ist auf dem Thorax aufstehend bürstenartig, auf den Rücken der Decken niederliegend; beim ♂ auf dem Thorax kürzer, aufstehend; auf den Decken sehr kurz, halb aufstehend. Die über ein Drittel der Breite betragende Depression des letzten Bauchsegmentes ist gegen den Hinterrand durch zwei nach vorn leicht divergierende Kielchen seitlich begrenzt, was die ♂ immer leicht erkennen läßt. Frische Tiere haben durch Bestäubung oft ein differentes Ansehen *(lepidopterus)*. Scheint in ganz Eropa vorzukommen. .Im k. k. Hofmuseum zu Wien ein Exemplar mit der Etikette: China.

7. **B. pubescens** Boh. Häufig mit obigem vermischt, in der Gestalt noch variabler. Formen von den Inseln (Balearen, Sardinien

u. s. w.) im allgemeinen schmäler, mit schmälerem Kopf (*aquilus* Chevr.), doch auch nicht constant. Besonders in Südspanien finden sich Exemplare mit stärker geschwollenem Kopf, wodurch der Halsschildvorderand etwas breiter wird als der Hinterrand, doch alles ohne Konstanz. Solche Tiere mit rundlicherem, mehr gewölbtem Hinterleib gehen als *ovipennis* Fairm. = *Reitteri* Stierl. Als Varietät sind sie kaum abzutrennen. Das letzte Abdominalsegment der ♂ ist durch ein Depressionsfeld ausgezeichnet, welches in der Mitte zwei vorn und hinten verkürzte, ein Drittel der Breite einschließende Kielchen trägt, Mittelfeld bald mehr geglättet und die Kiele nach vorn konvergierend, bald mehr rauh und die Kiele weniger ausgeprägt, doch hält sich der allgemeine Charakter und konnte ich keine Grenzen finden. Die Augen auf dem dickeren Kopf kleiner als bei *incanus*, Rüssel deutlich kürzer. Der Thorax bei beiden Geschlechtern hinter dem Vorderrande leicht eingeschnürt, mit sehr groben und vielen feineren Punkten dicht runzelig besetzt, auch beim ♀ nur glatt, glanzlos, mit meist angedeuteter feiner Mittelfurche. Vorder- und Hinterrand meist gleichbreit. Die lockere gehobene Behaarung beim ♂ auf den Decken etwas länger. Bei schön beschuppten Stücken ziehen sich über die Scheibe des Halsschildes zwei dichtere Längsbinden und die Behaarung der Decken ist hell und dunkelbraun wolkig. *B. Gougeleti* Fairm. aus Marocco und *angustus* Fairm. aus Algier gehören oft zu letzterer Form. Eine Varietät kann ich nicht daraus bilden.

8. B. sculpturatus Woll. Das einzige Pärchen, welches mir vorliegt, stammt gleichfalls aus der Sammlung des Herrn Bedel. Die schwarzen, lackartig glänzenden Tiere sind nur gegen die Deckenspitze und an den Seiten dünn abstehend behaart. ♂ und ♀ haben eine Andeutung einer Thoraxmittelrinne. Das ♀ läßt das Vorhandensein eines goldig behaarten Seitenstreifens und eines kleinen Schulterfleckes vermuten. Bezüglich der Randung der Deckenbasis bildet die Art einen Übergang zur Gruppe A. Auch die Hinterleibsbildung scheint etwas zu *Gastraspis* zu neigen. Doch fehlt genügendes Material. Fundort: Grande-Canarie (Alluaud).

Zum Schlusse erübrigt mir noch, den Herren, die mich durch Literatur und Material unterstützten, meinen herzlichsten Dank auszusprechen. Es sind die Herren Bedel, Ganglbauer, v. Heyden, Koltze, Lauffer, Reitter. Für weitere Übersendung fraglicher Formen wäre ich dankbar.

Katalog der untersuchten Arten.

Caulostrophilus Desbr.

ophthalmicus Fairm. Lu. And.
cinereus Chevr.

ı. *aberrans* Fairm. Marocco.
breviusculus Desbr.

Brachyderes Schönherr.

Subg. *Sulciurus* Flach.

lusitanicus F. Ga. H. b. etc. Lu. b.
4-punctatus Fairm.

ı. *aurovittatus* Fairm. Lu. m. Hi. m.
laesicollis Fairm. Lu.

Subg. *Gastraspis* Flach.

marginellus Graells. Hi. c. et. m.
scutellaris Seidl.

v. *cinctellus* Chevr.

Subg. *Brachyderes* i. sp.

sculpturatus Woll. Can.
albicans Desbr. Fr. V, p. 36. Alg.
illaesus Boh. Lu. m.
ı. *grisescens* Fairm. Lu. Hi.
suturalis Graells. Hi.
  circumcinctus Chevr.
ı. *lineolatus* Fairm. Lu. Hi.
incanus L. E. (China).
  lepidopterus Gyllh.
  sabaudus Fairm.
  Brucki Tourn.
  Heydeni Tourn.
  strictus Tourn.
  sparsutus Fairm.
  analis Desbr.
  gracilis Boh.

alboguttatus Chevr.
ı. *virgo* Flach. Lu. Hi. c.
pubescens Boh. Ga. Hi. Si. G. C. Bal. Alg. Mar.
  quercus Bellier.
  nigrosparsus Chevr.
  cribricollis Fairm.
  Paulinoi Stierl.
  siculus Fairm.
  aquilus Chevr.
  corsicus Stierl.
  Gougeleti Fairm. Mar.
  angustus Frm. Alg.
  opaculus Frm. Batua.
v. *ovipennis* Fairm. Hi. m.
  Reitteri Stierl.

Nomenklatorisches über Dipteren.

Von Prof. **M. Bezzi**, Torino (Italien).

1. **Cerochetus** A. M. C. Duméril (1816?) 1823.

Bei Agassiz (und Scudder) steht diese Gattung als vom
Jahre 1823; ganz wahrscheinlich ist sie aber schon gegen 1816 im
Dictionnaire des Sciences naturelles erschienen. In Considérations
générales sur la classe des Insectes, Paris 1823, ist die Gattung
auf Seite 230, Nr. 313, kurz beschrieben: später ist dieser Name
in der dipterologischen Literatur nicht mehr zu finden. Wie aus
Tafel 49, Fig. 4 zu ersehen ist, ist diese Gattung auf *Anthomyia
pluvialis* L. begründet und daher mit *Anthomyia* Meigen 1803
als synonym zu betrachten. Nach der von Duméril selbst (l. c.)
gegebenen Etymologie wäre der Name richtiger ***Ceratochaetus***
zu schreiben.

2. **Ceyx** A. M. C. Duméril 1801.

Bei Agassiz (und Scudder) steht diese Gattung als von
1806; Osten-Sacken hat aber im ersten Jahrgange dieser Zeitung
p. 191 (1882) mitgeteilt, daß *Ceyx* schon 1801 kenntlich beschrieben
war. Wie Duméril selbst in Cons. gén. 230 bemerkt, ist diese
Gattung mit *Calobata* Meigen 1803 identisch: dieser letztere Name
müßte daher vor dem anderen weichen. Glücklicherweise gibt es
aber schon eine Gattung *Ceyx* Lac. 1800 bei den Vögeln und so
kann der mehr als hundertjährige Meigensche Name immer gelten.

3. **Chrysopsis** A. M. C. Duméril 1823.

In Cons. gén. p. 227, Nr. 296 vorgeschlagen, ist gänzlich mit
Chrysops Meigen 1800 und 1803 synonym. Dieser Name ist zwar
in den zoologischen Nomenklatoren zu finden, in der dipterologischen
Literatur aber vergebens zu suchen.

4. **Cosmius** A. M. C. Duméril 1816.

In Dict. des Sc. nat. und Cons. gén. p. 230, Nr. 314, T. 49,
Fig. 5, beschrieben; gewiß gleichbedeutend mit *Platystoma* Meigen
1803, und unter deren Synonyme zu stellen. Bei Agassiz (und
Scudder) findet sich eine Gattung *Platystoma* Klein 1753 der
Mollusken; daher hat Rondani 1869 den Namem *Megaglossa* (rectius
Megaloglossa) vorgeschlagen. Dieser war aber ganz überflüssig, da

schon die Namen *Cosmius* Dum. 1816 und *Palpomyia (Palpomya)* oder *Hesyquillia* Robineau-Desvoidy 1830 vorhanden waren. Glücklicherweise ist es aber auch in diesem Falle nicht nötig, den Meigenschen Namen zu verändern, da der Kleinsche Name, als vor 1758 vorgeschlagen, gar nicht giltig ist.

5. **Craspedochaeta** L. Czerny 1903.

Diese Gattung der Heteroneuriden, von Leander Czerny im Jahrgange XXII dieser Zeitung auf p. 103 aufgestellt, ist in der neuerlich erschienenen Abhandlung Kertesz's (Ann. Mus. nation. hung. IV. 320, 1906) mit demselben Namen zu finden. Es gibt aber schon bei den Dipteren eine Gattung *Craspedochaeta* Macquart Mém. Soc. Sci. Lille 1850, 241 (1851) et Dipt. exot. Suppl. IV. 268 (1851) von Tyler-Townsend in Ann. N.-York Ac. of Sci. VII. 40 (1892) auch erwähnt. Für die Heteroneuriden-Gattung ist daher ein neuer Name nötig und ich schlage dafür *Czernyola* nov. nomen vor.

Die *Anthomyia punctipennis* Wied., auf welche Macquart die Gattung *Craspedochaeta* errichtete, ist nach Van der Wulp [Tijdschr. voor Entom. XXVI. 45. 4 (1883)] nichts anderes als eine *Chortophila* Macquart sensu Rondani; die Art habe ich aus Argentinien und Montevideo in der Sammlung des Herrn J. Escher-Kündig kennen gelernt und kann die Ansicht Van der Wulps bestätigen.

6. **Hexatoma** J. W. Meigen 1820.

Es gibt schon eine Gattung desselben Namens bei den Dipteren von Latreille 1809, welche anstatt *Anisomera* Meigen 1818 bei den Tipuliden zu brauchen, ist. Für die Gattung der Tabaniden müßte daher der Name *Heptatoma* Meigen 1803 verwendet werden.

7. **Hypoleon** A. M. C. Duméril 1801.

Wie schon von Osten-Sacken bemerkt, hat dieser Name Priorität gegen den gleichsinnigen *Oxycera* Meigen 1803.

8. **Limonia** J. W. Meigen 1803.

Auch dieser Name hat Priorität gegen *Limnobia* Meigen 1818, wie von Osten-Sacken bemerkt; auch von Latreille (Gen. crust. ins. IV, p. 257, Nr. 639) und von Dumeril (Cons. gén. p. 232, Nr. 324) ist dieser Name aufbewahrt.

9. **Orthoceratium** F. v. P. Schrank 1803.

Dieser Gattungsname, für *Musca lacustris* Scopoli vorgeschlagen, müßte gewiß anstatt *Liancalus* Loew 1857 (oder *Alloe-
oneurus* Mik 1878) gebraucht werden.

10. **Psilopus** J. W. Meigen 1824.

Diese Gattung ist bekanntlich eine der unglücklicheren gewesen.
Sie wurde anfänglich von Fallén (1825) *Leptopus* benannt; es war
aber schon 1809 eine gleichnamige Gattung bei den Rhynchoten von
Latreille vorhanden. Im nächstfolgenden Jahre 1824 wurde die
Gattung von Meigen als *Psilopus* beschrieben; ein gleicher Name
von Poli wurde aber seit 1795 bei den Mollusken verwendet. Daher
änderte anfangs Zeller (1842) diesen Namen in *Sciapus,* dann
Rondani (1861) in *Psilopodius;* im Katalog der paläarktischen
Dipteren, II. 289 (1903) habe ich den Namen *Sciapus* angenommen.
Leider hat kürzlich Professor Aldrich bewiesen, daß *Agonosoma*
Guérin 1838 die Priorität besitzt (Canad. Entom. 1904, 246) und
daher in Cat. N.-Amer. Dipt. 1905, 286 diesen Namen gebraucht. In
dem wichtigen Index animalium von C. D. Sherborn, London 1902,
finde ich, daß der Name *Psilopus* bei Poli nur »a generic term
applied to the fleshy parts of certains Chamae« war; es ist daher
zweifelhaft, ob dieser Name wirklich ein Gattungsname ist oder nicht;
in diesem letzteren Falle wäre der Meigensche Name wieder zu
Ehren zu bringen.

Jedenfalls wird immer der Gattungsname *Psilopa* Fallén 1825.
bei den Ephydriden giltig bleiben, da *Ephygrobia* Schiner 1862
überflüssig ist.

11. **Sargus** J. C. Fabricius 1798.

Dieser Name ist bis jetzt bei den Dipteren unverändert geblieben,
da die gleichnamige Gattung *Sargus* der Fische in den Nomenklatoren von Agassiz, Marschall und Scudder von 1817
angegeben ist. Auch im Index zoologicus von Waterhouse 1902 ist
nichts zu finden. Dagegen findet man in dem besseren und voll-
ständigeren Index animalium von Sherborn auf Seite 870: » *Sargus*
(Klein) Walb., Artedi Ichthyol. (3) 1792, 516.« Ein neuer Name
ist daher für die Dipteren-Gattung nötig und ich schlage **Geosargus**
nov. nomen vor.

12. **Schnablia** M. Bezzi 1906.

Dieser Name wurde von mir in der Zeitschr. Hymenopt. Dipterolog.
VI, 50, 9 (1906) an Stelle des in der Zoologie vielfach verwendeten
Namens *Microcephalus* Schnabl 1877 vorgeschlagen. Leider
ist mir entgangen, daß schon A. Semenow 1902 (in Revue russe
d'Entom. I, 52 und 353) für dieselbe Gattung den Namen *Portschinskia*
vorgeschlagen hatte. In den Genera Oestrinorum von Bau 1906 steht
immer der unrichtige Name *Microcephalus*.

13. **Tetrachaeta** P. Stein 1898.

Dieser Anthomyiden-Gattungsname wurde von Berg (1898) in
Tetramerinx geändert, da derselbe schon zweimal in der Zoologie
gebraucht war, wie ich in der Zeitschr. Hymenopt. Dipterolog. VI, 50,
10 erwähnt habe. Nichtsdestoweniger ist der Name *Tetrachaeta* bei
Aldrich, Cat. N.-Amer. Dipt. 1905, p. 559 immer zu finden; daher
hat Cockerell in Canad. Entom. 1905, p. 361 den überflüssigen
Namen *Parasteinia* vorgeschlagen.

14. **Trupanea** F. v. Schrank 1795.

Dieser Name ist von Guettard 1756 in Mém. Acad. Sci.
Paris, p. 169 gebraucht worden, aber nicht im Linné'schen Sinne
und vor 1758, daher nicht giltig. Schrank hat später im Briefe
Donaumoor (1795) p. 147 diesen Namen für *radiata* angenommen
und dann noch in Fauna boica III (1) 55 und 140—152 (1805)
denselben im Sinne von *Tephritis* Latr. 1802 (*Trypeta* Meig. 1803)
gebraucht. Seine *Trupanea radiata* ist mit *Musca stellata* Fuessly
1775 identisch. welche Art von Loew (1862) als Type der Gattung
Urellia Robineau-Desvoidy 1850 angesehen ist: es scheint mir
daher richtig, daß der Name *Trupanea* anstatt *Urellia* gebraucht werde.

Bekanntlich hat Macquart später (1859) und ganz unrichtig
denselben Namen in einem völlig verschiedenen Sinne angewendet.

15. **Latreille 1802** und **Meigen 1803.**

Bei vielen Dipterologen ist die falsche Meinung verbreitet,
daß die von Meigen in Illigers Magazin vorgeschlagenen Namen
die Priorität gegen diejenigen von Latreille in Histoire naturelle
des Crustacés et des Insectes (Sonnini's Buffon) haben sollen. Es
ist ganz richtig, was Schiner in Verh. zool. bot. Ver. Wien VIII, 638
(1858) sagt, daß der zweite Band von Illigers Magazin (pag. 277)

früher erschienen ist als der XIV. Band der Histoire etc. (pg. 389); aber in Band IV, erst im Jahre X (1802) erschienen, sind schon die Familles naturelles et genres enthalten. Die Namen Latreilles sind daher als in 1802 erschienen zu betrachten, was auch Osten-Sacken (Wien. entom. Zeit. I, 191) entgangen ist. In diesen beiden Wercen der großen Meister ist eine Reihe von gleichen Gattungen mit verschiedenen Namen zu finden und es ist recht bemercenswert, daß einige von diesen in der Literatur mit den richtigen Namen eingebürgert sind, während andere noch die Meigenschen Namen tragen. Die gebliebenen sind:

1. *Ochthera* 1802 gegen *Macrochira* 1803.
2. *Ocyptera* 1802 gegen *Cylindromyia* 1803.
3. *Ploas* 1802 gegen *Conophorus* 1803.
4. *Rhyphus* 1802 gegen *Anisopus* 1803.
5. *Scenopinus* 1802 gegen *Hypselura* 1803.
6. *Tephritis* 1802 gegen *Trypeta* 1803.

Die gefallenen sind dagegen:

1. *Aphritis* 1802 für *Microdon* 1803.
2. *Gonypes* 1802 für *Leptogaster* 1803.
3. *Molobrus* 1802 für *Sciara* 1803.
4. *Vappo* 1802 für *Pachygaster* 1803.

Der Konsequenz nach müßten auch diese letzteren gebraucht werden.

16. Einige vergessene Namen.

a) *Chaoborus* Lichtenstein 1800: Beschreibung eines neuentdeccten Wasserinsektes in Wiedemanns Archiv Zoolog. I (1) 174, mit der Art *antisepticus*, ist nach Hagen, Biblioth. entom. I, 478, 3 (1862) die Larve von *Tipula littoralis* L. *(Chironomus.)*

b) *Stomoxoides* Schaeffer 1766, Elem. entom., gen. 99. Von Sherborn (p. 931) angeführt; mir unbecannt; ohne Arten?

c) *Thaumatomyia* Zencer 1833, Froriep Notiz., XXXV, 344. Fig., mit der Art *prodigiosa*. Von Hagen II. 303 angeführt; mir unbecannt. — Diese drei Namen finden sich auch bei Scudder.

d) Fast alle von Meigen in Nouvelle classification des mouches à deux ailes, Paris an VIII (1800) errichteten Gattungen. Da sie in allen Nomenklatoren gänzlich fehlen, so glaube ich, ist es nützlich, aus Sherborns Index animalium die Liste derselben hier anzufügen:

Amasia, Amphinome, Antiopa, Apivora, Atalanta, Calirrhoa, Chrysogaster, Chrysops, Chrysozona, Cinxia, Cleona, Clythia, Coryneta, Crocuta, Cyanea, Cypsela, Dionaea, Dorilas, Erax, Erinna, Eulalia, Euphrosyne, Euribia, Flabellifera, Fungidora, Helea, Hermione, Hirtea, Iphis, Itonida, Lampetia, Laphria (Lapria), Larraevora, Liriope, Lycoria, Melusium, Muscidora, Myopa, Noexa, Omphrale, Orithea, Pales, Pelopia, Penthesilea, Petaurista (nec Lin 1795 Mamm.), *Phalaenula, Philia, Phryne, Polymeda, Polyxena, Potamida, Rhodogyne, Salpyga, Sargus, Scathopse, Scopeuma, Statinia, Tendipes, Thereva, Titania, Titia, Trepidaria, Tritonia, Tubifera, Tylos, Zelima, Zelmira.*

Von diesen Gattungen sind *Erax, Hirtea, Myopa, Sargus, Scathopse* und *Thereva* schon bekannte Namen; *Chrysogaster, Chrysops* und *Laphria* sind auch in 1803 behalten; die anderen sind von Meigen selbst verleugnet worden. Diese Namen scheinen etwas schwierig zu entziffern zu sein, da keine typischen Arten gegeben sind. Bis jetzt sind in der dipterologischen Literatur folgende angedeutet zu finden:

*) Von Duméril, Cons. gén., 233 (1823):

1. *Phalaenula* 1800 = *Trichoptera* 1803 = *Psychoda* Latr. 1796.

**) Von Osten-Sacken, Wien. entom. Zeitg., I, 193 (1882):

2. *Flabellifera* 1800 = *Ctenophora* 1803.
3. *Helea* 1800 = *Ceratopogon* 1803.

***) Von Hendel, Wien. entom. Zeitg., XXII., 58 (1903):

4. *Chrysozona* 1800 = *Haematopota* 1803.
5. *Clythia* 1800 = *Platypeza* 1804.
6. *Erinna* 1800 = *Xylophagus* 1803.
7. *Eulalia* 1800 = *Odontomyia* 1804.
8. *Potamida* 1800 = *Ephippium* Latr. 1809.
9. *Zelima* 1800 = *Eumeros* 1803 = *Xylota* 1822.

Vier neue Rüssler aus Turkestan und China und eine neue Crepidodera aus Siebenbürgen.

Von **Dr. Karl Petri** in Schäßburg.

1. **Coniatus setosulus** n. sp. Long. 3 mm.

Oblongus, niger, perspicue setosus, squamosus, supra albido-fuscoque pictus, subtus albescens, nonnihil cupreo-nitens. Rostro apice rubro-testaceo, basi nigrescente, cylindrico, haud striato, perspicue arcuato, longitudini thoracis aequilongo. Oculi rotundi, parum prominuli. Antennae rubro-testaceae, apice scapi oculos fere attingentes. Frons plana, antice rostro haud latior, verticem versus latitudine aucta. Prothorax transversus, subcylindricus, lateribus rotundatis, margine antico pone oculos parum emarginato, albidus, antice fusco-subcupreus, medio vittis duabus obscuris, marginem anticum haud attingentibus, ornatus. Elytra albido-squamosa, dorso fuscescentia, fasciis tribus obscuris signata.

Buchara (col. Hauser, col. mea).

Auf den ersten Anblick glaubt man einen *Coniatus Schrenki* oder *Steveni* vor sich zu haben. Während jedoch bei diesen beiden Arten deutliche, etwas emporgehobene, aber nach hinten geneigte Börstchen fehlen (zarte, anliegende, nur bei starker Vergrößerung sichtbare, die Schuppen kaum überragende Börstchen besitzen sie auch), ist die ganze Oberseite der neuen Art mit kräftigen, ziemlich langen, nach hinten geneigten Börstchen bedeckt. Dadurch nähert sie sich der Gruppe der südeuropäischen, die Ränder des Mittelmeeres bewohnenden *Coniatus (C. tamarisci, Deyrollei, repandus* und *aegyptiacus)*, mit denen sie auch darin übereinstimmt, daß die Spitze des Fühlerschaftes dem Vorderrande der Augen genähert ist; doch wird sie von diesen Arten geschieden durch dünneren, nicht gefurchten Rüssel, etwas breitere Stirne und geringere Größe. Was Größe, Gestalt, Zeichnung und Stirnbreite anbetrifft, nähert sie sich am meisten dem *C. Schrenki* und *Steveni*, von denen sie sich schon, wie oben gesagt, durch den Besitz der Borsten unterscheidet.

2. **Coniatus Steveni** var. **Hauseri** n. var. Long. 2·5 mm.

Ich untersuchte sieben Stück dieses kleinen *Coniatus,* welche
alle dieselbe Größe besitzen. Sie erscheinen nur halb so groß, als
ein mir vorliegender 3 mm messender *Con. Steveni.* Ich kann jedoch
außer dem Größenunterschied kaum eine andere wesentliche Abweichung auffinden. Das Grau der Oberseite tritt etwas mehr hervor,
die dunklen Zeichnungen sind heller rostbraun und weniger scharf;
bei einem Stück verbreitern sich die Binden und Flecken auf den
Flügeldecken, die bei der Stammform sehr schmal sind, derart, daß
die Flügeldecken vorherrschend braun gefärbt sind.

Turkestan, provincia Kuldscha, vallis superior. fluminis Ili.
(col. Hauser, col. mea).

3. **Macrotarsus ovalis** n. sp. ♂♀. Long. 7·5—8·5 mm.

*Subovalis in utroque sexu, niger, squamulis majusculis apice
integris, cinereo-albidis dense tectus, supra breviter setosus, setis incli-
natis. Rostrum mediocre, cylindricum, carinatum, dense punctulatum,
Frons parum impressa, rostro angustior. Antennae rufo-testaceae,
graciles. Oculi ovati, depressi. Thorax parum transversus, ante medium
latior, basin versus oblique, apicem versus rotundato-angustatus,
confertim punctulatus. Elytra in utroque sexu ovalia, lateribus
rotundato-ampliata, prothorace plus duplo latiora, dorso sat convexa, subtiliter punctato-striata, interstitiis praesertim lateralibus
nonnihil convexis, cinereo-albido dense squamosa, interstitio II⁰
et IV⁰ post medium vitta obscura, alternis maculis fuscis ornatis.
Pedes graciliores.*

*Mas: tarsi anteriores parum dilatati, subtus spongiosi, tarsi
postici, praecipue articulo III⁰ subspongiosi.*

Femina: tarsi angusti, haud spongiosi.

1 ♂: Turkestan, provincia Kuldscha, in valle superiore
fluminis Ili (col. Hauser).

1 ♀: Turkestan, ad flumen Ili (col. mea).

Die Art nähert sich in der Körperform und Größe am meisten
dem *M. concinnus* Cap., doch besitzt sie nur niederliegende Börstchen,
während *M. concinnus* aufgerichtete längere Borsten besitzt. Charakteristisch ist für die neue Art, daß beide Geschlechter in der Flügel-
deckenform kaum voneinander abweichen, ferner, daß die bei den
übrigen *Macrotarsus*-Arten die Flügeldecken bedeckenden stets kleinen,
an der Spitze ausgerandeten, schmalen Schuppen bei dieser Art ziemlich

breit-oval und an der Spitze nicht ausgerandet sind und dadurch etwa an die Schuppen des *Phytonomus punctatus* erinnern.

Das in meinem Besitze befindliche Weibchen wurde mir von Herrn Koltze in Hamburg mit mehreren Stücken des *M. similis* als *M. notatus* übersendet.

4. Phytonomus Hauseri n. sp. ♂ und ♀.

Ovatus, niger, squamulis albidis dense tectus. Antennae rufescentes, articulo I° funiculi II° longiore. Frons rostro aequilata. Rostrum cylindricum, parum arcuatum, thorace nonnihil brevius. Prothorax vix transversus, subcylindricus, ante medium vix latior, vix rotundato-ampliatus, apicem versus parum rotundato-angustatus, disco obscure bivittatus. Elytra ovata, supra convexa, subtiliter striato-punctata, interstitiis subplanis, squamulis albidis dense tecta et setis procumbentibus seriatim instructa, interstitio II° et III° macula obscura basali, interstitiis externis vitta discoidali, guttis fuscis composita, ornata. Long. 4 mm.

Patria: Turkestan, Issyk-Kul, Terski-Tau (col. Hauser, col. mea).

In der Gestalt erinnert diese Art etwas an *Phyt. trilineatus*, unterscheidet sich aber von diesem leicht und wesentlich durch die breite Stirne, dickeren Rüssel, andere Färbung. Noch größere Ähnlichkeit besitzt diese Art mit *Phyt. sinuatus*, mit welcher sie in der Halsschildform, breiten Stirne und auch in der Zeichnung einigermaßen übereinstimmt, doch ist der Körper der neuen Art weniger gestreckt, der Rüssel mehr gebogen und dicker, die Börstchen der Flügeldecken niederliegend, während sie bei jenem aufgerichtet sind.

Die Art ist nicht zu verkennen, breite Stirne, kurzer Rüssel, niederliegende Börstchen auf den Flügeldecken, zylindrischer Halsschild und die Färbung zeichnen sie unter allen Verwandten aus.

5. Lixus obliquus n. sp. Long. 12 mm.

Elongatus, niger, pube grisea pulvereque ochraceo (?) tectus. Antennae piceae, funiculi articulo II° primo fere duplo longiore. Oculi angusti, depressi. Rostrum cylindricum, crassum, arcuatum, prothorace vix longius (♂), confertim rugoso-punctatum. Thorax conicus, latitudine basali vix longior, lateribus parum rotundatis, pone oculos lobatus, medio canaliculatus, parum remote varioloso-punctatus et confertim ruguloso-punctulatus, cinereo pilosus, disco obscure birittatus. Elytra thorace parum latiora, elongata, apice singulatim rotundata, basi fere truncata, supra humeros et pone scutellum profunde impressa, punctato-striata, striis punctis variolosiformibus, basi profundioribus instructa, interstitiis angustis, convexiusculis, undulatis, nitidis, grisco-pubescentia, pube prope suturam et vittis obliquis tribus condensata, vitta prima a scutello marginem mediam attingente, secunda abbreviata a sutura media marginem externum inversa, tertia ante apicem transversa. Abdomen absque punctis denudatis. Pedes graciliores.

China, Yun-nan-sen (col. Hauser). 1 ♂.

Der Käfer erinnert durch seine Binden auf den Flügeldecken einigermaßen an einen *Cleonus sulcirostris*. Das untersuchte Exemplar zeigt nur Spuren einer gelben Bestäubung, daher das Fragezeichen in der Beschreibung. Übrigens besitzt die neue Art Größe und Gestalt eines *L. punctiventris*, von dem sie nach den gegebenen Merkmalen leicht zu unterscheiden ist.

6. Crepidodera picea n. sp. Long. 2·5—3 mm. ♂ und ♀.

Ovata, nigropicea, subcupreo-nitens. Frons impressione triangulari instructa, inter antennas subconvexa. Oculi rotundati, convexi. Antennae rufo-testaceae, breviores, articulis latitudine haud duplo longioribus. Thorax transversus, convexus, lateribus subtiliter marginatis, subrectis, ante medium apicem versus parum convergentibus, angulo apicali ampliato, intra duas lineolas, utrimque ante marginem posticum incisas, transversaliter impressus, dense et profunde punctulatus, juxta marginem externum punctis majoribus serialim instructus, vix nitidus. Elytra convexa, prothorace multo latiora, valde punctato-striata, intra humeros impressa, humeris callosis, striis regularibus, apicem versus subtilioribus, tamen distinctis, interstitiis striarum vix punctulatis. Pedes rufotestacei, femoribus posterioribus nigrescentibus.

Transsylvanische Alpen, Kerzer-Gebirge, in der Umgebung des Bulea-Sees und auf dem Vurfu vunetare gesiebt.

Durch dunkle Färbung, durchschnittlich geringere Größe, gedrungeneren Fühlerbau, dichtere Halsschildpunktierung, stärkere und regelmäßigere, bis zur Spitze deutliche Punktstreifen von der am nächsten stehenden *Crep. ferruginea* wohl unterschieden. Durch ihren Fühlerbau erinnert sie etwas an eine *Orestia*, aber deutlich entwickelte

Springbeine, Mangel der schwachen Prosternalkiele, andere Stirnbildung, deutliche Schulterbeule, tiefere und gröbere Punktstreifen von allen Orestien verschieden. Während die einzelnen Fühlerglieder der meisten übrigen mir bekannten Crepidoderen, ausgenommen das erste und zweite, wenigstens doppelt so lang als breit sind, sind bei dieser Art selbst die gestrecktesten Glieder kürzer als deren doppelte Breite. In der Fühlerbildung nähert sie sich am meisten der *Crepidodera nigritula* Gyll., welche aber viel kleiner ist, flacheren Halsschildeindruck, feinere Halsschildpunktierung, feinere Punktstreifen auf den Flügeldecken und stets dunklere, bräunlichschwarze Färbung besitzt. Unter den sieben Exemplaren meiner Sammlung sind zwei, jedenfalls unausgefärbte Stücke, ganz rötlichgelb wie *Crep. ferruginea* Scop., aber auch bei diesen sind die Hinterschenkel in der Mitte dunkel gebräunt und auch in allen übrigen Merkmalen stimmen sie mit den dunkleren Stücken überein. Die Punktierung des Halsschildes ist hinter dem Vorderrande des queren Halsschildeindruckes zwischen den beiden eingegrabenen Strichen kaum gröber als auf dem hinteren Teile desselben. Der abgesetzte Halsschildseitenrand ist viel schmäler und feiner als bei *Crep. ferruginea* und neben demselben befindet sich eine Reihe von gröberen Punkten, welche der *Crep. ferruginea* zu fehlen scheinen. Der Prosternalfortsatz ist bei der neuen Art wie bei *Crep. corpulenta* und ihren Verwandten ziemlich deutlich und dicht punktiert, die Ränder des Fortsatzes kaum als schwache Leistchen abgesetzt.

Eine neue Hoplia aus Süd-Italien.

Beschrieben von **Dr. Josef Müller**, Triest, Staatsgymnasium.

Hoplia (s. str.) **Paganettii** nov. spec.

Schwärzlichbraun, die Flügeldecken nur wenig heller, dunkel rotbraun. Die Oberseite mit größtenteils braunen, rundlichen oder ovalen Schuppen mäßig dicht besetzt; nur auf den Seitenteilen und am Vorderrand des Halsschildes sind auch grün-metallische Schuppen eingestreut. Ferner ist die ganze Oberseite mit kurzen, aber sehr deutlichen, schräg nach hinten gerichteten Härchen besät, der Kopf und der vordere Teil des Halsschildes sind außerdem noch länger aufstehend behaart. Die Unterseite, das Pygidium und Propygidium sind ziemlich dicht beschuppt, die einzelnen Schuppen rundlich oder oval und größtenteils metallisch. An den Vorder- und Mittelfüßen sind beide Klauen an der Spitze gespalten. Die Klaue der Hinterfüße einfach zugespitzt und auf der Oberseite längs der Mitte mit einer feinen Längsfurche. Die Vorderschienen des an den dickeren Beinen kenntlichen ♂ sind dreizähnig, beim ♀ zweizähnig. — Länge: 6·5 mm.

Von Herrn Gustav Paganetti-Hummler im Jahre 1905 in Calabrien (Sta. Eufemia und Antonimina) gesammelt und mir in zwei Exemplaren (♂♀) mitgeteilt.

Bei der Bestimmung dieser Art nach der Reitterschen Tabelle (Heft 51, Rutelini, Hoplini und Glaphyrini, 1903) wird man auf *Hoplia anatolica* Reitt. (S. 123) geführt. Doch kann auf diese die neue Art nicht bezogen werden, da *H. anatolica* nach der Beschreibung erheblich größer (8—10 mm lang) und auf den Flügeldecken größtenteils metallisch beschuppt ist. Von *H. graminicola* Fabr. unterscheidet sich die calabresische Art durch die deutlich gespaltene kleinere Klaue an den Vorder- und Mittelfüßen, von *H. floralis* Oliv. durch die metallisch beschuppte Unterseite.

Übersicht der mir bekannten
Arten des Coleopteren-Genus Agonum Bon.

Von **Edm. Reitter** in Pascau (Mähren).

In der nachfolgenden Übersicht sind nur die in meinem Besitze befindlichen echten *Agonum*-Arten ausgewiesen: die *Europhilus* sind mithin nicht aufgeführt.

Gen. Agonum Bon.

1″ Der Hals hinter den Augen ist nicht dorsalwärts abgeschnürt.

2″ Kopf samt den Augen so breit oder fast so breit als der Halsschild, dieser an den Seiten, vor den schwach angedeuteten Hinterwinkeln etwas ausgeschweift, Flügeldecken fast parallel, die Seitenrandlinie an den Schultern im vollkommen gerundeten Bogen in die Basalrandung übergehend. Körper *Dromius*-ähnlich.

Subgen. Tanystola Motsch. = Tanystoma Eschsch.

3″ Körper ganz schwarz, Oberseite höchstens mit düsterem Erzscheine, Halsschild stark quer.

4″ Flügeldecken im dritten Zwischenraume mit drei feinen eingestochenen Punkten. Fühler kürzer, Körper größer, ohne Erzschein, Flügeldecken auffallend parallel. Long. 6·5—7 mm. In den österreichischen Alpen, Nord-Europa, Sibirien und Nord-America.) *A. obsoletum* Say, *placidum* Lec., *strigicolle* Mnnh., *boreale* Motsch.) **Bogemanni** Gyll.

4′ Flügeldecken im dritten Zwischenraume mit vier starken Punktgrübchen. Körper kleiner, oben mit Bleiglanz, Fühler länger. Long. 5—5·5 mm. In den Gebirgen von Nord- und Mittel-Europa, Ost-Sibirien und Nord-America. (*A. foveolatum* Illig., *cupratum* Stew., *octocolum* Mnnh. und *stigmosum* Lec. **quadripunctatum** Dej.

3′ Körper lebhaft metallisch gefärbt, Halsschild nicht oder schwach quer. Fühler und Beine rostrot oder dunkel mit hellerem ersten Fühlergliede und manchmal getrübten Schenkeln. Kopf und Halsschild grün, Flügeldecken bronze- oder messingfarbig, oder bräunlichgelb.

$3^{1}/_{2}''$ Flügeldecken mit ausgesprochenem Metallglanze.

5″ Flügeldecken hinter der Mitte am breitesten, mit in der Rundung angedeuteten Schulterwinkeln, der dritte Zwischenraum mit vier eingestochenen, feinen Puncten. Long. 5·5 -6·5 mm. Ost-Sibirien: in den Alpen von Hamar-Daban und im Quellgebiete des Irkut. — Ins. Sib. 139. **alpinum** Motsch.

5′ Flügeldecken kürzer und breiter oval, in der Mitte am breitesten, mit ganz verrundeten Schultern; der dritte Zwischenraum mit drei feinen eingestochenen Puncten. Long. 7 mm. Japan. — Trans. Ent. Soc. Lond. 1873, II, 280. **chalcomum** Bates.

$3^{1}/_{2}′$ Schwarzbraun, Kopf und Halsschild erzgrün, letzterer mit feinen rötlichen Rändern, die Flügeldecken, der Mund, die Fühler und Beine bräunlichgelb. Long. 7—8 mm. — Amur. **bicolor** Dej.

2′ Kopf viel schmäler als der Halsschild, dieser an den Seiten vor der Basis selten ausgeschweift, Flügeldecken meistens oval, die Seitenrandlinie mit der Basalrandung an den Schultern in einem sehr stumpfen, aber deutlichen Winkel zusammenstoßend.

Subgen. **Agonum** s. str.

6″ Halsschild mit breit aufgebogenen Seitenrändern, die Basalgruben deutlich runzelig punctiert. Körper meistens lebhaft metallisch gefärbt und meist auch die dunklen Basalglieder mit Erzschein. Flügeldecken im dritten Zwischenraume meistens mit sechs, selten nur mit drei eingestochenen Puncten besetzt.

7″ Flügeldecken im dritten Zwischenraume mit fünf bis sieben (am Grunde manchmal blauen) kräftigen Punctgruben.

8″ Flügeldecken beim ♀ matt und glanzlos, mit feinen, aber scharf eingerissenen, gleichmäßigen, an der Spitze nicht feiner werdenden Streifen, Halsschild zur Basis wenig mehr verengt als zur Spitze. Oberseite kupferig oder erzfarbig, selten smaragdgrün: a. *subsmaragdinum* m. n. Long. 8—9·5 mm. — Nord- und Mittel-Europa, Sibirien, Japan, Tibet. **impressum** Panz.

8′ Flügeldecken in beiden Geschlechtern glänzend, messing- oder bronzefarbig oder kupferrot, Kopf und Halsschild oft grün, Flügeldecken mit feinen Streifen; die Puncte in denselben deutlich und merklich breiter als die Streifen, letztere an der Spitze noch feiner werdend oder erloschen; im dritten Zwischenraume in der Regel mit fünf Grübchen. Halsschild transversal, nach hinten viel stärker verengt. Long. 7- 7·5 mm. — Ost-Sibirien, Baikalsee. **quinpuepunctatum** Motsch.

7' Flügeldecken im dritten Zwischenraume mit drei bis sechs eingestochenen, feineren Punkten.

9" Oberseite metallisch gefärbt, Fühler und Beine dunkel, Flügeldecken mit normal zirka sechs eingestochenen Punkten.

10" Flügeldecken in beiden Geschlechtern glänzend, Hintertarsen oben in der Mittellinie nicht gekielt.

11" Größer und breiter gebaut, Halsschild hinten mit sehr breit aufgebogenen Rändern, quer, Flügeldecken breit und kurz oval. Kopf und Halsschild lebhaft metallisch grün, Flügeldecken feurig kupferrot, meist mit grünem Seitenrande, Unterseite samt den Beinen schwarzgrün. Die Färbung variiert; einfarbige, metallisch dunkelbraune Stücke sind a. *montanum* Heer. Long. 7--9 mm. — Nord- und Mittel-Europa, Kaukasus, Sibirien. (*A. duo-decimpunctatum* Müll.)   **sexpunctatum** Lin.

11' Dem vorigen sehr ähnlich, aber viel kleiner und schmäler, Halsschild nach hinten stärker verengt, an den Seiten viel schmäler aufgebogen, kaum quer, Flügeldecken schmäler und länger oval, an der Spitze undeutlicher ausgebuchtet. Oben metallisch goldgrün, Unterseite grünlichschwarz. Long. 6 mm. — In den Gebirgen von Mittel-Europa sehr selten, häufiger in England und Nord-Europa. — (*A. bicofeolatum* Sahlb., *fulgens* Davis).   **ericeti** Banz.

10' Flügeldecken in beiden Geschlechtern matt, meist grün, mit deutlicherer Chagrinierung, die Basis der zwei ersten Glieder der Hintertarsen in der Mittellinie fein gekielt.

Unterseite schwarzgrün, Oberseite grün, Kopf und Halsschild bronzefarbig oder messingglänzend, Flügeldecken am Seitenrande und an der Naht (schmal) kupferig gesäumt oder einfarbig (Stammform); bei a. *austriacum* F. verbreitet sich die kupferige Färbung der Naht auf die inneren drei bis fünf Zwischenräume;[1]) bei *dalmatinum* Dej. (*cuprinum* Motsch.) sind die ganzen Flügeldecken kupferig gefärbt; bei a. *chrysopraseum* Fald. ist Kopf und Halsschild purpurrot, die Flügeldecken grasgrün.[2]) Long. 8—10 mm. — Mittel- und Süd-Europa,

---

[1]) *A. Tschitscherini* Senn. Hor. XXVIII. 526 aus Turkestan scheint von dieser Form nur durch robustere Gestalt abzuweichen. Meine zahlreichen Turkestaner a. *austriacum* sind in der Tat größer.

[2]) a. *fulgidicolle* Er. aus Algier kann ich von a. *chrysopraseum* Fald. nicht unterscheiden.

Kleinasien, Kaukasus, Turkestan, Algier. — (*A. thoracicum* Geoffr., *modestum* Strm., *nigricorne* Panz.)

viridicupreum Goeze.

9′ Schwarz, Kopf und Halsschild mit schwachem Bleiglanz, die schmalen Seitenränder des Halsschildes rötlich durchscheinend, die Flügeldecken, die Basis der Fühler und Beine braungelb; Flügeldecken kurz oval, im dritten Zwischenraume mit drei eingestochenen Punkten. Long. 8—9 mm. — Dalmatien, Griechenland, Krim. — (*A. fuscipenne* Chaud.)

sordidum Dej.

Halsschild mit sehr fein, aber deutlich punktierten Basalgruben. Schwarz, ohne Metallglanz, die Flügeldecken dunkelbraun, an der Spitze oft etwas heller und matter braun, die Fühlerbasis und die Beine bräunlichgelb. Halsschild mit sehr schmal aufgebogenen Seiten, zur Basis stärker verengt, Flügeldecken lang oval, mit sehr feinen gleichmäßigen Streifen, im dritten Zwischenraume mit drei bis fünf eingestochenen Punkten. Basalrandung wenig gebogen. Long. 8—9 mm. — Kleinasien: Sabandja, Karakeny (v. *Bodemeyeri*); Syrien, Kaukasus.

Bodemeyeri n. sp.

6′ Halsschild meistens mit schmäler aufgebogenen Seitenrändern, die Basalgruben flach, glatt, oder nur undeutlich und sehr fein gerunzelt. Körper mit oder ohne Metallfärbung.

12″ Flügeldecken im dritten Zwischenraume mit zirka sechs eingestochenen Punkten.

Halsschild mit breit abgesetzten Seiten und angedeuteten Hinterwinkeln. Schlank, lang oval, dunkel bronzefarbig, unten grünlichschwarz, das erste Glied der Fühler, die Schienen und Tarsen rotbraun; die lang ovalen Flügeldecken mit sehr feinen, eingerissenen, gleichmäßigen Streifen. Long. 7—8·5 mm. — Nord- und Mittel-Europa selten, in Sibirien häufig. — (*A. elongatum* Dej.).

gracilipes Duftschm.

12′ Flügeldecken im dritten Zwischenraume mit normal drei eingestochenen Punkten.

14″ Grasgrün, Flügeldecken matt metallisch grün, die Ränder der letzteren samt den Epipleuren, die Basis der Fühler und Beine rotgelb, die Palpen und Schenkel manchmal getrübt.[1] Long.

---

[1] Die a. *flavocinctum* Suffr. ist spangrün, die helle Färbung blaßgelb, die Streifen sehr fein, die Zwischenräume ganz flach; a. *pretiosum* Friedrichs ist ein abweichendes ♀ von *flavocinctum*, mit gelblichen Episternen der Hinterbrust.

7—8·5 mm. — Europa, Kaukasus, Syrien. — (*A. viridi-nitidum* Goeze, *lucorum* Geoffr. Fourcr.). **marginatum** Lin.

14′ Flügeldecken einfarbig, ohne gelben Seitenrand.

15″ Oberseite meistens mit ausgesprochener (grüner, bronzefarbiger, blauer) Metallfärbung, selten schwarz; Flügeldecken fein gestreift, die Streifen hinten nicht oder schwach vertieft, der siebente Zwischenraum an der Spitze nach innen verlängert und hier flach und viel breiter als der hinter ihm befindliche achte Zwischenraum. Hintertarsen nur an den Seiten fein gefurcht, in der Mittellinie nicht gekielt.

16″ Flügeldecken an den Seiten parallel, oben abgeflacht, mit meistens feinen, gleichartigen Streifen, Halsschild stark quer, schmäler als die Flügeldecken, Hinterwinkel in der Rundung als sehr stumpfe Ecken meistens angedeutet, Vorderrandlinie in der Mitte breit unterbrochen. Oberseite lebhaft metallisch gefärbt, nur in Varietäten schwarz.

17″ Kopf wenig schmäler als der Halsschild, dieser mäßig transversal, vor der Mitte am breitesten, mit angedeuteten Hinterwinkeln, Flügeldecken lang, parallel, flach, mit sehr feinen, gleichmäßigen Streifen, der siebente an den Seiten oft vorne, der achte in der Mitte nahezu erloschen. Lebhaft grasgrün, mit Metallglanz, Flügeldecken matt, seltener ganz schwarz: a. *pernigrum* Reitt. — Hochsyrien: Akbés. — W. 1897, 45

perprasinum Reitt.

17′ Kopf viel schmäler als der Halsschild.

18″ Flügeldecken mit außerordentlich feinen eingeschnittenen, kaum punktierten Streifen, der siebente an den Seiten nach vorne fast erloschen, der achte in der Mitte nur angedeutet. Halsschild stark quer, seitlich mit den Hinterwinkeln verrundet, die Seiten besonders vorne schmal abgesetzt, an den Vorderwinkeln keine Absetzung mehr erkennbar. Körper oben sehr abgeflacht. Bronzefarben oder stahlblau oder dunkelgrün, metallisch, selten ganz schwarz. Long. 8—9 mm. — Südlicher Kaukasus: Armenisches Gebirge, Gouvernement Erivan. — (Herrn Karl Stock in Hoechst freundlichst gewidmet.)

Stocki n. sp.

18′ Flügeldecken mit mäßig feinen, gleichmäßigen Streifen, diese ebenfalls hinten nicht stärker eingedrückt, die Zwischenräume schwach gewölbt oder etwas flach verrunzelt, Halsschild mit

sehr stumpf angedeuteten Hinterwinkeln, die seitliche schmale
Absetzung derselben auch noch an den Vorderwinkeln deutlich
separiert.

19″ Basalrand der Flügeldecken starc gebogen, an den Schultern
viel mehr nach vorne stehend als am Schildchen. Schwarz,
(nach solchen Stücken beschrieben), oder oben blau oder grün.
Meine sind dunkelblau. Long. 9—9·5 mm. — Ostrumelien,
Kleinasien. − E. N. 1888, 177. **Birthleri** Hopffgarten.

19′ Basalrand der kurzen, parallelen Flügeldecken wenig gebogen,
an den Seiten nur etwas mehr nach vorne stehend als am
Schildchen. Zwischenräume der kräftigen Streifen gewölbt. Ganz
schwarz (a. *melanotum* m. n.) oder oben kupferfarbig, bronzeglänzend, metallisch grün oder blau. Long. 9—10 mm. —
Im westlichen und zentralen Kaukasus. — Enum. Carab.
1846, 133. (? *A. chalconotum* Mén. Cat. rais. 118).
                                                    rugicolle Chaud.

16′ Flügeldecken an den Seiten nicht vollcommen parallel, mehr
weniger curz oder lang oval, in der Mitte also auch in flacher
convexer Kurve verlaufend, selten parallel, dann ist aber die
feine Marginallinie am Vorderrande des Halsschildes nicht unterbrochen.

20″ Halsschild deutlich breiter als lang, nach hinten meist stärcer
verengt.

21″ Die Beine ganz oder zum größten Teile und das erste Fühlerglied braungelb.

22″ Halsschild hinten stärcer abgesetzt und aufgebogen, zur Basis
stärcer verengt. Glänzend metallisch grün, oder die Flügeldecken
bronzefarbig, selten blau: a. *coerulescens* Letzn. (*chalyhaeum*
Gradl.), selten die ganze Oberseite dunkel erzfarbig: a. *tibiale*
Heer, das erste Glied der Fühler und die Beine bräunlichrot,
die Schenkel und Tarsen meistens dunkler. Long. 6—9 mm.
— Europa, Mittelmeergebiet, Kaukasus, häufig. — (*A.
parumpunctatum* Fbr.). **Mülleri** Hrbst.

22′ Halsschild nach hinten nicht mehr verengt als zur Spitze, hinten
nur sehr schmal aufgebogen. Matt erzgrün, die Flügeldecken
braun erzfarbig, bei a. *Reitteri* Ragusa lebhafter metallisch
grün, glänzend, die Epipleuren, die Beine und das erste Glied
der Fühler bräunlichgelb. Long. 8 mm. — Spanien, Portugal, Sicilien, Sardinien. **numidicum** Luc.

21' Fühler und Beine dunkel.

23'' Halsschild in der Rundung mit angedeuteten, sehr stumpfen Hinterwinkeln, die feine Vorderrandlinie vollständig. Unten schwarz, mit grünem Scheine, oben bronzegrün, häufig blau: a. *subcoerulescens* m. n.,[1]) oder ganz schwarz: a. *corrinum* m. nov. Long. 7—8 mm. — Turkestan (Taschkend, Alexandergebirge), Ost-Sibirien: Quellgebiet des Irkut. **archangelicum** J. Sahlb.

23' Halsschild mit ganz verrundeten, kaum angedeuteten Hinterwinkeln; Vorderrandlinie in der Mitte unterbrochen. Körper ganz schwarz, glänzend, oder die Flügeldecken mit sehr schwachem Bleischeine. Halsschild vorne sehr schmal gerandet, Basalgruben glatt, Flügeldecken mit feinen, hinten kaum stärker eingedrückten, nicht deutlich punktierten Streifen, im dritten Zwischenraume mit drei größeren Punktgrübchen, als sie bei den näher verwandten Arten normal sind. Long. 8·5—9·5 mm. — Kaukasus, im Altai, am Baikalsee, Ost- und Nordost-Sibirien (Wilni). — Meinem langjährigen Korrespondenten, Herrn Ad. Warnier in Reims, gewidmet.   **Warnieri** n. sp.

20' Halsschild schmal, so lang als breit, oder fast etwas länger als breit, nach hinten kaum stärker verengt, Hinterwinkel nicht erkennbar angedeutet.

24'' Lebhaft metallisch grün, glänzend, Fühler und Beine dunkel, nur die Epipleuren der Flügeldecken braun. Long. 7—9·5 mm. — Griechenland, Lenkoran, Turkestan. — (*A. lucidulum* Schaum, *chalconotum* Chd. non Mén., *viridescens* Reitt.) — B. 1857, 138.   **extensum** Ménétr.

24' Schwarz, glänzend, Flügeldecken lang oval, die Epipleuren braun, die Beine und oft auch das erste Fühlerglied rötlichbraun, die Schenkel häufig pechbraun; manchmal sind Fühler und Beine schwarz: a. *atrolucidum* nov. (Camargué). Große schmale Art, an dem längeren Halsschilde leicht zu erkennen. Long. 8—9·5 mm. — Im südlichen Mitteleuropa, Griechenland, Ungarn, Kleinasien, Lenkoran, auf salzhaltigem Boden. — (*A. monachus* Dftsch., *nigrum* Dej., *lucidum* Fairm., *laterale* Redtb., *Menetriesi* Fald.).   **atratum** Dftsch.

15' Käfer schwarz, Oberseite seltener mit dunkelgrünem oder mit Bronzeschein, Flügeldecken bald stark, bald fein gestreift, in den Streifen in der Regel punktiert, die Streifen an der Spitze

---

[1]) Habe ich als *coerulescens* Motsch. versendet.

immer bedeutend stärker eingedrückt, die zwei um die Spitze
sich biegenden Zwischenräume schmäler, gewölbter, der vordere
innen nicht, oder nur etwas breiter als der hintere. Hintertarsen in der Mittellinie oft fein gekielt.

25″ Die Basalrandlinie gebogen, ihr innerer Teil schräg zur Seiten-
mitte des Schildchens zurückgebogen. Halsschild, besonders
vorne, mit schmal aufgebogenen Seitenrändern.

26″ Schwarz, Oberseite mehr weniger stark bronzefarbig. Flügeldecken fein gestreift, in den Streifen fein punktiert. Hieber
zwei kleine, sehr ähnliche Arten.

27″ Halsschild mit stumpfeckig angedeuteten Hinterwinkeln, Ober-
seite mit starkem Bronzeglanz. Beine bräunlichrot. Long. 7 — 8 mm.
— Nord-Europa, Nord-Deutschland, Ost-Sibirien. —
(*A. latipenne* Dej., *triste* Dej., *tarsatum* Zett.). **dolens** Sahlb.

27′ Halsschild mit ganz verrundeten Hinterwinkeln. Oberseite schwach
bronzeglänzend, das erste Glied der Fühler und die Beine rotbraun, die Schenkel meistens dunkler, Epipleuren der Flügeldecken gewöhnlich hell gefärbt. Long. 7—8 mm. — Nord-
und Mittel-Europa, Kaukasus, Sibirien. — (*A. laeve* Dej.,
lugubre Dftsch., *longipenne* Chd.)   **versutum** Gyll.

26′ Der Körper schwarz, ohne Erz- oder Bronzeglanz.

28″ Der Hinterrand des Halsschildes ist auch in der Mitte, hier
aber schwach aufgebogen. Flügeldecken beim ♂ etwas, beim
♀ stark matt, lang oval. Halsschild quer, mit abgeflachten
Seiten und angedeuteten Hinterwinkeln. Die Tarsen seitlich
gestreift, oben matt und in ihrer Mittellinie mit vollständigem
feinem Kiel, dieser auch auf der Basis des Klauengliedes. Long.
8—10 mm. — Nord- und Mittel-Europa, Kaukasus,
Portugal.   **lugens** Dftschm.

28′ Hinterrand des Halsschildes in der Mitte gar nicht aufgebogen.
Oberseite schwarz, glänzend. Tarsen in der Mittellinie nicht
oder nur unvollkommen, die zwei letzten Glieder gar nicht
gekielt. Flügeldecken fein gestreift.

29″ Hintertarsen seitlich gerinnt, in der Mittellinie fein gekielt, nur
die zwei letzten Glieder einfach. Halsschild zur Basis nicht
mehr verengt als zur Spitze, klein, flach, mit äußerst schmal
gerandeten, rötlich durchscheinendem Seitenrande, fast
gerader Basis und in der Rundung schwach angedeuteten Hinterwinkeln; Flügeldecken lang oval, fein gestreift, in den Streifen
erkennbar punktiert. Schwarz, fettglänzend, das erste Glied der

Fühler, die Beine und Epipleuren der Flügeldecken rotbraun.
Long. 7—8 mm. — Balkanhalbinsel, Corsica, Italien,
Kaucasus, Lencoran, Margelan. — Käf. Balcanhalbinsel,
I., 293.   **Holdhausi** Apfelb.

29' Hintertarsen seitlich gerinnt, in der Mittellinie nicht mit vollständigem, meist gar nicht vorhandenem feinem Kiele. Halsschild schwach quer. zur Basis stärcer verengt, sehr schmal
gerandet, Hinterwincel manchmal etwas angedeutet, Flügeldeccen cürzer oval, fein gestreift, in den Streifen ercennbar
punctiert. Schwarz, das erste Glied der Fühler, die Beine und
Epipleuren der Flügeldecken rotbraun, Schencel sehr oft duncel.
Long. 7—8 mm. — Im Westen und Süden von Europa,
Italien, Mittelmeergebiet, Kaucasus, Lencoran, Turcestan. — (*A. nigrum* Dej., *atratum* Fairm., *pusillum* Schaum.).
                                                      Dahli Preudhomme.

26' Die Basalrandlinie wenig gebogen, ihr innerer Teil läuft zum
Schildchen fast horizontal aus. Halsschild meistens mit breit
aufgebogenen Rändern und ganz abgerundeten Hinterwinkeln.
Hintertarsen seitlich gerandet, längs der Mitte der Oberseite
mehr weniger fein gecielt. Vorderrand des Halsschildes immer
vollständig gerandet.

30'' Schwarz, mit Bronzeglanz, Erzglanz, oder grünlichem Scheine,
Halsschild auch vorne breit gerandet, seltener einfarbig schwarz :
a. *moestum* Dtsch.; Flügeldecken innen und an der Spitze mit
tiefen Streifen und hinten gewölbten Zwischenräumen, der Basalrand läßt die äußerste Spitze des Schildchens frei und ist bei
diesem meist sehr schwach nach vorne gebogen. Long. 7·5—9 mm.
— Europa, Sibirien häufig. — (*A. obscurum* Payc., *ver-
nale* Payk.).   **viduum** Panz.

30' Schwarz, ohne Bronzeglanz oder ohne Metallschein.

31'' Die Basallinie der Flügeldecken mündet innen in der Nähe
der Spitze des Schildchens, die äußerste Spitze des letzteren
bleibt nach hinten frei.

32'' Halsschild an den Seiten breit gerandet und aufgebogen, auch
vorne mäßig breit abgesetzt, (wie bei *viduum*) Flügeldecken
cürzer oval. Schwarz, glänzend. Long. 7·5—9 mm. — Europa,
Sibirien, häufig. — (*A. afer* Duft., *lugubre* Dej.).
                                 viduum var. **moestum** Duftsch.

32' Halsschild an den Seiten hinten mäßig schmal, vorne sehr
schmal gerandet; Flügeldeccen länger oval. Schwarz, glänzend,

einfarbig, oder das erste Fühlerglied, die Schienen und
Tarsen braun. Long. 8—9 mm. — Serbien, Bosnien,
Südungarn, Griechenland, Spanien, Marocco.

angustatum Dej.

31' Die Basallinie der Flügeldecken mündet horizontal dicht hinter
dem Schildchen aus. Halsschild groß, fast rund, vorne nur
sehr schmal, hinten deutlich breiter gerandet und aufgebogen,
Flügeldecken breit, kurz oval, mäßig tief gestreift, in den Streifen
deutlich punktiert, die Streifen an der Spitze und Basis tiefer
eingedrückt, im dritten Zwischenraume mit drei kräftigen Punkten
besetzt, Tarsen matt, in der Mittellinie (auch am Klauengliede)
mit feinem Mittelkielchen. Dem *moestum* ähnlich, auch einfarbig schwarz, aber viel größer, Halsschild fast kreisrund und
vorne schmal gerandet. Long. 10 mm. — Transbaikalien,
Ostsibirien (Amur, Chabarowka), Japan. — Trans. Ent.
Lond. 1880, III, 257. — Japaner-Stücke habe ich nicht gesehen.

sculptile Bates.

1' Hals hinter den Augen auch dorsalwärts abgeschnürt:

Subgen. **Batenus** Motsch.

Kopf etwas schmäler als der Halsschild, dieser fast länger
als breit, mit abgerundeten Hinterwinkeln, Flügeldecken schmal
und lang oval. Schwarz, Unterseite rostbraun, Fühler, Palpen
und Beine gelbrot. Long. 8—11 mm. — Nord- und Mittel-
Deutschland, Sibirien. — (*A. memnonium* Nicola, *bipunctatum* Strm., *mundum* Grm.).

livens Gyll.

Übersicht der bekannten palaearktischen Arten der Coleopteren-Gattung Chloëbius Schönh.

Von **Edm. Reitter** in Pascau (Mähren).

Eine curze Übersicht der becannten fünf *Chloëbius*-Arten hat schon J. Faust in Horae Soc. Ent. Ross. XX., 1886, pg. 143 gegeben; inzwischen ist eine Art von mir beschrieben worden[1]) und da noch einige zu beschreiben sind, so wähle ich neuerdings zu ihrer Beschreibung die Tabellenform, welche mir am ehesten geeignet erscheint, die sich sehr ähnlichen Tiere auseinanderzuhalten.

A″ Körper weiß oder grau, Oberseite braun und weiß, oder braun und grau scheccig beschuppt, die Schuppen ohne Spur von Metallglanz. Stirne zwischen den Augen (von oben gesehen) reichlich so breit als ein Auge oder breiter.

1″ Basis des Halsschildes etwas doppelbuchtig. Stirne zwischen den Augen bedeutend breiter als der schmälere Augendurchmesser. Fühler dünn, Glied zwei der Geißel gestreckt und fast so lang als eins. Scheibe des Halsschildes und der Flügeldecken braun-, sonst grauweiß beschuppt, der Zwischenraum an der Naht bleibt weiß. Schildchen halbrund, etwas breiter als lang. Zwischenräume mit äußerst cleinen, curzen, schwarzen, im Profile sichtbaren Börstchen. — Turcestan: Sefid-kuh, Fl. Tschu. — W. 1895, 27 *(Myllocerus)*. W. 1899, 162. **angustirostris** Reitt.

1′ Basis des cürzeren Halsschildes ganz gerade. Stirne zwischen den Augen nur wenig breiter als der Augendurchmesser. Fühler dünn, aber wenig lang, Glied eins der Geißel doppelt so lang als breit, zwei so lang als breit, die nächsten cleiner. Halsschild braun-, die Seiten wie die Unterseite grauweiß beschuppt, ohne helle Mittellängslinie. Schildchen clein, etwas länglich. Flügeldeccen gedrungen, hinter der Mitte bauchig erweitert, die Scheibe auf hellem Grunde dicht braunfleccig beschuppt, die Schuppenfleccen in der Mitte mehr weniger ineinander verschmolzen, die flachen Zwischenräume der feinen Punktstreifen mit einer äußerst curzen, feinen weißen Börstchenreihe, Fühler und Beine meist braun durchscheinend; Schencel, besonders die vorderen, etwas

---

[1] *Chl. angustirostris* Reitt. sub *Myllocerus*, W. 1895, 27 aus Sefid-kuh.

Wiener Entomologische Zeitung, XXVI., Jahrg., Heft II (15. Februar 1907).

angeschwollen. Von *Stereni* durch breitere Stirn, den abweichenden
Fühlerbau, den gedrungenen Körper und nicht metallische Be-
schuppung sehr abweichend. Long. 3·5 mm. — Turcestan:
Kuschk. Von Herrn Franz Sterba, technischem Verwalter der
Zuccerfabrik in Peček (Böhmen), dann von Herrn Staudinger-
Banghaas von ebenda erhalten.   **Sterbae** n. sp.

A′ Körper einfarbig grün, selten fleccig beschuppt, die Schuppen
ganz oder zum Teil metallisch glänzend; selten einförmig weißgrau, ohne Metallschimmer, im letzteren Falle aber ungefleckt,
einfarbig beschuppt.

1″ Die Stirne zwischen den Augen ist deutlich breiter als der
cleinere Durchmesser eines Auges.

2″ Die Stirne zwischen den Augen ist reichlich doppelt so breit als
ein Auge und anderthalbmal so breit als der Rüssel zwischen
der Fühlerbasis.

Schwarz, grün beschuppt, Fühler und Beine am Grunde
rötlich, Augen clein, Halsschild meist so lang als breit, Flügeldeccen in den Zwischenräumen mit einer (hie und da manchmal
doppelten) weißen, geneigten Börstchenreihe. — Taschkend,
Margelan, Kopet-Dagh. — D. 1885, 185.

                                               latifrons Faust

2′ Die Stirne zwischen den Augen ist deutlich breiter als
ein Augendurchmesser und hier so breit oder fast so breit als
der Rüssel zwischen der Fühlerbasis.

3″ Flügeldeccen auf den Zwischenräumen mit weißen, kräftigen
Börstchen reihenweise besetzt, die Börstchenreihen von obenher
starc ins Auge fallend.

4″ Körper grün beschuppt, mit Metallglanz, Fühler, Schienen und
Tarsen rötlich durchscheinend, Fühler fein beschuppt und behaart.
— Bukowina,[1]) Südrußland: Astrachan; Kaucasus,
Transkaspien. — *Chl. sulcirostris* Hochh.-Schönh. Curc. II, 644.

                                               immeritus Bohem.

4′ Körper weißgrau beschuppt, seltener schmutzig weißgrün, ohne
Metallglanz, Fühler und Beine mehr weniger rötlich durchscheinend, Fühler nur fein behaart, nicht beschuppt. Vielleicht
besondere Art. — Margelan, Samarcand.

                                      v. **margelanicus** nov.

---

[1]) Bei Bajan von Herrn Jasilkowsky aufgefunden und mir von Herrn
Baron Hormuzaki mitgeteilt. Das mitgeteilte Stücc hatte ein einförmiges
Schuppencleid wie *margelanicus*, welches es vielleicht der Alkoholbehandlung
zu verdancen hat.

3′ Flügeldecken auf den Zwischenräumen nur mit äußerst kurzen und feinen, wenig auffälligen, weißen oder schwarzen Börstchen, im letzteren Falle sind sie nur von der Seite gesehen erkennbar. Grün, mit Metallglanz. — West-Sibirien, Aulic-Ata, Tetschen,[1]) Mongolei: Kan-ssu. — Schönh. Curc. VII, 1, 716.

psittacinus Bohem.

1′ Die Stirne zwischen den Augen kaum so breit als der schmälere Augendurchmesser, gewöhnlich schmäler und daselbst nur so breit als der Rüssel zwischen der Fühlerbasis.

5″ Halsschild lang, vor der leicht doppelbuchtigen Basis stark eingeschnürt, an dieser viel schmäler als der Vorderrand, Scheibe gewölbt, vor der Basis quer niedergedrückt, Glied zwei der Fühlergeißel beim ♂ wenig, beim ♀ deutlich kürzer als eins; Flügeldecken gewölbt, auf den Zwischenräumen mit ziemlich kurzen, geneigten, meist vorne schwarzen, hinten weißen Börstchen reihenweise besetzt, Schenkel nur mit angedeuteten Zähnchen, Schienen nicht auffällig erweitert, beim ♂ wenig stärker als beim ♀. Schwarz, Körper grün metallisch beschuppt, Oberseite in sehr seltenen Fällen schwach braun gefleckt. — Turkestan: Adidjan, Osch, Aulie-Ata. — D. 1885, 184.

contractus Faust.

5′ Halsschild niemals länger als breit, an der Basis schwach eingeschnürt und hier so breit als der Vorderrand, ziemlich flach der Länge und Breite nach gewölbt, an der Basis nur sehr undeutlich niedergedrückt. Schenkel mit innen sehr kleinen Zähnchen. Glied zwei der Fühlergeißel deutlich kürzer als eins.

6″ Rüssel in der Mitte schmal, rundlich, nur an der Spitze kurz gefurcht, Halsschild so lang als breit, die Basis schwach, aber deutlich doppelbuchtig, Flügeldecken in den Zwischenräumen mit langen, schwarzen, aufstehenden Borstenhaaren, welche mindestens so lang sind als ein Zwischenraum breit. Klein, schwarz, blaß und dicht goldgrün, auf der Scheibe der Oberseite meist etwas gesättigter metallisch grün beschuppt; Flügeldecken parallel, beim ♂ von der Mitte, beim ♀ vom letzten Viertel zur Spitze gerundet verengt. Im übrigen dem *Steveni* ähnlich. — Long.

---

[1]) Faust sagt wohl (Horae 1886, 143), daß diese Art nur in Sibirien vorkomme und daß alle ähnlichen Formen aus Südrußland, Kaukasus und Zentral-Asien zu *immeritus* gehören. Diese Ansicht bestätigt sich nicht; denn mir liegen zahlreiche Stücke aus Zentral-Asien vor, die nur auf die Faustsche Definition des *psittacinus*, nicht aber auf *immeritus* passen.

    3 mm. — Turcestan, ohne nähere Fundortsangabe in Anzahl in meiner Kollection.   **semipilosus** n. sp.

6′ Rüssel fein gefurcht, Halsschild fast gerade, Flügeldecken mit kurzen oder äußerst kurzen, meist schwarzen Borsten reihenweise besetzt.

7″ Körper metallisch grün, Stirn und Scheibe des Halsschildes braun beschuppt, Flügeldecken auf der Scheibe braunfleckig beschuppt, längs der Mitte des Halsschildes befindet sich oft eine schmale, unvollständige, hellere Mittellinie.

8′ Flügeldecken auf den Zwischenräumen mit äußerst kurzen, schwarzen, nur im Profile erkennbaren Börstchen. Oberseite stärker angedunkelt. — Südrußland, Kaucasus. — Schönh. Curc. VII, 417.   **Steveni** Bohem.

8′ Flügel auf den Zwischenräumen mit kurzen, meistens schwarzen, reihig gestellten Börstchen, diese sind deutlich, im Profile gesehen, halb so lang als ein Zwischenraum. Oberseite meistens schwach angedunkelt. — Südrußland, Kaucasus.

                v. **caucasicus** nov.

7′ Der ganze Körper einfarbig metallisch grün, ohne Spur von braun beschuppten Dorsalflecken, Körper etwas gedrungener, Flügeldecken auf den Zwischenräumen mit kurzen, meist schwarzen, reihig gestellten Börstchen besetzt. — Russisch-Armenien: Araxestal bei Ordubad, häufig. Vielleicht besondere Art. — Meinem Kollegen, Herrn Ant. Sequens, Passau, gewidmet.

                v. **Sequensi** nov.

Entgegnung auf die Berichtigung des Herrn Weise in dieser Zeitschrift 1907, 34. (Schrenk oder Schrenck.)

Von Prof. Dr. L. v. Heyden in Bockenheim.

In der Wien. E. Z. 1906, 138 steht von mir in Bemerkungen zu Petri's Hyperini der Passus »Die Familie, die ich kenne, schreibt sich S c h r e n k nicht S c h r e n ck.«

Mein lieber alter Freund W e i s e bemerkt hiezu (siehe Titel) »die älteren russischen Autoren G e b l e r, M o t s c h u l s k y etc. schreiben stets richtig S c h r e n ck, wenn sich die Familie jetzt S c h r e n k nennt, so ist das wahrscheinlich in den russischen Zuständen begründet, wo jeder scheinbar seinen Namen beliebig ändern kann...«.

Ich habe hierauf zu erwidern, daß ich L e o p o l d v. S c h r e n k, geboren am 24. April 1826, gestorben am 12. Jänner 1894, persönlich in Nizza 1869 kennen lernte, nachdem meine Familie mit der seinen seit langem bekannt war. Diese nicht russische, sondern baltische Familie schrieb sich stets S c h r e n k; die bayerische Familie Freiherr S c h r e n c k v o n N o t z i n g mit ck. Ich bemerke hiezu, daß ich nicht leichtfertig hinschreibe, was ich nicht verantworten kann.

Freund W e i s e scheint doch die Literatur nicht so eingehend studiert zu haben, sonst würde er gefunden haben, daß G e b l e r, den er zuerst zitiert, stets Schrenk schreibt. Ich besitze ein G e b l e r sches Manuscript (1885 von Dr. v. S e i d l i t z zum Geschenk erhalten) »Verzeichnis der von Herrn S c h r e n k in der südöstlichen Kirgisensteppe vom Kreise Karkavaly bis an den Fluß Tchu und an die chinesische Grenze gefundenen Käfer«. Hier sind erwähnt:

6. *Cicindela Schrenkii* m. Bull. Petersbg. 1841.

43. *Nebria Schrenkii* m. Bull. Petersbg. 1842.

55. *Sphodrus Schrenkii* m. Bull. Petersbg. 1844.

227. *Capnisa Schrenkii* m. Bull. Petersbg. 1844.

236. *Trigonoscelis Schrenkii* m. Bull. Petersbg. 1844.

315. *Mylabris Schrenkii* m. Bull. Petersbg. 1841.

342. *Piazomias Schrenkii* Schh. i, l. Bull. Petersbg. (Später schreibt B o h e m a n in Schönherr VIII., II., pg. 410 irrtümlicherweise *Schrenchii!*)

368. *Cleonus Schrenkii* m. Bull. Petersbg. 1844.

398. *Coniatus* (Hyperine!) *Schrenkii* m. Bull. Petersbg. 1841.

Es ist ein Auszug aus dem gleichlautenden Verzeichnis im Bull. Mosc. 1859, Nr. II, wo überall nur S c h r e n k vorkommt und von dem Secretär der Moscauer Gesellschaft, D r. R e n a r d, mit Anmerkung versehen ist; auch hier heißt es S c h r e n k.

Gebler schreibt ferner in Coleopt. spec. nov. a Dr. Schrenk in deserto Kirghis. 1843 detectae Mosquae 1860. Er erwähnt auf pg. 1, 2, 23, 24, 31 den Namen S c h r e n k und beschreibt pg. 5 *Sphodrus Schrenkii*, pg. 11 *Capnisa Schrenkii*, pg. 14 *Ocnera Schrenkii*, pg. 27 *Cleonus Schrenkii*.

F a u s t schreibt, Horae XV, 1881, 147, richtig *Coniatus Schrenki* Gebl. Wenden wir uns nun zu dem Werke »Reisen und Forschungen im Amurlande« von D r. L e o p o l d v. S c h r e n c k, Band II, Lfg. I Lepidoptera, Petersburg 1859 von M é n é t r i é s und Lfg. II, Coleoptera, 1860 von M o t s c h u l s k y bearbeitet, so findet man, daß M é n é t r i é s 114 mal den Namen Schrenck anwendet, 9 *Schrenckii*-Arten beschreibt, z w e i m a l a b e r a u c h S c h r e n k schreibt. p. 11 M. Leopold Schrenc und M. Schrenc. M o t s c h u l s k y schreibt immer Schrenck.

Bei M é n é t r i é s kann ich mir diese doppelte Schreibweise nicht leicht erklären; daß M o t s c h u l s k y anders schreibt wie G e b l e r wundert mich nicht, haben doch alle seine Arbeiten — alle Achtung vor seiner umfassenden Artkenntnis und seinem scharfen Blick — eine leicht hingeworfene Manier des Schreibens; er kümmerte sich nicht um Äußerlichkeiten, wie ich ihn persönlich 1859 kannte.

Zum Schluß! Die Familie nennt sich nicht »jetzt« S c h r e n k, sondern schrieb sich stets mit »k«. In Rußland kann man auch seinen Namen nicht »beliebig ändern«, wie Freund W e i s e meint, sondern es lassen sich eben viele russische Worte und Laute nicht einfach in deutschen und romanischen Buchstaben wiedergeben, daher die verschiedenen Schreibweisen von Namen, wie J a k o w l e f f, S e m e n o w u. s. w. — Man hat daher bei der Schreibweise *Schrenki* zu bleiben (wie es G e b l e r als erster schrieb) so lange nicht das Gegenteil bewiesen wird und dies wird schwer halten.

LITERATUR.

Hemiptera.

Melichar, L. Monographie der Issiden (Homoptera). (Abhandlungen der f. f. zoolog.-botan. Gesellschaft in Wien, Bd. III, Heft 4) Wien 1906, bei Alfred Hölder, Hofbuchhändler. Mit 75 Abbildungen im Texte. Groß-Oktav, 327 pg. 20 K.

In den letzten Jahren wurden unsere Kenntnisse über die Systematif der Homopteren durch die umfassenden und gründlichen Monographien und faunistischen Werfe des Verfassers in ganz erheblicher Weise bereichert. · Dies gilt auch von der vorliegenden umfangreichen Monographie der Issiden, in der 464 Arten beschrieben werden, von denen 174 für die Wissenschaft neu sind. Diese große Anzahl von neuen Arten ist wohl dem Umstande zuzuschreiben, daß diese Familie meist Formen von unscheinbarem und gleichförmigem Aussehen enthält, die schwieriger zu unterscheiden sind.

Die Familie wird in drei Gruppen geteilt: *Caliscelidae*, *Hemisphaeridae* und *Issidae*. Bei den *Caliscelidae* werden 13 Gattungen unterschieden, darunter neu: *Bruchoscelis*, *Homaloplasis* und *Bergiella*. Die *Hemisphaeridae* umfassen acht Gattungen, neu sind: *Hysterosphaerius*, *Hysteropterissus* und *Pseudohemisphaerius*. Die *Issidae* teilt der Verfasser in drei Gruppen: 1. *Hysteropterinae* mit 27 Gattungen, neu: *Semissus*, *Perissus*, *Monteira*, *Mangola*, *Rileya* und *Gamergomorphus*; 2. *Issinae* mit 30 Gattungen, neu: *Issina*, *Capelopterum*, *Issoscepa*, *Isobium*, *Pharsalus*, *Togoda*, *Prosonoma*, *Duroides*, *Duriopsis*, *Parametopus*, *Heinsenia*, *Eucameruna*: 3. *Thioninae* mit 19 Gattungen, neu: *Paranipeus*, *Delia* und *Issomorphus*.

Als zweifelhafte Issiden-Gattungen werden im Anhange namhaft gemacht: *Gastercrion* Montr., *Leptophara* Stål und *Gilda* Walfer. Die von Walfer aus Borneo beschriebenen *Issus*-Arten fonnten nicht gedeutet werden, weil das Britische Museum leider noch immer nicht auswärtigen Forschern Material zur Untersuchung überläßt.

Die schönen Abbildungen im Texte sind ein voller Ersatz für fostspielige lithographierte Tafeln und bedingen den mäßigen Preis des vornehm ausgestatteten Werkes. *A. Hetschko.*

Lepidoptera.

Seitz, Adalbert. Die Großschmetterlinge der Erde. I. Abteilung: Die palaearktischen Großschmetterlinge. Lieferung 1—5. (Verlag von Fritz Lehmann in Stuttgart.) Mit 11 Tafeln. Folioformat. Komplett in zirfa 100 Lieferungen à 1 Marf.

Durch das vorliegende Werf wollte man die Möglichfeit schaffen, in denfbarster Kürze alles Wissenswerte in so anschaulicher Form darzubieten, daß selbst ein Neuling auf dem Gebiete der Schmetterlingsfunde es leicht hat, an der Hand vorzüglicher Abbildungen jede Falterart sofort auf den ersten Blic zu bestimmen. Nach den vorliegenden Tafeln ist das bisher schon dem Autor gelungen, wozu wir ihn und die Verlagsbuchhandlung beglückwünschen. Direktor Schaufuss sagt von diesem Werke ganz treffend, daß es ein illustrierter und kurz und übersichtlich erläuterter Katalog der Macrolepidopteren ist. Es wird in dieser Form allgemein gefallen und gekauft werden. Die Figuren sind mittelst photographischem Lichtdruck, mit Zuhilfenahme der Lithographie, hergestellt und so gelungen, daß sie verwöhnten Ansprüchen vollkommen genügen werden.

Möge es dem Verfasser gelingen, sein Werk für die zahlreichen Interessenten bald zu vollenden.   *Edm. Reitter.*

Coleoptera.

Casey, Thos. L. Observations on the Staphylinid Groups Aleocharinae and Xantholinini chiefly of America. Transactions of the Acad. of Science of St. Louis, Vol. XVI, Nr. 6. Issued. November 22. 1906. Groß-Octav, pg. 125—434.

In diesem analytisch bearbeiteten Werke über die nordamerikanischen Aleocharinen und Xantholinen werden viele hunderte neue Arten und sehr zahlreiche neue Genera beschrieben.   *Edm. Reitter.*

Notizen.

Der bekannte Entomologe und Biologe Dr. med. et phil. Karl Escherich ist als Professor der Zoologie an die königl. Forstacademie Tharand (Sachsen) berufen worden.

Der Catalogus Coleopterorum Europae, Caucasi et Armeniae rossicae, neue Auflage, nach neuem System, ist kürzlich ausgegeben worden. Es kostet die normale zweispaltige Ausgabe 12 Mark, die einspaltige Ausgabe 18 Mark; eine Ausgabe auf Karton, für Sammlungsetiquetten 48 Mark.

Corrigenda.

Pag. 40, Zeile 10 von unten: schreibe der Verfasser, statt der herfasser.
Pag. 9, Zeile 8 und 11: schreibe Metasternum, statt Mesosternum.

Druck von Hofer & Beuisch Wr.-Neustadt.

WIENER
ENTOMOLOGISCHE
ZEITUNG.

GEGRÜNDET VON

L. GANGLBAUER, DR. F. LÖW, J. MIK, E. REITTER, F. WACHTL.

———•———

HERAUSGEGEBEN UND REDIGIERT VON

ALFRED HETSCHKO,   UND   **EDMUND REITTER,**
K. K. PROFESSOR IN TESCHEN,   KAISERL. RAT IN PASKAU
SCHLESIEN.   MÄHREN.

———

XXVI. JAHRGANG.

—

III. HEFT.

AUSGEGEBEN AM 31. MÄRZ 1907.

(Mit 2 Figuren im Texte.)

———

WIEN, 1907.

VERLAG VON EDM. REITTER

PASKAU (MÄHREN).

INHALT.
—

▬▬ Manuscripte für die „Wiener Entomologische Zeitung" so-
wie Publicationen, welche von den Herren Autoren zur Besprechung in dem
Literatur-Berichte eingesendet werden, übernehmen: **Edmund Reitter**, Paskau in
Mähren, und Professor **Alfred Hetschko** in Teschen, Schlesien; dipterologische
Separata **Ernst Girschner**, Gymnasiallehrer in Torgau a./E., Leipzigerstr. 86.

Die „Wiener Entomologische Zeitung" erscheint heftweise.
Ein Jahrgang besteht aus 10 Heften, welche zwanglos nach Bedarf ausgegeben werden; er umfasst 16—20 Druckbogen und enthält nebst den im Texte
eingeschalteten Abbildungen 2—4 Tafeln. Der Preis eines Jahrganges ist 10 Kronen
oder bei directer Versendung unter Kreuzband für Deutschland 9 Mark, für die
Länder des Weltpostvereines 9½ Shill., resp. 12 Francs. Die Autoren erhalten
25 Separatabdrücke ihrer Artikel gratis. Wegen des rechtzeitigen Bezuges der
einzelnen Hefte abonniere man direct beim Verleger: **Edm. Reitter in Paskau**
(Mähren); übrigens übernehmen das Abonnement auch alle Buchhandlungen
des In- und Auslandes.

Nachträge zur Bestimmungstabelle der unechten Pimeliden aus der palaearktischen Fauna.

Von **Edm. Reitter** in Paskau (Mähren).

Gen. **Trigonoscelis** Sol.

(Prosternalfortsatz niedergebogen.)

1″ Die umgeschlagenen Seiten der Flügeldecken fast glatt oder einzeln punktiert, manchmal mit weitläufiger feiner Körnchenreihe; nicht gleichmäßig granuliert. Die Körnelung des Halsschildes wenig dicht und die Basis nicht ganz erreichend.

2″ Scheibe des Halsschildes granuliert, Flügeldecken mit deutlichen Körner- oder Tuberkelreihen, rauh sculptiert.

3″ Die Humeralreihe der Tuberkeln auf den Flügeldecken ist vorne nicht rippenartig markiert, indem die Tuberkeln daselbst nicht dichter als auf den Dorsalreihen stehen; nach hinten ist die Humeralreihe durch dichter und regelmäßiger gestellte, zugespitzte Höckerchen fast rippenartig markiert; zwischen der Humeralreihe und dem Seitenrande befindet sich nur eine einzelne Tuberkelreihe. Tarsen ohne gelbe Haarbüschel zwischen der dunklen Bewimperung.

4″ Flügeldecken kurz und seitlich gerundet, ihre Oberseite mit sehr spärlichen Höckerchen besetzt, die inneren Höckerreihen schon in der Mitte erlöschend, auf den inneren zwei primären, meist wenig ordentlichen Reihen nur etwa fünf Tuberkeln vorhanden. Die umgeschlagenen Seiten der Flügeldecken kahl.

5″ Die Tuberkeln auf den Flügeldecken wenig groß, auf den Reihen auch vorne schwach abgeflacht, die inneren Reihen zur Naht schwächer werdend, die erste primäre Reihe neben der Naht nur spitz körnchenförmig ausgeprägt. — Transcaspien: Krasnowodsk; Tekke. — *T. grandis* Gebl. Kr. Fst., non Falderm. Reitt. T. 25, 34 = *Schrenki* var.? **corallifera** Reitt.

5′ Die Tuberkeln auf den Flügeldecken sind sehr groß, meist unregelmäßig gestellt, die vorderen der Scheibe stark abgeflacht und glänzend, die inneren Reihen sind nicht schwächer ausgeprägt und die erste primäre an der Naht so wie die anderen, meist nur aus wenigen Pusteln bestehend. Große Art. Long. 27—31 mm. — Buchara, Kaschgar; Kirghisia nach Gebler. — *Tr. pustulifera* Reitt. i. lit. **Schrenki** Gebler.

4′ Flügeldecken ein wenig länger und mehr parallel, ihre Oberseite mit ziemlich dicht gestellten, mehr regelmäßigen, bis zum
Absturz reichenden Tuberkelreihen, auf den inneren zwei primären Reihen etwa 8–10 oder noch mehr Höckerchen vorhanden,

6″ Die umgeschlagenen Seiten der Flügeldecken auf ihrer vorderen
Hälfte äußerst fein, wenig dicht, fast staubartig behaart. Long.
22—25 mm. -- Transcaspien.   **nodosa** Fisch.

6′ Die umgeschlagenen Seiten der Flügeldecken, außer den einzelnen feinen, aus den Körnchen entspringenden Härchen, kahl.
Long. 28—32 mm. — Transcaspien.   v. **gigas** Reitt.

3′ Die Humeralreihe der Tuberkeln ist bis zur Schulterecke dichter
gereiht und auch vorne deshalb etwas rippenartig marciert.
Körper etwas gestreckter, mit weniger großen, oben nicht so
deutlich abgeflachten Tuberkelreihen.

7″ Der umgeschlagene Teil der Flügeldecken ist ziemlich dicht
und sehr fein, fast reifartig gelblich behaart; Scheibe ziemlich dicht und kräftig gehöckert. Tarsen ohne goldgelbe Haarbüschel.

8″ Spitze der Flügeldecken dicht und fein behaart. -- Long.
22—26 mm. — Südrußland, bei Astrachan. -- Icon. pg. 48,
I. C., Fig. 14.   **muricata** Pallas.

8′ Spitze der Flügeldecken, außer den Härchen in den Punkten
und Härchen, fast kahl. Vielleicht nur eine Form der vorigen.
Sie ist gewöhnlich etwas größer. — Long. 24—28 mm. —
Transcaspien. — Ins. Lehmann 1847, 5.

                                             gemmulata Mén.

    Eine kleinere Form mit viel spärlicheren Höckerreihen,
wovon die inneren gleichzeitig schwächer sind und bei welcher
auch die Humeralreihe weiter vorne wenig dicht ist, kommt
bei Kurutsch vor. — Reitt. Tab. 25. 233. v. **sparsa** Reitt.

7′ Der umgeschlagene Teil der Flügeldecken ist fast kahl, weitläufig fein punktiert und mit einzelnen sehr feinen Härchen.
Wenigstens das zweite, dritte und vierte Glied der Mittel-,
oft auch der Hintertarsen auf der Spitze ihrer Unterseite mit
einem kleinen goldgelben Haarpinsel.

10″ Scheibe des Halsschildes in der Mitte im weiten Umfange flach
gekörnt, die Körnchen verwischt, flach, matt, undeutlich. Flügel-

decken kurz, mit kleinen Höckerchen, diese nur mit einem sehr kurzen, nach hinten gerichteten Haare. Long. 26—29 mm. — Taschkend, Turkmenien, Buchara. — T. 25, 236. **sublaevicollis** Reitt.

10′ Körnchen des Halsschildes meistens deutlich erhaben, normal. Körnchen der Flügeldecken länger behaart.

11″ Die Mitteltarsen mit kleinem, die Hintertarsen oft mit undeutlichem oder fehlendem gelben Haarpinsel auf ihrer Unterseite.

12″ Hinterwinkel des Halsschildes, von oben gesehen, wegen der von oben nicht sichtbaren Ausschweifung nur rechteckig oder etwas stumpfwinkelig erscheinend. Hinterschienen innen mit Borstenzähnchen besetzt.

13″ Oberseite glänzend, die Körnchen auf den Flügeldecken rundlich, tuberkelartig, ziemlich kräftig, vorne sind dieselben auf der inneren Scheibe abgestumpft, glänzend, an ihrem Apicalrande nur mit mäßig langen Haaren besetzt.

a‴ Spitze der Flügeldecken nur mit ganz kleinen Körnchen, gleichwie sie auch auf der Scheibe zwischen den großen Reihenhöckern stehen. Die Scheibe zwischen der Naht und Humeralrippe mit fünf regelmäßigen Tuberkelreihen, dazwischen nur mit sehr feinen Körnchen am Grunde. Vorderschienen zur Spitze verbreitert, der Apicalzahn auf der Außenseite normal, etwas nach einwärts gedrückt, nicht deutlich nach außen gerichtet. Long. 21—31 mm. — Transcaspien, Turkestan (Margelan, Taschkent, Buchara). — Reitt. Tab. 25, 234 und 237. **Zoufali** Reitt.

a″ Spitze der Flügeldecken mit viel größeren und dichter gestellten Körnern als sie zwischen den regelmäßigen fünf Tuberkelreihen auf der Scheibe stehen. Vorderschienen mit einem nach außen gerichteten Endzahn. Long. 21—30 mm. — Transcaspien: Tschingan. v. **apicalis** nov.

a′ Spitze der gedrungenen Flügeldecken mit ganz kleinen Körnchen; die Tuberkeln der primären Reihen kräftig, oben glänzend, die secundären ebenso groß wie die primären, weshalb die Reihen zahlreicher, aber besonders hinten konfus erscheinen. Vorderschienen normal wie bei der Stammform. Beine sehr kräftig. Long. 27—30 mm. — Transcaspien. — Rttr. T. 25, 235, v. **punctipleuris** Reitt.

13′ Etwas glänzend, Flügeldecken matt, glanzlos, die kleineren
     Körner auf den länglichen Flügeldecken in regelmäßigen Reihen
     gestellt, alle scharf konisch zugespitzt, die sekundären Reihen
     von der Mitte zur Spitze vorhanden, alle regelmäßig gestellt,
     aus gleich großen Körnern bestehend; die Spitze der Flügel-
     decken dicht und kräftig gekörnt. Die Haare am Hinterrande
     der Körner der Decken lang, schwarz.

b″   Die Körner der Reihen auf den gestreckten Flügeldecken sind
     auf der Scheibe wenig dicht gestellt, recht fein und scharf-
     eckig. Endzahn der Vorderschienen normal, leicht zurückgestellt.
     Long. 26 -31 mm. — Samarkand.   v. **seriatulus** nov.

b′   Die Körner der Reihen auf den gedrungenen Flügeldecken sind
     sehr dicht gestellt, fein und scharfeckig, etwas kräftiger als
     bei der vorigen Form. Endzahn der Vorderschienen etwas nach
     außen gestellt. Long. 27 mm. — Turkestan: Sefid-kuh.
                                           v. **aequalis** nov.

12′ Halsschild von oben gesehen mit scharf rechteckigen oder fast
     spitzigen Hinterwinkeln, diese wegen der vor ihnen auch von
     oben übersehbaren Ausschweifung etwas nach außen gerichtet.
     Die länglichen, vorn parallelen Flügeldecken nur mit feinen
     Körnchenreihen, die Körnchen hinten mit sehr langem Haare.
     Hinterschienen kurz beborstet, innen ohne Borstenzähnchen.
     Der umgeschlagene Rand der Flügeldecken deutlich punktiert.
     Long. 25—30 mm. — Margelan, Namangan. — D. 1882, 95.
                                           submuricata Kr.

11′ Die Mittel- und Hintertarsen mit auffälligem, großem gold-
     gelben Haarbüschel an den Spitzenrändern ihrer Unterseite.
     Oberseite mit kleinen, am Halsschilde abgeflachten, auf den
     länglichen Flügeldecken in fünf weitläufig gekörnten Reihen
     gestellten Körnerreihen; Humeralrippe dicht und fein gekörnt,
     die Körner hinten mit sehr langen, leicht deflorierbaren schwarzen
     Haaren besetzt. Körper groß und gestreckt; der Apikalzahn
     der Vorderschienen leicht nach außen vortretend. — Long.
     24—30 mm. — Turkestan: Margelan, Buchara, Alai. —
     Reitt. Tab. 25, 236.   **fasciculitarsis** Reitt.

2′   Die Scheibe der ganzen Oberseite des Körpers bei oberflächlicher
     Besichtigung glatt erscheinend, nur die Spitze der Flügeldecken
     ist deutlicher granuliert. Vorderschienen mäßig verbreitert, mit
     nach außen vortretendem Endzahne.

15″ Schenkel wie gewöhnlich gekörnt. Flügeldecken eiförmig, mit feiner, aber deutlicher, dicht gekörnelter Humeralrippe, die Scheibe sehr fein spärlich gekörnelt, hinten mit zwei bis drei deutlicheren Körnchenreihen. Long. 23—26 mm. — Chinesisch Turkestan, Andischan, centrale Mongolei. — Horae 1887, 529. **sublaevigata** Reitt.

15′ Schenkel dicht und stark punktiert. Flügeldecken länglich eiförmig, mit sehr vereinzelten, reihig gestellten, wenig auffälligen Raspelkörnchen, ohne Humeralrippe, diese durch eine Reihe von weitläufigen gereihten Körnern substituiert. Long, 21—25 mm. — Chinesisch-Turkestan: Aga-Buluk, Taksun, Chami. — *Trigonocnemis Holdereri* Reitt. W. 1900, 161. **Holdereri** Reitt.

1′ Die umgeschlagenen Seiten der Flügeldecken ziemlich dicht und kräftig granuliert. Kleine Arten.

16″ Halsschild wenig dicht, flach granuliert, die Körnchen erreichen nicht die Basis. Mittelbrust gewölbt, vorn senkrecht abfallend. Scheibe der kurz eiförmigen Flügeldecken ziemlich dicht und in wenig ordentlichen Reihen granuliert, die Körnchen hinten wie gewöhnlich zugespitzt und mit einem schwarzen Haar versehen. Long. 18—21 mm. — Transcaspien. — *Tr. callosa* Motsch., *seriata* Fst., *sinuatocollis* Desbr. **echinata** Fisch. Alld.

16′ Halsschild gedrängt und bis zum äußersten Vorder- und Hinterrande granuliert.

17″ Basalrand des Halsschildes äußerst schmal, gleichmäßig, Hinterwinkel rechteckig. Mittelbrust horizontal, vorne plötzlich senkrecht abfallend. Flügeldecken zwischen der Naht und der Humeralreihe mit zwei mehr prononcierten Tuberkelreihen, dazwischen mit größeren und kleinen Körnern besetzt. Mitteltarsen mit drei, Hintertarsen mit zwei kleinen gelben Haarpinseln versehen. Long. 14—20 mm. — Transcaspien, Turkestan: Margelan, Alai, Namangan. — D. 1882, 88. **planiuscula** Kr.

17′ Basalrand des Halsschildes schmal, glatt, an den Seiten verbreitert, Hinterwinkel stumpf. Die Mittelbrust schräg im sanften Bogen nach vorne abfallend. Flügeldecken in dichten, gleichmäßigen Reihen granuliert, dazwischen feine Körnchen am Grunde. Tarsen ohne deutliche gelbe Haarpinsel. Long. 20—30 mm. — Russisch-Armenien: Ordubat. **armeniaca** Fald.

Gen. **Sternoplax** Friv.

(Prosternalfortsatz hinter den Vorderhüften verlängert.)

1″ Prosternalspitze kurz, am abschüssigen Teile vorgebogen, die
Spitze ringsum dicht gelb tomentartig behaart.

2″ Der umgeschlagene Rand der Flügeldecken ist punktiert und
nur mit wenigen feinen Körnchen besetzt. Halsschild mit spärlichen flachen Körnchen, die Hinterwinkel stumpf begrenzt. Flügeldecken punktiert und die Scheibe mit sehr feinen raspelartigen,
weitläufigen Körnchen reihig besetzt. Bauch mit gedrängten
groben und feinen Punkten runzelig zerstochen, nur mit spärlichen dunklen Härchen besetzt. — Long. 18—20 mm. —
Astrachan, Ural, Kirghisia, Transcaspien, Aulie-Ata.
— *Tr. Perevostchikowi* Zubk. — B. M. 1832, V, 130.
                                   deplanata Kryn.

2′ Der umgeschlagene Rand der Flügeldecken mäßig dicht granuliert.
Halsschild ziemlich dicht mit flachen Körnern besetzt. Halsschild
mit rechteckig begrenzten Hinterwinkeln.

3″ Der umgeschlagene Rand der Flügeldecken mit runden einfachen
Körnchen wenig dicht besetzt, Scheibe der Flügeldecken zwischen
der Naht und der gekörnelten Schulterrippe auf glattem
Grunde wenig dicht gekörnt, die Körner vorn wenig spitzig,
mehr weniger gereiht, die Körner zur Naht und Spitze feiner
werdend. Long. 17—20 mm. — Buchara, Sefid-kuh, Transcaspien: Penschdeh. — Ins. Lehmann II, 6, Taf. 3, Fig. 6.
                                   seriata Mén.

3′ Der umgeschlagene Rand der Flügeldecken mit kräftigen raspel-
artig zugespitzten Körnern besetzt, Scheibe der Flügeldecken
zwischen der Naht und der dicht gezähnelten Humeralrippe
mit dichten, reibeisenartigen ungleichen Höckerchen und Körnern
zusammengedrängt, dazwischen auch mit Punkten und kleinen
Körnchen durchsetzt, so daß der Grund damit fast ganz ausgefüllt erscheint, die Körner nicht deutlich gereiht, nur hinten
vor dem Absturze zwei kurze Längsreihen schlecht angedeutet.
Long. 18—20 mm. — Kirghisen-Steppe, Transcaspien,
Turkestan, Ost-Persien, selten. — B. M. 1833, 227.
                                   affinis Zubk.

1′ Die Prosternalspitze ohne hellen, tomentartigen, strahlenförmigen
Haarsaum.

4″ Flügeldecken oval, samt den Seiten mehr weniger gewölbt, die Humeralrippe nicht prononciert, den Hinterleib nicht von der Unterseite kantig abschließend, die Seiten der Flügeldecken von der feinen Humeralrippe nicht senkrecht nach unten abfallend. Körper *Ocnera*-artig.

5″ Oberseite außer den schwarzen Höckerhaaren kahl, Unterseite fein, meist dunkel behaart oder fast kahl, nicht tomentiert, Halsschild und Flügeldecken ohne große, glatte Pusteln.

6″ Schenkel stark und dicht punktiert; Bauch mit großen, dichten, ganz flach abgeschliffenen Körnern besetzt, glänzend. Ziemlich groß, schwarz, glänzend, Halsschild nur an den Seiten mit verwischten, undeutlichen Tuberkeln, auf der Scheibe glatt, Flügeldecken mit fein gezähnter Humeralreihe, zwischen dieser und der Naht mit fünf Reihen weitläufig gestellter, kleiner Raspelkörnchen, dazwischen noch mit einzelnen kleineren besetzt. Oberseite oberflächlich fast glatt und kahl aussehend. Long. 19—27 mm. — Namangan, Alai, Margelan. — D. 1882, 87.

laeviuscula Kr.[1]

6′ Schenkel granuliert. Bauch dicht gekörnt, matt.

7″ Flügeldecken länglich oval, mit gereihten Körnern dicht besetzt, ohne glatte Dorsalrippen, zwischen der Naht und der dicht gekörnten Humeralreihe mit zwei etwas stärker vortretenden dorsalen Körnerreihen, dazwischen meist noch eine sekundäre, wenig auffällige, in der Mitte und zwischen diesen noch mit einer gleichartigen tertiären, die Körnchen gegen die Naht zu feiner, alle mit ziemlich kurzem schwarzen Haare; die Seiten der Flügeldecken · zwischen der Humeralrippe ebenfalls dicht gekörnt, der umgeschlagene Seitenrand sehr fein und weitläufig gekörnelt. Halsschild ziemlich dicht mit rundlichen Körnern besetzt, vor der fast geraden Basis mit schmaler, glatter Fläche; Hinterwinkel fast rechteckig oder etwas stumpf. Prosternalspitze nur schwach gerundet vorgezogen. Prosternum gekörnt, die mittleren Tarsen wie gewöhnlich mit vier, die hinteren mit drei gelben Haarpinseln auf der Unterseite. Vom Aussehen einer schlanken, kleineren *Ocnera*. Long. 19 mm. — Mittel-Persien; von Herrn A. Matthiessen gesammelt.

Matthiesseni n. sp.

---

[1] Dieser Art ähnlich ist die mir unbekannte *Tr. Reitteri* Csiki (Zichy, Reise 1901, 111) aus der Mongolei. Die Tarsen haben gelbe Haarpinsel.

Der vorigen Art sehr ähnlich, aber der Thorax weniger
dicht gekörnt, die Basis in der Mitte deutlich ausgebuchtet,
Flügeldecken kürzer oval, etwas gewölbt, die Körnchen weniger
dicht gestellt und kleiner, die Körnchen der drei Dorsalreihen
deutlicher erhaben, stärker pronponziert, die tertiären kaum als
Reihen erkennbar, die Borstenhaare der Tuberkeln sind ganz
kurz, Behaarung der Beine wie dort rostrot. Long. 18—22 mm.
— Semiretschié: Djarkent, Flußgebiet des Ili, im April 1906
von Herrn G. Souvorow gesammelt. **Souvorowiana** n. sp.

7′ Flügeldecken auf mattem, fein gekörneltem Grunde mit zwei
glatten, glänzenden Dorsalrippen, diese hie und da mehr weniger
kerbartig unterbrochen. Auch die Naht ist teilweise erhöht.
Humeralkörnchenreihe deutlich, auch die Seiten von der Humeralreihe zum Seitenrande granuliert; alle Zwischenräume zwischen
den Rippen nach hinten mit einer verkürzten deutlicheren
Körnchenreihe. Halsschild mit gedrängten, groben, flachen, auf
der Scheibe ganz abgeschliffenen Körnern besetzt, diese den
Vorder- und Hinterrand erreichend. Mittelbrust etwas nach
vorne geneigt, dann plötzlich senkrecht abfallend und buckelig;
Prosternumspitze mäßig gerundet vorgezogen. Long. 14—19 mm.
— Mongolei. — Termesz. 1889, 207.   **Szechenyi** Friv.

5′ Oberseite mit feinem dichten, weißen oder gelben Toment fleckig
besetzt, die Unterseite samt den Fühlern und Beinen in gleicher
Weise hell tomentiert, die Schenkel nur spärlich gekörnelt.
Halsschild auf mattem Grunde mit sehr großen, dicht stehenden,
abgeflachten, glänzenden Tuberkeln besetzt; die Flügeldecken
ebenfalls mit großen, glänzenden, abgeschliffenen Höckern auf
mattem, sehr fein und spärlich gekörneltem Grunde. Das helle
Toment verteilt sich auf der Oberseite; zwei kleine Schräg-
flecken vorne am Halsschilde, zwei größere Schrägmakeln vor
der Basis; Flügeldecken an der Basis nach außen breiter
tomentiert, an der Spitze stehen mehrere Längs- und Schräg-
flecken. Beine zart. Long. 16—19 mm. — Ost-Turkestan,
Kaschgar, Thibet. — *Trig. pustulosa* Reitt. T. 25, 243. — Cist.
Ent. II, 1879, 475; Rev. Russ. 1903, 100.   **lacerta** F. Bates.

4′ Flügeldecken kurz gebaut, oben mehr weniger stark abgeflacht,
mit pronponzierter Humeralrippe, diese begrenzt die abgeflachte
Scheibe nach innen und die steil abfallenden Seiten nach außen;
Schulterwinkel stark nach vorne gezogen. Körper *Diesia*-artig.

8″ Schwarz, glänzend, Flügeldecken auf mattem, spärlich und sehr fein gekörneltem Grunde mit glatten, glänzenden, hoch erhabenen, nur hinten gekerbten Rippen, im ganzen fünf, je zwei dorsale und eine gemeinschaftliche suturale. Halsschild fast glatt, nur an den Seiten gekörnt, vor der Basis mit tiefem Quereindrucke. Prosternumspitze kurz gerundet vorgezogen. Mittelbrust buckelig gewölbt. Long. 18—20 mm. — Thibet: Kuku-noor. — D. 1899, 204. **costatissima** Reitt.

8′ Flügeldecken ohne glatte, glänzende Rippen, höchstens mit feinen Körnchenreihen.

9″ Die schmalen Vorderschienen auf ihrer Außenseite mit einigen ungleichen, sehr langen, (6—8) nagelartigen Zähnchen besetzt, Prosternum hinter den Hüften eine Strecke herabgebogen und in der Mitte des Abfalles als spitziges Höckerchen vortretend. Halsschild mit normaler Granulierung, Flügeldecken länglich oval, oben flach, zwischen der Naht und der dicht gezähnelten Humeralrippe mit zwei primären dorsalen Körnerreihen, diese hinter der Mitte etwas rippenförmig erhöht, hinten abgekürzt, die inneren schwächer ausgeprägt, die Scheibe dazwischen etwas concav; secundäre gereihte Körner sind vorhanden, dazwischen am Grunde sehr fein gekörnt und einzeln punktiert. Bauch dicht granuliert. Körper schwarz, glänzend. Long. 15—17 mm. — Aulie-Ata. — D. 1901, 78. **auliensis** Reitt.

9′ Die Vorderschienen zur Spitze breiter, am Außenrande gekerbt oder dicht und fein gezähnelt.

10″ Mittelbrust mit horizontaler Beule oder gehöckert, von da nach vorne senkrecht abfallend.

11″ Prosternalfortsatz kurz, am Ende abgerundet oder abgestumpft, hinter den Hüften leicht niedergebogen und dann kurz horizontal verflacht.

12″ Bauch fein behaart, auf punktiertem und hautartig oder lederartig sculptiertem Grunde mit zahlreichen kleinen Körnchen besetzt. Endsporne der Vorderschienen fast von gleicher Länge. Halsschild granuliert, mit querem Basal- und flachem Discoidaleindruck, Flügeldecken flach, dicht und fein gekörnt, die Körnchen zur Naht feiner werdend, nur zwei angedeutete Discoidalreihen zwischen den Körnchen erkennbar. Long. 15—18 mm. — Turkestan (Samarkand), Alai, Nördliche Mongolei: Kurutsch-Dagh, Kaschgar. — Reitt. Tab. 25, 241. **juvencus** Reitt.

12′ Bauch fein behaart, von kleinen, mittleren und groben Punkten sehr dicht zerstochen, ohne erhabene Körnchen dazwischen. Enddorne der Vorderschienen sehr ungleich, der längere stärker gebogen.

13″ Prosternalende stumpf zugespitzt. Beine und Tarsen dunkelbraun behaart. Oberseite matt. Die Körnchen der Deckenscheibe mit geneigtem, schwarzem, wenig langem Haar, dazwischen noch mit längeren Haaren dünn besetzt. Sonst der nächsten Art ähnlich, aber größer. Long. 16—21 mm. -- Süd-Turkestan, Mongolei. — *Platyope grandis* Fald. Mém. Ac. Petrsbrg. II. 387 (1835). — ? *Tr. setosa* Bates, Cist. 1879, 475. **grandis** Fald.

13′ Prosternalende elliptisch abgerundet. Beine und Tarsen braunrot behaart. Oberseite glänzend. Halsschild deutlich, in der Mitte feiner granuliert, Basis fein gerandet. Flügeldecken abgeflacht, oben wenig dicht spitzig, zur Naht feiner gekörnt, davon zwischen der Naht und der dicht gekerbten Humeralkante mit zwei angedeuteten Körnchenreihen, die Seiten zwischen der Humeralrippe und dem Seitenrande vorne mit kurzer Körnerreihe. Die Körnchen der Scheibe nur mit sehr kurzem, schwarzem, anliegendem Haare. Long. 16—18 mm. — Kaschgar. **kashgarensis** n. sp.

11′ Prosternalfortsatz länger, von den Mittelhüften gerade, horizontal nach hinten verlängert, hinter den Hüften nicht niedergebogen, am Ende mehr weniger abgerundet. Bauch gedrängt, ungleich punktiert, nicht granuliert. Halsschild mit schwacher Querfurche vor der Basis und einer flachen Discoidaldepression. Körper und Sculptur wie bei den vorigen. Flügeldecken mit schwarzen, kurzen, stark geneigten und längeren aufgerichteten Haaren auf der Scheibe.

14″ Oberseite matt, Flügeldecken und ihr umgeschlagener Rand am Grunde glatt, nicht chagriniert, Halsschild außer den schwarzen Härchen an der Spitze der Tuberkeln ohne helle Zwischenbehaarung. Long. 14—22 mm. -- Samarkand, Namangan. — Reitt. Tab. 25, 242. **impressicollis** Reitt.

14′ Oberseite glänzend, Flügeldecken (besonders hinten) und ihr umgeschlagener Rand hautartig chagriniert, Halsschild außer den dunklen Körnerbörstchen mit feiner, wenig dichter, greiser Zwischenbehaarung. Long. 20 mm. --- Mongolei: Oase Nia. — Hor. 1887, 377. **niana** Reitt.

10′ Mittelbrust nach vorne allmählig im Bogen sanft abfallend, ohne vorstehende Beule.

15″ Prosternum hinter den Hüften leicht niedergebogen, sehr kurz, stumpf zugespitzt. Die Seiten der Flügeldecken zwischen der Humeralrippe und dem Seitenrande auf der vorderen Hälfte stark granuliert. Flügeldecken scharf, zur Naht schwächer, an der Spitze stärker granuliert, zwischen der Naht und der dicht gehöckerten Humeralrippe mit zwei deutlicheren Körnerreihen. Unterseite samt den Fühlern und Beinen dicht und fein gelblich tomentiert, auch der Kopf fein behaart.

16″ Oberseite etwas glänzend. Bauch dicht gelblich tomentiert, mit Kahlpunkten, am Grunde dicht und sehr fein punktuliert, mit einzelnen deutlicheren Punkten dazwischen, Mittelbrust stark, Prosternum und Hinterbrust fein granuliert. Halsschild mit ziemlich großen und dicht gestellten, nur längs der Mitte feineren Körnern besetzt. Long. 17—20 mm. — Mongolei: Kan-ssu. — Term. 1889, 206.   **Kraatzi** Friv.[1])

16′ Ober- und Unterseite ganz matt. Bauch dicht gelblich tomentiert, ohne deutliche Kahlpunkte, am Grunde glatt, matt, nur mit schwer erkennbaren zerstreuten Pünktchen besetzt; Mittelbrust und Prosternum kaum, Hinterbrust fein granuliert. Halsschild an den Seiten und in der Mitte fein, dazwischen etwas stärker granuliert. Flügeldecken etwas breiter und stärker abgeflacht. Long. 18 mm. Wüste Gobi, 28. Mai 1898 von Dr. Holderer mitgebracht und vorher als *Kraatzi* angesprochen. **opaca** n. sp.

15′ Prosternum von den Mittelhüften gerade horizontal nach rückwärts verlängert, wenig lang, am Ende elliptisch abgerundet.

17″ Nur die Unterseite dicht gelblich tomentiert, Vorder-, Mittel- und Hinterbrust granuliert, Bauch ohne Körnchen, Oberseite fast kahl, schwarz, etwas glänzend, Halsschild ziemlich dicht, in der Mitte feiner und spärlicher granuliert, Flügeldecken flach gewölbt, die Humeralecke stumpf und wenig prononziert, Scheibe sehr fein und spärlich, nach innen feiner granuliert, oberflächlich fast glatt aussehend, am Grunde lederartig gerunzelt, Humeralrippe dicht granuliert, Spitze mit stärkeren Körnern versehen, der Raum zwischen Humeralrippe und Seitenrand dicht und grob granuliert. Der umgeschlagene Seitenrand dichter und stärker als bei den verwandten Arten gekörnt.

---

[1]) Mit dieser Art und *Seidlitzi* vergleicht Csiki in Zichys Reise 1901, 110, seine *Tr. Zichyi* Csiki aus der Mongolei, die nach der unzulänglichen Beschreibung hier nicht eingereiht werden kann.

Mitteltarsen mit kleinen gelben Haarpinseln. Long. 18 —19 mm.
— Mongolei: Kan-ssu. — Horae 1889, 6d5.

mongolica Reitt.[1]

17′ Unterseite dicht und fein, Oberseite weniger dicht greis tomentiert,
Vorder- und Mittelbrust fein, die Hinterbrust kaum, der Bauch
nicht gekörnt. Schwarz, fast matt, Fühler und Beine dünn und
lang, Glied 4 — 8 sehr gestreckt, Halsschild schwach quer,
ziemlich fein granuliert, Flügeldecken ganz wie bei *Diesia*,
oben abgeflacht, neben der fein gezähnelten Schulterrippe etwas
concav, sehr spärlich, zur Naht fast erloschen gekörnt, zwischen
Naht und Schulterrippe zwei Reihen dichterer Körnchen, Seiten
der Flügeldecken nur am oberen Rande spärlich granuliert,
umgeschlagener Rand spärlich und sehr fein gekörnelt, tomentiert.
Vorderschienen mit zirca acht längeren Dornzähnchen, die hinteren
vier Tarsen beiderseits lang fuchsrot behaart, ohne deutliche
gelbe Haarpinsel in der Mitte ihrer Unterseite; Vordertarsen
unten lang behaart. Long. 20—22 mm. — Kuldscha. —
D. 1901, 179.   **Iduna** Reitt.

---

[1] Siehe auch die mir jetzt nicht vorliegende *Tr. Seidlitzi* Reitt. T. 25,
243, aus der Mongolei.

Notiz über Liodes nitidula Er.

Von *Liodes nitidula* enthielt ich ein Exemplar vom Ivan (Bosna-
Herzegovina), bei welchem die Glieder 7, 8 und 9 der Fühlerkeule
fast quadratisch sind, im Gegensatz zu Individuen aus Croatien, bei
denen dieselben Glieder stark quer sind. Da L. *Discontignyi* Bris.
aus den Pyrenäen sich hauptsächlich durch dieses Merkmal von
nitidula unterscheidet, wären mir Exemplare von *nitidula* und ähnlichen Arten, namentlich aus den Pyrenäen behufs Vornahme eines
genauen Vergleiches sehr erwünscht!!   *Dr. A. Fleischer.*

Dipterologische Notiz.

Herr Prof. Strobl hatte die Güte jene Dipteren zu determinieren, die sich bei meiner Zucht der *Liodes cinnammomea* aus
Tuber brumale (Herbsttrüffel) mitentwickelten. Es sind dies *Tephro-
chlamys flavipes* Zett. und *Sciara macilenta* Wintz., beide sind
häufige Arten.   *Dr. A. Fleischer.*

Rhynchotographische Beiträge.

Viertes Stück.

Von **Gustav Breddin**, Oschersleben.

VIII.

Über einige Rhynchoten des indischen Festlandes.

Eusarcoris porrectus n. spec.

♂. In den Farben und Zeichnungen mit *E. inconspicuus* H.-S. übereinstimmend, höchstens etwas kräftiger gelb, aber — außer durch die abweichende Bildung der männlichen Genitalplatte — auf den ersten Blick schon durch die schmale, langgestreckte, *Neottiglossa*-ähnliche Form auffallend. Fühlerglied 2 etwas länger als das dritte Glied. Der pechschwarze, am Rande buchtig gezähnte Mittelfleck des Bauches ohne gelblichen Mittelstreifen. Mittel- und Hinterschenkel mit einigen gereihten pechbraunen Sprenkeln und einem undeutlichen Nebelfleckchen auf der Außenseite nahe der Spitze.

♂. Genitalplatte etwas kleiner als bei *E. inconspicuus*, dicht pechschwarz punktiert; Endrand in der Mitte mit stumpfwinkeligem, ziemlich tiefem und breitem Ausschnitt; die Schenkel dieses Winkels gerade, erst unweit des Außenrandes umgebogen und daselbst einen leicht aufgeschlagenen, flachbogigen Lappen bildend. Ein sehr flacher, rinnenähnlicher Quereindruck folgt dem Endrande der Platte. Im Innern der Ausbuchtung erblickt man eine abermalige plattenartige Randung mit flachbuchtig gestutztem Endrand.

Länge (mit Membran) 6·25 mm, Schulterbreite 3·25 mm.

Punjab (Rawalpindi, m. Samml.)

Scylax macrinus Dist. (= *Sc. porrectus* Dist.)

Dieses Tier ist nichts weiter als eine subbrachyptere Form von *Sc. porrectus*. Eine große Reihe von Stücken, die mir vorlagen, zeigten alle Übergänge. Die Breite des Spaltes zwischen den Jugaspitzen ist ganz variabel.

Eurydema lituriferum Walk. (= *E. vicarium* Horv.)

In der Färbung ungemein variabel. Ich kenne aus Kaschmir noch Formen mit folgenden erheblichen Farbenabweichungen:

var. hypomelan nov.

Pronotum und Corium wie in der Horvath schen Beschreibung. Stirn ganz schwarz, nur der schmale Rand rot. Beine und Unterseite ganz schwarz; die Schulterecken der Propleuren und der schmale, innen zahnartig gezackte Bauchsaum rot; letzterer kleine, halbrunde, schwarze Randflecken einschließend; der Hintersaum der Pro- und Metapleuren schmal gelb.

var. hypopoecilum nov.

Oberseite mit reduzierten schwarzen Zeichnungen, wie bei typischen Stücken des *E. festivum*. Bauchmitte gelbweiß. Diese Form ist wohl identisch mit der aus »North Hindostan« beschriebenen var. β Walkers.

Kaschmir (zwischen Srinagar und Islamabad, m. Samml.)

Metatropis aurita n. spec.

♂. Im Bau übereinstimmend mit *M. rufescens* H.-S., doch in allen Teilen zierlicher, die Beine und Fühler verhältnismäßig kürzer. Pronotum weit weniger deutlich punktiert, die Schulterecken in spitzwinkelige Hörner nach oben (und leicht nach außen) lang ausgezogen und die nur mäßig erhabene mediane Knotenerhöhung sehr hoch überragend. Hinterrand des Halsschildes etwas breiter als der Hinterleib mit den Deckflügeln an der Basis, als winkelige Zahneckchen deutlich nach außen vorragend (noch deutlicher als bei *M. rufescens*). Deckflügel ohne erkennbare Punktierung, das anale Körperende nicht überragend. Schnabelglied 1 viel kürzer als der Unterkopf, das zweite Glied den Hinterrand der Kehle kaum überragend. Fühlerglied 1 so lang wie Glied 2 und 3 zusammen; letzteres etwa $1\frac{1}{3}$ mal so lang als Glied 2; das vierte spindelförmige Glied sehr deutlich kürzer (etwa $= \frac{4}{5}$!) als Glied 2. Wurzelglied der Hintertarsen kaum länger als die beiden Endglieder zusammen.

Hell rostbräunlich; Fühler und Beine weißlich gelb; die Schenkel (nur diese!) fein schwarz gesprenkelt; die ziemlich schlanken Verdickungen der Schenkel und des ersten Fühlergliedes, sowie die Basis der Schienen trübe blutrot; das Schienenende leicht gebräunt, mehr als die Endhälfte der Tarsen schwärzlich. Das vierte Fühlerglied (außer der schmutzig rostgelblichen Spitze), die Unterseite des Kopfes, die Seiten der Vorderbrust, besonders die Außenfläche der Schulterhörner, der Saum der Hüftpfannen, die Brustmitte, eine Längslinie der Bauchmitte und verwaschene Längsflecke des Bauchrandes pechschwarz oder pechbraun; letztere Flecke wechseln mit gelblichen Randflecken ab. Eine Längslinie des Unterkopfes jederseits, der Randkiel des Pronotums, sowie je ein Fleckchen nahe den Hüftpfannen hell rostgelblich. Hüften und Trochanteren elfenbeinweiß. Hinterleibsrücken rostbraun. — Länge 7·3 mm.

Darjeeling (Juni 1900) Berl. Museum.

Eucosmetus formicarius n. spec.

♀. Kopf mit den Augen nur wenig schmäler als das Pronotum proprium, oberseits seidig glänzend, fein chagriniert, wenig dicht grau tomentiert, unterseits fein und sehr dicht punktiert; Ocellen von der Scheitelmediane wenig weiter entfernt als von den Augen. Pronotum proprium glatt, glänzend, sphärisch convex, von der Seite gesehen so hoch gewölbt wie der Processus, deutlich schmaler als dieser und nach vorn und hinten gleichmäßig gerundet verschmälert, vorn mit einem dicht punktierten Halsring versehen, der von der Länge des halben Augen-Längsdurchmessers ist. Processus nach vorn abfallend, dicht und deutlich punktiert, mäßig glänzend, Hinterrand schwach gerundet, die Schultergegend leicht lappig nach hinten vorgezogen. Schildchen glanzlos, abstehend und lang gelb behaart, wie der Scheitel, das Pronotum, der Bauch und die Beine; die Mediane leicht kielförmig erhaben. Die spärliche, feine, schwarze Punktierung des Coriums beschränkt sich im wesentlichen auf fünf Längsreihen und eine die Membranscheide begleitende Linie. Fühler ziemlich lang, gegen das Ende leicht verdickt; das erste Glied überragt das Kopfende und ist wenig mehr als halb so lang wie das zweite; das vierte Glied ist so lang wie das zweite und erheblich länger als das dritte. Der Schnabel ist zwischen die Mittelhüften ausgedehnt, die beiden ersten Glieder sind etwa gleich lang, das zweite fast doppelt so lang wie das dritte, letzteres wenig länger wie Glied vier. Die stark verdickten Vorderschenkel tragen auf der Unterseite zwischen drei längeren Dörnchen eine Reihe kürzerer; die gekrümmten Vorderschienen sind unbewehrt. Die Hinterfußwurzel ist nur unbedeutend ($1^{1}/_{4}$ mal) länger als die beiden Endglieder zusammen.

Tiefschwarz, die Fühler rostbraun, die Vorderschenkel pechbraun; die Oberseite der letzteren, sowie das vierte Fühlerglied und die Endhälfte des dritten schwarz, das zweite Glied endwärts gebräunt. Der Endsaum der Vorder- und Mittelschenkel, die Vorderschienen und die Mittelschienen (wenigstens oberseits), sowie die Tarsenglieder schmutzig rostgelblich, letztere endwärts gebräunt. Die Spitze des Schildchens, sowie Clavus und Corium schön rostrot. Ein verloschener Basalfleck des Coriums, der auch auf die Mitte des Clavus übergreift, ein Längsfleck in der Mitte des Costalrandes, eine nach innen zu sich verjüngende Querbinde vor der Coriumhinterecke und ein Punktfleckchen nach dem Innenwinkel zu, ein querer Spitzenfleck der samtschwarzen Membran und ein — der Coriumquerbinde entsprechender — halbrundlicher Randfleck des Bauches weiß. Der basale Innenwinkel der Membran — die Fortsetzung der Coriumbinde bildend — schmutzigweiß. Ein schmaler Wisch vor und hinter dem weißen (mittleren) Costalstreifen und die äußerste Spitze des Coriums schwarz (das Corium sonst ohne schwarze Zeichnung!). Die Basalhälfte der Mittel- und Hinterschenkel weißlich.

Länge 6·5 mm.

Tonkin (leg. Fruhstorfer, Berl. Mus.).

Abgesehen von der Färbung des Coriums, durch die Dimensionen des Schnabels und der Hintertarsenglieder von den beschriebenen Arten abweichend.

Eremocoris indicus n. spec.

♀. Körper gestreckt, kurz hinter der Mitte des Coriums am breitesten. Pronotum im Verhältnis zu dem dahinterliegenden Teil des Körpers kurz, deutlich breiter. als lang (Schulterbreite 2·3 mm, Länge 1·7 mm[1]), fast rechteckig, nach vorn nur wenig verschmälert und noch nahe dem Vorderrande verhältnismäßig breit, die Seiten fast gerade (nicht gebuchtet) und erst vor der Mitte des Pronotum proprium stärker gerundet. Pronotum proprium nur sehr flach gewölbt, hinten durch einen ganz seichten, breiten Eindruck nur ganz undeutlich abgegrenzt. Deckflügel das Analende des Rückens nicht ganz erreichend. Mesostern mit rhombischem Längseindruck, dessen Ränder kielförmig erhaben sind, ohne Knoten oder Dornerhöhungen. Fühler ziemlich schlank, das dritte wenig länger als das vierte Glied. Schnabel die Hinterhüften ein wenig überragend. Die stark verdickten Vorderschenkel unten (auf der inneren Seite der zur Aufnahme der

---

[1] Unter dem Mikroskop mittels Abbeschen Zeichenapparates gemessen.

Schienen bestimmten breiten Furche) mit einer Reihe sehr kleiner Dörnchen von fast gleichmäßiger Höhe und einem größeren Dorn unweit des Schenkelendes. Hinterschienen nur mit kurzer, halb anliegender, wenig bemerkbarer Behaarung und auf der Oberseite distalwärts mit ganz kurzen dornähnlichen Börstchen. Erstes Glied der Hintertarsen doppelt so lang wie die beiden distalen Glieder zusammengenommen.

Pechschwarz; die Oberseite sehr dunkelfarbig, glanzlos. Kopf, Pronotum proprium und Schulterbeulen nur sehr schwach fettig glänzend, tiefschwarz; Processus pronoti pechschwarz, der schmale Hintersaum rötlich. Der Seitenrandkiel in der Gegend des Pronotum-Eindruckes schmal rostgelblich, nach vorn zu schwarz. Clavus und Corium pechschwarz, nach der Basis zu allmählich in ein schmutziges Pechbraun übergehend; Costalfeld im Basaldrittel des Coriums trübe rostgelblich. Ein Längsfleck zwischen dem Ende der Rimula und der Brachialis samtschwarz. Membran pechbraun, die Spitzenhälfte etwas verwaschen; ein der Außenhälfte der Membranscheide aufsitzender halbkreisförmiger Fleck leuchtend weiß, ein ganz verloschenes, vom Rande entferntes Fleckchen nahe der inneren Hinterecke der Membran trübe gelblich, der innere Basalwinkel rötlich. Je ein rundes Fleckchen auf den Hüftpfannen, die drei letzten Schnabelglieder, die Tarsen, die Hinter- und Mittelschienen, sowie die Innenseite der pechbraunen Vorderschienen und die Spitze des vierten Fühlergliedes rostrot bis rostgelb.

Länge 8·25 mm, größte Hinterleibsbreite 3 mm.

Kaschmir (m. Samml.).

Dem *E. fenestratus* H.-S. zunächst stehend und von ähnlicher Körperform, aber durch das nach vorn zu weit weniger verschmälerte Pronotum, die unbewehrte Mittelbrust, die abweichende Behaarung der Hinterschienen und die dunkle Färbung der Oberseite leicht zu unterscheiden.

Nomina nova für mehrere Gattungen der acalyptraten Musciden.

Von **Friedrich Hendel** in Wien.

Mit den Vorarbeiten zur Herausgabe einiger Subfamilien der *Muscidae acalyptratae* für Wytsmann's »Genera Insectorum« beschäftigt, sehe ich mich vorläufig zu folgenden Umtaufen genötigt:

Pachychaetina für *Pachychaeta* Bezzi, Ditteri della Calabria 1895, .34, präoc. durch *Pachychaeta* Big. Ann. Soc. ent. France V, 1857, 545.

Aspilomyia für *Aspilota* Lw. Mon. N.-Am. Dipt. III, 1873, 286, präoc. durch *Aspilota* Förster, Rheinl. nat. Ver. XIX, 1862 (Hymenopt.).

Callopistromyia für *Callopistria* Lw. Mon. N.-Am. Dipt. III, 1873, 140, präoc. durch *Callopistria* Hübner, Cat. Lep. 216, 1816; präoc. durch *Callopistria* Chevr. in Dej. Cat. Col. 2^d.-ed. 1834.

Apotropina für *Ectropa* Schiner, Novara-Dipt. 1868, 242, präoc. durch *Ectropa* Wallengren, Wien. ent. Mon. 1863, 141 (Lepidopt.).

Eumorphomyia für *Euphya* v. d. Wulp, Tijdschr. v. Entom. XXVIII, 221, 1885, präoc. durch *Euphyia* Hübner, Cat. Lep. 336, 1816.

Eumetopiella für *Eumetopia* Macqu. (nec Brauer-Bergenst.) Dipt. exot. S. 2. 1847, 87 (nec Bigot), präoc. durch Westw. in Hope Cat. Hemipt. 1837..

Eurycephalomyia für *Eurycephala* Röder, Berl. ent. Z. 1881, XXV, 211, präoc. durch Lap., Essai Cl. syst. Hem. 1833.

Macrostenomyia für *Stenomacra* Lw. Mon. N.-Am. Dipt. III, 180, 1873, präoc. durch *Stenomacra* Stål 1870, Hemipt.

Cetema für *Centor* Lw. Zeitschr. f. Ent. Bresl. XV, 7, 1, 1866, präoc. durch Schönh. Coleopt. 1847.

Cyclocephalomyia für *Cyclocephala* Strobl, Glasnik 1902, Balc. Dipt. 42, präoc. durch *Cyclocephala* Latr. Fam. nat. Col. 1825.

Okeniella für *Okenia* Zett. Ins. Lapp. 734, 1838, präoc. durch *Okenia* Leuc. Moll. 1826 in Bronns Reisen I.

Berichtigung über Stigmodera-Yamina.

Von **Karl Flach** in Aschaffenburg.

Als ich im April vorigen Jahres, der Verhältnisse halber in
Eile, meinen Artikel über *Buprestis - Yamina-sanguinea* schrieb,
stand mir nur ein ♂ des Tieres für kurze Zeit zur Verfügung und
glaubte ich, getäuscht durch die verwischte Mesosternalgrenze bei
ungünstiger Beinstellung des Objectes die Stigmoderen-Bildung zu
erkennen, umsomehr, als mir Escalera, der große Mengen des
Tieres besaß, erklärt hatte, er habe die Verwandtschaft während
meiner Excursion in Algeciras geprüft. In meinem Besitze befindet
sich die Art nicht und so danke ich meinem Freunde Herrn Dr. Daniel
die Möglichkeit ein Pärchen der Bupreste zu untersuchen. Beim ♀
treten nun wegen der hellen Unterseite die dunklen Suturen deutlich hervor, so daß ich mich überzeugte, falsch gesehen zu haben.
Die Mesosternalbildung weist das Tier ebenso wie die einfache Epistom-
bildung zu den Buprestini. Eine *Buprestis* ist es nicht, was Herr
Kerremans bereits durch Aufstellung der Gattung *Yamina* zum
Ausdruck gebracht hatte (mir damals nicht bekannt!) Der Habitus:
die gedrückt zylindrische Form, Färbung, Zeichnung, Dichroismus
der Geschlechter, ist vollständig der einer *Stigmodera*. Wir haben
also entomologisch denselben Fall, wie botanisch zwischen *Ephedra-*
Casuarina: sehr große habituelle Ähnlichkeit, bei Verschiedenheit
der morphologischen Charaktere. Zur Erklärung kann man zunächst
an Parallelentwicklung durch ähnliche Existenzbedingungen denken.
Bei der entomologisch-botanischen Doppelnatur des Falles: mir sehr
unwahrscheinlich, umsomehr als wir es — und daran halte ich fest —
mit Relict-Formen zu tun haben.

Die Gnetaceen sind eine sehr kleine Pflanzenfamilie mit drei
artenarmen und so differenten, völlig isoliert stehenden Gattungen,
daß ich die Relict-Natur derselben für zweifellos halte. Die Familie
zeigt Übergänge von den Gymnospermen zu den Angiospermen. Ihre
Gattungen sind:

1. *Gnetum.* Südamerikanische Sträucher mit immergrünen Blättern
   (lorbeerartig oder rankend).

2. *Welwitschia.* Aus der Kalahari-Wüste (Africa), ein einzig da-
   stehendes Monstrum, mit nur zwei, immer fortwachsenden
   Riesenblättern.

3. *Ephedra.* Habituell ein zur Gymnospermie fortgeschrittener
   Schachtelhalm.

Weitere Verwandte der drei Formen kennt man nicht und diese selbst scheinen auf dem Aussterbeetat.

Nehmen wir bei den betreffenden Käfern — und dies glaube ich einstweilen — genetische Verwandtschaft an, so fragt sich zunächst: haben sich die Stigmoderen aus echten Bupresten entwickelt oder umgekehrt? Haben die Stigmoderen ihre Tracht von *Yamina*-ähnlichen Formen erhalten oder ist *Yamina* die letzte stigmoderenartig gebliebene Bupreste?

Nach Analogie des Falles *Ephedra-Casuarina* scheint die erste Annahme plausibler. Dafür spricht auch die bei den echten Bupresten einfacher gegliederte Brust. Einschlägige eingehende Untersuchung muß sich auch auf Anatomie und Biologie erstrecken.

Nehmen wir die allgemeine Giltigkeit des Eimerschen Gesetzes an (aus Längs-, dann Querstreifung entwickelt sich Einfarbigkeit), dann sind Stigmoderen und *Yamina* die rückständigeren, dann kommen gleich die übrigen *Buprestis*-Arten (s. gen.).

Planeustomus (Compsochilus) cephalotes
var. nov. grandis.

Von **Edm. Reitter** in Passau (Mähren).

Größer als die Stammform, einfarbig rostrot, glänzend, nur die Tergite matter, Kopf dicker, die Schläfen länger, jederseits vor der Halsabschnürung mit kurzer, schräge gegen die Augen gerichteter Längsvertiefung, Halsschild mit mehr nach außen gestellten Vorderwinkeln, der Vorderrand glänzend, tief strichförmig abgesetzt, Flügeldecken innen neben dem Nahtwinkel oft mit einer Verdunkelung; bei der Stammform ist dieselbe an der Basis in der Umgebung des Schildchens. Long. 8 mm. — Kleinasien: Adana.

Eine neue Art
der Dipterengattung Tachydromia (Mg.) Lw.

Von **Dr. Emilio Corti** (Zool. Inst. d. Univ. zu Pavia.)

(Mit 2 Figuren im Texte).

Tachydromia (Cleptodromia n. subg.) longimana n. sp. ♂.

*Nigra, nitida; antennae nigrae capite indistincte longiores,
seta nigra vix articulo tertio breviore; pedes flavi, tarsis anticis
totis nigris, posterioribus basi flavis, femoribus anterioribus vix
incrassatis, subaequalibus, tarsorum anteriorum, et praecipue
anticorum, articulo ultimo perlongo; alarum nervis tertio
et quarto parallelis.* Long. corp. 2 mm., alar. 2·5 mm.

Kopf kugelig, schwarz, glänzend, ohne Pubescenz oder Bestäubung, Stirne ziemlich breit, nach vorn schmäler, Ocellar- und
Verticalborsten sehr klein, Hinterocularhaare schwarz. Untergesicht
schmal. Fühler kaum länger als der Kopf, schwarz; erstes Glied
undeutlich; zweites kaum länger als breit, etwas ins Rötliche ziehend,
mit einigen Börstchen an der Spitze; drittes kegelförmig zugespitzt,
zweieinhalbmal so lang als das zweite, pubescent; Endborste schwarz
und schwarz pubescent, kaum etwas kürzer als das dritte Fühlerglied. Rüssel sehr kurz, glänzend schwarz, Taster sehr klein, gelblich.
Rückenschild kaum gewölbt, mit dem gewöhnlichen hinteren Eindrucke, glänzendschwarz, sehr fein punktiert, mit einer wenig dichten
gelblichen Pubescenz, welche die Grundfarbe keineswegs verändert;
Beborstung und parallele Haarstreifen auf dem Rücken fehlend.
Schildchen matt, nackt, mit zwei Paar sehr schwachen Borsten auf
dem Rande. Schwinger weißlich. Hinterleib kurz, kegelförmig, glänzendschwarz, mit schwarzer kurzer Behaarung, Bauch an der Basis
gelblich. Epipygium klein, glänzendschwarz. Beine gelb, an der Basis
blässer, Tarsen schwarz, die hinteren an der Basis gelb. Vorderschenkel kaum verdickt; Mittelschenkel nur ein wenig mehr ver-
größert, unten mit zwei Reihen sehr kleiner Dornen; Hinterschenkel
lang und schmal, an der Spitze etwas gebräunt. Vorderschienen
spindelförmig, fast so lang und dick wie die betreffenden Schenkel,
Mittelschienen kaum gebogen, schmäler und um ein Drittel kürzer
als die Schenkel, ohne Fortsätze an der Spitze; Hinterschienen etwas

kürzer als die Schenkel. **Vordertarsenendglied länger als die vier vorhergehenden Glieder zusammengenommen** und nur kaum etwas kürzer als die betreffende Schiene, plump und dicker als der längliche Metatarsus, zweites, drittes und viertes Glied sehr kurz. **Mitteltarsenendglied halb so lang als jenes der Vorderbeine**, aber gleichfalls plump und dick, so lang wie die drei vorhergehenden Glieder zusammengenommen, oder so lang wie der gelbe Metatarsus; zweites, drittes, und viertes Glied nicht so kurz als die betreffenden Glieder der Vorderbeine. Hintertarsen wie gewöhnlich gestaltet; erstes Glied gelb, an der Spitze verdunkelt. Behaarung der Beine gelb, kurz; die langen Glieder der vorderen Tarsen nackt mit weißer, kaum wahrnehmbarer Pubescenz. Klauen und Haftläppchen klein. Flügel graulich. Adern braunschwarz und mit Ausnahme der vierten und sechsten, ziemlich stark; dritte und vierte fast gerade und parallel verlaufend, fünfte den Flügelrand erreichend. Queradern genähert, die vordere nach innen, die hintere wenig nach außen geneigt: Hinterbasalzelle so lang als die vordere· Analquerader sehr nach innen geneigt.

I   II

Die Figur I stellt die Vorder- und die Figur II die Mitteltarsen mit den betreffenden Schienen dar.

Von dieser Art fing ich ein einziges, aber vollkommen entwickeltes, keineswegs abnormes Männchen auf dem Monte Cesarino (421 m) bei Casteggio im Apennino pavese, den 29. Mai 1906. Sie ist durch die befremdende Bildung der vorderen Tarsen so ausgezeichnet, daß sie die Aufstellung einer neuen Gattung veranlassen könnte. Die Verlängerung einzelner Tarsenglieder ist aber, wenn gleichzeitig keine anderen plastischen Veränderungen vorfallen, nicht als Gattungscriterium aufzufassen. In der Tat ist, abgesehen von dem obenerwähnten Merkmale, meine Art eine echte *Tachydromia*, deren Platz nahe der *T. longicornis* Mg. zu stellen ist. Ich erlaube mir jedoch, um sie von den anderen zahlreichen Arten mit den gewöhnlichen Tarsen abzusondern, und als Vorbereitung einer zukünftigen Einteilung der Gattung, eine neue Untergattung, die ich *Cleptodromia* (κλέπτω stehlen und δρομεύς Läufer) nenne, aufzustellen.

Kritische Studien über Liodes-Arten.

V. Teil.

Von Sanitätsrat Dr. A. Fleischer in Brünn.

Nordische Liodes-Arten.

Gleich am Beginne meines Studiums der *Liodes*-Arten wandte ich mich in erster Linie an Prof. Dr. Sahlberg in Helsingfors mit der Bitte, er möge mir seine Typen zur Ansicht übersenden. Dieser meiner Bitte kam der Herr Professor in liebenswürdigster Weise und bereitwilligst nach, aber ich zögerte mit der Publikation des Resultats meiner Untersuchung deshalb, weil fast alle nordischen *Liodes*-Arten auf Unica aufgebaut sind und ich mich der Hoffnung hingab, mit der Zeit Kontrollexemplare zu bekommen, um auch den Penis auspräparieren zu können. Leider ist meine Hoffnung durch die Wirren in Rußland bisher vereitelt worden. Ich konnte kein weiteres Material aus dem Norden bekommen, ja ich fürchte das Material, das ich schon lange bei mir habe, zurückzusenden, weil ich einerseits eine Sendung nur auf großen Umwegen — über New-York — erhielt, andrerseits wieder eine meiner Sendungen an der Grenze arg beschädigt wurde. Ich muß mich daher darauf beschränken, das Material, das sich bei mir befindet, zu besprechen. Vor allem möchte ich auf zwei Arten aufmerksam machen, die ich nicht gesehen habe, aber deren Originalbeschreibungen mir vorliegen, nämlich:

L. puncticollis Thoms. und baicalensis Rye.

L. *puncticollis* Thoms. Scand. Col. IV, 1862, 39; wiedergegeben in L'Abeille, Journal d'entomologie, Tome XXII, 1884, Anisotomidae, pg. 19.

L. *baicalensis* Rye. Ent. Mont. mag. XIII, 1875, 151; L'Abeille Tome XXII, 1884, Anisotomidae pg. 6.

Erstere wird verglichen mit *punctulata* Gyllh., letztere mit *hybrida* Er. Beide Vergleiche sind ganz unglücklich gewählt. Liest man die beiden Diagnosen, so findet man, daß sich die beiden Arten durch gar nichts anderes unterscheiden, als durch die Breite des letzten Fühlergliedes. Bei *puncticollis* Thoms. ist Glied 9—11 nach Abeilles Wiedergabe »de même largeur«; bei *baicalensis* Rye »dernier article plus étroit que le precédents«. Sonst sind aber beide Arten gleich groß, 3·3 mm; beide haben schmale Vorderschienen, den gleichen Habitus, nur ist *puncticollis* als etwas mehr gewöiht angegeben; beide haben deutliche Strigositäten auf den Flügeldecken etc. Es sind meiner Ansicht nach diese zwei Arten nicht ganz einwandfrei, denn wenn jedem Autor nur ein einziges Individuum zur Verfügung steht, so kann sich jeder in der Beurteilung der Breite des letzten Fühlergliedes sehr leicht täuschen.

Etwas anderes wie *puncticollis* Thoms. ist die als *puncticollis* Thoms. determinierte Art (Ennumeratio coleopter. brachelytrorum Fenniae 1889, 34). Professor Dr. Sahlberg selbst sagt auch, daß das einzige Exemplar, welches von ihm in Lappland gefunden wurde und welches auch mir vorliegt »verisimiliter« L. *puncticollis* Thoms. sei. Er sagt: »Descriptio a dom. Thomson l. c. data in nostris speciminibus omnino quadrat, interstitia elytrorum autem haud transversim strigosa sunt, sed tantum obsoletissime rugulosa. A speciebus ceteris punctura prothoracis multo fortiore, angulis posticis rectis, staturaque corporis oblongo-ovali mox distinguenda.«

Im Habitus, Größe, im Schnitt des Seitenrandes des Halsschildes und der Sculptur desselben sind beide Arten gleich; der Sahlbergschen Art fehlen aber vollkommen die queren Strigositäten in den Zwischenräumen. Da es bisher nicht bekannt ist, daß von irgend einer der *Liodes*-Arten mit querrissiger Sculptur in den Interstitien auch eine Form ohne Querrisse gefunden worden wäre, muß man auch annehmen, daß diese Art, die übrigens auch an *nigrita* erinnert, nicht identisch ist mit *puncticollis* Thoms. Man muß daher dieser Art einen anderen Namen geben und ich benenne diese von Dr. Sahlberg verisimiliter als *puncticollis* Thoms. determinierte Art *L. Sahlbergi* m.

Eine durch die Sculptur der Flügeldecken höchst merkwürdige Art ist die **L. inordinata** Sahlb. (Meddelanden af Societas pro fauna et flora fennica 1898, p. 32). Das typische Exemplar, welches ich in der Hand hatte, hat denselben Habitus, dieselbe Größe und den Schnitt des Halsschildes wie L. *Sahlbergi* m.; die Sculptur der Flügeldecken ist aber ganz eigenartig. Professor Dr. Sahlberg sagt über dieselbe: »Elytris fortiter punctatis, in seriebus irregulariter gemellatis et ad latera confusis, digestis, interstitiis omnino subtilissime punctatis; tibiis anticis apicem versus dilatatis, mesosterno carina subtill«.

Diese Art ist dadurch charakterisiert, daß in den inneren Hauptpunktreihen die Punkte nicht in einer geraden Linie hintereinander stehen, sondern ganz unregelmäßig rechts und links derart abweichen, daß ganz unregelmäßige Doppelreihen entstehen. Das typische Exemplar hat nur sehr schwach verbreiterte Vorderschienen, ganz ähnlich der *Sahlbergi* m. Ich glaube, daß es sich höchstwahrscheinlich nur um eine abnorm sculptierte Form der *Sahlbergi* handelt. (Kuopio, Finnland, Dr. Levander.)

L. Trybomi Sahlb., von welcher Art mir das typische Exemplar, nicht aber die Originalbeschreibung vorliegt, ist im allgemeinen etwas breiter als *puncticollis* Thoms. und *baicalensis* Rye; hat ebenso wie diese beiden deutliche Strigositäten, unterscheidet sich überhaupt von diesen durch nichts anderes als durch deutlich und auffallend verbreiterte Vorderschienen.

Diese nordischen *Liodes*-Arten haben alle folgende Merkmale gemeinsam:

Sie sind nur wenig gewölbt, die Glieder der Fühlerkeule sind bei allen gleich stark, der Kopf ist kräftig punktiert, der Halsschildrand wird hinter der Mitte ganz gerade und ist ziemlich scharf leistenförmig ausgeprägt, er bildet ferner mit dem Hinterrande einen rechten oder stumpfen Winkel mit auffallend scharfen Ecken. Die Oberfläche ist an den Seiten auffallend grob, in der Mitte etwas feiner zerstreut punktiert; die Punkte in den Punktstreifen der Flügeldecken sind bei allen Arten gleich groß; die Form der Hinterschienen und Hinterschenkel ist dieselbe. Es ist daher möglich, daß alle diese nordischen Arten vielleicht nur zu zwei variablen Species — mit und ohne Strigositäten — gehören. Vorderhand muß man aber den Stand anerkennen wie er jetzt besteht und zwar lautet derselbe:

L. Trybomi Sahlb. Sibiria arct.

L. baicalensis Rye. L. Baical.

L. puncticollis Thoms. Laponia.

L. Sahlbergi m. Fennia.

puncticollis Sahlb. nec Thoms.

L. inordinata Sahlb. Fennia.

L. ruficollis Sahlb. (Meddelanden af Societas pro fauna et flora fennica; Helsingfors 1898, pg. 31).

Das mir vorliegende typische Exemplar ist klein, länglich, oval, mit schwarzbraunen Flügeldecken und hell gelbrotem Kopf und Halsschild, mit breiter, schwärzlicher Fühlerkeule und verkleinertem Endgliede derselben; der Seitenrand des Halsschildes ist in seinem hinteren Drittel gerade, nicht gebogen und bildet mit dem Hinterrande einen rechten Winkel. Der Käfer ist, was den Habitus, die Sculptur, die Farbe, den Schnitt des Seitenrandes des Halsschildes anbelangt, von gleichgroßen Exemplaren der *nigrita* Schmidt nicht zu unterscheiden. Beirrt hat mich indessen die Bemerkung Prof. Dr. Sahlbergs: »Mesosterno carina alte elevata, cristaeformi ut in parvula«. Nach dieser Beschreibung könnte es sich um eine *Oosphaerula* handeln. Beim Umkleben des typischen Exemplares auf den Rücken und gleichzeitiger ebensolcher Präparierung von *nigrita* und *parvula*, findet man, daß bei der fraglichen Art und bei *nigrita* der Mesosternalkiel tatsächlich höher ist als bei anderen Arten, z. B. bei *calcarata*, doch aber nicht so hoch wie bei *parvula;* hauptsächlich aber sieht man, daß derselbe nicht wie bei *parvula* steil, fast senkrecht gegen den Vorderrand der Mittelbrust abfällt, sondern sich allmählich schief senkt. L. *ruficollis* Sahlb. ist daher keine *Oosphaerula,* sondern ist identisch mit *nigrita* Schmidt und zwar mit der Coloritaberration mit schwärzlichen Flügeldecken und hell gelbrotem Kopf und Halsschild: ac. *bicolor* Brancsik. Daher:

L. *nigrita* Schmidt.
ac. *bicolor* Brancsik.
ruficollis Sahlb.

Bei dieser Gelegenheit möchte ich bemerken, daß der Name *nigrita* sehr unglücklich gewählt ist, denn der Käfer ist sehr selten wirklich schwärzlich, sonst meistens gelbbraun.

Bemerkungen über Deltocnemis hamatus Sahlb. und Hydnobius tibialis Sahlb.

Deltocnemis hamatus Sahlb. (Wien. Entom. Zeit., V. p. 87, 25. März 1886) ist entschieden der interessanteste und merkwürdigst gebaute Käfer der *Liodini.* Das Genus kommt zu stehen zwischen *Triarthron* und *Hydnobius.* Der Käfer hat nämlich die große dreigliedrige Fühlerkeule so geformt wie bei *Triarthron,* der Kopf, der Halsschild und die Flügeldecken sind aber wie bei *Hydnobius* gebaut. Die Oberkiefer sind auffallend groß, breit, vorgestreckt und ungleich geformt. Die linke Mandibel ist nämlich länger und hat in der Mitte einen großen stumpfen Zahn und eine einfache Spitze, während die kürzere rechtsseitige Mandibel sich an der Spitze gabelförmig in zwei Zähne teilt, wobei der innere Zahn etwas kürzer ist als der äußere. Der Käfer ist hochgewölbt, auf den Flügeldecken unregel-

mäßig punktiert gestreift, in den Zwischenräumen ist er nur wenig
schwächer als in den Hauptreihen punktiert.

Hochinteressant ist der Bau der Beine, namentlich der Hinterbeine. Die Hinterschenkel sind nämlich sehr kurz, sehr breit, haben
in der Mitte einen kräftigen, dreieckigen Zahn, vor welchem der
Schenkel sehr tief, kreisförmig ausgebuchtet ist; der Vorderrand
dieser Ausbuchtung ist wiederum in einen sehr großen, nach innen
hakenförmig gekrümmten Zahn ausgezogen; die Schienen sind an der
Spitze dreimal so breit als unter dem Kniegelenke; im Gegensatz dazu
sind die Tarsen auffallend zart, fast fadenförmig. — Ost-Sibirien.

Hydnobius tibialis Sahlb., von welcher Art mir typische Exemplare vorliegen, nicht aber die Originalbeschreibung, ist gleichfalls eine
ausgezeichnete Species. Dieselbe ist dem *punctatus* ähnlich, doch
mehr gerundet; beim Männchen sind die Vorder- und Hinterschienen
auf der Innenseite stark bogenförmig ausgebuchtet, die Mittelschienen
fast gerade; die Vorderschienen sind im vorderen Drittel plötzlich
sehr verbreitert, am Außenwinkel abgerundet, bei den Hinter- und
Mittelschienen findet die Verbreiterung allmählig statt. Beim Weibchen
sind alle Schienen fast garade. – Sibiria orient. (Lena media, Chartaika).

Eine neue Liodes-Art aus dem Kaukasus.
L. punctatissima m.

Von der Größe und dem Habitus einer typischen Form der
dubia; oval, ganz braunrot; Fühler zarter als bei *dubia;* die Glieder
der Fühlerkeule nur mäßig groß, quer, das letzte Glied nicht verkleinert; Kopf von normaler Größe, fein und ziemlich dicht punktiert.
Der Seitenrand des Halsschildes nach vorne stärker verengt als nach
hinten, bis zu den Hinterwinkeln leicht gebogen, mit dem Hinterrande einen stumpfen, an der Spitze leicht abgerundeten Winkel
bildend; auf der Oberfläche ziemlich fein, an den Seiten dicht, in
der Mitte weniger dicht punktiert. Die Punkte in den Hauptreihen
der Flügeldecken ebenso fein wie bei *pallens,* mit ebensolcher auffallend dichter Aufeinanderfolge; in den Zwischenräumen ziemlich
dicht und so deutlich punktiert, daß die Punkte in den Hauptreihen
nur wenig mehr als doppelt so groß erscheinen als die Punkte in den
Zwischenräumen. In den abwechselnden Zwischenräumen befinden sich
noch einzelne größere Punkte, die nicht größer sind als die Punkte in
den Hauptreihen. Dadurch, daß der Kontrast zwischen den Punkten
in den Hauptreihen und den Interstitien nur ein geringer ist, erscheinen
die ganzen Flügeldecken dicht punktiert und etwas matt. Die Sculptur

erinnert dadurch an *Parahydnobius punctulatus,* nur sind die Punkte
bei diesem grob und besteht kein Größenunterschied zwischen den
Punkten in den Hauptreihen und denen der Interstitien. Vorderschienen beim ♂ gegen die Spitze mäßig verbreitert, an der Spitze
etwas mehr als doppelt so breit als am Kniegelenke. Die Verbreiterung
ist nicht so stark wie bei einer gleichgroßen *dubia* und ist die äußere
Apikalecke der Schienen nicht wie bei *dubia* und allen anderen Arten
mit breiten Schienen scharfeckig, sondern trotz der größeren Breite
ebenso wie bei *calcarata* oder *oralis* abgerundet. Hinterschienen nur
mäßig verlängert, gegen die Spitze deutlich verbreitert, auf der Innenseite bis zu zwei Drittel der Länge gerade, dann kurz bogenförmig
ausgebuchtet. Hinterschenkel in der Mitte stark verbreitert, ihre äußere
Apikalecke nur sehr kurz, stumpf vorgezogen, fast verrundet. Vorder- und
Mitteltarsen beim ♂ fast gleich, nur wenig verbreitert; alle Tarsenglieder auffallend kurz, an den Hintertarsen das erste Glied so lang
wie die zwei nachfolgenden zusammen und fast eben so lang wie
das Klauenglied. Penis auffallend kurz und breit, gleich hinter der
Basis stark eingeknickt, gegen die Spitze nur wenig verengt, diese
breit verrundet; die Parameren bestehen aus einem ziemlich dicken
Borstenhaar. Ein Exemplar (♂) mit der Etiquette Kaukasus, Armen.
Geb. Leder-Reitter erhielt ich als *dubia* determiniert; ein zweites,
wahrscheinlich zur selben Art gehöriges ♀ mit leider beiderseits
abgebrochener Fühlerkeule und auffallend schmalen Vorderschienen
trägt als Fundort: Transcaspien (Tscharadschin).

Eine neue Varietät der L. curta Fairm.
Liodes curta v. laevigata m.

L. curta zeichnet sich im allgemeinen durch ziemlich grob
punktierten Halsschild und deutlich punktierte Zwischenräume an
den Flügeldecken aus. Ich fand aber nebst normalen Individuen im
Spätherbst in Adamstal bei Brünn ein Exemplar und erhielt noch
zwei mit Patria-Angabe Corsica, bei denen die Punktierung am
Thorax sehr fein und an den Flügeldecken in den Zwischenräumen
äußerst fein ist, so daß die Zwischenräume glatt erscheinen. Der Penis
ist bei beiden Exemplaren gleich und identisch mit dem der *curta*-Stamm-
form. Von *L. Vladimiri* Fl. unterscheidet sich diese Form durch feinere
Punktierung in den Hauptreihen und die dichte Aufeinanderfolge derselben, sowie durch ganz anders geformten Penis ziemlich leicht.

Die in mährischen Grotten lebend vorgefundenen Coleopteren.

Von Sanitätsrat Dr. A. Fleischer in Brünn.

Schon vor vielen Jahren hat sich der bekannte Grottenforscher Dr. Wankel der Mühe unterzogen, die Grottenfauna des mährischen Karstgebietes, namentlich in der Gegend bei Sloup, zu durchforschen. Was das Vorkommen von eigentlichen Grottenkäfern betrifft, war das Resultat ein negatives. Sein Enkel Dr. Absolon setzt jetzt die Forschungen fort und hat schon eine stattliche Reihe von neuen eigentlichen blinden Grottentierchen aus den niederen Klassen, sowie Myriapoden, Acariden, Collembolen, Turbellarien etc. etc. entdeckt und nebstbei Coleopteren gesammelt und mir zur Determination eingeschickt. Trotz der Menge des eingeschickten Materiales ist kein einziger eigentlicher Grottenkäfer dabei, vielmehr wurden alle durch Wasser in die Grotten eingeschwemmt. Im mährischen Karstgebiete gibt es bekanntlich Bäche, deren Lauf anfangs oberirdisch ist und die oft plötzlich verschwinden, um in die unterirdischen kleinen Seen in den Grotten einzumünden; manche, wie der Punkvabach, laufen eine Strecke unterirdisch und brechen dann plötzlich unter einem Felsen hervor und laufen dann durch das ganze Tal oberirdisch.

In den dunklen Vorhallen der eigentlichen Tropfsteingrotten wurden meistenteils Staphylinen- und *Catops*-Arten gefunden und zwar Käfer und Larven, namentlich *Quedius mesomelinus*, der auch sonst meist in dunklen Kellern angetroffen wird. Die Tierchen finden hier offenbar in dem Kot der zahllosen Fledermäuse reichliche Nahrung. Die in den eigentlichen Tropfsteingrotten gefundenen Coleopteren sind zumeist solche Arten, die an Gebirgsbächen oder überhaupt in Wäldern leben. Zahlreich wurde gefunden *Trechus quadristriatus* und *palpalis*, *Notiophilus*-Arten, Amaren, Harpalen, selbst ein *Aptinus mutilatus*. Ja Herr Dr. Absolon fand sogar lebende Halticiden und *Orchestes*-Arten, die in den Grotten zugrundegehen. Von kleinen Curculioniden sind es meist *Apion*-Arten, *Phytobius*- und *Ceutorrhynchus*-Arten. Von Staphylinen findet man hauptsächlich solche, die beim Wasser leben, *Atheta gregaria*, Xantholinen, Lathrobien,

Stenus-Arten, darunter ist auch der schöne *Stenus fossulatus*. Ein *Lathrobium laevipenne* hat die gelbe Farbe der Grottenkäfer, im übrigen stimmt es mit den oberirdisch lebenden Individuen vollkommen überein; es ist entweder als Jmago oder als ganz frisch entschlüpfter Käfer in die Grotten gelangt und konnte sich nicht ausfärben.

Der interessanteste Käfer, der in mehreren Grotten des Slouper Grottengebietes und zwar schon in zirca 40 Exemplaren gefunden wurde, ist der große, schöne *Ancyrophorus aureus* Fauv. Von diesem Käfer, weil er eben relativ zahlreich gefunden wurde, könnte man allenfalls vermuten, daß er sich den gezwungenen Verhältnissen anpaßt und sich vielleicht in den Grotten fortpflanzt. Dieser Annahme widerspricht jedoch der Umstand, daß alle gefundenen Individuen vollkommen ausgefärbt sind, dunkelbraune Flügeldecken und schwarzen Hinterleib besitzen und daß die Augen ganz normal sind. Er wurde allein oder gleichzeitig mit *Lesteva monticola* und *Geodromicus* v. *nigritus* gefunden und dürfte an Gebirgsbächen oberhalb des Grottengebietes stellenweise gar nicht selten sein.

Meines Wissens wurde wohl in Mähren *Ancyrophorus omalinus* und *longipennis* schon wiederholt geeammelt, aber der große *aureus* wurde weder in der Gegend der Höhlen noch wo anders in Mähren bisher gefunden und es tritt hier der seltene, wenn nicht ganz vereinzelte Fall ein, daß das Vorkommen eines oberirdisch lebenden Käfers in einer Gegend durch wiederholte Funde in Grotten, in welche er nur zufällig durch Wasser angeschwemmt wurde, sichergestellt wird. Als wirklicher Fundort müssen auf den Etiquetten dieses Nichtgrottenkäfers die Grotten bei Sloup angegeben werden. Daß man einmal nebst den Pseudogrottenkäfern in den mährischen Grotten auch wirkliche Grottenkäfer finden könnte, ist nach allen bisherigen Forschungen höchst unwahrscheinlich.

Biologisches über die Crioceris-Typen.

Von **Wilhelm Schuster**,

Pastor in Liverpool (England), zurzeit in Gonsenheim bei Mainz.

(Crioceris asparagi var. Linnei, anticeconjuncta, Schusteri, impupillata, apiceconjuncta, quadripunctata, cruciata, incrucifer, pupillata, Pici, campestris und moguntiaca, Crioceris macilenta).

Nachdem unser hessischer Altmeister in entomologicis, Prof. Dr. L. v. Heyden, in einer grundlegenden Arbeit (»Wiener Entom. Zeitung« 1906) die obigen Typen endgültig festgestellt hat, will ich hier einige weitere Biologica mitteilen. Zur Orientierung verweise ich zunächst auf die Bilder der Typen (in »Wiener Entomologische Zeitung« 1906). Im Mainzer Becken ist das Spargelhähnchen entschieden ein Charaktertier; infolge der ausgedehnten Spargelkultur in diesem eigenartigen Spargellande ist auch das Mietstier, der zierliche buntfarbige Käfer, außerordentlich häufig vertreten, häufiger als irgendwo anders.

Im Mainzer Becken habe ich bis jetzt nur *Linnei, anticeconjuncta, Schusteri, impupillata, apiceconjuncta, quadripunctata, cruciata* gefunden (Fig. 1—7); Fig. 8 und 10 *(incrucifer* und *Crioceris macilenta)* sind südliche Formen (bei Fig. 8 hübsch kenntlich durch das Vorherrschen der hellen Farbe, von mir im »Zoologischen Garten« Zeichnungssparnis oder Vakuopiktur genannt), Fig. 9 ist in Berlin gefangen, dürfte also eine nördliche Form sein (kenntlich durch das Vorherrschen der dunklen Farbe, Plenopiktur).

Sehr interessant ist die Frage nach der Grund-, Ausgangs- oder Stammform, aus welcher die übrigen Typen hervorgegangen sind. L. v. Heyden sieht Fig. 1 *(Linnei)* dafür an, nachdem ich vorher Fig. 2 *(anticeconjuncta* Pic, *normalis* Schuster) als Ausgangsform bestimmt hatte. (»Zoologischer Garten« 1905, p. 211). Herr Prof. v. Heyden führt für sich an, daß die Naht der Flügel wenigstens bis zur zweiten Punktreihe immer dunkel ist, die dunkle Farbe also Grundfarbe ist und dominiert; ich stütze mich darauf, daß die am häufigsten vertretene Form (wenigstens bei uns im Mainzer Becken) Fig. 2 ist. Von einigen hundert Tieren verhält sich 2 : 1 wie 46 : 45 (von mir gesammelt und gezählt), während sich unter je 100 Exemplaren von *cruciata* vier, von *quadripunctata*

zwei, von *Schusteri* drei Exemplare fanden. Ich möchte jedoch nachträglich Herrn Prof. v. Heyden recht geben, da ich auch schon
vorher geschwankt habe, ob ich Form 1 oder 2 als Ausgangsform
ansehen sollte; einmal, weil die Differenz zwischen 46 und 45 (bei
100 Exemplaren) keine ausschlaggebende ist, und weil ferner in der
Tat die schwarze Färbung die Grundfärbung sein dürfte, obwohl sie
bei sechs von den jetzt vorhandenen und beschriebenen elf Typen
— nämlich 2, 3, 4, 6, 7 und 8 — mehr oder minder stark zurück-
gedrängt ist und das Gelblichweiße also bei diesen Formen vor-
herrscht (bei den fünf beschriebenen *macilenta*-Variationen herrscht
wie bei der abgebildeten Stammform selbst (Fig. 10) natürlich das
Schwarze vor[1]).

  Ich habe nun eine Reihe weiterer Beobachtungen über das
Leben der Spargelhähnchen angestellt.

  Ihr Winterquartier scheinen die alten Tierchen — die Stamm-
halter — hinter Rindenlagen von Aprikosen-, Kirschen- und Zwetschken-
bäumen aufzuschlagen; denn in der zweiten Aprilhälfte 1905 fielen
mir in den hiesigen Anlagen beim Abreißen von alten Borkenstücken
etliche in die Hände. Dort, hinter der Rinde, vegetieren die Zirp-
käfer zusammen mit dem so hübschen *Rhynchites bacchus* L., diesem
reich behaarten weinpurpurroten Rüßler, bis zur Spargelzeit. Da
nun jede aus der Erde hervorbrechende Spargel bis Mitte Juni

---

[1] Über die Zeichnung der Flügeldecken spricht sich Calwer (»Käferbuch«,
5. Auflage) nur ganz allgemein aus, (die Schienenwurzeln kann ich nicht hell,
sondern nur schwarz finden). — Während die vorgeführten Formen stehende
Formen im Mainzer Becken sind, finden sich keine Zwischentypen vor; vielleicht,
daß einmal die Fleckchen etwas stärker oder schwächer sind, aber immer reichen
sie an die Längsbinde entweder deutlich (wenn auch manchmal recht fein) heran
oder stehen deutlich von ihr ab, und nur ganz selten findet man ein Exemplar,
auf dessen einer Flügeldecke ein Fleckchen, auf der anderen die Hälfte eines
Querstrichs zu sehen wäre. Beide Elytra haben immer stricte dieselbe Zeichnung.
Es herrscht hier strenge correlative Symmetrie.

  Eine andere — aber ganz unregelmäßige — Variation ist bei den Spargelhähnchen noch hinsichtlich des Halsschildes wahrzunehmen. Auf dem schwärzlich-
roten Pronotum findet sich nämlich ein schwarzer Mittelflecken oder ein Paar,
also zwei kleine schwarze Fleckchen nebeneinander, oder gar kein Fleck. Bei
manchen Stücken sieht man nur etwas Verschwommenes. Es besteht dans tous
les cas keine Regel. Hier ist jedenfalls nur soviel sicher, daß die Form *Linnei-
trifasciata*, die hinsichtlich der Zeichnung auf den Flügeldecken recht viel
Schwarz — also einen melanotischen Typ — zeigt, auf dem Halsschild nicht
mehr und nicht weniger Schwarz aufweist als die anderen Formen, d. h. also:
Entweder keinen schwarzen Flecken oder einen dicken oder einen Doppelflecken
aus zwei kleinen schwarzen Pünktchen.

gestochen wird, so findet man *Crioceris* im Mai und Juni auf den ein- bis dreijährigen Neuanpflanzungen. Ihre eigentliche »Saison« beginnt aber erst, wenn das Grün der stehen gelassenen Spargeln, die sich zu hohen Büschen entfalten, über die grauen Sandäckerchen leuchtet und also der Mensch längst seinen Tribut von dem sandliebenden Gewächs bekommen hat. Ende Mai und im Juni befinden sich alle Spargel-Chrysomeliden — auch das fast noch schönere zwölfpunktige Zirpkäferchen *Crioceris duodecimpunctata* — in Paarung; 1905 waren es ihrer bei uns im Mainzer Becken (speziell auf Äckern vor Trais) viel mehr (man konnte von »dick gedrattelt« reden) als 1906; zu gleicher Zeit findet man auch kleinere und größere graugrüne Larven, starke Fresser, an den Blättern.[1])

Nachstellungen gegenüber beobachten die Käfer die instinktive Taktik des Herabfallenlassens und Sich-tot-stellens. Nun haben sie aber für die Art und Weise, wie sich der Feind — in unserem Fall die menschliche Hand — ihnen nähert, ein ganz fein entwickeltes Gefühl. Greift man von oben zu, so lassen sie sich natürlich fallen; hält man aber beide gebreiteten Hände unten hin (und sei es auch weit unten) wie einen auffangenden Fallschirm zu beiden Seiten des Stämmchens, so bleiben sie fest oben sitzen; kommt man von der Seite, so laufen sie im vielästigen feinen Spargelflor nach den Seiten zu weg, um sich im geeigneten Augenblick auf den Erdboden fallen zu lassen, wo man sie wegen ihrer Kleinheit in der Tat schlecht sieht. Am besten bekommt man sie, besonders auch die Pärchen, wenn man beide Hände schnell um sie zusammenschlägt. Sie sind außerordentlich flink und gelenkig.

Einzeltiere und Pärchen sitzen gern in Astzwickeln und zwar mit dem Hinterteil im Zwickel. Sie ruhen da anscheinend besonders gut.

Interessant ist es nun, wenn sich ein Pärchen beobachtet sieht, d. h. wenn mein Kopf näher an den Spargelbusch heranrückt. Sofort lösen sie die Copula auf und das fällt ihnen wie den meisten anderen Käfern sehr leicht im Unterschied zu den fest aneinander hängenden Schmetterlingen (sehr oft aber, z. B. nicht den Junikäfern, *Rhizotrogus solstitialis* L.). Sie setzen sich nebeneinander und machen Wendungen und Schwenkungen entsprechend den Bewegungen des Feindes. Nämlich zunächst, wenn sie von einander gelassen haben und der Beobachter in gefahrdrohender Nähe verharrt, retirieren sie hinter das Zweigstielchen, bringen dies zwischen

---

[1]) Die sonst wenig bemerkbare zwölfpunktige Art war 1906 stellenweise fast häufiger als *asparagi*.

sich und den Feind und decken sich so, indem man zu beiden Seiten
des Stielchens nur noch ihre schmalen schwarzen Beinchen sieht,
vielleicht rechts stärker vortretend die Beinchen des einen Tieres,
links die des anderen (beide sitzen nicht direkt untereinander). Sie
machen es darin also genau so wie unsere deutschen Spechte, denen
sie auch durch ihren bunten Rock und die Art des Ansitzens am
Stielchen gleichen. Bewege ich nun den Kopf links, um sie zu
sehen, so machen sie eine entsprechende Schwenkung nach rechts;
bewege ich den Kopf rechts, so gehen sie nach links. Sie sind hierin
sehr geschickt und auf den Rücken kann man ihnen dabei gar
nicht sehen. Diese Tierchen müssen gut sehen — etwa der Bewegung der Luft (Gefühl) kann ich ihre parierenden Bewegungen
allein nicht zuschreiben — und hier hätten wir wieder einmal einen
Fall, wo ein Tier neben gutem Geruch (alle Käfer riechen gut) —
ein recht scharfes Gesicht hat (dies gegen Zell!).

Auf einem Acker vor Trais fiel mir auf, daß an der Südlage
viel, an der Nordlage wenig Käferchen in den Büschen zu sehen
waren, obwohl sich der Berg nur in sanftem Bogen über eine Hügel-
höhe von Süden nach Norden schwang, der Einfall der Sonnen-
strahlen also kein sehr unterschiedlicher war. Im Juli waren hier
die Käfer weniger häufig als im Juni.

Da mir nun früher der Gedanke kam, daß sich die Formen
oder Typen zum Teil als Geschlechtsunterschiede erweisen könnten,
so sammelte ich eine Anzahl in Begattung befindlicher Pärchen.
Ich fand aber, daß sich fast immer nur *Linnei* untereinander be-
gattet und ebenso *anticeconjuncta* für sich u. s. w., aber nicht aus-
nahmslos; es kommen auch Verbindungen zwischen den zwei häufigsten Formen *Linnei* und *anticeconjuncta* gelegentlich vor; und
vielleicht haben wir hier den Schlüssel zur Erklärung der Ent-
stehung der verschiedenen Typen. Wenn die Zucht nicht so um-
ständlich wäre, würde ich sehr gern einmal die Nachzucht eines
Linnei-anticeconjuncta-Pärchens zu erhalten suchen. Auch ein
Pärchen *Linnei* $\times$ *Schusteri* fand ich, desgleichen *cruciata* und *quadripunctata* je einmal mit *Linnei* in Paarung (24. Juli 1906.) Die Bastarde
von *Linnei* $\times$ *anticeconjuncta* ergaben sicherlich diejenigen Exemplare
von *Linnei*, bei denen die vorderen zwei schwarzen Punkte nur durch
feine Haarzüge mit dem mittleren schwarzen Strich verbunden sind.
Eine Copula zwischen solchen *Linnei* und *anticeconjuncta* dürfte dann
wieder reine *anticeconjuncta* geben. Hier ließen sich übrigens die
Gesetze der Vererbung bei Käfern recht gut studieren.

Variiert *Schusteri* schon bereits in der Weise, daß der eine mittlere Punkt jederseits in zwei schwache Pünktchen, die nicht mehr stark sichtbar sind, aufgelöst ist (einen solchen Typ besitze ich und diese ergänzende Definition wäre eine Erweiterung zu der von v. Heyden unter 3. gegebenen), so habe ich im vorigen Sommer (1906) noch eine Form gefunden (somit die 12.), die *Schusteri* am nächsten steht und die ich hiermit *Cr. asparagi* a. **moguntiaca** Schust. benenne. Auch die beiden mittleren Flecke (ursprünglich mittlere Binde) sind bei ihr gänzlich verschwunden und es ist daselbt eine rein weiße Fläche. Nach einem Exemplar das bei Mainz gefangen wurde.

Ein neuer Microtelus (Sol.) aus Aegypten.

(Coleoptera, Tenebrionidae.)

Von Edm. Reitter in Pascau (Mähren).

Microtelus binodiceps n. sp.

Mit *M. cariniceps* Rcbe. (Reitter in Deutsch. Ent. Ztsch. 1886, 128) verwandt, aber viel größer, die Fühler etwas dicker, das dritte Glied ist dreimal so lang als breit, die verkürzten Scheitelrippen auf zwei Beulen reduziert, Flügeldecken lang oval, schmäler, die Punkte der Reihen dicht gestellt, der äußere Zwischenraum der Rippen ist vorne von oben nicht sichtbar. Long. 5—6·2 mm.

Körper schwarzbraun, matt.

Alle übrigen Arten haben am Scheitel, zwischen der Mittel- und inneren Augenrippe weder Beulen noch Rippenrudimente.

Aegypten, Moabland.

Aromia moschata v. laevicollis nov.

Von der Stammform durch im größten Umfange spiegelglatte Scheibe des Halsschildes unterschieden. Auf derselben sind nur ganz vereinzelte Punkte eingestochen; auch der Vorder- und Hinterrand ist glatt.

Zahlreiche Exemplare wurden bei Pascau aufgefunden; auch sammelte Herr Oscar Salbach einige im Engadin. *Edm. Reitter.*

LITERATUR.

Diptera.

Speiser, P. Ergänzungen zu Czwalinas »Neuem Verzeichnis der Fliegen Ost- und West-Preußens« IV. (Zeitschr. für wissenschaftliche Insektenbiol. I. 1905. Heft 10, p. 405—409; Heft 11, p. 461—467.)

Von den 50 aufgeführten Arten werden 25 für die genannte Gegend als neu bezeichnet. Interessant ist das Vorkommen des *Tabanus aterrimus* Mg. und *T. tarandinus* L. in der norddeutschen Tiefebene, ferner der für *Pogonosoma hircus* Z. angegebene Fundort (Bischofsburg). Den bis jetzt bekannten drei Fundorten dieser Fliege (Kohlfurter Moor in Schlesien, Lappland u. d. obige) füge ich noch Groß-Hennersdorf (Königreich Sachsen) hinzu. Ich erhielt diese Art von dort durch Herrn Lehrer Kramer und stelle hiermit fest, daß *P. barbata* Z. nur die Jugendform der *hircus* Z. ist, denn alle Individuen mit rotgelbem Hypopygium zeigen die Merkmale frisch entwickelter Tiere. — *Hydrophoria Wierzejskii* Mik, welche der Verfasser als neuen Fund für Preußen bezeichnet, fand Gercke übrigens schon im Jahre 1870 bei Königsberg (vergl. Wiener Ent. Zeitg. 1889, pg. 222). — Die pg. 409 erwähnte *Parallophora*-Art muß *P. pusilla* Mg. heißen. — Mit Recht hebt der Verfasser hervor, daß die Stratiomyide *Ephippiomyia (ephippium)* unter dem Namen *Clitellaria ephippium* F. geführt werden muß, denn Meigen hat schon 1803 (Illigers Magaz.) für den Gattungsnamen *Clitellaria* nur die genannte Fabriciussche Art als Typus bezeichnet. — Für die Tachiniden-Gattung *Siphona* schlägt der Verfasser den Namen *Bucentes* Latr. vor. da Meigen für seine Gattung *Siphona* 1803 die Art *Stomoxys irritans* F. als Typus aufgestellt habe; folglich müsse *Siphona* Mg. für *Haematobia* R.-Desv. (mit *irritans* F. nec. L. = *stimulans* Mg.) eintreten. — Pag. 455 wird *Phytomyza hepaticae* Frfld. (Verh. zool. bot. Ges. Wien, 1872, 396) für identisch mit *Ph. abdominalis* Ztt. erklärt, wie das schon früher von Strobl (Dipt. Steierm. II.) geschehen ist. Verbreitung und Biologie dieser Art werden nach eigenen Beobachtungen des Verfassers ausführlicher behandelt. *E. Girschner.*

Kramer, H. Zur Gattung Sarcophaga. (Zeitschr. für Hymenopterologie und Dipterologie. H. 6. 1904. pg. 347—349).

— — Artgrenze von Sarcophaga carnaria Mg. (L.) und zwei neue Sarcophaga-Arten. (Ibid. H. 1. 1905. p. 12—16.)

— — Zur Gattung Sarcophaga. (Ibid. H. 6. 1905. p. 329—332.)

— — Sarcophaga haematodes Mg. Schin. (Ibid. H. 1. 1906. p. 63—64.)

— — Zur Gattung Sarcophaga. (Ibid. H. 4. 1906. p. 216.)

Von obigen fünf Abhandlungen über die Gattung *Sarcophaga* ergänzt eine die andere. Der Herr Verfasser hat, wie schon mancher scharfsinnige Dipterologe vor ihm, die Erfahrung machen müssen, daß die Sarcophagen in Größe, Färbung und gewissen plastischen Merkmalen, welche zuverlässige und gute Kennzeichen für die einzelnen Arten abzugeben schienen, außerordentlich variieren. Er hat copulierte Pärchen in größerer Anzahl zu sammeln Gelegenheit gehabt und glaubt infolgedessen feststellen zu können, daß die Beborstung der Längsadern und die Färbung der Abdominalringe als Artunterschiede nicht zu verwerten sind, denn bei einigen dieser copulierten Sarcophagen waren die Flügeladern des ♂ bedornt, die des ♀ nicht. Schließlich meint Verfasser durch Untersuchung der exstirpierten Genitalorgane sichere Artmerkmale in der verschiedenen Bildung der einzelnen Teile dieser Organe gefunden zu haben, muß aber die Erfahrung machen, daß einigermaßen greifbare Unterschiede bei Untersuchung ganzer Reihen von Individuen nur in den extremsten Formen festzustellen sind, da zahlreiche ·Übergänge und Mißbildungen (!) die Unterschiede verwischen. Die aufgestellten neuen Arten erwiesen sich später, nachdem der Verfasser Kenntnis von Pandellés Arbeiten über die Sarcophagen erlangt hatte, als schon früher beschriebene. Es ist nämlich *S. neglecta = scoparia* Pand., *Kuntzei = aratrix* Pand., *ambigua = tuberosa* Pand., *pauciseta = albiceps* Mg. (= *cyathissans* Pand.), *appendiculata = similis* Pand. (= *? similis* Meade), *lusatica = erythrura* Mg., *noverca* (Rd.) = *hirticrus* Pand.

Die zahlreichen als »Arten« von den Autoren seither beschriebenen Formen werden sich wahrscheinlich mit der Zeit auf einige wenige Arten zurückführen lassen. Nach meiner Erfahrung zeigen die Sarcophagen einen stark entwickelten Geschlechtsdimorphismus, ähnlich dem der *Phasiinen*-Gattungen *Allophora* und *Phasia:* die ♂ sind in Größe und Färbung u. s. w. sehr verschieden, während die ♀ nicht oder nur wenig variieren. Es muß zunächst versucht werden, den Variationscharakter der einzelnen Arten festzustellen und namentlich auch für die ♀ brauchbare Artmerkmale ausfindig zu machen. Ich glaube, daß in der Beborstung des Thorax und namentlich auch des Scutellums (dessen Beborstung bei ♂ und ♀ häufig verschieden ist!), des Abdomens, in der Kopfbildung (Anordnung der Wangenborsten) und in der Bedornung der Flügeladern solche Merkmale gefunden werden können. Wenn auch die Aderborsten sehr hinfällig sind, wie Herr Kramer annimmt, so verliert dieses Merkmal deswegen doch nicht seinen Wert. Von geringer Bedeutung für die Systematik ist nach meiner Überzeugung die unwesentliche Verschiedenheit in der feineren Gliederung der Genitalorgane. Diese Teile sind zu kompliziert und deshalb in hohem Grade der Veränderung und Mißbildung unterworfen. Bei einer Vergleichung ganzer Individuen-Reihen, die sonst nach anderen Merkmalen als zu einer Art gehörig erkannt werden, läßt sich eine vollständige Übereinstimmung in der feineren und für den Zweck dieser Organe gewiß unwesentlichen Gliederung niemals erkennen! Wollte man die höheren Musciden nach der individuellen Verschiedenheit dieser Organe untersuchen und daraufhin nach Arten trennen, so würde deren Zahl bald ins Unendliche wachsen. *E. Girschner.*

31. Pandellé, L. Catalogue des Muscides de France. (Revue d' Entomologie, Tome 23. Caen 1904.) — 32. Coquillett, D. W., New Diptera From Central-America (Proceed. of the Entomol. Soc. of Washington. Vol. VI. 1904.) — 33. Cockerell, T. D. A. Three new Cecidomyiid Flies. (The Canadian Entomologist, Vol. 36. London 04.) — 34. Neveu-Lemaire, M., Classification de la fam. des Culicidae (Mém. Soc. Zool. Fr. Paris 02.) — 35. Thomas, F. Über eine neue Mückengalle v. Erysimum odoratum Ehrl. und cheiranthoides L. (Mitt. Thür. Bot. Ver. Jena 03.) — 36. Meijere, J. C. H. Zwei neue Dipteren aus dem

Ostindischen Archipel. (Notes from the Leyden Museum. Vol. 24. Leyden 04) —
37. Giard, A. Sur l' Agromyza simplex H. Lw. (Bullet. de la Soc. Entom. de
France, Paris 04.) — 38. Villeneuve, J. A propos de Penthetria holosericea
Mg. (cfr. Nr. 37.) — 39. Johnson, C. W. Some notes on descr. of four new
Diptera (Psyche, Vol. XI. Boston 04.) —. 40. Emerton, J. H., A dipterous
parasite of the Box Turtle. (Fr. Nr. 39.) 41. Whitney, C. O. Descript. of some
new spec. of Tabanidae. (The Canadian Entomol. Vol. 36. London 04.) — 42. Johnson, C. W. The Diptera of Beulah, New Mexico (Trans. Amer. Entom. Soc.
Philadelphia 03.) — 43. Meunier, F. Monogr. des Cecidom., Sciaridae, Myce-
toph. et Chironom. de l' Ambre de la Baltique. (Brüssel 04.) — 44. Vaney
C. et Conte, A. Sur un Diptère paras. de l' Altise de la vigne (Degeeria funebris Mg.) Compt. R. Acad. Paris 03.) — 45. Austen, E. E. A Revised Synopsis
of the Tsetse-Flies. (The Annals and Magaz. of Nat. Hist. VII. Vol. 14. London
04.) — 46. De Stefani, T. Sui Culiciti siciliani (Il Naturalista Siciliano.
Palermo 04.) — 47. Dyar, G. H. The Larva of Culex punctor Kirb. (Journ. of
the New-York Ent. Soc. Vol. 12. 1904). — 48. Girault, A. A. Tanypus dyari
Coqu. (Psyche, Vol. XI. Cambridge 04.) — 49. Osburn, R. C., The Diptera of
British Columbia (The Canad. Entomol. Vol. 36. London 04.) — 50. Verrall,
G. H. Callicera Yerburgi n. sp., a British Syrphid new to Science (The Entomol.
Monthl. Mag. Vol. 15. London 04) — Noël, P. Le Chlorops lineata (Le Naturaliste, Serie II. Paris 04.) — 52. Brimlay, C. S. and Sherman, F. List of the
Tabanidae of North-Carolina (Entomol. News Vol. 15. Philad. 04.) — 53. Co-
quillett, D. W. New Diptera from India and Australia (Proc. of the Ent. Soc.
of Washington. Vol. VI. 04.) — 54. Derselbe, New North American Diptera.
(cfr. 53.) — 55. Ricardo, G. Notes on the smaller Genera of the Tabaninae
of the Fam. Tabanidae in the British Mus. Collection (The Annals and Magaz·
of Nat. Hist. Vol. 14. London 04.) — 56. Meunier, F. Contrib. à la faune des
Helomyzinae de l' ambre de la Baltique. (La Feuille d. Jeunes Natural. No 410.
Paris 04.) — 57. Kieffer, J. J. Descript. de deux Cécidomyies nouv. d' Italia
(Marcellia Vol. III. Avellino 04.) — 58. Coquillett, D. W. Notes on the Syrphid
fly Pipiza radicum Walsh and Riley (Proc. of Ent. Soc. Washington. Vol. VI. 04.)
— 59. Dyar, H. G. and R. P. Currie The egg and young larva of Culex
perturbans Wik. (cfr. 59.) — 60. Großbeck, J. A. Descript. of a new Culex
(The Canad. Entomologist. Vol. 36. London 04.) 61. Giard, A. Sur l' Agrom.
simplex Lw. paras. de l' Asperge. (Bull. Soc. Ent. Fr. Paris 04.) — 62. Derselbe,
Quelques mots sur l' Hydrobaenus lugubris (cfr. 62.) —   *E. Girschner.*

Neuroptera.

Klapálek, Fr., Revision und Synopsis der europäischen Dictyo-
pterygiden. Mit 26 Abbildungen im Texte. (Bull. internat. de l' Acad. d.
Sc. de Bohême 1906. Separat-Abdruck. 30 pg.)

　　Der Verfasser hat in einer früheren Arbeit (Über die europäischen Arten
der Familie Dictyopterygidae. Bull. internat. de l' Acad. d. Bohême 1904) die
Gattungen und Untergattungen dieser Familie behandelt. Die Unterscheidung
der Arten ist bei weitem schwieriger wegen der Variabilität derselben, die nach
dem Verfasser mit dem schwachen Flugvermögen und der dadurch bedingten
Neigung zur Bildung localer Rassen in Zusammenhang steht.

Die Gattung *Dictyopteryx* Pict. wird in zwei Subgenera geteilt: *Dictyopteryx* s. str. mit 5 Arten (neu: *D. Mortoni* aus Schottland und Deutschland) und *Dictyopterygella* Klp. mit drei Arten. Die Gattung *Arcynopteryx* Klp. enthält vier Arten (neu: *A. carpathica* aus den Karpathen). Die Gattung *Isogenus* Newm. zerfällt in zwei Subgenera, *Dictyogenus* Klp. mit fünf Arten (neu: *D. gelidus*, Hohentauern) und *Isogenus* s. str. mit einer Art.

— — Ein Beitrag zur Kenntnis der Neuropteroiden-Fauna von Kroatien-Slavonien und der Nachbarländer. Mit 6 Fig. (Bull. internat. de l' Acad. d. Sc. de Bohême 1906, 9 pg.)

Das Material zu dieser Arbeit stammt aus dem Kroatischen National-Museum in Agram und aus der Sammlung des Herrn Dr. A. Hensch. Außerdem erhalten wir die Diagnosen einiger neuer Arten aus Siebenbürgen und der hohen Tatra, die bisher nur in tschechischer Sprache veröffentlicht wurden. Besonders bemerkenswert ist das Vorkommen von *Dictyogenus ventralis* Pict. in der Umgebung von Agram (bisher nur von der Balkanhalbinsel bekannt) und von *Chloroperla affinis* Pict. bei Vinodol in Kroatien (bisher aus Portugal bekannt). Beide Arten wurden seit Pictet's Zeiten zum ersten Male wieder aufgefunden. Neu beschrieben werden: *Synagapetus ater* (Siebenbürgen), *Panorpa pura* (Buczecz, Siebenbürgen), *Rhitrogena Henschi* (Kesmark), *Hemerobius striatellus* (Siebenbürgen), *Capnia vidua* (Tatragebirge).

— — Plecopteren und Ephemeriden aus Java, gesammelt von Prof. K. Kraepelin 1904. (Mitteilungen aus dem naturh. Museum in Hamburg, XXII. Jahrg. 1905. p. 103—107, 1 Fig.)

Von Plecopteren und Ephemeriden sind bisher aus Java sehr wenige Arten bekannt und bis auf eine Art erwiesen sich alle gesammelten als neu. Es sind folgende: *Neoperla pilosella* (103), *Caenis nigropunctata* (104), *Pseudocloëon* n. g. *Kraepelini* (105), *Cloëon virens* (106).

— — Algunos Mirmeléonidos de Persia y Siria recogidos por el Sr. Martinez de la Escalera. (Boletin de la Sociedad espanola de Hist. Natur. 1906, p. 95—96.)

Der Verfasser verzeichnet elf Arten aus diesen in neuropterologischer Hinsicht noch wenig bekannten Gebieten.

— — Ecclisopteryx Dzięlzielewiczi n. sp. (Separat-Abdruck aus: Časopis Česke Společnosti Entomologické, Ročnik III, 1906, 4 pg. 3 Fig.)

Ausführliche Beschreibung dieser neuen, in den Karpathen entdeckten Art in tschechischer und englischer Sprache. Leider ist auch dieser Separat-Abdruck aus der Zeitschrift des böhmischen entomologischen Vereines wie die Separata aus dem Bulletin der böhmischen Academie ohne Originalpaginierung.

A. Hetschko.

Thysanura.

Schille, F., Przyczynek do fauny Szczeciogonek (Apterygogenea) Galicyi [Beitrag zur Fauna der Apterygogenea Galiziens]. (Sprawozd. Komisyi fizyograf. Kraków, Tom. 41. 1906, p. 3—17, 1 Taf.)

Von galizischen Collembolen sind bisher nur acht Arten bekannt geworden, die in verschiedenen faunistischen Abhandlungen aufgeführt wurden. Die vorliegende Arbeit ist die erste, die sich mit den galizischen Apterygogeneen befaßt. Das Material wurde vom Verfasser in der Umgebung von Rytro gesammelt. Dazu kommen noch einige Arten aus der Umgebung von Krakau und Nowy Targ und dem Tatragebirge, die von anderen Sammlern stammen. Es werden einundsiebzig Arten und Varietäten von Collembolen und drei Arten von Thysanuren mit genauen Fundortsangaben aufgeführt. Neu beschrieben werden: *Cyphoderus albinös* Nic. subsp. n. *Börneri* (11) (unter *Formica rufa* in Mlodow), *Lepidocyrtus curvicollis* Baur. v. n. *cyaneipes* (12) (aus Rytro) und *Lepidocyrtus zygophorus* (13) (aus Rytro).

Die Beschreibungen der neuen Arten sind leider nur in polnischer Sprache verfaßt, doch wird ein Auszug der Arbeit im Anzeiger der Krakauer Academie dieselben weiteren Kreisen zugänglich machen.   *A. Hetschko.*

Lepidoptera.

Prochaska, Karl. Beiträge zur Fauna der Kleinschmetterlinge von Steiermark. Mitteilungen des Naturwissenschaftlichen Vereines für Steiermark, 1906, pg. 249—301.   *Ed. Reitter.*

Coleoptera.

Weber, Robert. Verzeichnis der in Detritus an der Mur bei Hochwasser in den Jahren 1892—1905 gesammelten Coleopteren. Mitteilungen des naturwissenschaftlichen Vereines für Steiermark, 1906, pg. 1—21.

Am Schlusse des gegebenen, recht sorgfältigen Verzeichnisses wird ein Summarium recht sehr vermißt.   *Ed. Reitter.*

Notizen.

† Am 16. Februar 1907 verschied plötzlich Herr Otto Kambersky, Direktor der landwirtschaftlichen Schule und Vorstand der agricultur-botanischen Landes-Versuchs- und Samenkontrollstation in Troppau. Derselbe war ein enragierter Coleopterologe und werden wir biographische Daten über denselben an anderer Stelle bringen.

† Am 16. Mai 1906 starb im 45. Lebensjahre der Lepidopterologe und Neuropterologe Herr Dr. Peter Kempny, practischer Arzt in Gutenstein (Nieder-Österreich).

Druck von Hofer & Benisch, Wr.-Neustadt.

WIENER
ENTOMOLOGISCHE
ZEITUNG.

GEGRÜNDET VON

L. GANGLBAUER, DR. F. LÖW, J. MIK, E. REITTER, F. WACHTL.

———•———

HERAUSGEGEBEN UND REDIGIERT VON

ALFRED HETSCHKO, UND **EDMUND REITTER,**
K. K. PROFESSOR IN TESCHEN,   KAISERL. RAT IN PASKAU
SCHLESIEN.   MÄHREN.

————

XXVI. JAHRGANG.

—

IV., V. und VI. HEFT.

AUSGEGEBEN AM 31. MAI 1907.

————

WIEN, 1907.

VERLAG VON EDM. REITTER

PASKAU (MÄHREN)

INHALT.

▬▬ Manuskripte für die „Wiener Entomologische Zeitung" sowie Publikationen, welche von den Herren Autoren zur Besprechung in dem
Literatur-Berichte eingesendet werden, übernehmen: **Edmund Reitter,** Passau in
Mähren, und Professor **Alfred Hetschko** in Teschen, Schlesien; dipterologische
Separata **Ernst Girschner,** Gymnasiallehrer in Torgau a./E., Leipzigerstr. 86.

Die „Wiener Entomologische Zeitung" erscheint heftweise.
Ein Jahrgang besteht aus 10 Heften, welche zwanglos nach Bedarf ausgegeben werden; er umfasst 16—20 Druckbogen und enthält nebst den im Texte
eingeschalteten Abbildungen 2—4 Tafeln. Der Preis eines Jahrganges ist 10 Kronen
oder bei direkter Versendung unter Kreuzband für Deutschland 9 Mark, für die
Länder des Weltpostvereines 9½ Shill., resp. 12 Francs. Die Autoren erhalten
25 Separatabdrücke ihrer Artikel gratis. Wegen des rechtzeitigen Bezuges der
einzelnen Hefte abonniere man direkt beim Verleger: **Edm. Reitter in Paskau
(Mähren);** übrigens übernehmen das Abonnement auch alle Buchhandlungen
des In- und Auslandes.

Zur Kenntnis der
Rüssler-Gattung Trachyphloeus Germ. und der verwandten Gattungen.

Von Postrat **Romuald Formánek** in Brünn.

Die mit der Gattung *Trachyphloeus* Germ. verwandten Gattungen *Trachyphilus* Faust und *Cathormiocerus* Schönh. sind unter den Brachyderinen durch die seitlich gelegenen, scharf begrenzten, gegen die Augen gerichteten und die letzteren mehr weniger vollständig erreichenden Fühlergruben leicht kenntlich. Der Halsschild ist vorne gerade oder mehr weniger schief nach unten abgestutzt, gegen die Stirn mehr weniger deutlich vorgezogen, hinten gleichfalls gerade abgeschnitten oder mehr weniger deutlich verrundet. Beim *Trachyphloeus saluber* Faust weicht jedoch die Form des Halsschildes von jener der übrigen hierher gehörigen Arten auffallend ab. Der Vorderrand desselben ist oben und unten in starkem Bogen ausgerandet, die Seiten ragen hinter den Augen lappenförmig vor und sind von oben als stark vorspringende Vorderecken sichtbar. Unter den mit einfachem Kehlausschnitt versehenen Curculioniden haben nur noch *Eremnini* und *Brachycerini* ähnliche Augenlappen. Bei denselben ist jedoch der Vorderrand des Halsschildes gegen die Stirn vorgezogen, daher ist die obere Hälfte desselben nicht in einen, sondern in zwei seitlichen Bogen ausgerandet. Dieser Umstand hat mich veranlaßt, den *Trach. saluber* zum Vertreter einer neuen Gattung zu erheben und bringe ich für die letztere den Namen ***Trachyphloeoides*** in Vorschlag.

Nach dem derzeitigen Stande unserer Wissenschaft bildet die Art und Weise der Beschuppung des Abdomens bei den Gattungen *Trachyphloeus* und *Cathormiocerus* das einzige durchgreifende Trennungsmerkmal. Bei der ersteren Gattung sind die Schuppen isoliert, matt, abreibbar, bei der letzteren glänzend, körnerähnlich und verwachsen, daher nicht ablösbar. Da nun die meisten Trachyphloeen mit den in der Schultergegend breitesten, nach hinten verschmälerten, demnach wie bei den Arten der Gattung *Cathormiocerus* gebildeten Flügeldecken nach Ablösung der leicht abreibbaren Schuppen eine ähnliche Skulptur am Abdomen wie die Cathormioceren zeigen, gelingt bei denselben die Sicherstellung der Gattung nur, wenn sie vollkommen

erhalten sind und erfordert, da bei der derzeit üblichen Präparierung
die Schuppen auf dem Abdomen gewöhnlich abgerieben werden, oft
eine auf längerem und zeitraubendem Studium basierende Übung,
welche die Heranziehung der subsidiären Trennungsmerkmale bei
den einzelnen in Betracht kommenden Arten ermöglicht. Diese
Schwierigkeiten bei der Bestimmung wollte ich durch die Ausscheidung der besprochenen Arten aus der Gattung *Trachyphloeus*
und Vereinigung derselben unter einem neuen Gattungsnamen mit
jenen Cathormiocereen, bei denen die Oberseite des Körpers wie bei
den Trachyphloeen mit ablösbaren Schuppen bedeckt ist und deren
Fühler in beiden Geschlechtern gleichmäßig gebildet sind, beheben.
Die Arten der neuen Gattung sollten von jenen der Gattung *Trachyphloeus* durch die von der Schultergegend an nach hinten verschmälerten
Flügeldecken auseinandergehalten werden und von den in der Gattung
Cathormiocerus gebliebenen, auf der Oberseite ähnlich beschuppten,
jedoch beim ♂ und ♀ verschieden gebildete Fühler aufweisenden
Arten durch die in beiden Geschlechtern gleichmäßig gebildeten
Fühler abweichen. Diese Absicht mußte ich fallen lassen, da ich
einerseits das zur Bearbeitung der Gattung *Cathormiocerus* erforderliche Material nicht auftreiben konnte, andererseits mir die Männchen
vieler Trachyphloeen unbekannt geblieben sind und es mir daher
nicht möglich war, die Form der Fühler bei denselben festzustellen.
Unsere Unkenntnis der Männchen hängt nicht mit der Seltenheit
der Art zusammen, sondern dürfte auf die Lebensweise derselben
zurückzuführen sein. Die in der Brünner Umgebung häufigen Arten
alternans und *bifoveolatus* habe ich nämlich sowohl im ersten Früh-
jahr als auch im Spätherbst massenhaft gesammelt und dennoch
keine Männchen erbeutet. Dies läßt sich nun derart aufklären, daß
die Männchen, wie bei gewissen Scolytiden, ihre Brutstätten in den
Wurzeln der Pflanzen nicht verlassen und daß nur die befruchteten
Weibchen gelegentlich des Aufsuchens neuer Nährpflanzen gesammelt
werden. Allerdings werden bei anderen Arten, welche ähnlich leben,
die Männchen und die Weibchen in beiläufig gleicher Anzahl gesammelt.
Dies dürfte auf den Umstand zurückzuführen sein, daß die Wurzeln
der in Betracht kommenden Nährpflanzen zur Zeit der Entwicklung
der Käfer infolge Absterbens derart deformiert sind, daß die Berührung
der Käfer untereinander in den Larvengängen unmöglich ist und außerhalb derselben stattfinden muß. Auch ist es nicht ausgeschlossen, daß
die Verpuppung einiger Arten nicht in der Wurzel der Nährpflanze,
sondern in der Erde erfolgt.

Das Studium der Cathormiocereen hat eine überraschende Variabilität bei einigen mir in entsprechender Anzahl vorliegenden Arten ergeben. Die Art *lapidicola* variiert zum Beispiel in jeder Beziehung derart, daß sich die mir zahlreich vorliegenden Stücke nach dem Habitus in drei anscheinend gute Arten darstellende Gruppen zerteilen ließen. Die Sculptur ist bald grobkörnig, mit großen, auf dem Halsschilde zerstreuten, auf den Flügeldecken in Reihen geordneten Punkten, die Streifen der Flügeldecken sind tief, breit und grob punktiert, bald sind die Körner derart abgeflacht, daß die Oberfläche — abgesehen von den feinen, die Abgrenzung der Körner darstellenden Runzeln — glatt erscheint, die Punkte auf dem Halsschilde und auf den Flügeldecken fehlen vollkommen und die Streifen sind fein, sehr schmal und seicht. Die Rundung der Halsschildseiten ist derart veränderlich, daß der Halsschild in extremsten Fällen queroval und herzförmig erscheint. Die Flügeldecken sind von der Schultergegend nach hinten mehr weniger verengt und weisen im extremsten Falle einen lang-eiförmigen Umriß auf. Ähnlich, wenn auch nicht in so großem Maße, variieren alle auf der Oberseite mit verwachsenen Schuppen bedeckten Cathormiocereen, während die mit ablösbaren Schuppen bedeckten, sowie die Trachyphloeen ziemlich constante Formen aufweisen. Von der letzteren Gattung macht die Art *laticollis* eine Ausnahme und wurde dieselbe ihrer auffallenden Veränderlichkeit wegen unter sieben Namen beschrieben. Hoffentlich wird es mir gelingen, die zur Feststellung der Veränderlichkeit erforderliche Anzahl von Exemplaren der auf der Oberseite glatten *Cathormiocerus*-Arten aufzutreiben, um auch diese äußerst revisionsbedürftige Gattung bearbeiten zukönnen.

Zufolge der mir vorliegenden Typen ist *Trachyph. elegantulus* Apfelb. = *Olivieri* Bedel, *gibbifrons* Apfelb. = *turcicus* Seidl., *picturatus* Fuente = *brevirostris* Bris., *impressicollis* Stierl. = *Godarti* Seidl., *Stierlini* Stierl. = *spinimanus* Germ. und *Beauprei* Pic = *coloratus* Allard. *Trachyph. aurocruciatus* Desbr. und *proletarius* Vitale sind nach den mir vom Original-Fundorte zahlreich vorliegenden, mit der Original-Beschreibung vollkommen übereinstimmenden Stücken mit der Art *laticollis* identisch. Die Art *maroccanus* Stierl. ist nach der Type kein *Trachyphloeus* sondern eine *Caenopsis*.

Unbekannt blieben mir die Arten *orbitalis* Seidl., *syriacus* Seidl., *Desbrochersi* Stierl. und *muricatus* Stierl. Dieselben werden am Schlusse der Abhandlung sub Nummer 55 und 58 besprochen. Die von Rey in L'Echange X, 139, 1894 beschriebenen Arten *sulculus*, *strictirostris* und *distans* sind aus den zweizeiligen Beschreibungen nicht zu erkennen und können aus diesem Grunde nicht berücksichtigt werden.

Die Herren Kustos V. Apfelbeck in Sarajevo, Dr. J. Daniel in Ingolstadt, Dr. Karl Daniel in München, F. Deubel in Kronstadt, Dr. K. Flach in Aschaffenburg, Jos. M. de la Fuente in Puzuelo, Director L. Ganglbauer in Wien, Prof. Dr. L. v. Heyden in Bockenheim, Prof. Dr. K. M. Heller in Dresden, Otto Leonhard in Blasewitz, Hauptmann L. Natterer in Krakau, Dr. K. Petri in Schäßburg, M. Pic in Digoin, E. Ragusa in Palermo, kais. Rat Edm. Reitter in Pascau, Prof. Ad. Schuster in Wien, Dr. Georg Seidlitz in Ebenhausen, dann Fernando und Angelo Solari in Genova, welche meine Studien durch Mitteilung von Material, Typen und Literatur unterstützten, mögen hiefür meinen wärmsten Dank entgegennehmen.

Übersicht der Gattungen.

1. Basis der Flügeldecken erhaben gerandet, die Außenecken des erhabenen Deckenrandes als kleine Spitzen seitlich vorragend, Vorderhüften in der Mitte des Prosternalraumes eingefügt, Augen rund, vom Ober- und Unterrande des Kopfes gleichweit entfernt, Vorderrand des Halsschildes sehr schief abgestutzt.

1. *Trachyphilus* Faust.

— Basis der Flügeldecken nicht erhaben gerandet, Vorderhüften am Vorderrande des Prosternums eingefügt, die runden Augen biswelen dem Unterrande des Kopfes genähert, Vorderrand des Halsschildes gerade oder wenig schief abgestutzt, bisweilen ausgebuchtet . . . . 2.

2. Vorderrand des Halsschildes oben und unten in starkem Bogen ausgebuchtet, Vorderecken vorspringend, Rüssel gegen die Spitze stark verbreitert, der flache Rücken sehr breit, bei der Besichtigung von oben die Seiten vollkommen verdeckend.

2. *Trachyphloeoides* n. g.

— Vorderrand des Halsschildes gerade oder schief abgestutzt, Vorderecken nicht vorspringend, Rüssel nicht oder nur auf der Unterseite gegen die Spitze verbreitert, der Rücken nach vorne verschmälert, bisweilen parallelseitig oder in der Mitte erweitert, die Seiten nicht verdeckend . . . . 3.

3. Abdomen mit isolierten, matten, abreibbaren Schuppen bedeckt, Fühler bei beiden Geschlechtern gleichmäßig gebildet, Halsschild bisweilen mit Eindrücken, Fühler bei beiden Geschlechtern gleichmäßig gebildet, Schienen oft mit Schuppen bedeckt, Vorderschienen oft mit Zähnen und Dornen besetzt . 3. *Trachyphloeus* Germ.

—Abdomen mit glänzenden, körnerähnlichen, verwachsenen, nicht ablösbaren Schuppen bedeckt, Fühler beim ♂ und ♀ gewöhnlich verschieden gebildet, Halsschild ohne Eindrücke, Flügeldecken im ersten Dritteile am breitesten, nach hinten verengt, Vorderschienen nur in der inneren Ecke mit einem Dorn.

4. *Cathormiocerus* Schönh.

1. Gattung **Trachyphilus** Faust.

Deutsch. Entom. Zt. 1887, 164.

1. Trachyphilus saluber Faust, l. c. 164. — Schwarz, bis rostbraun, der Körper mit kleinen, runden, isolierten, schmutzigweißen Schuppen bedeckt und mit gleichfarbigen, auf dem Kopfe und Halsschilde kurzen, nach vorn geneigten, dicht gestellten, auf den Flügeldecken langen, zur Spitze verdickten, nach hinten geneigten, in mäßig dichten, einfachen Reihen geordneten Borsten besetzt. Der Rüssel nur wenig kürzer, aber schmäler als der Kopf, etwa so lang wie breit, gegen die Spitze ziemlich stark verbreitert, der Rücken nach vorn sehr deutlich verschmälert, der Länge nach flach eingedrückt. im Profil besichtigt stark gekrümmt, von der der Quere nach stark gewölbten Stirn durch eine flache Querdepression abgesetzt. Die Fühlergruben tief, nach hinten kaum erweitert, stark gekrümmt, von oben zum großen Teile sichtbar, die Unterkante dicht unter den Augenrand, die Oberkante gegen die Augenmitte gerichtet, aber vor dem Auge abgekürzt. Die Augen ziemlich klein und flach, nach vorn deutlich konvergierend. Die Fühler kräftig, beschuppt und abstehend behaart, der Schaft mäßig gekrümmt, zur Spitze allmählich stark verdickt, an der Spitze viel dicker als die Geißel, die vorderen zwei Geißelglieder gestreckt, das erste stärker verdickte länger als das zweite, die äußeren fünf gleich breit, mäßig quer, die Keule kräftig spitz-eiförmig. Der Halsschild so lang oder fast so lang wie breit, grobrunzelig punktiert, im ersten Dritteile am breitesten, nach vorn mäßig, nach hinten unbedeutend verengt, der gegen die Stirn stark vorgezogene Vorderrand sehr schief abgestutzt, der Hinterrand stark verrundet. Die Flügeldecken eiförmig, etwa um ein Drittel länger

als breit, an der im starren Bogen ausgerandeten Basis erhaben
gerandet, die Außenecken des erhabenen Randes als kleine Spitzen
seitlich vorragend, in tiefen Streifen weit aufeinanderfolgend punktiert,
die Streifen 9 und 10 nicht genähert, die Zwischenräume gewölbt,
das zweite Abdominalsternit vorn ausgerandet, so lang wie das
dritte und vierte zusammengenommen. Die Beine plump und kräftig,
beschuppt und abstehend beborstet, die Vorderschienen an der Spitze
schief abgestutzt, mit einem Dorne in der inneren Ecke, das dritte
Glied der Tarsen bedeutend breiter als das zweite, tief gespalten,
zweilappig, die Klauen getrennt. Long. 3·3—3·6 mm. — Pochrofka,
Wladiwostok.

Durch die gefällige Vermittlung des Herrn Kustos Dr. Karl M.
Heller lagen mir typische Exemplare aus dem königl. zoolog. Museum
in Dresden vor.

2. Gattung **Trachyphloeoides** n. g.

1. **Trachyphloeoides sordidus** Faust. Horae societatis
entomologicae rossicae 24, 430. — Schwarzbraun, der Körper mit
kleinen runden, nicht vollkommen anschließenden, aschgrauen Schuppen
bedeckt und mit gleichfarbigen, stark nach hinten geneigten, auf
dem Kopfe und Halsschilde ziemlich kurzen, auf den Flügeldecken
wie bei *Trach. scabriculus* langen, in einfachen Reihen ziemlich
dicht geordneten Borsten besetzt. Der Rüssel ziemlich stark quer,
gegen die Spitze stark verbreitert, der Rücken flach, sehr breit, bei
der Besichtigung von oben die Seiten vollkommen verdeckend, mit
der breiten, flachen Stirn in derselben Ebene liegend, ohne Eindrücke. Die Fühlergruben tief, höhlenförmig, nach hinten stark
erweitert, die großen, flachen Augen berührend. Die Fühler[1] ziemlich zart, der Schaft gegen die Spitze mäßig verdickt, schwach
gebogen, die ersten zwei Glieder der Geißel gestreckt, in der Länge
kaum differierend, das dritte mäßig quer. Der Halsschild mehr als
zweimal so breit wie lang, im ersten Dritteile am breitesten, von
da an beiderseits gleichmäßig, ziemlich stark, geradlinig verengt,
infolgedessen seitlich winklig erweitert erscheinend, die Vorderseite
oben und unten in starkem Bogen ausgebuchtet, die Vorderecken
von oben besichtigt vorspringend, der Hinterrand mäßig verrundet,
die Hinterecken stumpfwinklig, der Länge nach schwach, der Breite

[1] Die mir durch die Güte des Herrn Prof. Dr. Karl M. Heller vorliegende
Type hat nur den Schaft und drei Geißelglieder des linken Fühlers.

nach stark gewölbt. Die Flügeldecken bedeutend breiter als der Halsschild, wenig länger als breit, von quadratischem Umriß, an der Basis mäßig ausgerandet, die stumpfwinkligen Schultern beulenförmig angeschwollen, von den letzteren nach hinten parallelseitig verlaufend, im letzten Dritteile breit verrundet, auf der vorderen Hälfte mit Spuren von Punktstreifen, die abwechselnden Zwischenräume deutlich erhoben, das zweite Abdominalsternit vorne gerade abgestutzt. Die Beine plump, beschuppt und abstehend beborstet, die Vorderschienen an der Spitze mit einem Kranze feiner Borsten, das dritte Tarsenglied bedeutend breiter als das zweite, tief gespalten, zweilappig, die Klauen an der Basis verwachsen.

Long. 2·8 mm. — Gan-ssu.

3. Gattung **Trachyphloeus** Germar.

Insectorum species novae 403, Schönherr Disp. meth. 189, Duval Genera Col. Cure. 32, Lacordaire Genera des Coléoptères 192, Seidlitz Die Otiorh. s. str. 91; *Mitomernus* Duval l. c. 33; *Lacordairius* Briseut Annales de la Soc. Entom. de France 1866, 413.

1. Seiten des Kopfes zwischen den niedrig stehenden Augen und der seitlich übergewölbten Stirn mit einer Vertiefung zur Aufnahme des Fühlerschaftes . . . . I. Gruppe.
— Seiten des Kopfes ohne Vertiefung, die Augen in der Mitte derselben stehend, Stirn seitlich nicht übergewölbt . . . . 2.
2. Vorderschienen an der Spitz in mit Dornen besetzte Zähnchen erweitert . . . . II. Gruppe.
— Vorderschienen an der Spitze ohne Zähnchen, nur mit Dornen oder Borsten besetzt . . . . 3.
3. Klauen an der Basis verwachsen . . . . . . III. Gruppe.
— Klauen frei . . . . IV. Gruppe.

L Gruppe.

1. Fühlergeißel fünfgliedrig 2
— Fühlergeißel sechsgliedrig 5
· – Fühlergeißel siebengliedrig 6
2. Flügeldecken nur auf den abwechselnden, leistenförmig erhabenen Zwischenräumen in einfachen Reihen beborstet, Halsschild etwa zweimal so breit wie lang, seitlich winklig erweitert, vorne breit eingeschnürt, vor der Basis mit drei flachen, breiten Eindrücken, Vorderschienen mit fünf Dornen auf drei Zähnen, das dritte Tarsenglied zweimal so breit wie das zweite, Klauen getrennt.

1. *Pici* n. sp.

Flügeldecken auf allen gleichmäßig abgeflachten Zwischenräumen
beborstet, Halsschild ohne Eindrücke 3

3. Halsschild etwa anderthalbmal so breit wie lang, seitlich winklig
erweitert, gegen die Basis wenig schwächer als nach vorne verengt,
Vorderschienen an der Spitze in drei Zähne erweitert, von denen
die seitlichen je einen, der mittlere zwei kurze, dicke Dornen
trägt, das dritte Tarsenglied bedeutend breiter als das zweite,
stark zweilappig, Klauen am Grunde verwachsen, Körper mit
sternförmigen Schuppen dicht bedeckt und mit feinen, anliegenden,
mäßig dicht gestellten Borsten besetzt . . 2. *Reichei* Seidl.

Halsschild mehr als zweimal so breit wie lang, seitlich nicht
winklig erweitert, nach vorne sehr stark, nach hinten schwach
verengt, Spitze der Vorderschienen zwischen dem mittleren und
inneren Zahne noch mit einem weiteren fünften Dorne, das
dritte Tarsenglied so breit wie das zweite, nicht oder nur schwach
zweilappig, Klauen getrennt 4

4. Flügeldecken auffallend gestreckter, etwa um ein Drittel länger
als breit, Körper mit kleinen, sternförmigen, isolierten Schuppen
bedeckt und mit kurzen, dünnen, auffällig dichter gruppierten
Bürstchen besetzt, das dritte Tarsenglied nicht lappenförmig
                                        3. *muralis* Bedel.

— Flügeldecken sehr kurz und breit, von oben besichtigt fast
quadratisch, Körper mit sternförmigen Schuppen dicht bedeckt
und mit ziemlich langen, dicken, weit von einander stehenden
Borsten besetzt, das dritte Tarsenglied schwach zweilappig
                                        4. *Seidlitzi* Brisout.

5. Halsschild neben den Vorderwinkeln plötzlich erweitert, nach
hinten allmählich schwach verschmälert, Hinterrand sehr schwach
verrundet, Flügeldecken fast um ein Drittel länger als breit, mit
sternförmigen, isolierten Schuppen bedeckt und mit ziemlich
langen, weit voneinanderstehenden Borsten besetzt
                                        5. *pustulatus* Seidl.

— Halsschild auffallend schmäler und länger, seitlich nach vorn
und hinten ziemlich gleichmäßig verschmälert, Hinterrand stark
verrundet, fast winklig, Flügeldecken kürzer, etwa so lang wie
breit, mit sternförmigen, anschließenden Schuppen bedeckt und
wie bei der nachstehenden Art beborstet 6. *orbipennis* Desbr.

6. Rüssel über den Augen mit einer nach hinten winklig gebogenen
Querrinne, fast doppelt so breit wie lang, samt der Stirn tief
gerinnt, Vorderschienen an der Spitze abgerundet, mit sechs

curzen, dicen Dornen, das dritte Tarsenglied breit, zweilappig, Körper dicht beschuppt, die Schuppen rund, jene des Halsschildes in der Mitte vertieft, Oberseite mit dicen, mäßig langen, dicht zusammengestellten, auf den Zwischenräumen der Flügeldecen in einfachen Reihen geordneten Borsten besetzt

7. *cruciatus* Seidl.

— Rüssel ohne Querlinie, Vorderschienen an der Spitze gezähnt, die Zähne mit Dornen besetzt 7

7. Nur die abwechselnden Zwischenräume der Flügeldecken mit einer Reihe aufstehender Borsten besetzt 8

— Flügeldecen gleichmäßig auf allen Zwischenräumen beborstet 10

8. Die Geißelglieder bis auf das letzte quere Glied gestrect, Halsschild mehr als zweimal so breit wie lang, seitlich star gerundet, der Quere nach star gewölbt, ohne Höcer, Rüssel quer, gegen die Spitze verengt, Zwischenräume der Flügeldecen flach, Vorderschienen star gezähnt, mit fünf staren Dornen, der äußere Dorn um etwa ein Viertel der Schienenlänge höher stehend als der innere . . . . 8. *planophthalmus* Reitt.

— Die äußeren fünf Geißelglieder quer, Halsschild etwa anderthalbmal so breit wie lang, bis zur Mitte star eingeschnürt, mit zehn in zwei Querreihen geordneten Höcern besetzt, Rüssel länger als breit, parallelseitig, die abwechselnden Zwischenräume erhaben und star gehöckert, Vorderschienen schwach gezähnt, mit ier schwachen Dornen, der äußere Dorn um etwa ein Achtel der Schienenlänge höher stehend als der innere 9

9. Flügeldecen im Verhältnis zur Länge breit, auf den Höcern mit dünnen, mäßig langen, zur Spitze deutlich erdicten, weißen Borsten besetzt . . . . 9. *nodipennis* Chevrolat.

— Flügeldecen im Verhältnis zur Länge bedeutend schmäler, auf den Höcern mit dicen, mäßig langen, zur Spitze deutlich verdickten Borsten besetzt, von denen die der inneren Zwischenräume schwarz, jene der äußeren weiß gefärbt sind

10. *Solariorum* n. sp.

10. Flügeldecen mit flachen Höcern besetzt, Zwischenräume star gewölbt 11

— Flügeldecen nicht gehöckert, Zwischenräume flach oder nur die ungeraden rippenartig erhoben 12

11. Halsschild, im beschuppten Zustande besichtigt, etwa zweieinhalbmal so breit wie lang, im ersten Viertel am breitesten, nach vorn plötzlich star, nach hinten caum merlich verengt, hinter

dem Vorderrande beiderseits der Mitte mit je einem mehr weniger
tiefen Eindrucке, nach Beseitigung der Schuppen beiderseits des
breiten, flachen Mittelfeldes mit je zwei Eindrücкеn, von denen
der hintere seichter, vorn und hinten mit höckerigen ·Leisten,
der vordere tiefer und mit einfachen Höcкerchen begrenzt ist,
Hinterrand des Halsschildes und Basis der Flügeldecкen gerade
abgestutzt, Vorderschienen mit vier Dornen auf· drei Zähnen

11. Godarti Seidl.

— Halsschild, im beschuppten Zustande betrachtet, etwa zweimal
so breit wie lang, unmittelbar vor der Mitte am breitesten,
nach vorn und hinten ziemlich gleichmäßig verengt, beiderseits
des flachen Mittelfeldes mit je zwei Eindrücкеn, von denen der
vordere bedeutend tiefer ist und welche nach Beseitigung der
Schuppen weder von Leisten noch von Höcкerchen begrenzt sind,
Hinterrand gerundet, Basis der Flügeldecкen ausgerandet, Vorderschienen zwischen dem inneren und mittleren Zahne mit noch
einem weiteren fünften Dorne . . . . 12. <i>difformis</i> n. sp.

12. Die ungeraden Zwischenräume der Flügeldecкen rippenartig erhoben
und, wie die geraden, mit mäßig langen, dicкеn Borsten besetzt 13

— Zwischenräume der Flügeldecкen flach, mit Reihen gegen die
Spitze nicht oder nur unbedeutend verdicкter Borsten, Vorderschienen mit fünf Dornen bewaffnet 14

13. Rüssel der Länge nach breit eingedrücкt, Halsschild mehr als
zweimal so breit wie lang, hinter dem Vorderrande breit, bogenförmig eingedrücкt, in der basalen Hälfte mit einer breiten Mittelfurche, die ungeraden Zwischenräume der Flügeldecкen starк
und breit erhoben und, wie die geraden, mit ziemlich langen,
dicкеn, gegen die Spitze starк verbreiterten Borsten besetzt,
Vorderschienen mit vier Dornen, das dritte Tarsenglied schmal,
nicht gespalten . . . . 13. <i>Fairmairei</i> Reitt.

— Rüssel flach, nicht eingedrücкt, Halsschild etwa anderthalbmal
so breit wie lang, hinter dem Vorderrande beiderseits der Mitte
mit je einem Eindrucкe, die ungeraden Zwischenräume der Flügeldecкen zart und schmal erhoben und, wie die geraden, mit кurzen,
dicкеn Borsten besetzt, Vorderschienen mit fünf Dornen, das
dritte Tarsenglied breit, tief gespalten   14. <i>pollicatus</i> n. sp.

14. Der äußere und innere Dorn der Vorderschienen fast in derselben
Ebene liegend, Rücкеn des Rüssels von der Basis an zur Spitze
verengt, Halsschild hinter dem Vorderrande breit eingeschnürt,
Oberseite mit langen, ziemlich dicкеn, zur Spitze кaum verdicкten

Borsten besetzt, das dritte Glied der Tarsen bedeutend breiter
als das zweite, zweilappig, Käfer groß . 15. *distinguendus* n. sp.

—— Der äußere Dorn der Vorderschienen um etwa ein Viertel der
Schienenlänge höher liegend als der innere, Borsten bedeutend
kürzer, das dritte Tarsenglied schmal, nicht zweilappig, Käfer
kleiner 15

15. Flügeldecken an der Basis stark ausgerandet, mit verrundeten
Schultern, auf dem Rücken, im Profil betrachtet, flach, die Zwischenräume mit einfachen Reihen feiner, mäßig langer, zur Spitze
wenig verdickter, stark geneigter Börstchen, Halsschild mit einer
nach vorn abgekürzten Mittelfurche, hinter dem gegen die Stirn
stark vorgezogenen Vorderrande breit eingedrückt, der Eindruck
beiderseits grübchenförmig vertieft, hinter der Vertiefung auf
der basalen Hälfte beiderseits der Mitte je ein weiteres Grübchen
16. *cinereus* A. et F. Solari.

— Flügeldecken an der Basis gerade abgestutzt, mit deutlichen,
stumpfwinkligen Schultern, auf dem Rücken, im Profil besichtigt,
gewölbt, die Zwischenräume mit einfachen Reihen merklich kürzerer,
bedeutend dickerer, zur Spitze deutlicher verdickter Bürstchen,
Halsschild bisweilen mit der Andeutung einer Mittelfurche auf der
basalen Hälfte, hinter dem gegen die Stirn kaum merklich vorgezogenen Vorderrande einfach eingeschnürt, ohne Grübchen
17. *proximus* A. et F. Solari.

II. Gruppe.

1. Klauen an der Basis verwachsen, Rücken des Rüssels schmal,
parallelseitig, Fühlergruben zum großen Teile der ganzen Länge
nach von oben sichtbar, Augen gewölbt, deutlich vorragend, Halsschild etwa zweimal so breit wie lang, in der Mitte am breitesten,
nach vorn stark, nach hinten schwach verengt, hinter dem
Vorderrande halbkreisförmig eingeschnürt, Flügeldecken fast zweimal so breit wie der Halsschild, bei der Ansicht von oben verrundet, viereckig, mit einfachen Reihen dünner, mäßig langer
Borsten . . . . 18. *bonensis* n. sp.

— Klauen getrennt, Rücken des Rüssels breit, nach vorn verschmälert
oder in der Mitte verbreitert, Fühlergruben nicht oder nur als
schmale Streifen von oben sichtbar 2

2. Nur die abwechselnden Zwischenräume der Flügeldecken mit
einer undichten Borstenreihe besetzt 3

— Alle Zwischenräume der Flügeldecken gleichmäßig beborstet 4

3. Das dritte Tarsenglied bedeutend breiter als das zweite. Zähne und Dornen der Vorderschienen klein, die ersten zwei Glieder der Fühlergeißel in der Länge wenig differierend, Flügeldecken merklich kürzer und schmäler, seitlich deutlich ausgebaucht 19. *alternans* Gyll.

— Das dritte Tarsenglied kaum breiter als das zweite, nicht zweilappig, Zähne und Dornen der Vorderschienen groß, das erste Glied der Fühlergeißel fast zweimal so lang wie das zweite, Flügeldecken deutlich länger und breiter, parallelseitig 20. *brevicornis* A. et F. Solari.

4. Rücken des Rüssels parallelseitig oder in der Mitte erweitert, der Länge nach flach eingedrückt, Halsschild etwa zweimal so breit wie lang, hinter dem Vorderrande breit, vor dem Hinterrande schmal und tief eingeschnürt, mit einer breiten, ziemlich tiefen Mittelfurche, die Oberseite mit langen, dicken, auf den Flügeldecken in dichten, einfachen Reihen geordneten Borsten, Zähne, respektive Dornen, beim ♂ schwach, beim ♀ stark entwickelt, der äußere Zahn fast in demselben Niveau mit dem inneren liegend . . . . 21. *scabriculus* L.

— Rücken des Rüssels gegen die Spitze von der Basis an verengt, Halsschild vor dem Hinterrande nicht eingeschnürt . . . 5

5. Vorderschienen an der Spitze mit nur kleinen Zähnchen oder nur mit Dornen besetzt 6

— Der mittlere Zahn der Vorderschienen sehr groß, mit zwei Dornen besetzt 7

6. Flügeldecken mit sehr langen, spatenförmig verbreiterten Borsten, Rücken des Rüssels breit, gegen die Spitze schwach verschmälert, Fühler kräftig, die äußeren Geißelglieder stark quer, Halsschild mehr als zweimal so breit wie lang, im ersten Dritteile am breitesten, beiderseits geradlinig, nach vorn stark, nach hinten unbedeutend verengt, der äußere Dorn der Vorderschienen höher stehend als der innere . . . . . . 22. *parallelus* Seidl.

— Flügeldecken mit kurzen, nicht verbreiterten Borsten, Rücken des Rüssels schmal, gegen die Spitze stark verschmälert, Fühler zart, die äußeren Glieder schwach quer, Halsschild etwa anderthalbmal so breit wie lang, mit gerundeten Seiten, der äußere und innere Dorn der Vorderschienen in derselben Ebene stehend 23. *laticollis* Bohem.

7. Rüssel fast länger als an der Basis breit, am Rücken nach vorn stark verschmälert, die Fühlergruben zum Teile der ganzen Länge

nach von oben sichtbar, Halsschild am Vorderrande gegen die Stirn sehr deutlich vorgezogen, im vorderen Dritteile deutlich eingeschnürt, Flügeldecken etwa um ein Viertel länger als breit, in der Schultergegend am breitesten, von da nach hinten schwach aber deutlich verschmälert, unter den Schultern höckerig angeschwollen, etwa so lang und dicht wie bei *laticollis* beborstet

24. *Truquii* Seidl.

— Rüssel stark quer, am Rücken unbedeutend verschmälert, Fühlergruben von oben nicht sichtbar, Flügeldecken parallelseitig oder nach hinten schwach verbreitert, unter den Schultern nicht angeschwollen, kürzer und minder dicht beborstet 8

8. Halsschild im ersten Dritteile am breitesten, beiderseits geradlinig, nach vorn stark, nach hinten unbedeutend verengt, Flügeldecken etwa um ein Viertel länger als breit, im letzten Dritteile allmählich verengt, mit Reihen kurzer, nach hinten geneigter Borsten . . . . 25. *spinimanus* Germ.

— Halsschild gegen die Basis ebenso stark wie zur Spitze verengt, Flügeldecken kaum länger als breit, hinten sehr stumpf abgerundet, bei der Ansicht von oben fast quadratisch, mit kleinen, breiten, halb aufgerichteten, schuppenförmigen Bürstchen

26. *digitalis* Gyll.

III. Gruppe.

1. Augen gewölbt vorragend 2
— Augen flach 4
2. Fühlergruben nach hinten stark abgekürzt, von oben zum größten Teile sichtbar, Augen groß, deutlich conisch, ihre größte Wölbung hinter der Mitte liegend, Rüssel parallelseitig, Halsschild mehr als zweimal so breit wie lang, seitlich sehr schwach gerundet, vorn und hinten gerade abgestutzt, mit flachen runzeligen Eindrücken, Flügeldecken ohne Andeutung von Schultern, verkehrt eiförmig, Zwischenräume mit unregelmäßigen Doppelreihen kurzer, schuppenförmiger, anliegender Bürstchen . . . 29. *globipennis* Reitt.

— Fühlergruben die Augen berührend, Augen klein, halbkugelförmig, stark vorragend, Halsschild etwa anderthalbmal so breit wie lang, mit stark gerundeten Seiten, hinter dem gegen die flache Stirn stark vorgezogenen Vorderrande eingeschnürt, Zwischenräume der Flügeldecken mit einfachen Reihen dünner, nach hinten geneigter Borsten 3

3. Flügeldecken an der Basis gerade abgestutzt, mit stumpfwinkligen Schultern, parallelseitig, hinten kurz und breit verrundet,

von oben besichtigt länglich viereckig, der untere Teil des Rüssels
nach vorne verbreitert, der obere stark verschmälert, die Geißelglieder 3, 4 und 5 deutlich quer, Körper mit weißgrauen und
eingemischten, fleckenartig zusammenfließenden, dunkelgrauen
Schuppen bedeckt . . . . 27. *biskrensis* Pic.

— Flügeldecken an der Basis ausgerandet, mit verrundeten Schultern
und deutlich ausgebauchten Seiten, im letzten Dritteile allmählich
verrundet, bei der Ansicht von oben eiförmig, der Rüssel parallelseitig, am Rücken schwach verschmälert, die Geißelglieder 3, 4
und 5 so lang wie breit. Körper mit aschgrauen Schuppen bedeckt
                                                                    28. *ovipennis* n. sp.

4. Rüssel breiter als lang 5
   Rüssel so lang wie breit, oder länger als breit 7

5. Körper mit kurzen, stark geneigten, auf den seitlich ausgebauchten
   Flügeldecken in unregelmäßigen Doppelreihen geordneten Borsten,
   Stirn der ganzen Breite nach stark, grubenförmig vertieft, Hals-
   schild doppelt so breit wie lang, stark faltig gerunzelt, die von
   oben zum Teile sichtbaren Fühlergruben bis an die Augen reichend,
   Schuppen dunkel . . . . 30. *rugicollis* Seidl.

— Körper mit langen aufstehenden, auf den parallelseitigen Flügeldecken in unregelmäßigen Doppelreihen geordneten Borsten, Stirn
   mit einem Längsgrübchen 6

6. Fühlergruben bis an die Augen reichend, von oben zum großen
   Teile sichtbar, Rücken des Rüssels viel schmäler als die stark
   angeschwollene Unterseite, parallelseitig, die flache Stirn mit
   einem kurzen Mittelgrübchen, Fühlergeißel plump, die äußeren
   Glieder stark quer . . . . 31. *elephas* Reitt.

— Fühlergruben vor den Augen abgekürzt, von oben nicht sichtbar, Rücken des Rüssels wenig schmäler als die schwach angeschwollene Unterseite, die Ränder bis zum letzten Viertel parallelseitig, weiter zur Spitze konvergierend, wulstig erhoben, die auf
   der Innenseite von einer flachen Vertiefung begrenzten Wülste
   bis über die Augen reichend, Stirn flach, der ganzen Länge
   nach schmal vertieft, Fühlergeißel zart, die äußeren Glieder so
   lang wie breit . . . . 32. *gracilicornis* Seidl.

7. Flügeldecken halbkugelförmig, tief gestreift, mit dachförmig
   erhabenen Zwischenräumen und Doppelreihen kurzer, dünner
   Börstchen, Rüssel so lang wie breit, der Rücken desselben in
   der Mitte erweitert, Fühlerfurchen von oben nicht sichtbar, der

Kopf nach vorn stark verengt, die flachen Augen nach vorn
konvergierend, Halsschild mehr als doppelt so breit wie lang,
faltig gerunzelt . . . . 33. *ventricosus* Germ.
— Flügeldecken eiförmig oder elliptisch, Rüssel länger als breit 8

8. Fühlergruben von oben nicht sichtbar, Rüssel oben breit, im
Profil besichtigt flach, mit der Stirn in einer Ebene liegend,
unten nicht oder nur schwach angeschwollen, die Augen in der
Mitte der Seiten des Kopfes gelegen 9
— Fühlergruben von oben sichtbar, Rüssel oben schmal, im Profil
besichtigt stark gekrümmt, von der Stirn durch eine Querdepression abgesetzt, unten stark angeschwollen, Augen die Ober-
und Unterkanten des Kopfes berührend 12

9. Klauenglied der Tarsen dick und kurz, Zwischenräume der
Flügeldecken gewölbt, die ungeraden mit einer unregelmäßigen
Doppelreihe kurzer, stark geneigter Borsten, Kopf nach vorn
stark verengt, die flachen Augen nach vorn konvergierend

34. *bosnicus* Apfelb.

— Klauenglied der Tarsen schlank, fast so lang wie die übrigen
drei Glieder zusammengenommen, Zwischenräume der Flügeldecken flach, auch die geraden mit einer einfachen Reihe längerer
Borsten 10

10. Vorderschienen an der Spitze mit fünf kleinen Dornen, Kopf
nach vorn verengt, die kleinen flachen Augen nach vorn konvergierend, Rüssel wenig länger als breit, ohne eingegrabene
Linie, von der flach ausgehöhlten Stirn durch eine Querdepression abgesetzt, Halsschild ohne Eindrücke, Flügeldecken
wenig länger als breit, seitlich kaum oder nur undeutlich ausgebaucht, bei der Ansicht von oben fast quadratisch, die flachen
Zwischenräume der Flügeldecken mit einfachen Reihen kurzer,
keulenförmiger Borsten . . . . 35. *Championi* n. sp.
— Vorderschienen an der Spitze mit einem Kranze kurzer Borsten,
Kopf normal, nach vorn nicht verengt, Rüssel anderthalbmal
so lang wie breit, mit eingegrabenen Linien, von der flachen
Stirn nicht abgesetzt, Halsschild mit einer breiten, tiefen Längs-
furche und mehreren Eindrücken, Flügeldecken eiförmig, um ein
Drittel länger als breit 11

11. Körper mit länglich viereckigen Schuppen bedeckt, Rüssel mit
einem ypsilonförmigen, auf der Stirn beginnenden Eindrucke,
Oberseite mit langen, gegen die Spitze stark verbreiterten Borsten

36. *ypsilon* Seidl.

— Körper mit haarförmigen Schuppen bedeckt, Rüssel der ganzen
Breite nach seicht eingedrückt, mit einer mehr weniger scharf
eingegrabenen, auf der Stirn beginnenden, oft mit Schuppen
verdeckten Rinne, Stirn oberhalb der Augen mehr weniger
deutlich angeschwollen, Oberseite mit auffallend kürzeren, gegen
die Spitze nicht oder nur unbedeutend verbreiterten Borsten
37. turcicus Seidl.

12. Oberseite des Körpers nicht granuliert, mit schuppenförmigen,
zweifarbigen Borsten besetzt, von denen die weißen auf den
ungeraden, die schwarzen auf den geraden Zwischenräumen
der Flügeldecken in einfachen Reihen und weiter Aufeinanderfolge geordnet sind, die Augen flach, nach vorn stark konvergierend, das zweite Abdominalsternit vorn gerade abgestutzt
38. Frivaldszkyi Kuthy.

— Oberseite des Körpers granuliert. mit feinen, einfarbigen, weißen,
auf den Zwischenräumen der Flügeldecken in einfachen Reihen
und dichter Aufeinanderfolge geordneten Börstchen, das zweite
Abdominalsternit vorne winkelig gebogen 13

13. Augen nach vorn stark konvergierend, Rüssel länger, Flügeldecken
eiförmig, in der Mitte am breitesten, Körper größer, mit dichter
gestellten Schuppen bedeckt . 39. <i>apuanus</i> A. et F. Solari.

— Augen nach vorne nicht konvergierend, Flügeldecken länglich
viereckig, mit parallelen Seiten, im letzten Viertel breit zugerundet,
Körper kleiner, mit mehr isolierten Schuppen bedeckt
40. granulatus Seidl.

IV. Gruppe.

1. Kopf vor den Augen eingeschnürt, Augen groß, flach, nach vorn
konvergierend, Rüssel länger als breit, stark gekrümmt, vom
Kopfe durch eine Querdepression abgesetzt, Vorderschienen an
der Spitze mit starken Dornen 2

— Kopf normal, vor den Augen nicht eingeschnürt, Augen nach
vorn nicht konvergierend, Rüssel nicht, oder nur schwach gekrümmt,
mit der Stirne in einer Ebene liegend 6

2. Borsten des Körpers lang, aufgerichtet 3

— Borsten des Körpers kurz 4

3. Flügeldecken schmal, langgestreckt, fast zweimal so lang wie
breit, mäßig stark gestreift, Zwischenräume flach, mit Reihen
langer, gegen die Spitze unbedeutend verdickter Borsten, Halsschild etwa zweimal so lang wie breit . . 41. <i>setiger</i> Seidl.

— Flügeldecken breit und kurz, etwa um ein Viertel länger als breit, furchenartig gestreift, Zwischenräume gewölbt, mit Reihen langer, stark keulenförmig verdickter Borsten, Halsschild etwa dreimal so breit wie lang . . . . . 42. *algerinus* Seidl.

4. Rücken des Rüssels breit, nach vorn verschmälert, Flügeldecken um ein Drittel länger als breit, an der Basis gerade abgestutzt, deutlich gestreift, Zwischenräume flach, mit einfachen Reihen kurzer, dicker, stark geneigter Borsten 43. *bifoveolatus* Beck

— Rücken des Rüssels schmäler, parallelseitig, Flügeldecken kurz, höchstens um ein Viertel länger als breit, an der Basis ausgerandet, tief gestreift 5

5. Halsschild in der Mitte am breitesten, nach vorn stärker als nach hinten verengt, mit einer Mittelfurche und zwei tiefen Grübchen auf der basalen Hälfte, die Borsten des Körpers zart, sehr kurz, schwer wahrnehmbar . . . . 44. *coloratus* Allard.

— Halsschild glockenförmig, von der Basis nach vorn verengt, hinter dem Vorderrande breit eingeschnürt, ohne Eindrücke, Borsten des Körpers mäßig lang, kräftig

45. *amplithorax* n. sp.

6. Die oberen Ränder der Fühlergruben gerade, gegen die Augen gerichtet, die unteren winklig gebogen, der umgebogene Teil schief nach unten verlaufend, Halsschild glockenförmig, der Körper mit feinen, auf den eiförmigen Flügeldecken in einfachen Reihen und dichter Aufeinanderfolge geordneten Börstchen besetzt

46. *inermis* Bohem.

— Ränder der Fühlergruben parallelseitig verlaufend, gegen die Augen gerichtet, Flügeldecken in der Schultergegend am breitesten, von da nach hinten verschmälert, Börstchen des Körpers dick 7

7. Vorderschienen an der Spitze abgerundet, mit einem Kranze starker Dornen 8

— Vorderschienen an der Spitze schief, nach außen abgestutzt, nicht bedornt oder nur mit einem Dorne in der inneren Ecke . 10

8. Rüssel stark quer, Fühlergruben von oben als schmale, gleichbreite Streifen sichtbar, Schuppen auf dem Halsschilde tief eingestochen, auf den Flügeldecken mit dem Hinterrande übereinandergreifend, Oberseite mit dicken, mäßig langen Borsten besetzt

47. *variegatus* Küst.

— Rüssel so lang oder länger als breit, Fühlergruben von oben als in der vorderen Partie grubenförmig erweiterte Streifen sichtbar 9

9. Körper schmal, Rüssel so lang wie breit, Augen gewölbt, deutlich vorragend, Flügeldecken an der Basis gerade abgestutzt, mit verrundeten Schultern, Borsten merklich kürzer, mehr aufgerichtet
48. *brevirostris* Bris.

— — Körper breit, Rüssel bedeutend länger als breit, Augen flach, nicht vorragend, Flügeldecken an der Basis ausgerandet, mit stumpfwinkligen Schultern, Borsten merklich kürzer, stark geneigt
49. *globicollis* Stierl.

10. Augen stark gewölbt vorragend 11

— Augen normal, nicht oder nur flach gewölbt, nicht vorragend 12

11. Rücken des Rüssels nach vorn stark, geradlinig verengt, an der Spitze halb so breit wie die Stirn über dem Hinterrande der Augen, Fühlergruben gerade, vor den Augen abgekürzt, Augen klein, an die Unterkanten des Kopfes herabgedrückt, Halsschild mit einer flachen Längsfurche, Flügeldecken um ein Viertel länger als breit, parallelseitig, im letzten Viertel breit zugerundet. Borsten des Körpers kurz, aufgerichtet
50. *guadarramus* Seidl.

— Rücken des Rüssels parallelseitig, Fühlergruben gekrümmt, bis an die Augen reichend, Augen groß, die ganzen Seiten des Kopfes einnehmend, Halsschild ohne Längsfurche, Flügeldecken um die Hälfte länger als breit, von der Schultergegend an nach rückwärts verengt, Borsten des Körpers lang, geneigt
51. *Reitteri* Stierl.

12. Fühlergruben winklig gekrümmt, bis zur Einlenkungsstelle der Fühler hinaufsteigend, von da an schief gegen die Augen herablaufend, das zweite Abdominalsternit vorn winklig gebogen, länger als die zwei folgenden zusammengenommen, Halsschild höchstens anderthalbmal so breit wie lang, Borsten des Körpers ziemlich lang, sehr dicht gestellt   52. *myrmecophilus* Seidl.

— — Fühlergruben schwach bogenförmig, nicht winklig gekrümmt. das zweite Abdominalsternit vorne gerade abgestutzt . . . 13

13. Halsschild doppelt so breit wie lang, mit stark gerundeten Seiten und mehr weniger deutlicher Mittelfurche, Flügeldecken mit ziemlich langen, aufstehenden, stark keulenförmigen Borsten
53. *aristatus* Gyll.

— — Halsschild höchstens anderthalbmal so breit wie lang, mit schwach gerundeten Seiten, ohne Mittelfurche, Flügeldecken mit kurzen, dünneren Borsten . . . . 54. *Olivieri* Bedel.

1. **Trachyphloeus Pici** n. sp.

Unter den Arten mit fünfgliedriger Geißel der Fühler durch
die nur auf den abwechselnden, leistenförmig erhabenen Zwischenräumen beborsteten Flügeldecien und den etwa zweimal so breiten
wie langen, seitlich winklig erweiterten, vorn breit eingeschnürten,
vor der Basis mit drei flachen, breiten Eindrücien versehenen Halsschild sehr ausgezeichnet und leicht ienntlich. Einfärbig rotbraun,
die Fühler und Beine heller, der Körper mit sternförmigen, dicht
gestellten, jedoch isolierten, schmutzigweißen Schuppen bedecit und
mit gleichfarbigen, aufgerichteten, etwa wie bei *Tr. Seidlitzi* langen,
auf dem Kopfe und Halsschilde undicht zerstreuten, auf den abwechselnden Zwischenräumen in Reihen geordneten Borsten besetzt.
Der Rüssel etwa so lang wie an der Basis breit, unten, sowie am
Rücien nach vorn deutlich verschmälert, im Profil besichtigt samt
der flachen, seitlich stari übergewölbten Stirn mäßig gekrümmt,
ohne Eindrücie. Die Fühlergruben tief, deutlich gebogen, von den
ileinen, flachen, sehr tief stehenden Augen durch eine dünne Wand
getrennt. Die Fühler zart, fein beschuppt und abstehend behaart,
der Schaft in der basalen Hälfte dünn, in der apicalen stari verdicit, infolge der Verdicung gecrümmt, die vorderen zwei Geißelglieder gestrecit, in der Länge iaum differierend, das erste Glied
stari verdicit, das dritte etwa so lang wie breit, das vierte und
fünfte quer, die Keule spitz-eiförmig, etwa so lang wie die anstoßenden drei Glieder der Geißel zusammengenommen und so dici wie
die Spitze des Schaftes. Der Halsschild etwa zweimal so breit wie
lang, der Quere nach sehr stari, der Länge nach unbedeutend
gewölbt, seitlich winilig erweitert, hinter dem schief nach unten
abgestutzten Vorderrande stari eingeschnürt, der Hinterrand mäßig
verrundet, im basalen Teile mit drei flachen, breiten Eindrücien.
Die Flügeldecien etwa um ein Viertel länger als breit, von der
schwach ausgerandeten Basis zu den stumpfwiniligen Schultern
stari verbreitert, sodann parallelseitig verlaufend, im letzten Viertel
breit zugerundet, ähnlich wie der Halsschild gewölbt, die abwechselnden Zwischenräume leistenförmig erhoben, die dem Seitenrande
zunächst gelegene Leiste mehreremale unterbrochen. Die Beine plump,
die Vorderschienen an der Spitze in drei Zähne erweitert, von denen
der innere und der um etwa ein Sechstel der Schienenlänge höher
stehende äußere je einen, der mittlere zwei Dornen trägt, zwischen
dem mittleren und inneren Zahne steht noch ein ileinerer fünfter

Dorn, das dritte Glied der Tarsen zweimal so breit wie das anstoßende,
deutlich zweilappig, die Klauen getrennt. Long. 2·6 mm.

Berg Quarsenis, Algerien. Ein Exemplar in der Sammlung
des Herrn M. Pic.

2. **Trachyphloeus Reichei** Seidlitz.

Die Otiorh. s. str. 102, Stierlin Mitteil. Schweiz. Entom Gesell. VII, 136, 1884;
Reicheianus Marseul L'Abeille XI, 609, 1872; *Paratrachyploeus variegatus*
Desbrochers Le Frellon IV, 80.

Unter den Arten mit fünfgliedriger Geißel der Fühler durch
den im Verhältnis zur Breite langen Halsschild, die Bewaffnung
der Vorderschienen mit nur vier Dornen auf drei Zähnen, die bedeutende
Breite des stark zweilappigen dritten Tarsengliedes und durch die
an der Basis verwachsenen Klauen leicht kenntlich. Schwarz, die
Fühler und Beine rotbraun, die Tarsen schwarzbraun, der Körper
mit sternförmigen aschgrauen, bisweilen auch mit eingemischten
flecken- und bindenartig zusammengestellten schwarzen Schuppen
dicht bedeckt und mit feinen, nach rückwärts stark geneigten, auf
den Zwischenräumen der Flügeldecken in einfachen Reihen geordneten, mäßig dicht gestellten, schuppenförmigen Börstchen besetzt.
Der Rüssel etwa so lang wie an der Basis breit, nach vorn stark
verengt, im Profile betrachtet samt der Stirn schwach gekrümmt,
der Rücken wenig schmäler als die Unterseite, der Breite nach flach
eingedrückt, mit einer scharf eingegrabenen, auf die Stirn übergreifenden, öfters mit Schuppen zum Teile verdeckten Mittelrinne.
Die Fühlerfurchen ziemlich schmal, tief, scharf begrenzt, bis an die
Augen reichend, die Unterkante gerade, die Oberkante bogenförmig
verlaufend, von oben als schmale Linien beiderseits des Rückens
des Rüssels sichtbar. Die Seiten des Kopfes zwischen den Augen
und der seitlich übergewölbten Stirne mit einer Vertiefung zur Aufnahme des Fühlerschaftes. Die Augen klein, flach, rund, so niedrig
stehend, daß die Verlängerung der Unterkante der Fühlergruben
selbe nur am Oberrande berühren würde. Die Fühler zart, der
Schaft bis zum letzten Dritteile kaum merklich, weiter zur Spitze
ziemlich stark verdickt und infolge dieser Verdickung merklich
gekrümmt, das erste Geißelglied gegen die Spitze stark verdickt,
mehr als ein Viertel der Länge der Geißel inclusive der Keule
einnehmend, das zweite schmal, wenig länger als breit, die äußeren
drei quer, gegen die Keule an Breite zunehmend, die Keule
kräftig, eiförmig, kürzer als die anstoßenden drei Geißelglieder zu-

sammengenommen und breiter als die Spitze des Schaftes. Der Halsschild etwa anderthalbmal so breit wie lang, im ersten Dritteile
am breitesten, nach vorn bedeutend stärker als nach hinten verengt, oben der Quere nach stark gewölbt, mit je einem flachen,
mehr weniger deutlichen Längseindrucke beiderseits der Mitte, der
gegen die Stirn stark vorgezogene Vorderrand infolge der weit nach
hinten reichenden Einschnürung wulstig erscheinend, der Hinterrand
stark verrundet. Die Flügeldecken sehr kurz und breit, bei der
Besichtigung von oben fast quadratisch, an der Basis sehr deutlich
ausgerandet, hinten breit und sehr kurz verrundet, beim ♂ deutlich
schmäler als beim ♀, mit deutlichen, abgerundeten Schultern, fein
gestreift punktiert, die Zwischenräume flach. Die Beine ziemlich
zart, die Vorderschienen an der Spitze in drei Zähne erweitert, von
denen die äußeren je einen, der mittlere stärkste zwei kurze und
dicke Dornen trägt, der innere Zahn steht bedeutend niedriger als
der äußere, das dritte Tarsenglied bedeutend breiter als das zweite,
zweilappig, die Klauen am Grunde verwachsen. Long. 2—3 mm.
Tanger, Marocco.

3. **Trachyphloeus muralis** Bedel.

L'Abeille XXVIII, 103.

Sehr ausgezeichnet und leicht kenntlich durch die fünfgliedrige
Fühlergeißel, den stark queren Halsschild, die gestreckten, mit feinen,
sehr kurzen, aufgerichteten Börstchen gezierten Flügeldecken, die
Bewaffnung der Vorderschienen mit fünf Dornen, das schmale, nicht
zweilappige dritte Glied der Tarsen und die getrennten Klauen.
Schwarzbraun bis hellbraun, die Fühler und Beine rotbraun, der
Körper mit feinen, sternförmigen, isolierten Schuppen bedeckt und
mit feinen, sehr kurzen, aufgerichteten, mäßig dicht zusammengestellten, auf den Flügeldecken in einfachen Reihen geordneten
Börstchen besetzt. Der Kopf und die Fühler sind wie bei *Tr. Reichei*
beschaffen, die auf die Stirn übergreifende Rüsselrinne ist jedoch
nicht vorhanden und die Fühlergruben sind von oben nicht sichtbar.
Der Halsschild mehr als zweimal so breit wie lang, von der im
ersten Dritteile liegenden breitesten Stelle nach vorn sehr stark,
nach hinten nur unbedeutend verengt, oben der Quere nach stark
gewölbt, hinter dem gegen die Stirn unbedeutend vorgezogenen
Vorderrande flach und breit eingeschnürt, der Hinterrand unbedeutend verrundet. Die Flügeldecken etwa um die Hälfte länger als

breit, an der Basis schwach ausgerandet, mit stumpfwinkligen
Schultern und parallelen Seiten, im letzten Viertel kurz und breit
zugerundet, seicht gestreift, die Zwischenräume merklich gewölbt.
Die Beine und Vorderschienen wie bei *Tr. Reichei* gebildet, zwischen
dem inneren und mittleren Zahne der letzteren befindet sich noch
ein weiterer, fünfter Dorn, das dritte Tarsenglied schmal, nicht zweilappig, die Klauen getrennt. Long. 2·8—3 mm.
Spanien, Algerien, Marocco.

4. Trachyphloeus Seidlitzi Brisout.

Annales de la Société Entomologique de France 1866, 413, Seidlitz: Die Otiorh.
s. str. 100, Marseul L'Abeille XI, 607, 1872; Stierlin: Mitteil. Schweiz. Entom.
Gesell. VII, 135, 1884.

Durch die fünfgliedrige Fühlergeißel und die Art und Weise
der Bildung der Vorderschienen dem *Tr. muralis* sehr nahestehend
und auch habituell ähnlich, von demselben durch die dichte Zu-
sammenstellung der den Körper bedeckenden sternförmigen Schuppen,
die langen, dicken, weit von einander stehenden Borsten, den kürzeren
und bedeutend breiteren Halsschild, die kürzeren und breiteren, bei
der Besichtigung von oben fast quadratischen Flügeldecken und
durch das deutlich breitere, schwach zweilappige dritte Tarsenglied
verschieden. Long. 2·5—2·8 mm. — Spanien.

5. Trachyphloeus pustulatus Seidlitz.

Die Otiorh. s. str. 101; Stierlin: Mitteil. Schweiz. Entom. Gesellsch. VII, 136;
1884; *pustulifer* Marseul L'Abeille XI, 609, 1872.

Habituell dem *Tr. Seidlitzi* äußerst ähnlich, in der Form des
Halsschildes, sowie der Stärke und Entfernung der Borsten untereinander mit ihm vollkommen übereinstimmend, von demselben durch
die undichte, den Untergrund nicht vollkommen deckende Beschuppung
des Körpers, die sechsgliedrige Geißel der Fühler, die zwar dieselben
Dimensionen aufweisenden, seitlich jedoch deutlich ausgebuchteten
und rund um die Börstchen dunkel, fleckenartig gefärbten Flügeldecken, den Abgang des fünften, zwischen dem inneren und mittleren Zahne der Vorderschienen stehenden Dornes und das nicht
schwach zweilappige dritte Glied der Tarsen verschieden. Long.
2·5—3 mm. — Spanien.

6. **Trachyphloeus orbipennis** Desbrochers.

Le Frelon IX, 136.

Leicht kenntlich durch die sechsgliederige Geißel der Fühler, den etwa zweimal so breiten wie langen, vorne nicht eingeschnürten, hinten stark verrundeten Halsschild, die bei der Besichtigung von oben quadratischen, mit kurzen, dicken, weit voneinander entfernten Borsten besetzen Flügeldecken, die fünfdornigen Vorderschienen und die getrennten Klauen. Schwarz, die Fühler und Beine heller oder dunkler rotbraun, der Körper mit aschgrauen, sternförmigen Schuppen dicht bedeckt und mit ziemlich langen, starken, gegen die Spitze deutlich verdickten, weit von einander stehenden, auf den Flügeldecken in einfachen Reihen geordneten Borsten besetzt. Der Rüssel etwa so lang wie an der Basis breit, mit parallelen Seiten, im Profil betrachtet samt der flachen, seitlich stark übergewölbten Stirn mäßig gekrümmt, der Rücken gegen die Spitze deutlich verschmälert. Die Fühlerfurchen tief, scharf begrenzt, die kleinen, flachen, niedrig stehenden Augen erreichend. Die Fühler zart, fein abstehend behaart, die Geißel in der basalen Hälfte dünn, weiter gegen die Spitze ziemlich stark verdickt, infolge der Verdickung gekrümmt, die ersten zwei Glieder der Geißel gestreckt, das erste, gegen die Spitze stark verdickte, mäßig länger als das schmale zweite, die äußeren vier schwach quer, gegen die Keule an Breite zunehmend, die Keule eiförmig, wenig kürzer als die anstoßenden drei Geißelglieder zusammengenommen und so dick wie der Schaft an der Spitze. Der Halsschild etwa zweimal so breit wie lang, der Quere nach stark, der Länge nach schwach gewölbt, unweit vor der Mitte am breitesten, nach vorn und hinten ziemlich gleichmäßig verengt, der Vorderrand gegen die Stirn mäßig vorgezogen, ohne merkliche Einschnürung, der Hinterrand stark gerundet, fast winklig. Die Flügeldecken kaum oder nur unbedeutend länger als breit, mit deutlichen, stumpfwinkligen Schultern, beim ♂ schmäler und merklich kürzer als beim ♀, an der Basis stark ausgerandet, seitlich unbedeutend ausgebaucht, hinten kurz und breit zugerundet, in ziemlich tiefen Streifen punktiert, die Punkte dicht aufeinander folgend, die Zwischenräume merklich gewölbt. Die Beine bei beiden Geschlechtern gleich stark entwickelt, die Vorderschienen mit drei Zähnen, der innere mit einem kleinen, der äußere, bedeutend höher stehende mit einem großen Dorne, der mittlere stärkste Zahn mit zwei Dornen, von denen der nach außen liegende groß, der nach innen sehr klein und

zum ersteren rechtwinklig gestellt ist, das dritte Glied der Tarsen
kaum breiter als das zweite, nicht zweilappig, die Klauen getrennt.
Long. 2·3—2·8 mm. Portugal.

7. Trachyphloeus cruciatus Seidlitz.

Die Otiorh. s. str. 103, Marseul L'Abeille XI, 611; 1872, Stierlin Mitteil.
Schweiz. Entom. Gesell. VII, 136; 1884.

Unter den Arten der ersten Gruppe sehr ausgezeichnet und
leicht kenntlich durch den stark queren, samt der Stirn tief gerinnten, von der letzteren durch eine nach hinten winklig gebogene
Querlinie abgesetzten Rüssel und die an der Spitze abgerundeten,
mit sechs kurzen, dicken Dornen besetzten Vorderschienen. Schwarz,
die Fühler und Beine braunrot, der Körper mit runden, dicht anschließenden, auf dem Halsschilde in der Mitte vertieften Schuppen
bedeckt und mit mäßig langen, dicken, gegen die Spitze deutlich
verdickten, auf den Zwischenräumen der Flügeldecken in einfachen
Reihen und dichter Aufeinanderfolge geordneten Borsten besetzt.
Der Rüssel fast doppelt so breit wie lang, mit parallelen Seiten,
der Rücken schmäler als die Unterseite, gegen die Spitze deutlich
verschmälert, der Länge nach flach eingedrückt, samt der der Quere
nach stark gewölbten Stirne tief gerinnt und von der letzteren durch
eine nach hinten winklig gebogene Rinne abgesetzt. Die Fühlergruben tief, scharf begrenzt. Die Augen klein, deutlich gewölbt,
deren Oberränder in einem Niveau mit den Unterkanten der Fühlerfurchen liegend, die Fläche zwischen denselben und den zwar schwach
jedoch deutlich übergewölbten Seitenrändern der Stirn deutlich vertieft. Die Fühler ziemlich zart, der Schaft anfangs schwach, im
letzten Dritteile stärker verdickt, infolge der Verdickung deutlich
gekrümmt, die vorderen zwei Geißelglieder gestreckt, das erste gegen
die Spitze stark verdickt, länger als das schmale zweite, die äußeren
fünf schwach quer, gegen die Keule an Breite zunehmend, die
Keule eiförmig, länger als die drei anstoßenden Geißelglieder zusammengenommen und breiter als die Spitze des Schaftes. Der
Halsschild etwa zweimal so breit wie lang, in der Mitte am breitesten,
nach vorn und hinten gleichmäßig, stark verengt, der Quere nach
stark gewölbt, der Vorderrand gegen die Stirn deutlich vorgezogen,
der Hinterrand schwach verrundet, ohne Eindrücke. Die Flügeldecken
etwa um ein Viertel länger als breit, bedeutend breiter als der Halsschild, an der Basis schwach ausgerandet, mit deutlichen, stumpfwinkligen Schultern, seitlich sehr schwach ausgebaucht, im letzten

Viertel kurz und breit zugerundet, beim ♂ schmäler und deutlich kürzer als beim ♀. Die Beine plump, die Vorderschienen an der Spitze abgerundet, mit sechs kurzen dicken Dornen, das dritte Glied der Tarsen breit, zweilappig, die Klauen an der Basis verwachsen. Long. 3—3·5 mm.

Oran, Algerien.

8. Trachyphloeus planophthalmus Reitt.

Deutsch. Entom. Zeitsch. 1896, 41.

Sehr ausgezeichnet und leicht kenntlich durch den queren, nach vorn verengten Rüssel, die besonders stark übergewölbten Seiten der Stirn, die bis auf das letzte quere Glied gestreckten Glieder der Fühlergeißel, den mehr als zweimal so breiten wie langen, nach vorn und hinten gleichmäßig, stark verengten Halsschild, die langen, auf den abwechselnden Zwischenräumen der Flügeldecken in einfachen Reihen und weiter Aufeinanderfolge geordneten Borsten und das schmale, nicht zweilappige dritte Tarsenglied. Der Rüssel deutlich quer, nach vorne stark verengt, im Profil besichtigt samt der seitlich besonders stark übergewölbten Stirne schwach gekrümmt, mit kurzen, dicken, nach hinten geneigten Borsten besetzt. Die Fühlergruben tief, deutlich über den Augen fortgesetzt, die letzteren klein, deren oberer Rand mit der Unterkante der Fühlergruben in einer Ebene liegend. Die Fühler ziemlich zart, abstehend behaart, der Schaft in der basalen Hälfte unbedeutend, weiter zur Spitze ziemlich stark verdickt, die Geißelglieder bis auf das letzte quere Glied gestreckt, das erste gegen die Spitze stark verdickt, mit dem zweiten schlanken in der Länge wenig differierend, die folgenden vier wenig länger als breit, die Keule eiförmig, kürzer als die anstoßenden drei Glieder der Geißel zusammengenommen und etwa so breit wie die Spitze des Schaftes. Der Halsschild mehr als zweimal so breit wie lang, in der Mitte am breitesten, nach vorn und hinten gleichmäßig, stark verengt, infolge der starken Verengung winklig erweitert erscheinend, der Vorderrand gegen die Stirn schwach vorgezogen, der Hinterrand stark verrundet, die Oberfläche der Quere nach stark gewölbt, mit drei Querreihen dicker, langer, unter einander weit entfernter Borsten, von denen die erste Reihe am Vorderrande, die zweite unweit vor der Mittellinie, die dritte in der Mitte zwischen der zweiten und dem Hinterrande steht. Die Flügeldecken wenig breiter als der Halsschild, wenig länger als breit,

an der Basis stark ausgerandet, mit deutlichen, stark stumpfwinkligen
Schultern, seitlich schwach aber deutlich ausgebaucht, im letzten
Dritteile breit zugerundet, mit langen, dicken, gegen die Spitze unbedeutend verdickten, auf den ungeraden Zwischenräumen der Flügeldecken in einfachen Reihen und weiter Aufeinanderfolge geordneten
Borsten. Die Beine plump, beschuppt und abstehend beborstet, die
Vorderschienen mit drei Zähnen, von denen die seitlichen je einen,
der mittlere, sehr kräftige drei starke Dorne trägt, der äußere Dorn
um etwa ein Viertel der Schienenlänge höher stehend als der innere,
das dritte Tarsenglied so breit wie das zweite, nicht zweilappig, die
Klauen getrennt. Long. 3—4 mm.

Kaukasus, Araxesthal bei Ordubad. Das mir vorliegende
und in dankenkenswerter Weise überlassene typische Stück ist auf
der Oberseite mit einer erdigen Kruste bedeckt, welche weder die
Sculptur noch die Bekleidung erkennen läßt.

9. Trachyphloeus nodipennis Chevrolat.

Revue et Magazin de Zoologie 1860, 450, Seidlitz Die Otiorh. s. str. 103,
Marseul L'Abeille XI, 610; 1872; Stierlin Mitteil. Schweiz. Entom. Gesell.
VII, 136; 1884.

Sehr ausgezeichnet und leicht kenntlich durch den längeren
als breiten, parallelseitigen Rüssel, den bis zur Mitte eingeschnürten,
mit zehn in zwei Querreihen geordneten Höckern gezierten Halsschild, die erhobenen und mit fein beborsteten großen Höckern besetzten ungeraden Zwischenräume der Flügeldecken und durch die
schwachen Zähne und Dornen der Vorderschienen. Schwarz, die
Fühler und Beine rotbraun, der Körper mit dicken, dicht anschließenden,
die Sculptur vollkommen verdeckenden, oben unregelmäßig viereckigen
Schuppen dicht bedeckt. Der Rüssel länger als breit, mit parallelen
Seiten, der Rücken bis zur Einlenkungsstelle der Fühler so breit
wie die oberhalb der Augen mit je einem starken, scharfen, schief
nach außen gerichteten Höcker gezierte Stirn, gegen die Spitze sodann ziemlich stark verengt, der verengte Teil nach vorne geneigt.
Sowohl der Rüssel als auch die Stirn sind unter den Schuppen
grob granuliert. Die Fühlergruben schmal, schwach gebogen, scharf
begrenzt. Die Augen klein, rund, flach, die Verlängerung der Kanten
der Fühlerfurchen würde selbe am oberen und unteren Rande berühren. Der Halsschild etwa 1½ mal so breit wie lang, in der Mitte
am breitesten, nach vorne stärker als nach hinten verengt, der Vorderrand gegen die Stirn stark vorgezogen, der Hinterrand schwach

gerundet, bis zur Mitte eingeschnürt, mit zehn starken, scharfen, in zwei Querreihen geordneten Höckern, die erste Reihe liegt in der Mitte und enthält sechs Höcker, die zweite zwischen der ersteren und dem Hinterrande und besteht aus vier Höckern, hinter dem Vorderrande und auf den Höckern mit kurzen, schuppenförmigen Borsten, der Untergrund grob granuliert. Die Flügeldecken höchstens um ein Viertel länger als breit, bedeutend breiter als der Halsschild, an der Basis schwach ausgerandet, mit stumpfwinkligen Schultern, seitlich kaum ausgebaucht, im letzten Dritteile breit zugerundet, die abwechselnden Zwischenräume erhoben und mit groben, flachen, oben mit je einer feinen, ziemlich langen, gegen die Spitze deutlich verdickten Borste gezierten Höckern besetzt, der Untergrund in flachen Streifen grob, kettenartig punktiert, die Zwischenräume fein, hie und da in Reihen granuliert. Die Beine plump, die Vorderschienen gezähnt, der mittlere Zahn mit zwei Dornen, der innere sowie der um etwa ein Achtel der Schienenlänge höher stehende äußere mit je einem schwachen Dorne, das dritte Tarsenglied kaum breiter als das zweite, nicht zweilappig, die Klauen getrennt. Long. 3—3·5 mm. — Italien, Sizilien, Algerien.

10. **Trachyphloeus Solariorum** n. sp.[1])

Durch die Form, Zahl, Art und Weise der Verteilung der Höcker auf dem Halsschilde und auf den Flügeldecken dem *Tr. nodipennis* zunächst stehend und habituell ähnlich, von demselben durch die im Verhältnis zur Länge bedeutend schmäleren Flügeldecken und die auffallend dickeren, zur Spitze deutlich verdickten, auf den inneren Zwischenräumen der Flügeldecken schwarz, auf den äußeren weißgefärbten Borsten verschieden. Long. 3—3·5 mm. — Tunesien.

11. **Trachyphloeus Godarti** Seidlitz.

Die Otiorh. s. str. 102, Marseul L' Abeille XI, 610; 1872; Stierlin Mitteil. Schweiz. Entom. Gesell. VII, 136; 1884; *impressicollis*[2]) Stierlin l. c. 136.

Unter den Arten mit höckerigen Flügeldecken kenntlich durch den etwa $2^1/_2$ mal so breiten wie langen, im ersten Viertel breitesten,

---

[1]) Diese Art ist in den Sammlungen unter dem Namen *impressicollis* verbreitet und wurde auch von mir bis zum Eintreffen der Stierlinschen Typen als *impressicollis* bezeichnet.

[2]) Von Dr. Stierlin wird als Autor Desbrochers angeführt. Dies trifft jedoch nicht zu, da letzterer nach einer brieflichen Mitteilung an Herrn Prof. Dr. L. von Heyden einen *Trachyphloeus* unter dem erwähnten Namen nicht beschrieben hat.

nach vorn plötzlich, stark, nach hinten kaum merklich verengten,
am Hinterrande gerade abgestutzten, hinter dem Vorderrande mit
zwei, mehr weniger tiefen Eindrücken gezierten Halsschild, die an
der Basis gerade abgestutzten, auf den stark gewölbten Zwischenräumen flach gehöckerten Flügeldecken und durch die Bewaffnung
der Vorderschienen mit nur vier Dornen. Schwarz, die Fühler und
Beine rotbraun, der Körper mit schmutziggrauen, dicken, dicht anschließenden, die Skulptur vollkommen verdeckenden, oben sternförmigen Schuppen bedeckt und mit weißen und eingestreuten
schwarzen, auf dem Halsschilde in fünf in der Mitte unterbrochenen
Querreihen, auf den abwechselnden Zwischenräumen der Flügeldecken
in einfachen Reihen geordneten, kurzen, dicken Borsten besetzt.
Der Rüssel wenig länger als breit, mit parallelen Seiten, der Rücken,
im Profil besichtigt, samt der seitlich mäßig übergewölbten Stirn
ziemlich stark gekrümmt, der Länge nach kaum merklich eingedrückt, von der Basis an nach vorn mäßig verschmälert. Die Fühlergruben tief, scharf begrenzt, nach hinten verbreitert. Die Augen
klein, flach, an die unteren Kanten der Fühlergruben gedrückt.
Die Fühler mäßig kräftig, der Schaft in der basalen Hälfte schwach,
weiter zur Spitze stark verdickt, infolge der Verdickung in der Mitte
winklig gekrümmt, die vorderen zwei Glieder der Geißel gestreckt,
das erste gegen die Spitze stark verdickt, länger als das schwächer
verdickte zweite, die äußeren fünf quer, gegen die Keule an der
Breite zunehmend, die Keule eiförmig, kürzer als die anstoßenden
drei Geißelglieder zusammengenommen und etwa so breit wie die
Spitze des Schaftes. Der Halsschild etwa $2\frac{1}{2}$ mal so breit wie lang,
im ersten Viertel am breitesten, nach vorn plötzlich, stark, nach
hinten kaum merklich verschmälert, hinter dem gegen die Stirn
stark vorgezogenen Vorderrande beiderseits der Mitte mit je einem
mehr weniger deutlichen Eindrucke, der Hinterrand gerade abgestutzt,
nach Beseitigung der Schuppen wie der Kopf fein granuliert, beiderseits der breiten, flachen Mittelfelder mit zwei Eindrücken, von denen
der hintere seichter, vorn und hinten mit höckerigen Leisten, der
vordere tiefer und mit einfachen, isolierten Höckerchen begrenzt ist.
Die Flügeldecken etwa um ein Viertel länger als breit, beim ♂
deutlich schmäler und kürzer als beim ♀, vorne gerade abgestutzt,
mit deutlichen stumpfwinkligen Schultern, seitlich kaum merklich
ausgebaucht, im letzten Drittteile breit zugerundet, deutlich gestreift,
die gewölbten Zwischenräume mit kleinen, ziemlich dicht aufeinanderfolgenden Höckerchen besetzt, unter den Schuppen besichtigt, tief

und in dichter Aufeinanderfolge punctiert gestreift, die Puncte die
dachförmig gewölbten, sehr fein granulierten Zwischenräume angreifend. Die Beine plump, bei beiden Geschlechtern gleich starc
entwiccelt, die Vorderschienen mit drei Zähnen, von denen der
stärcste, mittlere mit zwei Dornen, der innere und der um etwa
ein Sechstel der Schienenlänge höher liegende äußere mit je einem
Dorne bewaffnet ist, das dritte Tarsenglied breit, zweilappig, die
Klauen getrennt. Long. 3·5—3·8 mm. — Oran, Algerien.

12. Trachyphloeus difformis n. sp. A. et F. Solari in litt.

Kenntlich durch den etwa zweimal so breiten wie langen, unmittelbar vor der Mitte breitesten, nach vorn und hinten ziemlich
gleichmäßig verengten, am Hinterrande deutlich gerundeten, beiderseits der flachen Mitte mit je zwei Eindrücgen gezierten Halsschild,
die an der Basis ausgerandeten, auf den gewölbten Zwischenräumen
flach gehöckerten Flügeldecgen und durch die Bewaffnung der Vorderschienen mit fünf Dornen. Schwarz, die Fühler und Beine rotbraun,
der Körper mit diccen, die Scculptur vollcommen verdecgenden,
sternförmigen, aschgrauen Schuppen dicht bedecgt und mit mäßig
langen, diccen, gegen die Spitze unbedeutend verdiccten, auf dem
Halsschilde zerstreut verteilten, auf den Flügeldecgen in einfachen
Reihen und weiter Aufeinanderfolge geordneten, schwarzgrauen und
weißen Borsten besetzt. Der Rüssel bedeutend breiter als lang, unten
gegen die Spitze verbreitert, der Rücgen, im Profil besichtigt, gecrümmt, gegen die Spitze ziemlich starc verschmälert, der Länge
nach breit und flach eingedrücgt, die Stirn der Quere nach flach
niedergedrücgt, die Seiten wulstig verdicgt, sehr deutlich übergewölbt.
Die Fühlergruben tief, nach hinten verbreitert, scharf begrenzt. Die
Augen clein, flach, an die unteren Kanten der Fühlerfurchen ge-
drücgt. Die Fühler ziemlich zart, abstehend behaart, der Schaft
gegen die Spitze gleichmäßig verdicgt, infolge der Verdiccung unbedeutend gecrümmt, die vorderen zwei Geißelglieder gestrecgt, gegen
die Spitze verdicgt, das erste, stärcer verdicgte länger als das zweite,
die äußeren fünf quer, gegen die Keule an Breite zunehmend,
die Keule eiförmig, cürzer als die anstoßenden drei Glieder der
Geißel zusammengenommen und so starc wie der Schaft an der
Spitze. Der Halsschild etwa zweimal so breit wie lang, unmittelbar
vor der Mitte am breitesten, nach vorn und hinten ziemlich gleichmäßig verengt, beiderseits des flachen, auf der vorderen Hälfte tiefer
liegenden Mittelfeldes mit zwei Eindrücgen, von denen der vordere

bedeutend tiefer ist und welche nach Beseitigung der Schuppen
weder von Leisten noch von Höckern begrenzt sind, der Vorderrand
gegen die Stirn stark vorgezogen, der Hinterrand deutlich gerundet.
Die Flügeldecken etwa um ein Drittel länger als breit, an der Basis
ausgerandet, mit verrundeten Schultern, seitlich kaum ausgebaucht,
im letzten Dritteile breit zugerundet, in tiefen Streifen dicht aufeinanderfolgend punktiert, die Zwischenräume deutlich gewölbt, mit
großen, flachen, mäßig dicht gestellten Höckern besetzt. Die Beine
plump, die Vorderschienen an der Spitze mit drei Zähnen, von denen
der mittlere, stärkste mit zwei Dornen, der innere sowie der um
etwa ein Fünftel der Schienenlänge höher liegende äußere mit je
einem Dorne bewaffnet sind, zwischen dem inneren und mittleren
Zahne steht noch ein weiterer fünfter Dorn, das dritte Tarsenglied
breiter als das zweite, deutlich zweilappig, die Klauen getrennt.
Long. 3·4—3·8 mm.

Sfax, Tunesien. Mir liegen fünf übereinstimmende Exemplare
aus der Sammlung der Herren A. und F. Solari vor, von denen
mir zwei in dankenswerter Weise überlassen wurden.

13. **Trachyphloeus Fairmairei** Reitt.

Verhandlungen des naturforsch. Vereines in Brünn, XII, 12, 1873.

Kenntlich durch den stark queren, auf dem Rücken schwach
nach vorn verengten, der Länge nach breit eingedrückten Rüssel,
den mehr als zweimal so breiten wie langen, hinter dem Vorderrande breit, bogenförmig eingedrückten, in der basalen Hälfte mit
einer breiten Mittelfurche gezierten Halsschild, die mit stark und
breit erhobenen ungeraden Zwischenräumen versehenen, auf denselben sowie auf den geraden, mit langen, dicken, keulenförmigen
Borsten besetzten Flügeldecken und durch die mit vier Dornen bewaffneten Vorderschienen. Einfärbig aschgrau, der Körper mit gleichfärbigen, unregelmäßig eckigen, unter einander nicht anschließenden
Schuppen bedeckt und mit langen, dicken, gegen die Spitze stark
verbreiterten, auf dem Halsschilde in fünf Querreihen, auf den
Zwischenräumen der Flügeldecken in einfachen Reihen und ziemlich
dichter Aufeinanderfolge geordneten Borsten besetzt. Der Rüssel
bedeutend breiter als lang, gegen die Spitze kaum merklich verbreitert, der Rücken nach vorn mäßig verengt, im Profil besichtigt
samt der seitlich deutlich übergewölbten Stirn mäßig gekrümmt,
der Länge nach flach und breit eingedrückt. Die Fühlergruben tief,

nach hinten verbreitert, von den kleinen, flachen, zum großen Teile unter dem Niveau der unteren Kante derselben liegenden Augen durch eine dünne Wand getrennt. Die Fühler kurz, den Hinterrand des Halsschildes nicht erreichend, abstehend behaart, der Schaft in der basalen Hälfte schwach, weiter zur Spitze stark verdickt, infolge der Verdickung fast winklig gekrümmt, die vorderen zwei Geißelglieder gestreckt, in der Länge wenig differierend, das erste gegen die Spitze bedeutend stärker verdickt als das zweite, die äußeren fünf quer, gegen die Keule an Breite zunehmend, die Keule spitz-eiförmig, so lang wie die anstoßenden drei Glieder der Geißel zusammengenommen und so stark wie der Schaft an der Spitze. Der Halsschild mehr als zweimal so breit wie lang, im ersten Dritteile am breitesten, nach vorn plötzlich, stark, nach hinten mäßig verengt, hinter dem gegen die Stirn deutlich vorgezogenen Vorderande breit bogenförmig eingedrückt, der Hinterrand gerade abgestutzt, mit einem flachen Eindrucke in der Mitte der basalen Hälfte. Die Flügeldecken etwa um ein Drittel länger als breit, breiter als der Halsschild, mit gerader Basis und deutlichen, stumpfwinkligen Schultern, parallelseitig, im letzten Viertel kurz und breit zugerundet, die ungeraden Zwischenräume rippenartig erhoben. Die Beine plump, die Vorderschienen an der Spitze mit drei Zähnen, von denen der mittlere, stärkste mit zwei Dornen, der innere, sowie der um ein Fünftel der Schienenlänge höher liegende äußere mit je einem Dorne besetzt sind, das dritte Tarsenglied schmal, nicht zweilappig, die Klauen getrennt. Long. 3—4 mm. — Oran.

14. **Trachyphloeus pollicatus** n. sp.

Unter den Arten der ersten Gruppe durch die siebengliedrige Geißel der Fühler, den nicht oder kaum queren, am Rücken flachen und nach vorne stark verengten Rüssel, den etwa 1.1/2 mal so breiten wie langen, hinter dem Vorderrande beiderseits der Mitte eingedrückten Halsschild, die mit zart und schmal erhobenen ungeraden Zwischenräumen versehenen und auf denselben, sowie auf den geraden mit einfachen Reihen kurzer, dicker Borsten besetzten Flügeldecken und durch die mit fünf Dornen bewaffneten Vorderschienen leicht kenntlich. Dunkelbraun bis hellbraun, die Fühler, bisweilen auch die Beine rötlich, der Körper mit schmutzigweißen, ziemlich dicht gestellten jedoch isolierten, sternförmigen Schuppen bedeckt und mit kurzen, dicken, auf dem Kopfe und Halsschilde undicht zerstreuten, auf den Zwischenräumen der Flügeldecken in einfachen Reihen und mäßig dichter Aufeinanderfolge geordneten dunkelbraunen und eingemischten rötlichen Borsten besetzt. Der Rüssel etwa so lang wie an der Basis breit, parallelseitig, der Rücken nach vorn stark verengt, im Profil betrachtet samt der seitlich deutlich· übergewölbten Stirn stark gekrümmt, ohne Eindrücke. Die Fühlergruben tief, deutlich gekrümmt, über den kleinen, flachen, unter dem Niveau der unteren Kanten liegenden Augen mehr weniger deutlich festgesetzt. Die Fühler kurz, den Hinterrand des Halsschildes nicht· erreichend, fein beschuppt und abstehend beborstet, der Schaft in der basalen Hälfte kaum, in der apikalen stark verdickt, infolge der Verdickung winklig gekrümmt, die vorderen zwei Geißelglieder gestreckt, das erste, gegen die Spitze stark verdickte um die Hälfte länger als das zweite, die äußeren fünf quer, gegen die Keule an Breite zunehmend, die letztere spitzeiförmig, deutlich länger als die anstoßenden drei Glieder der Geißel zusammengenommen und etwa so breit wie der verdickte Teil des Schaftes. Der Halsschild etwa $1^{1}/_{2}$ mal so breit wie lang, in der Mitte am breitesten, nach vorn stark, nach hinten unbedeutend verengt, hinter dem schief nach unten abgestutzten Vorderrande beiderseits der Mitte eingedrückt, der Hinterrand mäßig verrundet. Die Flügeldecken bedeutend breiter als der Halsschild, etwa um ein Viertel länger als breit, von der mäßig ausgerandeten Basis zu den stumpfwinkligen Schultern stark verbreitert, seitlich kaum oder nur sehr schwach ausgebaucht, hinten breit zugerundet, die abwechselnden Zwischenräume zart und schmal erhoben. Die Beine plump, die Vorderschienen wie bei *Tr. Fairmairei* gebildet, zwischen dem mittleren und inneren Zahne steht jedoch noch ein weiterer, fünfter Dorn, das dritte Tarsenglied bedeutend breiter als das zweite, tief gespalten, zweilappig, die Klauen getrennt. Long. 2·3 mm.

Nemours, Algerien. · Von dieser Art liegen mir zwei Stücke vor, das eine eingesendet von Herrn Dr. J. Daniel als *Tr. orbitalis*, das andere unbestimmt von Herrn M. Pic.

15. **Trachyphloeus distinguendus** n. sp. A. und F. Solari in litt.

Leicht kenntlich durch die bedeutende Größe, die starken Zähne und Dornen der Vorderschienen, von denen der äußere nur unbedeutend höher liegt als der innere, den etwa zweimal so breiten wie langen, in der Mitte breitesten, nach vorn sehr stark, nach hinten unbedeutend verengten, hinter dem gegen die Stirn stark vorgezogenen Vorderrande breit eingeschnürten, am Hinterrande gerade abgestutzten Halsschild, die lang gestreckten, auf den kaum gewölbten

Zwischenräumen mit Reihen langer, dicker, gegen die Spitze unbedeutend verdickter, weit aufeinander folgender Borsten gezierten Flügeldecken, das breite, zweilappige dritte Tarsenglied und die getrennten Klauen. Einfärbig schwarzbraun, der Körper mit aschgrauen, länglichen, gegen die Spitze verdickten, hie und da gabelförmig gespaltenen, untereinander nicht anschließenden Schuppen bedeckt und mit langen, dicken, gegen die Spitze unbedeutend verdickten, auf dem Halsschilde zerstreut verteilten, auf den Flügeldecken in einfachen Reihen und weiter Aufeinanderfolge geordneten Borsten besetzt. Der Rüssel wenig länger als breit, parallelseitig, der Rücken gegen die Spitze sehr deutlich verengt, im Profil betrachtet samt der flachen, seitlich sehr deutlich übergewölbten Stirn mäßig gekrümmt, der Länge nach flach und breit niedergedrückt. Die Fühlergruben tief, scharf begrenzt, nach hinten verbreitert, von den kleinen, flachen, tief stehenden und zum großen Teile unter dem Niveau der unteren Kanten liegenden Augen durch eine dünne Wand geschieden. Die Fühler mäßig kräftig, abstehend behaart, der Schaft in der basalen Hälfte unbedeutend, weiter zur Spitze stark verdickt, infolge der Verdickung winklig gebogen, die vorderen zwei Glieder der Geißel gestreckt, das erste gegen die Spitze mäßig verdickt, mit dem zweiten, schwächer verdickten kaum in der Länge differierend, die äußeren fünf quer, gegen die Keule an Breite zunehmend, die Keule spitzeiförmig, so lang wie die anstoßenden drei Geißelglieder zusammengenommen und etwa so breit wie die Spitze des Schaftes. Der Halsschild etwa zweimal so breit wie lang, in der Mitte am breitesten, nach vorn sehr stark, nach hinten unbedeutend verengt, der gegen die Stirn stark vorgezogene Vorderrand bis nahe zur Mitte eingeschnürt, der Hinterrand gerade abgestutzt. Die Flügeldecken etwa 1$^1/_2$ mal so lang wie breit, an der Basis gerade abgestutzt, mit deutlichen, stumpfwinkligen Schultern, seitlich kaum merklich ausgebaucht, im letzten Dritteile breit zugerundet, schwach gestreift, die Zwischenräume kaum gewölbt. Die Beine kräftig, die Vorderschienen an der Spitze mit drei Zähnen, der mittlere, stärkste, mit zwei Dornen, der mit je einem Dorne besetzte innere und äußere fast in derselben Ebene liegend, zwischen dem inneren und mittleren Zahne steht noch ein weiterer, fünfter Dorn, das dritte Tarsenglied breit, zweilappig, die Klauen getrennt. Long. 3·6 mm.

Souk-el-Arba, Tunesien. Das einzige mir vorliegende Stück aus der Sammlung der Herren A. und F. Solari scheint ein ♂ zu sein.

16. **Trachyphloeus cinereus** A. et. F. Solari.

Annali del Museo Civico die Storia Naturale di Genova 42, 90; 1905.

Kenntlich durch die geringere Größe, die hohe Lage des äußeren Dornes der Vorderschienen, den etwa zweimal so breiten, wie langen, im ersten Dritteile am breitesten, nach vorne stark, nach hinten unbedeutend verengten, hinter dem gegen die Stirn stark vorgezogenen Vorderrande mit einem in der Mitte seichten, an den Seiten grübchenförmig vertieften Eindrucke versehenen und überdies mit weiteren zwei flachen Grübchen in der hinteren Hälfte und einer Mittelfurche gezierten, am Hinterrande stark verrundeten Halsschild, die etwa um ein Drittel längeren als breiten, mit Reihen kurzer Börstchen besetzten Flügeldecken und das schmale, nicht zweilappige dritte Tarsenglied. Einfärbig schwarzbraun, der Körper mit sternförmigen, isolierten aschgrauen Schuppen bedeckt, und mit gleichfarbigen, mäßig langen, feinen, zur Spitze wenig verdickten, auf dem Halsschilde zerstreuten, auf den Flügeldecken in einfachen Reihen und weiter Aufeinanderfolge geordneten Borsten besetzt. Der Rüssel etwa so lang wie breit, parallelseitig, der Rücken, im Profil besichtigt, samt der in der Mittelpartie mehr weniger deutlich vertieften, seitlich wulstig oder höckerig angeschwollenen und deutlich übergewölbten Stirn mäßig gekrümmt, gegen die Spitze deutlich verengt[1]), der Länge nach breit und flach eingedrückt. Die Fühlergruben tief, scharf begrenzt, nach hinten verbreitert, von den kleinen, flachen, unter dem Niveau deren Unterkanten liegenden Augen durch eine dünne Wand geschieden. Die Fühler ziemlich kräftig, der Schaft gegen die Spitze gleichmäßig, stark verdickt, sehr deutlich gebogen, die vorderen zwei Glieder der Geißel gestreckt, das erste stark angeschwollene bedeutend länger als das schmale zweite, die äußeren fünf quer, gegen die Keule an Breite zunehmend, die Keule etwa so lang wie die anstoßenden drei Geißelglieder zusammengenommen und so breit wie die Spitze des Schaftes. Der Halsschild etwa zweimal so breit wie lang, im ersten Dritteile am breitesten,

---

[1]) Mir liegen sieben typische Stücke vor. Bei vieren ist der Rüssel von der Basis bis zur Einlenkungsstelle der Fühler parallel, weiter zur Spitze stark verengt, bei dreien aber so wie bei der Art *proximus* schon von der Basis an gleichmäßig verschmälert. Bei den ersterwähnten vier Exemplaren ist der Rüssel zwischen und über den Schuppen mit feinen Erdbestandteilen bedeckt, welch' letztere eine Abweichung in der Verschmälerung des Rückens herbeigeführt haben. Demnach ist der Rüssel bei den besprochenen zwei Arten nicht — wie in der Originalbeschreibung hervorgehoben wurde — verschieden, sondern gleich gebildet.

nach vorn stark, nach hinten unbedeutend verengt, hinter dem
gegen die Stirn stark vorgezogenen Vorderrande mit einem in der
Mitte seichten, an den Seiten grübchenartig vertieften Eindrucke,
an den korrespondierenden Stellen der hinteren Hälfte beiderseits
der nach vorne abgekürzten Mittelfurche mit je einem weiteren
Grübchen, der Hinterrand stark verrundet. Die Flügeldecken etwa um
ein Viertel länger als breit, an der Basis breit ausgerandet, mit
verrundeten Schultern, seitlich kaum merklich ausgebaucht, im letzten
Dritteile breit zugerundet, mit angedeuteten Streifen und flachen
Zwischenräumen, der Rücken im Profil betrachtet flach. Die Beine
plump, die Vorderschienen an der Spitze mit drei Zähnen, von
denen der stärkste, mittlere mit zwei Dornen, der innere, sowie
der um ein Viertel der Schienenlänge höher stehende äußere mit
je einem Dorne bewaffnet ist, zwischen dem inneren und mittleren
Zahne steht ein weiterer fünfter Dorn, das dritte Glied der Tarsen
schmal, nicht zweilappig, die Klauen getrennt. Beim ♂ sind die
Zähne nur angedeutet und die Dorne bedeutend schwächer als
beim ♀ entwickelt. Long. 3—3·3 mm. — Tunesien.

17. Trachyphloeus proximus A. et F. Solari.

Annali del Museo Civico di Storia Naturale di Genova 42, 91, 1905.

In der Form des Kopfes, der Fühler, der Vorderschienen, des
dritten Tarsengliedes und der Klauen mit *cinereus* übereinstimmend
und ihm habituell sehr ähnlich, von demselben durch den anders
geformten Halsschild, die an der Basis gerade abgestutzten, mit
deutlichen stumpfwinkeligen Schultern versehenen, auf dem Rücken,
bei der Besichtigung im Profil, sehr deutlich gewölbten und mit
bedeutend dickeren, merklich kürzeren Borsten besetzten Flügeldecken verschieden. Der Halsschild ist hinter dem gegen die Stirn
kaum vorgezogenen Vorderrande breit eingeschnürt, an der Basis
gerade abgestutzt, ohne Eindrücke, bisweilen mit Andeutung einer
Mittelfurche auf der basalen Hälfte. Long. 2·8—3·2 mm.

Tunisia. Mir lagen zwei typische Exemplare vor, wovon mir
von den Autoren eines freundlichst überlassen wurde.

18. Trachyphloeus bonensis n. sp.

Sehr ausgezeichnet und leicht kenntlich durch die an der
Basis verwachsenen Klauen, den bedeutend längeren als breiten,
parallelseitigen, mit einem schmalen, gleichbreiten, gekrümmten und
von der Stirn abgesetzten Rücken versehenen Rüssel, die tiefen,

zum großen Teile der ganzen Länge nach von oben sichtbaren
Fühlergruben, die verrundet viereckigen, auf den flachen Zwischenräumen mit einfachen Reihen dünner, mäßig langer Börstchen
gezierten Flügeldecken und durch die an der Spitze infolge des
starken Vorragens der Seitenzähne spatenförmig verbreiterten Vorderschienen. Dunkelbraun, der Körper mit länglich viereckigen, nicht
vollkommen anschließenden, weißgrauen Schuppen bedeckt und mit
gleichfarbigen, dünnen, auf dem Kopfe und Halsschilde kürzeren,
auf den Flügeldecken ziemlich langen und in einfachen Reihen
geordneten Börstchen besetzt. Der Rüssel länger als breit, parallelseitig, der Rücken schmal, gleichbreit, gekrümmt, schmäler als die
der Quere nach gewölbte Stirn, von der letzteren durch eine flache
Querdepression abgesetzt. Die Fühlergruben tief, höhlenförmig, die
gewölbten, ziemlich grob facettierten Augen erreichend, zum großen
Teile der ganzen Länge nach von oben sichtbar. Die Fühler mäßig
kräftig, den Hinterrand des Halsschildes nicht erreichend, der Schaft
zuerst schwach, im letzten Dritteile stark verdickt, die vorderen zwei
Geißelglieder gestreckt, in der Länge kaum differierend, das erste
dicker und gegen die Spitze stärker verdickt als das zweite, die
äußeren fünf quer, gegen die Keule an Breite zunehmend, die
Keule spitzeiförmig, so lang wie die anstoßenden drei Glieder der
Geißel zusammengenommen und so breit wie der Schaft an der
Spitze. Der Halsschild etwa zweimal so breit wie lang, seitlich nach
vorn stark, nach hinten schwach verengt, der Quere nach stark,
der Länge nach schwächer gewölbt, hinter dem gegen die Stirn
stark vorgezogenen Vorderrande im Kreise eingeschnürt, der Hinterrand verrundet, mit zwei ziemlich tiefen, wie bei *Tr. biforeolatus*
dislocierten Grübchen auf der basalen Hälfte, ohne Mittelfurche.
Die Flügeldecken fast zweimal so breit wie der Halsschild, etwa so
lang wie breit, vorn ziemlich tief ausgerandet, mit deutlichen,
stumpfwinkligen Schultern, seitlich kaum merklich ausgebaucht,
im letzten Viertel sehr breit und flach zugerundet, bei der Ansicht
von oben verrundet viereckig, die Zwischenräume flach. Die Beine
plump, beschuppt und abstehend behaart, die Vorderschienen an
der Spitze beiderseits mit je einem starken, in der Mitte mit einem
schwächeren Zahne besetzt und infolge des starken Vorragens der
Seitenzähne spatenförmig erweitert. Die in demselben Niveau liegenden Seitenzähne sind mit einem, der Mittelzahn mit vier eng anschließenden Dornen bewaffnet, zwischen dem mittleren und dem
äußeren Zahne stehen noch zwei weitere, schwer wahrnehmbare

Dörnchen. Das dritte Tarsenglied etwa zweimal so breit wie das zweite, tief gespalten, zweilappig, die Klauen an der Basis verwachsen. Long. 3·2—3·6 mm.

Bone, Algerien. Es lagen mir fünf übereinstimmende Exemplare vor.

19. Trachyphloeus alternans Gyllenhal.

Schönherr 2, 483; Seidlitz: Die Otiorh. s. str. 108; Marseul L'Abeille XL 616, 1872; Stierlin Mitteil. Schweiz. Entom. Gesell. VII, 137, 1884; Bedel Faune des Coléopt. du Bassin de la Seine 6, 42; *scaber* Redtenbacher Fauna Austriaca 2, 734.

Leicht kenntlich durch die in der Länge wenig differierenden vorderen zwei Glieder der Fühlergeißel, die mäßig langen, nur auf den ungeraden Zwischenräumen der Flügeldecken vorhandenen Borsten, die kleinen Zähne und Dorne der Vorderschienen und durch das breite, zweilappige dritte Glied der Tarsen. Dunkelbraun bis hellbraun, der Körper mit schmutziggrauen, nicht anschließenden, unregelmäßig eckigen Schuppen bedeckt und mit gleichfarbigen, auf dem Kopfe und Halsschilde kurzen, unregelmäßig zerstreuten, auf den abwechselnden Zwischenräumen der Flügeldecken bedeutend längeren, in undichten Reihen geordneten Borsten besetzt. Der Rüssel etwa so lang wie breit, parallelseitig, der Rücken nach vorn sehr deutlich verengt, der Länge nach flach, mehr weniger deutlich eingedrückt, samt der der Quere nach schwach gewölbten Stirn mäßig gekrümmt. Die Fühlergruben tief, nach hinten erweitert, von den großen, flachen, runden Augen durch eine dünne Wand getrennt. Die Fühler ziemlich plump, den Hinterrand des Halsschildes kaum erreichend, der Schaft von der Basis an anfangs schwach, zur Spitze bedeutend verdickt, infolge der Verdickung deutlich gekrümmt, die vorderen zwei Glieder der Geißel gestreckt, in der Länge wenig differierend, das erste bedeutend dicker als das zweite, die äußeren fünf quer, gleichbreit, die Keule eiförmig, so lang wie die angrenzenden drei Geißelglieder zusammengenommen und deutlich schmäler als die Spitze des Schaftes. Der Halsschild kaum um die Hälfte breiter als lang, im ersten Dritteile am breitesten, beiderseits geradlinig, nach vorn stark, nach hinten unbedeutend verengt, der Quere nach stark gewölbt, bisweilen mit Andeutung einer flachen Mittelfurche auf der hinteren Hälfte, hinter dem gegen die Stirn sehr deutlich vorgezogenen Vorderrande breit eingeschnürt, der Hinterrand mäßig verrundet. Die Flügeldecken etwa um ein Drittel länger als breit, vorn ·mäßig ausgerandet, mit angedeuteten, verrundeten Schultern, seitlich schwach ausgebaucht, hinten curz zugerundet, mehr weniger deutlich gestreift, die ungeraden Zwischenräume schwach erhoben. Die Beine plump, die Vorderschienen an der Spitze mit drei schwachen Zähnen, von denen der innere mit zwei eng aneinanderstehenden, der äußere, etwa um ein Achtel der Schienenlänge höher liegende mit einem, der mittlere mit zwei gewöhnlich schief nach außen gestellten Dornen bewaffnet ist, das dritte Tarsenglied bedeutend breiter als das zweite, starc zweilappig, die Klauen getrennt. — Long. 2·5—3·2 mm. — Mittel- und ·Südeuropa, Kaucasus.

20. **Trachyphloeus brevicornis** A. et F. Solari.
Annali del Museo Civico di Storia Naturale di Genova 42, 92, 1905.

Durch die Art und Weise der Beborstung des Körpers dem *Tr. alternans* zunächst stehend und auch habituell ähnlich, von demselben durch die parallelseitigen, deutlich längeren und breiteren Flügeldeccen, die auffallenden Dimensionen des ersten Gliedes der Fühlergeißel, welches fast zweimal so lang ist wie das zweite, die bedeutend cräftigeren Zähne und Dorne der Vorderschienen und durch das schmale, nicht zweilappige dritte Tarsenglied leicht zu unterscheiden. Long. 3·2 mm.

Sfax, Tunesien. Nach einem mir vorliegenden Exemplare beschrieben.

21. **Trachyphloeus scabriculus** Linné.
Mantissa Plantarum 6, 531; Fabricius Systema Entomologiae 149; Paykull Fauna Suecica 3, 285; Herbst Col. 351; ♂ Gyllenhal Insecta Sueciae 3, 309; ♀ Bach Käferfauna für Nord- und Mitteldeutschland 262; Thomson Skandinaviens Coleoptera 7, 133; Seidlitz Die Otiorh. s. str. 111; Marseul L'Abeille XI, 619, 1872; Stierlin Mitteil. Schweiz. Entom. Gesell. VII, 138, 1884; Bedel Faune des Coléopt. du Bassin de la Seine 6, 41; *riverra* Herbst. Archiv 83; ♀ *spinimanus* Gyllenh. Insecta Sueciae 4, 614; Bohemann-Schönherr 2, 493; *scaber* Bohemann-Schönherr 7, 117; ♂ *setarius* Bohemann-Schönherr 2, 492; ♀ *crinaceus* Redtenbacher Fauna Austriaca 1, 492.

Kenntlich durch den parallelseitigen, in der Mitte deutlich erweiterten, der Länge nach breit und flach eingedrüccten Rüccen des Rüssels, den etwa zweimal so breiten wie langen, hinter dem Vorderrande breit, vor dem Hinterrande schmal und tief eingeschnürten, mit einer breiten und ziemlich tiefen Mittelfurche gezierten Halsschild, die langen, diccen, auf den Flügeldeccen in dichten

Reihen geordneten Borsten und die beim ♂ schwach, beim ♀
kräftig entwickelten Dorne und Zähne der Vorderschienen. Dunkelbraun, der Körper mit hellbraunen, bisweilen eingestreuten schnee-
weißen, zu unregelmäßigen Flecken und Binden zusammenfließenden,
eckigen, dicht anschließenden Schuppen bedeckt und mit dicken,
auf dem Kopfe und Halsschilde kurzen, auf den Flügeldecken
bedeutend längeren, in einfachen, dichten Reihen geordneten Borsten
besetzt. Der Rüssel etwa so lang wie breit, parallelseitig, der Rücken
breit, in der Mitte beiderseits erweitert, der ganzen Länge nach
breit eingedrückt, im Profil besichtigt von der flachen Stirn abgesetzt und deutlich gekrümmt. Die Fühlergruben tief, schmal, schwach
gebogen, nach hinten mäßig verbreitert, die großen, flachen Augen
berührend. Die Fühler ziemlich kräftig, der Schaft in der basalen
Hälfte schwach, weiter zur Spitze stark verdickt, infolge der Verdickung in der Mitte winklig gebogen, die vorderen zwei Glieder
der Geißel gestreckt, gegen die Spitze verdickt, in der Länge wenig
differierend, die äußeren fünf quer, gegen die Keule an Breite
zunehmend, die Keule eiförmig, etwa so lang wie die anstoßenden
drei Geißelglieder zusammengenommen und so breit wie der Schaft
an Spitze. Der Halsschild etwa zweimal so breit wie lang, vor
der Mitte am breitesten, nach vorn stark, nach hinten unbedeutend
verschmälert, hinter dem gegen die Stirn stark vorgezogenen Vorderrande breit, vor dem gerade abgestutzten Hinterrande schmal eingeschnürt, mit einer breiten, ziemlich tiefen Mittelfurche und jederseits derselben auf der basalen Hälfte mit einem ebenso breiten
und tiefen, bis etwa zur Mitte reichenden Eindrucke. Die Flügeldecken etwa um ein Drittel länger als breit, vorn gerade abgestutzt,
mit deutlichen, abgerundeten Schultern, seitlich schwach ausgebaucht,
im hinteren Drittteile kurz zugerundet, beim ♂ schmäler und kürzer
als beim ♀, in tiefen Streifen deutlich punktiert, die Punkte ziemlich weit aufeinanderfolgend, die Zwischenräume flach. Die Beine
plump und kräftig, die Spitze der Vorderschienen mit drei starken
Zähnen bewaffnet, der äußere Zahn mit zwei dicht aneinanderstehenden,
der mittlere gleichfalls mit zwei, jedoch divergierenden Dornen besetzt,
der innere mit dem äußeren fast in derselben Ebene liegende Zahn
trägt nur einen Dorn, beim ♂ sind die Zähne und Dorne bis auf
den inneren sehr schwach entwickelt. Das dritte Glied der Tarsen
bedeutend breiter als das zweite, tief gespalten, zweilappig, die Klauen
getrennt. Long. 2·5—3·8 mm.
  Europa.

22. **Trachyphloeus parallelus** Seidlitz.

Die Otiorh. s. str. 106; Marseul L'Abeille XI, 614, 1872; Stierlin Mitteil. Schweiz.
Entom. Gesellsch. VII, 137, 1884.

Kenntlich durch den kurzen und breiten Rüssel, den stark
queren, im ersten Drittteile breitesten, beiderseits geradlinig, nach
vorn stark, nach hinten unbedeutend verengten Halsschild, die auffallend langen, gegen die Spitze stark verbreiterten Borsten des
Körpers und durch die Art und Weise der Bewaffnung der Vorderschienen. Dunkelbraun, die Fühler und Beine hellbraun, der Körper
mit aschgrauen, unregelmäßig eckigen, nicht anschließenden Schuppen
bedeckt und mit dicken, zur Spitze stark verbreiterten, auf dem
Kopfe und Halsschilde mäßig, auf den Flügeldecken sehr langen
und in einfachen, mäßig dichten Reihen geordneten Borsten besetzt.
Der Rüssel deutlich quer, gegen die Spitze deutlich verbreitert, der
Rücken nicht, oder nur undeutlich eingedrückt, nach vorn schwach
verschmälert, im Profil betrachtet deutlich gekrümmt, von der der
Quere nach schwach gewölbten Stirn deutlich abgesetzt. Die Fühlergruben tief, schwach gebogen, gegen die mäßig großen, flachen Augen
verbreitert, die letzteren berührend. Die Fühler kurz und kräftig,
der Schaft gegen die Spitze gleichmäßig stark verdickt, in der Mitte
deutlich winklig gebogen, die vorderen zwei Geißelglieder gestreckt,
das erste, stärker verdickte länger als das zweite, die äußeren fünf
quer, gegen die Keule an Breite zunehmend, die Keule eiförmig,
etwa so lang wie die anschließenden drei Glieder der Geißel und
so breit wie der Schaft an der Spitze. Der Halsschild mehr als
zweimal so breit wie lang, im ersten Drittteile am breitesten, beiderseits geradlinig, nach vorn stark, nach hinten unbedeutend verengt,
der Vorderrand gegen die Stirn schwach vorgezogen, der Hinterrand gerade abgestutzt, auf der basalen Hälfte mit Spuren einer
flachen Mittelfurche. Die Flügeldecken fast um die Hälfte länger
als breit, vorn gerade abgestutzt, mit deutlichen, stumpfwinkeligen
Schultern, seitlich schwach ausgebaucht, im letzten Drittteile kurz
zugerundet, beim ♂ deutlich schmäler, kürzer und mehr ausgebaucht
als beim ♀, breit gestreift, ohne wahrnehmbare Punkte in den
Streifen, die Zwischenräume flach. Die Beine plump und kräftig,
die Vorderschienen an der Spitze mit drei schwachen Zähnen, von
denen der innere und der wenig höher stehende äußere mit je
einem Dorn bewaffnet ist. Das dritte Tarsenglied bedeutend breiter
als das zweite, zweilappig, die Klauen getrennt. Long. 3·2—3·8 mm.

Galizien, Niederösterreich, Ungarn.

23. **Trachyphloeus laticollis** Bohem.

Schönherr 7, 118; Seidlitz Die Otiorh. s. str. 106, Marseul L'Abeille XI, 615, 1872; Stierlin Mitteil. Schweiz. Entom. Gesellsch. VII, 137, 1884; ♂ *anoplus* Foerster Verhandl. des naturh. Vereines d.preuß. Rheinlande 6, 30: *rectus* Thoms. Skandinaviens Coleoptera 6, 132; ♀ *spinimanus* Thoms. l. c. 133; *aurocruciatus* Desbr. Mitteil. Schweiz. Entom. Gesellsch. III, 342, 1871: *proletarius* Vitale Nat. Sic. 1906, 131; var. *notatipennis* Pic L'Echange 19, 130, 1903; var. *confusus* m. nov.

Eine weit verbreitete, in jeder Beziehung sehr variable, durch die Form des Halsschildes und die Art und Weise der Bewaffnung der Vorderschienen leicht kenntliche Art. Dunkelbraun, der Körper mit aschgrauen, bisweilen hie und da zu Flecken zusammengestellten schwarzen, seltener auch metallglänzenden, unregelmäßig eckigen, dicht anschließenden Schuppen bedeckt und mit kurzen, aufgerichteten, auf den Zwischenräumen der Flügeldecken in einfachen Reihen geordneten Borsten besetzt. Der Rüssel so lang wie breit, gegen die Spitze deutlich verbreitert, der Rücken von der Basis an nach vorn stark verschmälert, der Länge nach breit und flach eingedrückt, im Profil besichtigt, samt der flachen Stirn mäßig gekrümmt. Die Fühlergruben tief, nach hinten verbreitert, von den großen, flachen Augen durch eine dünne Wand getrennt, die unteren Kanten gegen die Mitte der Augen gerichtet, die oberen die Stirn oberhalb des Vorderrandes der letzteren treffend, von oben der ganzen Länge nach als schmale Streifen längs des Rückens des Rüssels sichtbar. Die Fühler ziemlich zart, der Schaft von der Basis an verdickt, sehr schwach gebogen, die vorderen zwei Geißelglieder gestreckt, das erste wenig verdickt, so lang wie das zweite, die äußeren fünf schwach quer, gegen die Keule an Breite deutlich zunehmend, die Keule eiförmig, kürzer als die anstoßenden drei Glieder der Geißel zusammengenommen und so breit wie der Schaft an der Spitze. Der Halsschild etwa anderthalbmal so breit wie lang, vor der Mitte am breitesten, nach vorn stärker als nach hinten verengt, hinter dem gegen die Stirn mäßig vorgezogenen Vorderrande sehr breit eingeschnürt, der Hinterrand mäßig verrundet, mit einer mehr weniger ausgeprägten, nach vorn abgekürzten Mittelfurche und beiderseits derselben auf der basalen Hälfte mit einem mehr weniger deutlichen Grübchen. Die Flügeldecken etwa um ein Drittel länger als breit, an der Basis schwach ausgebuchtet, mit deutlichen, stumpfwinkeligen Schultern, seitlich bis zu der hinter der Mitte liegenden breitesten Stelle unbedeutend, im letzten Dritteile stark verrundet, grob und undicht in mäßig tiefen Streifen punktiert, die Zwischenräume flach,

beim ♂ schmäler und ¿ürzer als beim ♀. Die Beine ¿räftig, die
Spitze der Vorderschienen beim ♀ mit drei ¿urzen, stumpfen Zähnen,
die seitlichen, in demselben Niveau liegenden, mit je einem Dorne,
der mittlere mit zwei Dornen besetzt, zwischen dem mittleren und
dem inneren Zahne liegt ein weiterer, fünfter Dorn, beim ♂ fehlen
die Zähne, die fünf Dorne sind mer¿lich schwächer und der äußere
liegt ein wenig höher als der innere. Das dritte Tarsenglied doppelt
so breit wie das zweite, tief gespalten, zweilappig, die Klauen weit
auseinanderstehend. Bei der var. *notatipennis* ist das dritte Glied
der Tarsen schmal, ¿aum breiter als das zweite, die Lage der mer¿lich
¿räftigeren Zähne und Dorne der Vorderschienen entspricht jener
der typischen Form. Bei der var. *confusus* ist das dritte Tarsenglied gleichfalls schmal, die Zähne und Dorne der Vorderschienen
sind jedoch auffallend ¿räftiger und der äußere Zahn liegt um etwa ein
Fünftel der Schienenlänge höher als der innere. Long. 2·5—3 mm.

    Europa, Sizilien, Sardinien und Corsica, die Varietäten
¿ommen in Tunisien und Algerien vor.

24· **Trachyphloeus Truquii** Seidl.
Die Otiorh. s. str. 109; Marseul L'Abeille XI, 617, 1872; Stierlin Mitteil.
Schweiz. Entom. Gesellsch. VII, 137, 1884.

    In der Art und Weise der Bewaffnung der Vorderschienen
mit *Tr. spinimanus* übereinstimmend, ebenso gefärbt und ungefähr
von derselben Größe, aber von ihm durch den längeren, am Rüc¿en
nach vorne viel stär¿er verengten Rüssel, die zum Teile der ganzen
Länge nach von oben sichtbaren Fühlergruben, die schmälere Stirn,
deutlich vorgezogenen, höher gewölbten, im vorderen Dritteile deutlich
eingeschnürten Halsschild und durch die von der Schultergegend
nach rüc¿wärts deutlich verschmälerten, unter den Schultern höc¿er-
artig angeschwollenen und etwa so lang und dicht wie bei *Tr. laticollis*
beborsteten Flügeldec¿en leicht zu unterscheiden. Long. 2·5—3 mm.

    Cyprus. Von dieser Art liegen mir zwei Exemplare aus der
Sammlung des Autors vor.

25. **Trachyphloeus spinimanus** Germar.
Insectorum species novae 405; Seidlitz Die Otiorh. s. str. 109; Marseul L'Abeille
XI, 617, 1872; Stierlin Mitteil. Schweiz. Entom. Gesellsch. VII, 138, 1884;
Bedel Faune des Coléopt. du Bassin de la Seine 6, 41; *lanuginosus* Bohem.-Schönherr
2, 494; *Stierlini* Stierlin Mitteil. Schweiz. Entom. Gesellsch. VIII, 166, 1890.

    Kenntlich durch den so langen wie breiten, parallelseitigen, auf
dem breiten Rüc¿en sehr schwach nach vorne verengten Rüssel,
den schwach queren, in der Mitte breitesten, nach vorn star¿, nach

hinten unbedeutend verengten Halsschild, die kurzen, auf den Flügeldecken in einfachen, undichten Reihen geordneten Borsten und die starken Zähne und Dorne der Vorderschienen. Dunkelbraun, bis hellbraun, der Körper mit aschgrauen, unregelmäßig viereckigen, nicht anschließenden Schuppen bedeckt und mit feinen, auf dem Kopfe und Halsschilde sehr kurzen, auf den Flügeldecken längeren, in einfachen Reihen und undichter Aufeinanderfolge geordneten, schwach gekeulten, nach hinten geneigten Borsten besetzt. Der Rüssel etwa so lang wie breit, parallelseitig, der breite Rücken nach vorn sehr schwach verengt, der Länge nach mehr weniger deutlich eingedrückt, im Profil betrachtet samt der der Quere nach gewölbten Stirn ziemlich stark gekrümmt. Die Fühler mäßig stark, der Schaft von der Basis an gleichmäßig verdickt, deutlich gekrümmt, die vorderen zwei Geißelglieder gestreckt, das erste stark verdickte bedeutend länger als das zweite, die äußeren fünf stark quer, gleichbreit, die Keule spitzeiförmig, länger als die anstoßenden drei Glieder der Geißel zusammengenommen und etwa so breit wie der Schaft an der Spitze. Der Halsschild etwa anderthalbmal so breit wie lang, im ersten Dritteile am breitesten, nach vorne stark, nach hinten unbedeutend verengt, hinter dem gegen die Stirn stark vorgezogenen Vorderrande mehr weniger deutlich eingeschnürt, der Hinterrand mäßig verrundet, bisweilen auf der hinteren Hälfte mit Andeutung einer Mittelfurche. Die Flügeldecken etwa um ein Viertel länger als breit, an der Basis mäßig ausgerandet, mit stumpfwinkeligen, etwas verrundeten Schultern und parallelen, nicht ausgebuchteten Seiten, hinten kurz und breit verrundet, fein gestreift, die Streifen gewöhnlich nicht wahrnehmbar. Die Beine plump und kräftig, die Vorderschienen an der Spitze mit drei kräftigen Zähnen, von denen der innere mit einem gebogenen, der etwa um ein Fünftel der Schienenlänge höher stehende äußere mit einem bedeutend stärkeren, geraden Dorne, der mittlere, lange, schmale Zahn mit zwei divergierenden Dornen besetzt ist. Das dritte Tarsenglied etwa zweimal so breit wie das zweite, tief gespalten, zweilappig, die Klauen getrennt. Long. 2·8—3 mm. – Mittel- und Südeuropa, Kaukasus.

26. **Trachyphloeus digitalis** Gyllh.

Insecta Suecica 4, 615; Schönherr 2, 494; Thomson Scandinaviens Coleoptera 7, 134; Seidlitz Die Otiorh. s. str. 110; Marseul L'Abeille XI, 618, 1872; Stierlin Mitteil. Schweiz. Entom. Gesellsch. VII, 138, 1884.

Dem *Tr. spinimanus* in jeder Hinsicht äußerst nahestehend, von demselben durch den im Vergleich zur Länge breiteren, seitlich

stärker gerundeten, gegen die Basis ebenso stark wie zur Spitze
verschmälerten Halsschild, die kaum längeren als breiten, hinten
sehr stumpf abgerundeten, bei der Ansicht von oben fast quadratischen,
mit kleinen, breiten, halb aufgerichteten, schuppenähnlichen Börstchen zerstreut besetzten Flügeldecken verschieden. Long. 2·5 mm.
Schweden. (Ex Seidlitz).

27. Trachyphloeus biskrensis Pic.

L'Echange 19, 130, 1903.

Unter den Arten der dritten Gruppe durch die halbkugelförmigen, stark vorragenden Augen leicht kenntlich. Schwarzbraun
bis hellbraun, der Körper mit kleinen, dicht anschließenden, asch-
oder weißgrauen und eingemischten, fleckenartig zusammenfließenden,
dunkelgrauen Schuppen bedeckt und mit dünnen, mäßig langen,
auf dem Kopfe und Halsschilde aufgerichteten, auf den Flügeldecken
nach hinten geneigten, in einfachen Reihen geordneten weißen Börstchen besetzt. Der Rüssel schwach quer, gegen die Spitze verbreitert,
der Rücken breit, nach vorn deutlich verschmälert, der Länge nach
sehr flach, mehr weniger deutlich eingedrückt, mit der flachen Stirn
in demselben Niveau liegend, kaum gekrümmt. Die Fühlergruben
tief, ziemlich schmal, nach hinten unbedeutend erweitert, bis an die
halbkugelförmigen, stark vorragenden Augen reichend, vor den letzteren
abgeflacht, von oben bis zu der Einlenkungsstelle der Fühler sichtbar·
Die Fühler ziemlich zart, beschuppt und abstehend behaart, der
Schaft deutlich gekrümmt, in der basalen Hälfte unbedeutend, weiter
zur Spitze stärker verdickt, die vorderen zwei Glieder der Geißel
gestreckt, das erste länger als das zweite, die äußeren fünf schwach
quer, gegen die Keule an Breite zunehmend, die letztere spitz-
eiförmig, wenig länger als die anstoßenden drei Geißelglieder zusammengenommen und deutlich breiter als die Spitze des Schaftes.
Der Halsschild etwa anderthalbmal so breit wie lang, in der Mitte
am breitesten, nach vorn wenig stärker als nach hinten verengt,
hinter dem gegen die Stirn stark vorgezogenen Vorderrande breit
eingeschnürt, der Hinterrand gerade abgestutzt, ohne Eindrücke·
Die Flügeldecken etwa um ein Drittel länger als breit, beim ♂ auffallend schmäler und länger als beim ♀, an der Basis gerade abgestutzt, parallelseitig, mit stumpfwinkligen Schultern, im letzten
Dritteile breit zugerundet, bei der Ansicht von oben länglich viereckig, in schmalen Streifen mäßig dicht aufeinanderfolgend punktiert,
die Zwischenräume flach. Das zweite Abdominalsternit vorn gerade

abgestutzt, wenig kürzer als die zwei folgenden zusammengenommen. Die Beine kräftig, die Vorderschienen an der Spitze schief nach außen abgestutzt, ohne Zähne, mit einem schwachen Dorne in der inneren Ecke, das dritte Tarsenglied zweimal so breit wie das zweite, tief gespalten, zweilappig, Klauen an der Basis verwachsen. Long. 2·8—3 mm. — Algerien.

28. Trachyphloeus ovipennis n. sp.

Durch die kleinen, gewölbten, stark vorragenden Augen, die Bauart der Schienen und Tarsen und durch die verwachsenen Klauen dem *Tr. biskrensis* zunächst stehend und habituell ähnlich, von demselben durch den parallelseitigen, am Rücken schwach verengten Rüssel, die Dimensionen des dritten, vierten und fünften Geißelgliedes, welche nicht quer, sondern so lang wie breit sind, die an der Basis ausgerandeten, mit verrundeten Schultern versehenen, im letzten Dritteile allmählich zugerundeten, daher bei der Ansicht von oben nicht länglich viereckigen, sondern eiförmigen Flügeldecken und durch die einfärbige, aschgraue Beschuppung des Körpers leicht zu unterscheiden. Long. 2·8 mm.

Bone, Algerien. Zwei Exemplare in der Sammlung der Herren Solari.

29. Trachyphloeus globipennis Reitt.
Wien. Entom. Zeitg. 1894, 106.

Leicht kenntlich durch die gewölbten, deutlich konischen Augen, den queren, unten parallelseitigen, oben gegen die Spitze merklich verschmälerten Rüssel, die von oben zum Teile sichtbaren, nach hinten stark abgekürzten Fühlergruben und die verkehrt eiförmigen Flügeldecken. Einfärbig schwarzbraun, der Körper dicht schnee- oder grauweiß beschuppt und mit feinen, anliegenden, auf den Zwischenräumen der öfters mit einigen schmutzigbraunen Flecken gezierten Flügeldecken in unregelmäßigen Doppelreihen geordneten Bürstchen besetzt. Der Rüssel ziemlich stark quer, unten mäßig angeschwollen, parallelseitig, der Rücken, im Profil besichtigt, unbedeutend gekrümmt, mit nach vorn merklich konvergierenden, wulstig verdickten Seiten und einem die ganze Breite einnehmenden, vorn tieferen Eindrucke, von der flachen, öfters mit einem länglichen Mittelgrübchen und einer mehr weniger erhobenen Längswulst oberhalb der Augen gezierten Stirn durch eine tiefe, gegen den Scheitel vorgezogene Querdepression abgesetzt. Die Fühlergruben tief, höhlenförmig, nach

hinten verbreitert und stark abgekürzt, von oben zum Teile sichtbar.
Die Fühler plump und kräftig, grauweiß beschuppt und abstehend
behaart, den Hinterrand des Halsschildes nicht überragend, der
Schaft gerade, gegen die Spitze stark verdickt, das erste Glied der
Geißel nach vorn stark verbreitert, wenig länger als an der Spitze
breit, dicker als das zweite, das letztere etwa so lang wie breit, die
äußeren fünf quer, gleichbreit, die Keule eiförmig, höchstens so lang
wie die anstoßenden zwei Geißelglieder zusammengenommen und
schmäler als die Spitze des Schaftes. Die Augen ziemlich vorragend,
konisch, ihre größte Wölbung hinter der Mitte liegend. Der Halsschild etwa zweimal so breit wie lang, vorn und hinten gerade abgestutzt, seitlich sehr schwach gerundet, oben bisweilen mit flachen
Eindrücken und einer flachen, mehr weniger abgekürzten Mittelfurche.
Die Flügeldecken verkehrt eiförmig, mit vollkommen geschwundenen
Schultern, beim ♂ schmäler, seitlich weniger ausgebaucht, beim ♀
breiter, seitlich stärker ausgebaucht, fein gestreift punktiert, die
Punkte weit aufeinander folgend. Das zweite Abdominalsternit vorn
gerade abgestutzt, wenig breiter als das dritte. Die Beine plump
und kräftig, die Vorderschienen an der Spitze nach außen wenig
schief abgestutzt, nach innen erweitert, ohne Dorne, die Tarsen
breit, das dritte, tief gespaltene, zweilappige Glied bedeutend breiter
als das zweite, das Klauenglied lang, wenig kürzer als die übrigen
zusammengenommen, die Klauen über die Mitte verwachsen. Long.
6—6·5 mm. — Bulgarien.

30. **Trachyphloeus rugicollis** Seidl.

Die Otiorh. s. str. 114; Stierlin Mitteil. Schweiz. Entom. Gesellsch. VII, 138,
1884; *rugaticollis* Marseul L'Abeille XI, 622, 1872; *bosnicus* Apfelb. Wissensch.
Mitteil. aus Bosnien und der Herzegovina 1899. 813, ex parte.

Unter den großen Arten sehr ausgezeichnet und leicht kenntlich
durch die kurzen, geneigten Bürstchen der Oberseite des Körpers,
die der ganzen Breite nach grubenförmig vertiefte Stirn, den stark
queren Rüssel, den ebenso queren, faltig gerunzelten Halsschild,
die von oben zum Teile sichtbaren, die Augen erreichenden Fühlergruben und die verwachsenen Klauen. Dunkelbraun, der Körper
dicht beschuppt, die Oberseite mit kurzen, stark geneigten, auf den
Zwischenräumen der Flügeldecken in unregelmäßigen Doppelreihen
geordneten Börstchen besetzt. Der Rüssel stark quer, unten stark
angeschwollen, gegen die Spitze deutlich verbreitert, der Rücken im
Profil betrachtet der Länge nach stark gekrümmt, mit parallelen

Seiten und einem die ganze Breite einnehmenden, vorn ziemlich
tiefen, gegen die Stirn verflachten Eindruck, der Vorderrand ziemlich
stark dreieckig ausgeschnitten, der Ausschnitt mit einem schmalen,
mehr weniger erhobenen Leiste begrenzt, der Hinterrand gegen die
der Breite nach grubenförmig ausgehöhlte Stirn steil abfallend,
die Seiten der Stirngrube oberhalb der Augen mit einem Längswulst.
Die von oben zum Teile sichtbaren Fühlergruben gerade verlaufend,
die flachen, runden Augen erreichend. Die Fühler plump und kräftig,
der Schaft nicht gekrümmt, gegen die Spitze stark verdickt, anliegend beborstet, die Geißel abstehend beborstet, deren vordere
zwei Glieder wenig gestreckt, das erste länger als das zweite,
die äußeren fünf quer, gegen die Keule an Breite kaum merklich zunehmend, die Keule eiförmig, etwa so lang wie die anstoßenden zwei Geißelglieder zusammengenommen und schmäler als
die Spitze des Schaftes. Der Halsschild etwa zweimal so breit wie
lang, vorn und hinten gerade abgestutzt, in der Mitte am breitesten,
zur Basis schwächer als nach vorn verengt, mit einer breiten, ziemlich tiefen, vor dem Vorderrande gewöhnlich abgekürzten Mittelfurche
und mit mächtigen, faltigen Runzeln. Die Flügeldecken etwa um
ein Drittel länger als breit, mit deutlichen, abgerundeten Schultern,
beim ♂ mit wenig ausgebauchten, beim ♀ mit parallelen Seiten,
hinten breit zugerundet, in ziemlich tiefen Streifen weitläufig punktiert,
die Zwischenräume deutlich gewölbt. Das zweite Abdominalsternit
vorne gerade abgestutzt, breiter als das dritte. Die Beine plump
und kräftig, beschuppt und beborstet, die Spitze der Vorderschienen
nach außen schief abgestutzt, nach innen erweitert, nicht bedornt,
die Tarsen breit, das mäßig breitere dritte Glied tief gespalten,
zweilappig, die Klauen bis zur Mitte verwachsen. Long. 4·6—6 mm.
Dalmatien, Herzegovina.

31. Trachyphloeus elephas Reitt.
Deutsch. Entom. Zeitsch. 1890, 394.

Unter den Arten der dritten Gruppe durch die bedeutende
Größe, die langen, aufgerichteten, zur Spitze nicht verdickten, auf
den Flügeldecken in unregelmäßigen Doppelreihen geordneten Borsten,
den stark queren Rüssel und durch die von oben zum Teile sichtbaren, bis an die Augen reichenden, vor den letzteren abgeflachten
Fühlergruben sehr ausgezeichnet und leicht kenntlich. Dunkelbraun,
der Körper dicht beschuppt, die Oberseite mit langen, aufgerichteten,
auf den Zwischenräumen der Flügeldecken in unregelmäßigen Doppelreihen geordneten, grauen und weißen Borsten besetzt. Der Rüssel

starr quer, unten starr angeschwollen, gegen die Spitze deutlich
erweitert, am Rücken der ganzen Breite nach ziemlich starr eingedrückt, mit der flachen, in der Mitte mit einer mehr weniger
tief eingegrabenen Längslinie gezierten Stirn in derselben Ebene
liegend, die Seiten parallel, der Vorderrand ziemlich starr dreieckig
ausgeschnitten, der Ausschnitt mit einer schmalen, mehr weniger
hohen Leiste begrenzt. Die Fühlergruben tief, höhlenförmig, in dem
rückwärtigen Teile abgeflacht, gerade gegen die Augen verlaufend,
die letzteren erreichend. Die Augen flach gewölbt, nach vorn nicht
konvergierend. Die Fühler plump und kräftig, abstehend beborstet,
den Hinterrand des Halsschildes kaum überragend, der Schaft gerade,
gegen die Spitze starr verdickt, die vorderen zwei Glieder der Geißel
wenig gestreckt, gegen die Spitze starr verdickt, das erste merklich
länger als das zweite, die äußeren fünf quer, gegen die Keule
an Breite kaum oder nur unbedeutend zunehmend, die Keule
eiförmig, etwa so lang wie die anstoßenden zwei Geißelglieder zusammengenommen, deutlich schmäler als die Spitze des Schaftes.
Der Halsschild mehr als zweimal so breit wie lang, vorn gerade
abgestutzt, hinten mäßig zugerundet, in der Mitte am breitesten,
nach hinten schwach, nach vorn ziemlich starr verengt, mit einer
seichten, vor dem Vorderrande abgekürzten Mittelfurche und mit
breiten, sehr schwach erhobenen Runzeln. Die Flügeldecken etwa
ein Drittel länger als breit, an der Basis so breit wie der Halsschild, gegen die verrundeten Schultern kurz erweitert, weiter bis
zum letzten Dritteile ziemlich parallelseitig, sodann breit zugerundet,
schmal, mäßig tief gestreift, die Zwischenräume kaum merklich gewölbt. Die Beine plump, beschuppt und abstehend beborstet, die
Vorderschienen an der Spitze abgerundet, nach innen erweitert,
nicht bedornt, die Tarsen breit, das dritte Glied wenig breiter als
das zweite, tief gespalten, zweilappig, die Klauen bis über die Mitte
verwachsen. Long. 4·8—6 mm. — Griechenland, Korfu.

Von dieser Art lagen mir zwei typische Stücke vor, von denen
sich eines durch Munifizenz des Autors in meiner Sammlung befindet.

32. **Trachyphloeus gracilicornis** Seidl.
Die Otiorh. s. str. 115; Marseul L'Abeille XI, 623, 1872; Stierlin Mitteil.
Schweiz. Entom. Gesellsch. VII, 139, 1884.

Mit *Tr. elephas* und *rugicollis* nahe verwandt und im Habitus,
sowie in der Färbung übereinstimmend, von beiden durch den anders
gebildeten Kopf und Rüssel, die einfachen Reihen der langen Borsten
auf den Flügeldecken und namentlich durch die auffallend dünne

Geißel der Fühler verschieden. Der Rüssel stark quer, parallelseitig, der Rücken wenig schmäler als die mäßig angeschwollene Unterseite, die Ränder derselben von der Basis an bis zum letzten Viertel parallel, weiter zu der vorn stark dreieckig ausgerandeten Spitze mäßig konvergierend, wulstig erhoben, die auf der Innenseite von einer flachen Vertiefung begrenzten Wulste bis über die Augen reichend, die Mittelpartie des Rüssels samt der Stirn abgeflacht und ihrer ganzen Länge nach schmal vertieft. Die Fühlergruben tief, scharf begrenzt, mäßig gekrümmt, nach hinten unbedeutend verbreitert, von den flachen, nach vorn deutlich konvergierenden Augen durch eine dünne Wand getrennt, bei der Ansicht von oben nicht sichtbar. Die Fühler den Hinterrand des Halsschildes nicht erreichend, abstehend behaart, der Schaft von der Basis an in der apikalen Hälfte stark verdickt, unbedeutend gekrümmt, die Geißel zart, deren vordere zwei Glieder gestreckt, das erste zur Spitze unbedeutend verdickte länger als das zweite, die äußeren fünf gegen die Keule an Breite kaum zunehmend, in der Länge wenig differierend, nicht breiter als lang, die Keule kurz eiförmig, schmäler als die Spitze des Schaftes und kürzer als die anstoßenden drei Geißelglieder zusammengenommen. Der Halsschild etwa zweieinhalbmal so breit wie lang, wie der Kopf mit langen, nach hinten geneigten Borsten besetzt, vorn wenig schief abgestutzt, hinten und seitlich schwach verrundet, nicht gerunzelt, mit einer breiten, vorn abgekürzten Mittelfurche. Die Flügeldecken um ein Drittel länger als breit, an der Basis schwach ausgerandet, daselbst so breit wie der Halsschild, bis zu den Schultern stark verbreitert, sodann parallelseitig verlaufend und im letzten Viertel breit verrundet, in ziemlich tiefen Streifen seicht punktiert, die Punkte weit aufeinanderfolgend, die Zwischenräume schwach gewölbt, mit einfachen Reihen kräftiger, zur Spitze verdickter, wie bei der Art *elephas* langer Borsten. Die Beine wie bei der Art *rugicollis* gebildet. Beirut, Syrien.

Diese Art ist in dem mir vorliegenden Sammlungsmateriale des Autors in einem Exemplare vertreten.

33. **Trachyphloeus ventricosus** Germ.

Insectorum species novae 405; Schönherr 2, 490, Seidlitz Die Otiorh. s. str. 113; Marseul L'Abeille XI, 621, 1872; Stierlin Mitteil. Schweiz. Entom. Gesellsch. VII, 138, 1884.

Sehr ausgezeichnet und leicht kenntlich durch den so langen wie breiten, am Rücken in der Mitte verbreiterten Rüssel, den nach

vorn stark verengten Kopf, die flachen, nach vorn konvergierenden
Augen, die von oben nicht sichtbaren Fühlergruben, den stark queren,
faltig gerunzelten Halsschild und die halbkugelförmigen, auf den
dachförmig erhabenen Zwischenräumen mit Doppelreihen feiner Börstchen gezierten Flügeldecken. Dunkelbraun, die Oberseite mit helleren
und dunkleren Flecken, welche öfters auf den Flügeldecken zu Binden
zusammenfließen, geziert und mit feinen, geneigten, auf den Zwischenräumen der Flügeldecken in unregelmäßigen Doppelreihen geordneten
Börstchen besetzt. Der Rüssel so lang wie breit, unten nicht oder
nur unbedeutend angeschwollen, gegen die Spitze merklich erweitert,
am Rücken im Profil besichtigt eben, der ganzen Breite nach eingedrückt, die Seiten wulstig erhoben, in der Mitte nach außen
erweitert. Die Fühlergruben tief, höhlenförmig, gegen die Augen
gerichtet, vor den letzteren stark abgekürzt, von oben nicht sichtbar.
Der Kopf nach vorn stark verschmälert, die der Quere schwach
gewölbte Stirn in der Mitte mit einer tief eingegrabenen Längslinie geziert, vom Rüssel durch eine flache Querdepression abgesetzt.
Die Augen groß, rund, flach gewölbt, nach vorn konvergierend.
Die Fühler plump und kräftig, dicht beschuppt und abstehend
beborstet, den Hinterrand des Halsschildes wenig überragend, der
Schaft gerade, gegen die Spitze mäßig verdickt, das erste Glied
der Geißel nach vorn verbreitert, wenig länger als an der Spitze
breit, die übrigen Glieder quer, gleichbreit, die Keule spitz-eiförmig,
kürzer als die anstoßenden drei Geißelglieder zusammengenommen
und etwa so breit wie die Spitze des Schaftes. Der Halsschild mehr
als doppelt so breit wie lang, die Vorderseite gegen die Stirn deutlich
vorgezogen, die Hinterseite mäßig verrundet, in der Mitte am breitesten,
nach vorn bedeutend stärker als nach hinten verengt, oben faltig
gerunzelt, bisweilen mit einer flachen, beiderseits abgekürzten Mittelfurche. Die Flügeldecken an der Basis flach ausgerandet, so breit
wie der Halsschild, halbkugelförmig, beim $\male$ kaum merklich
schmäler und kürzer als beim $\female$, tief gestreift punktiert, die Punkte
weit aufeinanderfolgend, die dachförmig gewölbten Zwischenräume
angreifend. Das zweite Abdominalsternit vorn gerade abgestutzt,
etwa so breit wie das dritte. Die Beine plump und kräftig, die
Spitze der Vorderschienen nach außen schwach schief abgestutzt.
nach innen mäßig erweitert und daselbst mit einem kleinen Dorne
besetzt, die Tarsen breit, das dritte Glied tief gespalten, zweilappig,
bedeutend breiter als das zweite, die Klauen bis über die Mitte
verwachsen. Long. 4—5 mm. — Ungarn, Siebenbürgen, Serbien.

34. **Trachyphloeus bosnicus** Apfelb.

Wissenschaftl. Mitteilungen aus Bosnien und der Herzegovina 1899, 813; *rugicollis* Seidlitz, Die Otiorh. s. str. 114, ex parte.

Durch den nach vorn verschmälerten Kopf und die nach vorn convergierenden Augen dem *Tr. ventricosus* sehr nahestehend und auch habituell ähnlich, von demselben durch längeren, schmäleren Rüssel, schmäleren, schwächer gerunzelten, mit einer breiten Mittelfurche versehenen Halsschild, die curz eiförmigen, nur auf den ungeraden Zwischenräumen mit bedeutend längeren und cräftigeren Bürstchen gezierten Flügeldecken und das im Verhältnis zum dritten bedeutend breitere zweite Abdominalsternit leicht zu unterscheiden. Long. 3—4 mm.

Bosnien und falls die Fundortsangabe bei dem cleineren typischen Exemplare des *Tr. rugicollis* zutrifft, auch Bulgarien (teste Seidlitz l. c.)

35. **Trachyphloeus Championi** n. sp. (Reitt. in lit.)

Unter den Arten der dritten Gruppe durch den nach vorn verengten Kopf, die cleinen, flachen, nach vorn convergierenden Augen, den ebenen, wenig längeren als breiten, von der flach ausgehöhlten Stirn durch eine Querdepression abgesetzten Rüssel, den nicht eingedrücten Halsschild, die wenig längeren als breiten, seitlich caum ausgebauchten, bei der Ansicht von oben fast quadratischen Flügeldecken, die mit fünf Dornen bewaffneten Vorderschienen und die auffallende Länge der Klauenglieder sehr ausgezeichnet und leicht cenntlich. Schwarzbraun, der Körper mit cleinen, runden, nicht anschließenden, aschgrauen und zu bindenartigen Flecren zusammenfließenden schwarzgrauen Schuppen bedect und mit gleichfarbigen, nach hinten geneigten, auf dem Kopfe und Halsschilde curzen, auf den Flügeldecen längeren und in mäßig dichten, einfachen Reihen geordneten Borsten besetzt. Der Rüßel wenig länger als breit, der untere Teil seitlich gerundet, der Rücen eben, nicht eingedrüct, von der der Quere nach flach ausgehöhlten Stirn durch eine Querdepression abgesetzt. Die Fühlergruben tief, nach hinten verbreitert, die Augen berührend, von oben nicht sichtbar. Der Kopf nach vorn verengt, die cleinen, flachen, nach vorn convergierenden Augen in der Mitte der Kopfseiten gelegen. Die Fühler plump und cräftig, der Schaft ziemlich starc gebogen, der ganzen Länge nach im apicalen Teile beulenförmig verdict, die vorderen zwei Glieder

der Geißel gestreckt, das erste, stark verdickte länger als das zweite,
die äußeren fünf quer, gegen die Keule an Breite zunehmend, die
letztere spitz-eiförmig, schmäler als der Schaft an der Spitze. Der
Halsschild mehr als zweimal so breit wie lang, der Quere nach
stark gewölbt, ohne Eindrücke, in der Mitte am breitesten, nach
vorn deutlich stärker verengt als nach hinten, der Vorderrand gegen
die Stirn deutlich vorgezogen, der Hinterrand gerade abgestutzt.
Die Flügeldecken wenig länger als breit, der Quere und Breite nach
stark gewölbt, vorne gerade abgestutzt, mit verrundeten Schultern,
seitlich kaum oder nur undeutlich ausgebaucht, hinten kurz und
breit zugerundet, bei der Ansicht von oben fast quadratisch, in
seichten Streifen punktiert, die Punkte mäßig dicht aufeinanderfolgend, die Zwischenräume flach. Die Beine plump und kräftig,
die Vorderschienen an der Spitze mit fünf kleinen Dornen, das
dritte Glied der Tarsen bedeutend breiter als das zweite, tief gespalten,
zweilappig, das Klauenglied schmal, fast so lang wie die übrigen
Glieder zusammengenommen, die Klauen an der Basis verwachsen.
Long. 3·3 mm.

Ein in Salonica gesammeltes Exemplar aus der Sammlung
des kaiserlichen Rates Herrn Edm. Reitter.

36. **Trachyphloeus ypsilon** Seidl.

Die Otiorh. s. str. 115; Marseul L'Abeille XI, 623, 1872; Stierlin Mitteil.
Schweiz. Entom. Gesellsch. VII, 139, 1884.

Unter den großen Arten leicht kenntlich durch den langen
parallelseitigen, oben flachen, mit der Stirn in derselben Ebene
liegenden und mit einem zwischen den Augen beginnenden, ypsilonförmig geteilten Eindrucke gezierten Rüssel, die elliptischen, auf
den flachen Zwischenräumen mit einfachen Reihen langer, gegen
die Spitze verbreiterter Borsten besetzten Flügeldecken und durch
die langen Klauenglieder der Tarsen. Einfärbig hellgrau bis dunkelgrau, der Körper mit kleinen, dicht anschließenden, länglich viereckigen Schuppen bedeckt und auf der Oberseite mit langen, gegen
die Spitze verbreiterten, auf den Flügeldecken in einfachen Reihen
geordneten Borsten besetzt. Der Rüssel bedeutend länger als breit,
beim ♂ gegen die Spitze mehr weniger deutlich verbreitert, beim ♀
parallelseitig, unten nicht angeschwollen, oben eben, nicht gekrümmt,
mit der flachen Stirn in demselben Niveau liegend, mit einer
zwischen den Augen beginnenden, vorn ypsilonförmig geteilten Furche.
Die Fühlergruben tief, nach hinten verbreitert, gerade gegen die

flachen Augen verlaufend, vor den letzteren mehr oder minder star٤
abgeflacht. Die Fühler ٤räftig, den Hinterrand des Halsschildes nicht
erreichend, beschuppt und abstehend beborstet, der Schaft gerade,
gegen die Spitze star٤ verdic٤t, die vorderen zwei Geißelglieder
gestrec٤t, das erste länger als das zweite, die äußeren fünf quer,
gegen die Keule an Breite mer٤lich zunehmend, die Keule eiförmig,
٤ürzer als die anstoßenden drei Glieder der Geißel zusammengenommen
und deutlich schmäler als die Spitze des Schaftes. Der Halsschild
fast zweimal so breit wie lang, seitlich mehr weniger star٤ verrundet,
nach vorne deutlicher als nach hinten verengt, hinter dem gegen
die Stirn vorgezogenen Vorderrande mehr weniger deutlich eingeschnürt, an der Basis gerade abgestutzt, vor der letzteren bisweilen
mit einigen nach vorn abge٤ürzten Falten oder auch mit einem
beiderseits der mehr weniger deutlichen, oft ziemlich tiefen und
breiten Mittelfurche gelegenen Grübchen. Die Flügeldec٤en eiförmig,
mit voll٤ommen verrundeten Schultern, beim ♂ schmäler und ٤ürzer
als beim ♀, mäßig tief gestreift pun٤tiert, die Pun٤te weit aufeinanderfolgend, die Zwischenräume ٤aum gewölbt. Das zweite Abdominalsternit vorn gerade abgestutzt, etwa so lang wie das dritte. Die
Beine ٤räftig, beschuppt und abstehend behaart, bei beiden Geschlechtern gleichmäßig entwic٤elt, die Schienen gerade, an der
Spitze mit einem Kranze gleich langer Borsten, nach außen nicht,
nach innen schwach, spitzig vorgezogen, die Tarsen breit, das dritte
Glied bedeutend breiter als das zweite, tief gespalten, zweilappig,
das Klauenglied ٤räftig, etwa so lang wie die übrigen Glieder
zusammengenommen, die Klauen am Grunde verwachsen. Long.
5--6 mm. – Ungarn, Serbien.

37. **Trachyphloeus turcicus** Seidl.

Die Otiorh. s. str. 116; Stierlin Mitteil. Schweiz. Entom. Gesellsch. VII, 139, 1884;
gibbifrons Apfelb. Wissensch. Mitteil. aus Bosnien und der Herzegovina 1899, 815.

Dem *Tr. ypsilon* nahe verwandt und habituell ähnlich, von
demselben durch die haarförmige Beschuppung des Körpers, die
bedeutend ٤ürzeren, gegen die Spitze nicht oder nur unbedeutend
verbreiterten Borsten,. den der ganzen Breite nach mehr weniger
deutlich eingedrüc٤ten, mit einer einfachen, mehr weniger scharf
eingegrabenen, auf der Stirn beginnenden, oft von den Schuppen
ganz verdeckten Rinne gezierten Rüssel und die oberhalb der Augen
mehr weniger deutlich wulstig angeschwollene Stirn leicht zu unterscheiden. Long. 3·7 – 5·5 mm. Bulgarien.

38. **Trachyphloeus Frivaldszkyi** Kuthy.

Természetrajzi Füzetek XI, 27, 1887—1888.

Leicht kenntlich durch den an der Basis eingeschnürten, unten
angeschwollenen, gegen die Spitze verbreiterten, oben schmalen,
parallelseitigen, bei der Besichtigung im Profil stark gekrümmten,
von der flachen Stirn durch eine Querdepression abgesetzten Rüssel,
die von oben sichtbaren Fühlergruben, den nach vorn stark verschmälerten Kopf, die nach vorn konvergierenden, flachen Augen,
die an der Basis verwachsenen Klauen und durch die zweifarbigen,
schuppenförmigen Borsten der Oberseite. Schwarzbraun, der Körper
mit aschgrauen, runden und eingemischten haarförmigen, unter dem
Mikroskop dreiästigen Schuppen dicht bedeckt, die Oberseite überdies
mit zweifarbigen, schuppenförmigen Borsten, von denen die weißen
auf den ungeraden, die schwarzen auf den geraden Zwischenräumen
der Flügeldecken in einfachen Reihen und weiter Aufeinanderfolge
geordnet sind, besetzt. Der Rüssel bedeutend länger als breit, an
der Basis stark eingeschnürt, unten stark angeschwollen, gegen die
Spitze verbreitert, der Rücken schmal, parallelseitig, im Profil
besichtigt, stark gekrümmt, der ganzen Breite nach mehr weniger
eingedrückt, von der flachen Stirn durch eine Querdepression stark
abgesetzt. Die Fühlergruben tief, nach hinten verbreitert, im Bogen
gegen die Augen verlaufend, vor den letzteren ziemlich stark abgekürzt, von oben als schmale, vorne wenig breitere Streifen beiderseits des Rüssels sichtbar. Der Kopf nach vorne stark verschmälert,
die Augen flach, die Ober- und Unterkanten des Kopfes berührend,
nach vorne stark konvergierend. Die Fühler plump und kräftig,
beschuppt, den Hinterrand des Halsschildes nicht erreichend, der
Schaft fein anliegend beborstet, gegen die Spitze stark, keulenförmig verdickt, im ersten Dritteile winklig gekrümmt, die Geißel
abstehend beborstet, das erste Glied knopfförmig, kaum so lang wie
an der Spitze breit, das zweite schlank, zur Spitze schwach verdickt,
bedeutend länger als breit, die äußeren fünf quer, gegen die Keule
an Breite abnehmend, die Keule eiförmig, kürzer als die anstoßenden
drei Geißelglieder zusammengenommen. Der Halsschild mäßig quer,
schmäler als die Flügeldecken, der Breite nach stark gewölbt, hinter
dem gegen die Stirn sehr deutlich vorgezogenen Vorderrande mehr
weniger eingeschnürt, der Hinterrand schwach verrundet, unweit
der Basis am breitesten, von da an beiderseits nach vorn bedeutend
stärker verengt. Die Flügeldecken an der Basis so breit wie der
Halsschild, etwa um ein Drittel länger als breit, mit deutlichen,

abgerundeten Schultern, seitlich raum merklich ausgebaucht, parallelseitig, im letzten Dritteile breit verrundet, ohne angedeutete Streifen
oder Punkte, an Stelle der abwechselnden Zwischenräume schwach
rippenförmig erhoben. Das zweite Abdominalsternit vorn gerade
abgestutzt, deutlich breiter als das dritte und vierte zusammengenommen. Die Beine plump und kräftig, dicht beschuppt und
anliegend beborstet, die Vorderschienen an der Spitze schief nach
außen abgestutzt, mit einem Kranze kurzer, gleichlanger Borsten,
nach innen unbedeutend erweitert, die Tarsen breit, das dritte Glied
bedeutend breiter als das zweite, tief gespalten, zweilappig, die Klauen
bis über die Mitte verwachsen. Long. 3·5 — 3·8 mm.
Ungarn.

39. **Trachyphloeus apuanus** A. et F. Solari.
Annali del Museo Civico di Storia Naturale di Genova 42, 93, 1905.

Durch die flachen, nach vorn stark konvergierenden Augen
dem *Frivaldszkyi*, durch die granulierte Oberseite des Körpers
dem *granulatus* nahestehend, mit beiden in der Bildung des Rüssels
übereinstimmend, von denselben durch die eiförmigen, von der Mitte
an nach hinten verengten Flügeldecken und das gerundete dritte
bis sechste Geißelglied, vom *Frivaldszkyi* überdies durch einfarbig
weiße, auffallend feinere und bedeutend dichter zusammengestellte
Bürstchen des Körpers, vom *granulatus* durch bedeutende Größe,
längeren und schmäleren Rüssel verschieden. Long. 3·3 mm. —
Etruria.

Nach einem mir vorliegenden Exemplare beschrieben.

40. **Trachyphloeus granulatus** Seidl.
Die Otiorh. s. str. 127; Stierlin Mitteil. Schweiz. Entom. Gesellsch. VII, 141,
1884; *granulus* Marseul L'Abeille XI, 635, 1872.

Sehr ausgezeichnet und leicht kenntlich durch die granulierte, mit
feinen, weißen, auf den Zwischenräumen der Flügeldecken in einfachen
Reihen und in dichter Aufeinanderfolge geordneten Bürstchen gezierte
Oberseite des Körpers und die verwachsenen Klauen. Schwarzbraun,
oben granuliert, der Körper mit feinen, weißgrauen Schuppen bedeckt
und die Oberseite überdies, wie oben angegeben, beborstet. Der Rüssel
länger als breit, unten stark angeschwollen, gegen die Spitze verbreitert, der Rücken parallelseitig, im Profil betrachtet stark gekrümmt,
der Länge nach ziemlich tief eingedrückt, der Eindruck nach hinten

verschmälert und abgeflacht, von der der Quere nach stark gewöihten
Stirn durch eine Querdepression abgesetzt. Die Fühlergruben tief,
bis an die Augen reichend, vor den letzteren abgeflacht, von oben
als schmale, nach vorn verbreiterte Streifen sichtbar. Die Augen
deutlich gewölbt, die ganzen Seiten des Vorderkopfes einnehmend.
Die Fühler mäßig kräftig, den Hinterrand des Halsschildes nicht
überragend, der Schaft schwach gekrümmt, gegen die Spitze stark
verdickt, die vorderen zwei Geißelglieder gestreckt, in der Länge
wenig differierend, die äußeren fünf quer, gegen die Keule an Breite
zunehmend, die Keule eiförmig, etwa so lang wie die anstoßenden
drei Glieder der Geißel zusammengenommen und so stark wie der
Schaft an der Spitze. Der Halsschild bedeutend schmäler als die
Flügeldecken, etwa um ein Drittel breiter als lang, in der Mitte
am breitesten, beiderseits ziemlich stark, nach vorn jedoch merklich
stärker verengt, der Vorderrand gegen die Stirn vorgezogen, der
Hinterrand schwach verrundet. Die Flügeldecken etwa um ein Drittel
länger als breit, an der Basis breiter als der Halsschild, mit deutlichen Schultern, seitlich sehr schwach ausgebaucht, hinten kurz
und breit zugerundet. Das zweite Abdominalsternit vorn winklig
gebogen, länger als die zwei folgenden zusammengenommen. Die
Beine plump, kräftig, fein beschuppt und behaart, das dritte Glied
der breiten Tarsen tief zweilappig, bedeutend breiter als das vorhergehende, die Klauen bis über die Mitte verwachsen. Long. 3—3·3 mm.
Frankreich.

41. **Trachyphloeus setiger** Seidl.

Die Otiorh. s. str. 118; Stierlin Mitteil. Schweiz. Entom. Gesellsch. VII, 140,
1884; *maculatus* Perris L'Abeille VII, 21, 1870; *setosus* Marseul L'Abeille
XI, 627, 1872.

Leicht kenntlich durch den gestreckten, stark gekrümmten,
vom Kopfe abgesetzten Rüssel, die flachen, nach vorn konvergierenden
Augen, die in der Schultergegend breitesten, von da an nach hinten
verschmälerten, in tiefen Streifen punktierten Flügeldecken, die langen,
aufgerichteten Borsten des Körpers, die abgerundete, mit starken
Dornen besetzte Spitze der Vorderschienen und die getrennten
Klauen. Schwarzbraun bis hellbraun, der Körper mit kleinen, runden,
dicht anschließenden Schuppen bedeckt und mit langen, dicken,
deutlich keulenförmigen, auf den Flügeldecken mäßig dicht in einfachen Reihen geordneten, licht gefärbten Borsten besetzt. Die aschgraue Farbe der Schuppen geht auf der hinteren Wölbung der

Flügeldecxen in weiße und schwarze Färbung über. Gewöhnlich treten daselbst zwei bogenförmige, nach hinten convergierende, auf der Vorderseite schmal schwarz begrenzte weiße Binden auf. Der Rüssel bedeutend länger als breit, nach vorn deutlich verbreitert, der Rücxen breit, parallelseitig, ziemlich starx gexrümmt, von der flachen, bisweilen mit einem Mittelgrübchen gezierten Stirn durch eine Querdepression abgesetzt, mit einer feinen, mehr weniger deutlichen, öfters auf die Stirn übergreifenden Rinne. Die Fühlergruben tief, mäßig breit, deutlich gexrümmt, gegen die Augen erweitert, von den letzteren durch eine dünne Wand getrennt, von oben als schmale, gleichbreite Streifen sichtbar. Der Kopf vor den Augen eingeschnürt, die Augen groß, flach, nach vorn convergierend. Die Fühler xräftig, der Schaft gerade, von der Basis an mäßig verdicxt, die vorderen zwei Geißelglieder gestrecxt, in der Länge wenig differierend, das erste stärxer verdicxt, die äußeren fünf quer, gegen die spitz-eiförmige Keule xaum breiter werdend, die letztere xürzer als die anstoßenden drei Glieder der Geißel zusammengenommen und so breit wie der Schaft an der Spitze. Der Halsschild etwa zweimal so breit wie lang, in der Mitte am breitesten, von da an beiderseits gleichmäßig verengt, hinter dem gerade abgestutzten Vorderrande mehr weniger deutlich eingeschnürt, der Hinterrand mäßig verrundet, mit einer mehr weniger ausgeprägten, vorn gewöhnlich abgexürzten Mittelfurche und zwei tiefen Grübchen auf der basalen Hälfte. Die Flügeldecxen etwa um die Hälfte länger als breit, an der Basis mäßig ausgerandet, mit stumpfwinxligen Schultern und geraden, xaum ausgebauchten Seiten, hinten xurz und breit verrundet, in tiefen Streifen punxtiert, die Punxte dicht aufeinanderfolgend, die Zwischenräume flach. Das zweite Abdominalsternit vorn gerade abgestutzt, wenig breiter als das dritte. Die Beine plump und xräftig, die Vorderschienen an der Spitze verrundet, mit einem Kranze starxer Dornen besetzt, das dritte Tarsenglied zweimal so breit wie das vorgehende, tief gespalten, zweilappig, die Klauen getrennt. Long. 3·2—5 mm.

Franxreich, Spanien, Sardinien, Sizilien.

42. Trachyphloeus algerinus Seidl.

Die Otiorh. s. str. 119; Marseul L'Abeille XI, 627, 1872; Stierlin Mittuil. Schweiz. Entom. Gesellsch. VII, 140, 1884.

Habituell dem *Tr. setiger* sehr ähnlich, ebenso gefärbt und ungefähr von derselben Größe, aber durch den fast dreimal so breiten

wie langen Halsschild, die nicht schmalen und gestreckten, sondern
breiten und kurzen, furchenartig gestreiften, auf den gewölbten
Zwischenräumen mit Reihen langer, stark keulenförmig verdickter
Borsten gezierten Flügeldecken leicht zu unterscheiden. Long 4·5 mm.
Mir liegt nur ein aus der Sammlung des königl. zool. Museums
zu Dresden stammendes Exemplar vor.

43. Trachyphloeus bifoveolatus Beck.

Beiträge zur bayrischen Insektenfauna 22; Bedel Faune des Coléopt. du Bassin
de la Seine 6, 41: *scaber* auct. (non Linné) Fauna suecica 592; Bach Käferfauna für Nord- und Mitteldeutschland 262; Thomson Scandinaviens Coleoptera
7, 131; Seidlitz Die Otiorh. s. str. 117; Marseul L'Abeille XI, 625, 1872;
Stierlin Mitteil. Schweiz. Entom. Gesellsch. VII, 139, 1884; *squamosus* Gyllh.
Schönherr 2, 491; *seabriculus* Gyllh. Insecta Suecica 3, 309: *tesselatus* Marsham
Schönherr 7, 114: *confinis* Stephens Illustrations of British Entomology 4, 121.

Leicht kenntlich durch die großen, flachen, nach vorn konvergierenden Augen, den vor den letzteren eingeschnürten Kopf, den
breiten, gegen die Spitze verschmälerten Rücken des Rüssels, die
etwa um ein Drittel längeren als breiten, auf den flachen Zwischenräumen mit Reihen kurzer Borsten gezierten Flügeldecken und die
getrennten Klauen. Schwarzbraun bis hellbraun, der Körper mit
kleinen, runden, isolierten Schuppen[1]) bedeckt und mit auf dem
Halsschilde sehr kurzen, auf den Flügeldecken längeren, in einfachen
Reihen und undichter Aufeinanderfolge geordneten Borsten besetzt.
Der Rüssel deutlich länger als breit, seitlich ausgebaucht, der Rücken
breit, nach vorn ziemlich stark verengt, von dem vorn eingeschnürten
Kopf durch eine Querdepression abgesetzt, der Länge nach mehr
weniger deutlich eingedrückt, im Profil besichtigt stark gekrümmt.
Die Fühlergruben tief, nach hinten verbreitert, deutlich gekrümmt,
vor den großen, flachen, nach vorn konvergierenden Augen abgekürzt und abgeflacht, von oben zum Teile sichtbar. Die Fühler
plump und kräftig, der Schaft gegen die Spitze gleichmäßig, ziemlich stark verdickt, die vorderen zwei Glieder der Geißel gestreckt,
das erste länger und bedeutend stärker als das zweite, die äußeren
fünf quer, gegen die Keule an Breite unbedeutend zunehmend, die
letztere spitz-eiförmig, so lang wie die anstoßenden drei Geißelglieder zusammengenommen und so dick wie der Schaft an der

---

[1]) Die Oberseite ist in den meisten Fällen mit feinen Erdbestandteilen
bedeckt, welche sowohl die Schuppen als auch die tiefen Streifen der Flügeldecken verdecken.

Spitze. Der Halsschild etwa zweimal so breit wie lang, in der Mitte am breitesten, nach vorn stark, nach hinten unbedeutend verengt, hinter dem gegen die Stirn kaum oder nur unbedeutend vorgezogenen Vorderrande mehr weniger deutlich eingeschnürt, der Hinterrand mäßig verrundet, mit einer mehr weniger deutlichen, vorn gewöhnlich abgekürzten Mittelfurche und beiderseits derselben auf der hinteren Hälfte mit je einem tiefen Grübchen. Die Flügeldecken etwa um ein Drittel länger als breit, an der Basis wenig ausgerandet, mit deutlichen, stumpfwinkligen Schultern, seitlich deutlich ausgebaucht, hinten kurz und breit zugerundet, in tiefen Streifen dicht punktiert, die Zwischenräume flach. Das zweite Abdominalsternit vorn gerade abgestutzt, wenig breiter als das dritte. Die Beine plump und kräftig, die Vorderschienen an der Spitze verrundet, stark bedornt, das dritte Tarsenglied zweimal so breit wie das zweite, zweilappig, die Klauen getrennt. Long. 2·8—5 mm.

Europa, Kaukasus, Sardinien.

44. **Trachyphloeus coloratus** Allard.

Berl. Entom. Zeitsch. 1869. 325; Marseul L'Abeille XI, 626, 1872; Stierlin Mitteil. Schweiz. Entom. Gesellsch. VII, 139, 1884; *Beaupréi* Pic L'Echange XIX, 155, 1905.

Dem *Tr. bifoveolatus* sehr nahestehend und habituell ähnlich, von demselben durch die dicht anschließenden Schuppen, die äußerst feinen, anliegenden, schwer wahrnehmbaren Börstchen der Oberseite des Körpers, den an der Basis stärker eingeschnürten, auf dem Rücken parallelseitigen Rüssel, die von oben in größerer Ausdehnung sichtbaren, die Augen erreichenden Fühlergruben, den nach vorn deutlicher verengten Kopf und die breiteren, kürzeren, mehr parallelseitigen, hinten sehr kurz verrundeten, bei der Ansicht von oben quadratischen Flügeldecken verschieden. Long. 3·2—4 mm. — Algerien.

45. **Trachyphloeus amplithorax** n. sp.[1])

Unter den Arten mit eingeschnürtem Kopfe und nach vorn konvergierenden Augen durch den glockenförmigen, nur hinter dem Vorderrande breit eingedrückten Halsschild, die kurzen, bei der Ansicht von oben fast quadratischen, auf den deutlich gewölbten Zwischenräumen mit mäßig dichten, einfachen Reihen kurzer, dichter Borsten gezierten Flügeldecken und die getrennten Klauen leicht

---

[1]) Der Käfer ist unter dem Namen *amplithorax* Desbrochers in den Sammlungen verbreitet. Desbrochers hat jedoch nach einer Mitteilung an Herrn Prof. Dr. L. v. Heyden einen *Trachyphloeus* unter diesem Namen nicht beschrieben.

kenntlich. Schwarzbraun bis hellbraun, der Körper mit kleinen,
runden, nicht anschließenden, erdgrauen Schuppen dicht bedeckt
und mit auf dem Kopfe und Halsschilde schuppenförmigen, unregelmäßig gruppierten, auf den Zwischenräumen der Flügeldecken längeren,
dicken, stark geneigten, in einfachen, mäßig dichten Reihen geordneten Borsten besetzt. Der Rüssel etwa so lang wie breit, mit stark
bauchig erweiterten Seiten, der Rücken mäßig breit, parallelseitig,
nicht eingedrückt, im Profil besichtigt stark gekrümmt, von dem
vorn eingeschnürten Kopf deutlich, mehr weniger stark abgesetzt.
Die Fühlergruben tief, deutlich gekrümmt, nach hinten verbreitert,
die kleinen, flachen, tief herabgedrückten, nach vorn konvergierenden
Augen erreichend, vor den letzteren abgeflacht. Die Fühler kurz
und kräftig, der Schaft gegen die Spitze stark, keulenförmig verdickt,
kaum gebogen, die vorderen zwei Glieder der Geißel gestreckt, das
erste stark verdickt, kürzer als das schlanke zweite, die äußeren
quer, gegen die Keule an Breite zunehmend, die letztere spitz-
eiförmig, kürzer als die anstoßenden drei Geißelglieder zusammengenommen und schmäler als die Spitze des Schaftes. Der Halsschild etwa zweimal so breit wie lang, von der Basis nach vorn
anfangs schwach, von der Mitte stark verengt, hinter dem gegen
die Stirn deutlich vorgezogenen Vorderrande stark eingeschnürt,
der Hinterrand mäßig verrundet, ohne Eindrücke. Die Flügeldecken
kurz, höchstens um ein Viertel länger als breit, an der Basis mäßig
ausgerandet, mit angedeuteten, verrundeten Schultern, seitlich schwach
ausgebaucht, hinten kurz und breit zugerundet, bei der Ansicht
von oben fast quadratisch, breit und flach gestreift, ohne bemerkbare Punkte in den Streifen. Das zweite Abdominalsternit vorn
gerade abgestutzt, wenig kürzer als das dritte und vierte zusammengenommen. Die Beine plump und kräftig, die Vorderschienen an
der Spitze abgerundet, mit einem Kranze starker Dornen besetzt, das
dritte Tarsenglied wenig breiter als das zweite, deutlich zweilappig, die
Klauen getrennt. Long. 2·5—3 mm. — Dobrutscha, Bulgarien.

46. **Trachyphloeus inermis** Bohem.

Schönherr 7, 119: Seidlitz Die Otiorh. s. str. 126: Marseul L'Abeille XI.
634. 1872: Stierlin Mitteil Schweiz. Entom. Gesellsch. VII. 141. 1884: *sabulosus*
Redtenbacher Fauna austriaca 2. 731.

Eine in der Länge der Flügeldecken sehr variable, an der
auffallenden Form der Fühlergruben leicht kenntliche Art. Schwarzbraun bis hellbraun, bisweilen die Fühler und Beine rötlich, der
Körper mit kleinen, runden, isolierten, erdgrauen Schuppen dicht

bedeckt und mit weißen, dünnen, auf dem Kopf und Halsschild
zerstreut, dicht gestellten, sehr kurzen, auf den Flügeldecken in
einfachen Reihen und dichter Aufeinanderfolge geordneten, bedeutend
längeren Borsten besetzt. Der Rüssel nicht oder nur wenig länger
als breit, parallelseitig, der Rücken breit, gegen die Spitze sehr
deutlich verengt, flach, bisweilen mit einer mehr weniger eingedrückten
Mittelfurche, im Profil besichtigt samt der der Quere nach ziemlich
stark gewölbten Stirn schwach gekrümmt. Die Fühlergruben seicht,
die oberen Kanten gerade verlaufend, vor der Basis des Rüssels
verschwindend, die unteren winklig umgebogen und schief nach
unten verlaufend, von oben als schmale, nach vorne verbreiterte
Streifen sichtbar. Die Augen klein, rund, tief stehend, deutlich
gewölbt, merklich vorragend. Die Fühler zart, der Schaft von der
Basis an mäßig verdickt, stark gebogen, die vorderen zwei Glieder
der Geißel gestreckt, in der Länge kaum differierend, das erste
ziemlich stark verdickt, die äußeren fünf quer, gegen die Keule
an Breite zunehmend, die letztere eiförmig, so lang wie die anstoßenden drei Geißelglieder zusammengenommen und breiter als
der Schaft an der Spitze. Der Halsschild etwa anderthalbmal so
breit wie lang, in der Mitte am breitesten, nach vorn bedeutend
stärker als nach hinten verengt, hinter dem gegen die Stirn ziemlich
stark vorgezogenen Vorderrande mehr weniger deutlich eingeschnürt,
der Hinterrand ziemlich stark verrundet, ohne Eindrücke. Die Flügeldecken bald kaum um ein Viertel länger als breit, bald zweimal
so lang wie breit, an der Basis deutlich ausgerandet, mit deutlichen,
stumpfwinkligen Schultern und mehr weniger ausgebauchten Seiten,
hinten ziemlich kurz und breit zugerundet, in seichten Streifen mäßig
dicht punktiert, die Zwischenräume flach. Das zweite Abdominalsternit
vorn winklig gebogen, länger als die folgenden zwei zusammengenommen.
Die Beine plump und kräftig, die Vorderschienen an der Spitze schief
nach außen abgestutzt, nicht bedornt, das dritte Tarsenglied bedeutend
breiter als das zweite, tief gespalten, zweilappig, die Klauen getrennt.
Long. 2·1—3 mm. – Mir liegen Exemplare vor aus Niederösterreich,
Mähren, Ungarn, Rumänien, Süd-Rußland und Kaukasus.

47. **Trachyphloeus variegatus** Küster.

Die Käfer Europas 18, 85; Seidlitz Die Otiorh. s. str. 120; Marseul L'Abeille
XI, 620, 1872; Stierlin Mitteil. Schweiz. Entom. Gesellsch. VII, 140, 1884;
hystrix Duval Genera des Coléopt. d'Europe 33.

   Leicht kenntlich durch den stark queren Rüssel, den seitlich
nach vorn und hinten gleichmäßig verengten Halsschild, die gestreckten,

in der Schultergegend breitesten Flügeldecken und durch die Art
und Weise der Beschuppung und Beborstung des Körpers. Schwarzbraun, die Tarsen hellbraun, der Körper mit runden, dicht anschließenden, auf dem Kopf und Halsschild in der Mitte tief eingestochenen,
auf den Flügeldecken übereinandergreifenden, hellgrauen und eingemischten, makelartig verteilten schwarzgrauen Schuppen bedeckt
und mit langen, dicken, aufgerichteten, auf den Flügeldecken in
einfachen Reihen und mäßig dichter Aufeinanderfolge geordneten
Borsten besetzt. Der Rüssel fast zweimal so breit wie lang, gegen
die Spitze merklich erweitert, der Rücken breit, parallelseitig, der
Länge nach flach eingedrückt und fein gerinnt, im Profil betrachtet
nicht gekrümmt, mit der der Quere nach ziemlich stark gewölbten
Stirn in einer Ebene liegend. Die Fühlergruben sehr tief, schwach
gekrümmt, nach hinten unbedeutend verbreitert, die großen, runden,
flachen Augen berührend, von oben als schmale, gleichbreite Streifen
sichtbar. Die Fühler ziemlich kräftig, beschuppt und abstehend
behaart, der Schaft etwa bis zum ersten Dritteile verdickt und
daselbst sehr deutlich gekrümmt, weiter zur Spitze gleichbreit verlaufend, die vorderen zwei Glieder der Geißel gestreckt, das erste
stärker und bedeutend länger als das zweite, die äußeren fünf quer,
gegen die Keule an Breite zunehmend, die Keule eiförmig, kürzer
als die anstoßenden drei Geißelglieder zusammengenommen und
etwa so breit wie die Spitze des Schaftes. Der Halsschild etwa
anderthalbmal so breit wie lang, unmittelbar vor der Mitte am
breitesten, nach vorn und hinten stark, gleichmäßig verschmälert,
der Vorderrand gegen die Stirn unbedeutend vorgezogen, der Hinterrand mäßig verrundet, ohne Eindrücke und Einschnürungen. Die
Flügeldecken gestreckt, bedeutend breiter als der Halsschild, an
der Basis deutlich ausgerandet, in den vorragenden, abgerundeten
Schultern am breitesten, von da an gegen die Spitze verschmälert,
die letztere ziemlich breit verrundet, in tiefen Streifen undicht
punktiert, die Zwischenräume flach. Das zweite Abdominalsternit
nach vorn stark winklig erweitert, breiter als das dritte und vierte
zusammengenommen. Die Beine plump und kräftig, beschuppt und
abstehend beborstet, die Spitze der Vorderschienen deutlich abgerundet, mit einem Kranze von Dornen besetzt, das dritte Tarsenglied
bedeutend breiter als das zweite, tief gespalten, zweilappig, das
Klauenglied lang, wenig kürzer als die vorangehenden, die Klauen
getrennt. Long. 3—4 mm.

Spanien, Sardinien, Algerien.

48. **Trachyphloeus brevirostris** Brisout.

Annales de la Société Entomologique de France 1866, 407; Seidlitz Die Otiorh.
s. str. 121; Marseul L'Abeille XI, 630, 1872; Stierlin Mitteil. Schweiz. Ent.
Gesellsch. VII, 140, 1884; *picturatus* Fuente Boletin de la Sociedad Espanola
de Historia Natural 1902, 106.

Kenntlich durch den so langen wie breiten Rüssel, die gewölbten, deutlich vorragenden Augen und die schmalen, an der
Basis gerade abgestutzten, in den abgerundeten Schultern breitesten
Flügeldecken. Gestreckt, schmal, hellbraun, die Fühler und Beine
gewöhnlich rotbraun, der Körper mit runden, dicht anschließenden,
hellgrauen, bisweilen weißen, silberglänzenden und eingemischten,
flecken- und bindenartig verteilten schwarzen Schuppen bedeckt und
mit kurzen, weißen und eingemischten schwarzen, auf dem Kopf
und Halsschild aufgerichteten, unregelmäßig gruppierten, auf den
Flügeldecken in einfachen Reihen und ziemlich dichter Aufeinanderfolge geordneten Borsten besetzt. Der Rüssel etwa so lang wie
breit, parallelseitig, der Rücken zur Spitze unbedeutend verengt,
flach, mit einer schmalen, mehr weniger abgekürzten Mittelrinne,
mit der der Quere nach mäßig gewölbten Stirn in einer Ebene
liegend. Die Fühlergruben sehr tief, schmal, fast gleichbreit, unbedeutend gekrümmt, von oben als schmale, zur Spitze ziemlich verbreitete Streifen sichtbar, bis an die gewölbten, deutlich vorragenden
Augen reichend. Die Fühler ziemlich kräftig, beschuppt und abstehend behaart, der Schaft von der Basis an gleichmäßig verdickt, stark gebogen, die vorderen zwei Geißelglieder gestreckt, in
der Stärke wenig, in der Länge kaum differierend, die äußeren fünf
quer, gegen die Keule an Breite zunehmend, die letztere eiförmig,
kürzer als die anstoßenden drei Glieder der Geißel zusammengenommen und merklich breiter als die Spitze des Schaftes. Der
Halsschild höchstens anderthalbmal so breit wie lang, in der Mitte
am breitesten, beiderseits ziemlich gleichmäßig verschmälert, hinter
dem gegen die Stirn deutlich vorgezogenen Vorderrande flach eingeschnürt, der Hinterrand kaum merklich verrundet. Die Flügeldecken fast zweimal so lang wie breit, an der Basis gerade abgestutzt, mit abgerundeten Schultern, in der Gegend der letzteren
am breitesten, nach hinten ziemlich stark verengt, in schmalen,
tiefen Streifen punktiert, die Punkte ziemlich dicht aufeinanderfolgend, die Zwischenräume flach. Das zweite Abdominalsegment
nach vorn mäßig bogenförmig erweitert, etwa so breit wie das dritte
und vierte zusammengenommen. Die Beine plump und kräftig,

beschuppt und abstehend behaart, die Vorderschienen an der Spitze
abgerundet, stark bedornt, die an die äußere Ecce angrenzenden
vier Dorne verwachsen, das dritte Tarsenglied breit, zweilappig, das
Klauenglied lang, wenig cürzer als die übrigen Glieder zusammengenommen, die Klauen getrennt. Long. 3—4 mm. — Spanien.

49. **Trachyphloeus globicollis** Stierl.
Le Frélon 5, 43, 1896.

Dem *Tr. brevirostris* sehr nahestehend und habituell ähnlich,
von demselben durch die bedeutende Größe, die auffallend breitere
Körperform, den bedeutend längeren Rüssel, den in der basalen Hälfte
schwach winclig gebogenen Schaft der Fühler, die flachen, nicht vorragenden Augen, die einfarbig weißgrauen, auf dem Halsschilde in
der Mitte eingedrücsten oder seicht eingestochenen, auf den Flügeldeccen nicht anschließenden Schuppen und durch die dicceren,
merklich längeren Borsten verschieden. Long. 4—5 mm.

Spanien, Provinz Ciudad-Réal.

50. **Trachyphloeus guadarramus** Seidl.
Die Otiorh. s. str. 125; Marseul L'Abeille XI, 634, 1872; Stierlin Mitteil.
Schweiz. Entom. Gesellsch. VII, 141, 1884.

Unter den Arten der vierten Gruppe durch die cleinen, starc
gewölbten, vorragenden, an die Untercanten des Kopfes herabge-
drücsten Augen, den nach vorn stark verengten, an der Spitze
halb so wie die Stirn über dem Hinterrande der Augen breiten
Rücken des Rüssels, die geraden, vor den Augen abgecürzten, von
oben zum großen Teile der ganzen Länge nach sichtbaren Fühlergruben, die breiten, parallelseitigen Flügeldeccen und die Art und
Weise der Beschuppung und Beborstung des Körpers sehr ausgezeichnet und leicht cenntlich. Braun, der Körper mit eccigen, dicht
gestellten, auf dem Kopfe und Halsschilde seicht eingestochenen,
auf den Flügeldeccen übereinandergreifenden rost- und hellbraunen
Schuppen bedecct und mit gleichfarbigen, keulenförmigen, etwa wie
bei der Art *Olivieri* langen, auf dem Kopf und Halsschilde nach
vorn geneigten, auf den Flügeldecken in einfachen, mäßig dichten
Reihen geordneten Borsten besetzt. Der Rüssel bedeutend breiter
als lang, der untere Teil seitlich gerundet, der obere flach, nach
vorn starc, geradlinig verengt, an der Spitze halb so breit wie die
Stirn über dem Hinterrande der Augen, mit der der Quere nach
starc gewölbten Stirn in derselben Ebene liegend. Die Fühlergruben
tief, geradlinig, vor den cleinen, starc gewölbten, vorragenden, an
die Untercanten des Kopfes herabgedrückten Augen abgecürzt. Die

Fühler zart, der Schaft ziemlich stark gekrümmt, der ganzen Länge nach, im apicalen Teile jedoch stärker verdickt, die vorderen zwei Glieder der Geißel gestreckt, das erste gegen die Spitze stark verdickte länger als das zweite, die äußeren schwach quer, gleichbreit, die Geißel spitz-eiförmig, so breit wie der Schaft an der Spitze. Der Halsschild etwa anderthalbmal so breit wie lang, unmittelbar hinter der Mitte am breitesten,. von da an beiderseits gleichmäßig verengt, hinter dem gegen die Stirn deutlich vorgezogenen Vorderrande seicht eingeschnürt, der Hinterrand fast gerade abgestutzt, in der Mitte mit einem seichten Längseindrucke. Die Flügeldecken etwa um ein Drittel länger als breit, an der Basis kaum merklich ausgerandet, mit abgerundeten Schultern und parallelen Seiten, hinten breit zugerundet, in schmalen Streifen punktiert, die Punkte undicht aufeinanderfolgend. Das zweite Abdominalsternit deutlich länger als das dritte und vierte zusammengenommen. Die Beine plump, beschuppt und beborstet, die Vorderschienen an der Spitze wenig schief abgestutzt, in den inneren Ecken mit einem schwachen Dorn, das dritte Tarsenglied zweilappig, wenig breiter als das zweite, die Klauen getrennt. Long. 2·7 mm.

Durch die gefällige Vermittlung des Herrn Dr. Karl Daniel lag mir das typische, von Kiesenwetter in der Sierra Guadarrama gesammelte Exemplar, aus der königl. bayer. Staatssammlung vor.

51. **Trachyphloeus Reitteri** Stierl.

Cathormiocerus Reitteri Mitteil. Schweiz. Entom. Gesellsch. VII, 143, 1884.

Durch die großen, die ganzen Seiten des Kopfes einnehmenden, stark gewölbten, vorragenden Augen, den queren, auch am Rücken parallelseitigen Rüssel, die gekrümmten, bis an die Augen reichenden, von oben zum Teile sichtbaren Fühlergruben, die gestreckten, von der Schultergegend an nach rückwärts verschmälerten Flügeldecken, die schief nach außen abgestutzten, nur in den Innenecken bedornten Vorderschienen und durch die Art und Weise der Beschuppung und Beborstung des Körpers sehr ausgezeichnet und leicht kenntlich. Braunschwarz, der Körper mit eckigen, dichtgestellten, auf dem Kopf und Halsschild schalenförmig ausgehöhlten, auf den Flügeldecken übereinandergreifenden, aschfarbigen Schuppen bedeckt und mit gleichfarbigen, etwa wie bei der Art *aristatus* langen, jedoch nicht so dicht gestellten, nach hinten geneigten, auf den Flügeldecken in einfachen Reihen geordneten Borsten besetzt. Der Rüssel ziemlich stark quer, unten, sowie am Rücken parallelseitig, der

Rücken flach, mit einer seichten, auf die flache, in demselben Niveau liegende Stirn übergreifenden Rinne. Die Fühlergruben tief, gekrümmt, nach hinten unbedeutend verbreitert, bis an die großen, die ganzen Kopfseiten einnehmenden, stark gewölbten, vorragenden Augen reichend. Die Schläfen nach hinten divergierend. Die Fühler den Hinterrand des Halsschildes überragend, abstehend behaart, der Schaft sehr deutlich gekrümmt, in der apicalen Hälfte unbedeutend, in der basalen Hälfte mäßig verdickt, die vorderen zwei Geißelglieder gestreckt, in der Länge kaum differierend, die äußeren fünf nur unbedeutend breiter als lang, die Keule eiförmig, so breit wie die Spitze des Schaftes und so lang wie die anstoßenden drei Geißelglieder zusammengenommen. Der Halsschild etwa um ein Drittel breiter als lang, hinter dem schief nach unten abgestutzten Vorderrande mehr weniger deutlich eingeschnürt, der Hinterrand breit verrundet, in der Mitte am breitesten, nach vorn und hinten gleichmäßig verengt, der Länge nach kaum, der Quere nach stark gewölbt. Die Flügeldecken um die Hälfte länger als breit, etwa zweimal so breit wie der Halsschild, von der stark ausgerandeten Basis zu den verrundeten Schultern stark verbreitert, weiter zur Spitze allmählich verschmälert, in schmalen Streifen weit aufeinanderfolgend punktiert, die Zwischenräume flach; das zweite Abdominalsternit deutlich länger als das dritte und vierte zusammengenommen. Die Beine plump, beschuppt und abstehend beborstet, die Vorderschienen schief abgestutzt, in der inneren Ecke mit einem starken Dorne, das dritte Tarsenglied tief gespalten, zweilappig, breiter als das zweite, die Klauen getrennt. Long. 3 —3·5 mm.

Südspanien. Zwei typische ♀ aus der Sammlung des Herrn kais. Rates Edm. Reitter und vier ♀ aus der Kollektion des Herrn Dr. Georg Seidlitz bezeichnet »n. sp. *Tr. myrmecophili affinis*«.

52. Trachyphloeus myrmecophilus Seidl.

Die Otiorh. s. str. 125; Marseul L'Abeille XI, 633, 1872: Stierlin Mitteil. Schweiz. Entom. Gesellsch. VII, 140, 1884: Bedel Faune des Coléopt. du Bassin de la Seine 6. 41.

Unter den Arten mit den in der Schultergegend breitesten Flügeldecken durch die winklig gebogenen Fühlerfurchen, den höchstens anderthalbmal so breiten wie langen Halsschild, die Form des zweiten Abdominalsternites und durch die ziemlich langen, starken, sehr dicht gestellten Borsten der Oberseite des Körpers leicht kenntlich. Schwarzbraun bis hellbraun, der Körper mit eckigen, dicht anschließenden, leicht abreibbaren, auf dem Halsschilde seicht

eingestochenen, weißgrauen Schuppen bedeckt und mit ziemlich langen, dicken, auf dem Kopf und Halsschild aufstehenden, dicht zerstreut gruppierten, auf den Flügeldecken in einfachen Reihen und dichter Aufeinanderfolge geordneten Borsten besetzt. Der Rüssel bedeutend breiter als lang, nach vorn deutlich verschmälert, die Seiten gerade, der Rücken bis zur Einlenkungsstelle der Fühler verengt, weiter zur Spitze parallelseitig verlaufend, der Länge nach samt der abgeflachten Stirn mehr weniger deutlich eingedrückt, sowie schmal und tief gerinnt, im Profil besichtigt kaum merklich gekrümmt. Die Fühlergruben winklig gebogen, bis zur Einlenkungsstelle der Fühler hinaufsteigend, gegen die schwach gewölbten, merklich vorragenden Augen herablaufend und abgeflacht, die letzteren berührend. Die Fühler beschuppt und abstehend behaart, der Schaft schwach gebogen, von der Basis an ziemlich stark verdickt, die vorderen zwei Glieder der Geißel gestreckt, zur Spitze verbreitert, in der Länge kaum differierend, die äußeren fünf stark quer, gleichbreit, die Keule spitz-eiförmig, wenig kürzer als die anstoßenden drei Geißelglieder zusammengenommen und etwa so breit wie die Spitze des Schaftes. Der Halsschild höchstens anderthalbmal so breit wie lang, in der Mitte am breitesten, von da an beiderseits gleichmäßig verschmälert, vorn und hinten gerade abgestutzt, hinter dem Vorderrande mehr weniger deutlich eingeschnürt, ohne Eindrücke. Die Flügeldecken etwa anderthalbmal so lang wie breit, bedeutend breiter als der Halsschild, an der Basis gerade abgestutzt, mit deutlichen, verrundeten Schultern, in der Gegend der letzteren am breitesten, von da an bis zum letzten Dritteile mäßig verschmälert, dann breit verrundet, in schmalen, tiefen Streifen punktiert, die Punkte ziemlich dicht aufeinanderfolgend, die Zwischenräume flach. Das zweite Abdominalsternit vorn winklig gebogen, länger als die zwei folgenden zusammengenommen. Die Vorderschienen an der Spitze schief nach außen abgestutzt, nur mit einem Dorn in den inneren Ecken, das dritte Glied der Tarsen bedeutend breiter als das zweite, tief gespalten, zweilappig, die Klauen getrennt.[1])
Long. 2·6—3 mm.

Spanien, Frankreich.

_____
[1]) Ich fand diesen Käfer in den Sammlungen mit dem habituell ähnlichen *Cathormiocerus curvipes* Wollast vermengt. Der letztere ist von *Trach. myrmecophilus* durch schmälere, gestrecktere Körperform, den im ersten Dritteile winklig gebogenen Fühlerschaft, den gegen die Stirn deutlich vorgezogenen Vorderrand und gerundeten Hinterrand des Halsschildes und die mehr weniger deutlich erhobenen, abwechselnden Zwischenräume der Flügeldecken leicht zu unterscheiden.

53. **Trachyphloeus aristatus** Gyllenhal.

Insecta suecica 4, 613; Schönherr 2, 491; Seidlitz Die Otiorh. s. str. 123; Marseul L'Abeille XI, 632. 1872; Stierlin Mitteil. Schweiz. Entom. Gesellsch. VII. 140. 1884; Bedel Faune des Coléopt. du Bassin de la Seine 6, 41; *stipulatus* Germar Fauna Insectorum Europae 13, tab. 15.

Kenntlich durch die ziemlich langen, dicht gestellten Borsten, die gebogenen, bis an die Augen reichenden Fühlergruben, den doppelt so breiten wie langen, seitlich stark gerundeten, mit einer Mittelfurche gezierten Halsschild und die in der Schultergegend breitesten Flügeldecken. Dunkelbraun bis hellbraun, der Körper mit eckigen, dicht anschließenden, weißgrauen Schuppen bedeckt und mit dicken, zur Spitze stark erweiterten, auf dem Kopfe und Halsschilde dicht, zerstreut gestellten, auf den Flügeldecken in einfachen Reihen und dichter Aufeinanderfolge geordneten Borsten besetzt. Der Rüssel deutlich quer, parallelseitig, der Rücken nach vorn deutlich verschmälert, der ganzen Länge nach samt der flachen Stirne breit und ziemlich tief eingedrückt, mit einer nach vorn gewöhnlich abgekürzten Mittelrinne, im Profil besichtigt mehr weniger gekrümmt. Die Fühlergruben der ganzen Länge nach tief, ziemlich gleichbreit, in schwachem Bogen gegen die großen, flachen Augen verlaufend, die letzteren erreichend. Die Fühler wie bei *Tr. myrmecophilus* gebildet. Der Halsschild etwa doppelt so breit wie lang, in der Mitte am breitesten, nach vorn und hinten stark, gleichmäßig verengt, hinter dem gegen die Stirn deutlich vorgezogenen Vorderrande eingeschnürt, der Hinterrand gerade abgestutzt, mit einer breiten, mehr weniger tiefen, nach vorn gewöhnlich abgekürzten Mittelfurche. Die Flügeldecken etwa um ein Drittel länger als breit, bedeutend breiter als der Halsschild, an der Basis gerade abgestutzt, mit verrundeten Schultern, in der Gegend der letzteren am breitesten, von da an nach hinten ziemlich stark verengt, in seichten, breiten Streifen punktiert, die großen, ziemlich dicht aufeinanderfolgenden Punkte die deutlich erhobenen Zwischenräume angreifend. Das zweite Abdominalsternit vorn gerade abgestutzt, bedeutend kürzer als die zwei folgenden zusammengenommen. Die Beine plump und kräftig, beschuppt und abstehend behaart, die Vorderschienen an der Spitze schief nach außen abgestutzt, mit einem Dorn in den inneren Ecken, das dritte Tarsenglied zweimal so breit wie das zweite, tief gespalten, zweilappig, die Klauen getrennt. Long. 3—3·5 mm.

Europa, Kaukasus.

54. Trachyphloeus Olivieri Bedel.

Faune des Coléopt. du Bassin de la Seine 6, 41; *squamulatus* Schönherr 2, 492; Seidlitz Die Otiorh. s. str. 124; Marseul L'Abeille XI, 633, 1872; Stierlin Mitteil. Schweiz. Entom. Gesellsch. VII, 140, 1884; *elegantulus* Apfelb. Wissensch. Mitteil. aus Bosnien und der Herzegovina 1899, 812; *? spinosus* Goeze Entomologische Beiträge 1, 412, 1777.

Dem *Tr. myrmecophilus* und *aristatus* nahe verwandt und habituell ähnlich, von dem ersteren durch schwach bogenförmige, nicht winklig gekrümmte Fühlergruben und das vorn gerade abgestutzte zweite Abdominalsternit, vom *aristatus* durch gestrecktere Körperform, bedeutend schmäleren Halsschild und längeres zweites Abdominalsternit, von beiden durch viel kürzere Borsten leicht zu unterscheiden. Long. 2·5—3·1 mm.

Mittel-Europa, Italien.

55. Trachyphloeus orbitalis Seidl.

Die Otiorh. s. str. 104; Marseul L'Abeille XI, 612; 1872; Stierlin Mitteil. Schweiz. Entom. Gesellsch. VII, 137, 1884.

Habituell dem *Tr. Godarti* ähnlich, fast von derselben Größe, der Körper dicht mit sternförmigen Schuppen bedeckt. Der Kopf über der Stirn etwas niedergedrückt, die Fühlergruben tief und groß, über den Augen deutlich fortgesetzt, die letzteren flach und ziemlich klein, ganz an den Unterrand der Furchen gerückt. Die Fühler mit siebengliedriger Geißel. Der Halsschild um die Hälfte breiter als lang, seitlich gleichmäßig gerundet, vorn abgestutzt oder ganz schwach gerundet, vor der Spitze mit einem deutlichen Quereindruck. Die Flügeldecken viel breiter als der Halsschild, wenig länger als breit, seitlich etwas parallel, die abwechselnden Zwischenräume etwas erhaben und mit einer Reihe kurzer, dicker, aufstehender Bürstchen besetzt. Die Vorderschienen wie bei *Tr. pustulatus* gebildet, das dritte Tarsenglied breit, zweilappig. Long. 3·5—4 mm.

Algerien. (Ex. Seidlitz).

Der besprochene Käfer würde unter den Arten der ersten Gruppe durch die bedeutende Größe, die siebengliedrige Geißel der Fühler, die kurzen, dicken, aufgerichteten, auf den Flügeldecken in Reihen geordneten und nur auf die zart erhobenen abwechselnden Zwischenräume beschränkten Borsten und durch das breite, zweilappige dritte Tarsenglied leicht kenntlich sein.

56. **Trachyphloeus syriacus** Seidl.

Die Otiorh. s. str. 128; Marseul L'Abeille XI, 636, 1872; Stierlin Mitteil. Schweiz. Entom. Gesellsch. VII, 141, 1884.

Die Originalbeschreibung lautet: »Der *Tr. syriacus* steht in jeder Beziehung dem *granulatus* so nahe, daß ich ihn nicht spezifisch trennen würde, wenn er nicht auf Thorax und Flügeldecken deutliche, ziemlich dichte Schüppchen hätte. Außerdem ist der Thorax seitlich viel stärker gerundet erweitert, und vor der Spitze sehr stark eingedrückt; die Flügeldecken sind viel breiter. Long. 3·5 mm. -- Nur ein Stück von H. Capiomont mitgeteilt.«

Der Körper der reinen Stücke der verglichenen Art *granulatus* ist gleichfalls mit kleinen, runden, isolierten, jedoch ziemlich dicht gruppierten Schüppchen bedeckt. Ungeachtet dessen halte ich die übrigen oben erwähnten Unterscheidungsmerkmale zur spezifischen Trennung der beiden besprochenen Arten für ausreichend. Hiezu veranlaßt mich namentlich der Umstand, daß ich bereits von demselben Autor unter ähnlichen Verhältnissen als Varietäten beschriebene Rüßler an der Hand eines entsprechenden Materiales für gute Arten erklären mußte.

57. **Trachyphloeus Desbrochersi** Stierl.

Mitteil. Schweiz. Entom. Gesell. VII, 141: 1894.

Die Originalbeschreibung lautet: »Rostro capite paulo longiore, antrorsum parum angustato, plano, scrobe recta, abbreviata, profunda, oculis subglobosis, antennis gracilibus, thorace longitudine dimidio latiore, rotundato, pone medium latiore, basi multo latiori quam apice, elytris thorace fere duplo latioribus, dorso subplanis, striatis, setulis brevibus, tenuibus, paulo clavatis obsitis, interstitiis planis, quinto septimoque costatis, pone medium fascia transversa ornatis, tibiis apice breviter setulosis, unguiculis liberis«. Long. 3 mm. Oran.

Der besprochene Käfer würde in die vierte Gruppe gehören und sich von den hieher gehörigen Arten sowie von allen Trachyphloeen durch die Erhebung des fünften und siebenten Zwischenraumes der Flügeldecken unterscheiden. Die Beschreibung dürfte jedoch keinen *Trachyphloeus*, sondern eine *Coenopsis* betreffen, da bei mehreren Arten der letzteren Gattung die erwähnten Zwischenräume der Flügeldecken erhoben sind.

58. **Trachyphloeus muricatus** Stierl.

Mitteil. Schweiz. Entom. Gesell. VII, 141; 1884.

Die Originalbeschreibung lautet: »Ovatus, niger, dense squamosus, rostro basi paulo constricto, profunde sulcato, scrobe lata, profunda, scapo parum curvato, oculis planis, thoraco transverso, longitudine dimidio latiore, antrorsum valde attenuato, intra apicem leviter constricto, basi rotundato, elytris breviter ovatis, lateribus subparallelis, basi profunde emarginatis, fortiter punctato-striatis, brevissime setulosis, tibiis anticis inermibus«. Long. 4 mm. — Süd-Spanien.

Aus der der Beschreibung vorangehenden tabellarischen Übersicht ist zu entnehmen, daß die Oberseite des besprochenen Käfers nicht granuliert ist und die Klauen verwachsen sind. Demnach würde derselbe in die dritte Gruppe gehören und daselbst durch den an der Basis eingeschnürten Rüssel den Arten *apuanus*, *granulatus* und *Frivaldszkyi* zunächst stehen und von den ersteren zwei durch die nicht granulierte Oberseite des Körpers, den tief gerinnten Rüssel und den stark queren Halsschild, vom *Frivaldszkyi* durch die einfärbigen Borsten der Oberseite des Körpers, von allen durch die stark ausgerandete Basis der Flügedecken verschieden sein. Laut einer Mitteilung des Autors hat jemand die Arten *Desbrochersi* und *muricatus* ihm zur Ansicht abverlangt und nicht zurückgestellt. In der von Herrn Otto Leonhard erworbenen Stierlin'schen Sammlung steckt als »*muricatus* var. vel. n. sp.« die Art *turcicus* Seidl.

Ein neuer Borkenkäfer aus Kamerun.

Beschrieben von **Edm. Reitter** in Pascau (Mähren).

Stephanoderes Winkleri n. sp. ·

Kurz und breit gebaut, braunschwarz, Fühler und Beine gelb.
Oberseite gewölbt, mit ziemlich langen, abstehenden, gelbbraunen
Härchen auf den Zwischenräumen der Flügeldecken reihenweise
besetzt, außerdem mit sehr feiner, wenig dichter, kurzer, anliegender Grundbehaarung. Oberseite wenig glänzend, am Grunde des
Halsschildes viel matter und deutlicher chagriniert. Halsschild so
breit als die Flügeldecken, breiter als lang, von der Mitte nach
vorne im Bogen verengt, vorne mit einigen sehr feinen, kerbartigen
Höckerchen, die Scheibe vorn wenig grob und wenig dicht gekörnt,
die Körnchen gegen die Seiten und Basis allmählig kleiner und
spärlicher werdend, daher kein abgegrenzter Höckerflecken vorhanden,
Basis fein gerandet, jederseits in der Mitte leicht ausgebuchtet.
Schildchen klein, aber deutlich. Flügeldecken kurz, parallel, kaum
um die Hälfte länger als zusammen breit, hinten gemeinschaftlich
abgerundet, oben gewölbt, Absturz schräg und gerundet abgeflacht,
mit ziemlich groben, aber flachen Punktfurchen, die Zwischenräume
sind leicht gewölbt, chagriniert und mit flachen Pünktchen durchsetzt. Die Behaarung bei oberflächlicher Besichtigung, besonders an
den Seiten, fast schwarz aussehend. Unterseite dicht punctiert, nur
die Hinterbrust in der Mitte mit spärlicherer Punctur und glänzend.
Long. 1·8 mm

Nach der Eichhoffschen Tabelle dieser Gattungsvertreter in
»Ratio, descriptio emendatio corum Tomicinorum«, kommt man auf
seriatus aus Nord-America und *pulverulentus* aus Mexico, von denen
sich aber vorliegende Art durch viel kürzere Gestalt unterscheidet.

Von Herrn E. Rübsaamen, Oberleiter der deutschen, staat-
lichen Reblausbekämpfung, aus Fruchtgallen auf *Corynanthe* aus
Kamerun herausgeschnitten, welche demselben von Herrn Doctor
Winkler, Assistenten des botanischen Gartens in Breslau eingeschickt wurden.

Bemerkungen zu der neuen Auflage des „Catalogus Coleopterorum Europae etc." von Dr. von Heyden, Reitter und Weise (Paskau 1906).

Von Prof. **Dr. Josef Müller**, Triest.

Nachfolgende Zeilen enthalten verschiedene Berichtigungen und Ergänzungen zu der neuen Auflage des oberwähnten Kataloges. Namentlich habe ich, soweit es auf Grund meiner Aufzeichnungen in der alten Auflage möglich war, die Literaturzitate über neuere Monographien, Revisionen etc. zu ergänzen versucht.

Leider sind bei der Bearbeitung des neuen Kataloges, speziell in der Familie der Carabiden, Unterrassen und Aberrationen vielfach in einen Topf geworfen und mit dem gemeinsamen Buchstaben »a« (= Aberration) bezeichnet worden.

So sind z. B. bei *Carab. cancellatus* die Formen *femoralis*, *Bohatschi* und *generoso* als »a« angeführt, obwohl bloß die erstere eine echte Aberration ist, während die beiden letztgenannten Unterrassen darstellen. Die Unterrassen sind aber bekanntlich, ebenso wie die sogenannten Hauptrassen, Lokalformen, welche meist zwar auf engbegrenzte Gebiete beschränkt sind, hier aber mit einer gewissen Konstanz der Charaktere auftreten; als Aberrationen faßt man hingegen individuelle Abänderungen auf, welche zusammen mit dem Typus vorkommen. Nachdem man nun im neuen Katalog für die Unterrassen keine spezielle Abkürzung einführen wollte, so wäre es jedenfalls richtiger gewesen, sie mit demselben Zeichen, wie die Hauptrassen. d. i. mit »v« zu bezeichnen und die Abkürzung »a« lediglich auf die echten Aberrationen zu beschränken.

Die Gruppeneinteilung und Reihenfolge der Coleopteren im neuen Katalog entspricht im Allgemeinen dem von Ganglbauer begründeten System. Jedoch ist bei der Gruppierung der Unterfamilien, Gattungen und Arten das phylogenetische Moment oft außer Acht gelassen worden, so bei den Silphiden, die mit den Höhlenformen beginnen und noch dazu mit den extremsten Vertretern dieser Gruppe, den Leptoderinen, und bei *Bythinus*, wo ebenfalls die subterranen Formen fälschlich vorangestellt werden. Unrichtig ist es ferner, wenn man die Curculioniden mit den gonatoceren, flügellosen Otiorrhynchen beginnen läßt, statt mit den orthoceren Nemonychinen und Attelabinen, u. s. w.

S. 10. Die Form *ljubinjensis* des *Carab. caelatus* gehört der Rasse *procerus* Rtt. an und ist daher nach dieser einzureihen (vgl. Born, Ins.-Börse, 1904).

» 20. *Carab. cancellatus emarginatus generoso* Born wurde vom Autor in *generosensis* umgetauft (Boll. Soc. Ticin. scienze natur., Febr. 1906, Nr. 6). Nebenbei sei bemerkt, daß diese Form eine Unterrasse des *emarginatus* ist und daher nicht gut als »Aberration« (a) bezeichnet werden kann.

» 24. Dem Rassenkomplex des *Carab. monticola* ist hinzuzufügen: v. *Fontainai* Born (Boll. Soc. Ticin. scienze nat., Febr. 1906, Nr. 6), vom Mte. Generoso.

26. Bei *Leistus spinibarbis* v. *punctatus* Rttr. füge man als weiteres Zitat hinzu: W. 1901, 138.

» 39. Nach »*Peryphus* Steph.« füge man ein: Apfelbeck, Revision, Fn. balc. I, 113 (Arten der Balkan-Halbinsel), ferner Daniel, Rev. d. *fasciolatum-* und *tibiale*-Verwandten, M. K. Z. I, 5.

42. Nach »*Testediolum* Ganglb.« schalte man ein: Apfelbeck, Revis., Fn. balc. I, 107 (Arten d. Balk.-Halbinsel).

» 47. Nach »*Trechus* Clairville« füge man ein: Apfelbeck, Revis., Fn. balc. I, 143 (Arten d. Balkan-Halbinsel) und Reitter, Rev., W. 03, 1—7 (Kaukasus-Arten).

» 49. Vor dem als Synonym des *Trechus elegans* Putz. ange-führten *Tr. Schusteri* Ganglb. gehört ein »v« (vgl. W. z. b. 1896, 457). Fundort: Petzen (Karawanken).

» 50. *Anophthalmus* als eigene Gattung ist bei den vielfachen Übergängen zwischen den mit Augen ausgerüsteten Trechen und den blinden Formen unhaltbar und kann nur als eine Untergattung von *Trechus* betrachtet werden.

» 51. *Anophthalmus Targionii* D' Torre ist kein *Duvalius*, son-dern ein echter *Anophthalmus* s. str., wo er in die Nähe von *Scopolii* und *Holdhausi* einzureihen ist. Dasselbe gilt auch für *Anophth. Fiorii* Alzona, der übrigens nur als eine geogr. Rasse des *Targionii* betrachtet werden kann. (vgl. Ganglb., W. 1903, 119).

51. *Anophthalmus suturalis* Schauf. kann nur als eine geogr. Rasse des *dalmatinus* aufgefaßt werden (vgl. W. 1906, 149).

» 52. Vor *Anophth. Bilimeki* v. *Haqueti* ist einzufügen: v. *ter-gestinus* Jos. Müll., W. 1905, 32. Tergest., Istr. bor.

» 52. Bei *Anophth. globulipennis* ist als Autor Schaum (nicht Schmidt) anzuführen (vgl. Ganglb., W. z. b., 1896, 462).

S. 52. *Aphaenops* gehört als Untergattung zu *Trechus*.

» 59. Zu den Verbreitungsangaben von *Siagona depressa* Fabr. füge man *D.* hinzu. (vgl. Gangl., W. z. b., 1904, 648).

» 59. Nach *Pachycarus* ist einzufügen: Apfelbeck, Revis., Fn· balc. I, 167.

» 60. Ebenso nach *Ditomus:* Apfelbeck, Revis., Fn. balc., I, 175. und nach *Carterus*: Apfelbeck, Revis., Fn. balc. I, 169. (Arten d. Balkan-Halbinsel).

» 64. Nach *Harpalophonus* Ganglb. ist einzuschalten: Daniel, Revis., M. K. Z. II. 1, und Nachtrag, ebenda, 66.

» 71. *Bradycellus harpalinus* und *collaris* können nicht spezifisch getrennt werden (vgl. meine Notizen in W. 1901, 139); *collaris* Payk. (1798) hat vor *harpalinus* Serv. (1821) die Priorität, letzterer muß daher als Varietät des *collaris* angeführt werden. Apfelbeck, der diese beiden Formen ebenfalls zu einer einzigen Art gehörig betrachtet (Fn. balc. I, 210), hat irrtümlich den *Br. harpalinus* als prioritätsberechtigt aufgefaßt.

» 72. Nach *Zabrus* Clairv. füge man ein: Apfelbeck, Revis., Fn. balc. I, 308 (Arten der Balkan-Halbinsel).

» 81. Ebenso nach *Molops* Bonelli: Apfelbeck, Revis., Fn. balc. I, 217.

» 92. Ebenso nach *Omphreus* Dej.: Apfelbeck, Revis., Fn. balc. I, 270.

» 104. Nach *Microlestes* Schmidt-Goebl schalte man ein: Reitter, Revis., D., 1900, 369; ferner Holdhaus Revis. der Arten der Balkan-Halbinsel, in Apfb., Fn. balc. I, 329.

» 106. Nach *Cymindis* Latreille ist einzufügen: Chaudoir, Monogr., B. 1873, 53.—106.

» 107. Nach *Cymindis sinuata* v. *kalavrytana* Reitt. lies D. 1884 (statt 1883).

» 109. Nach *Brachynus* Weber, füge man ein: Apfelbeck, Revis., Fn. balc. I, 347 (Arten der Balkan-Halbinsel).

» 111. Der bei *fulvus* angeführte *Haliplus Weberi* m. ist eine Lokalform; das Zeichen »a« ist daher in »v« umzuändern.

» 119. *Halipl. nitidicollis* m. ist bloß eine Aberration des *lineatocollis* und hat das Zeichen »a« (statt v) zu führen.[1]

---

[1] Dasselbe gilt auch für viele Dytisciden und Gyriniden, wo die systematischen Unterabteilungen der Spezies, ungeachtet ob Lokalform oder Aberration, durchweg mit »v« bezeichnet sind.

S. 121. Nach *Melanodytes pustulatus* Rossi sind die Fundortsangaben *D., Alban.* und *Gr.* nachzutragen (vgl. W. z.
b. 1900, 118, und Apfb. Fn. balc. I, 384).

» 130- 136 sind folgende Zitate einzuschalten, betreffend mehrere
Gattungs-Revisionen von G. Luze: *Phyllodrepa,* W.
z. b. 1906, 549—583, *Xylodromus,* ebenda, 493—501,
Lathrimaeum, W. z. b., 1905, 53— 69, *Olophrum,* ebenda,
33—47, *Acidota,* ebenda 69—79, *Lesteva,* W. z. b. 1903,
179—197, *Geodromicus,* ebenda, 103—117, *Anthophagus,*
W. z. b. 1902, 505—529.

» 139. Nach *Trogophloeus* füge man ein: Klima, Revis., M.K.Z.II,43.

» 144. Bei *Bledius heterocerus* Epp. ist als Fundort außer Kroatien
auch »*Austr. inf.*« zu setzen (vgl. W. z. b. 1900, 539).

» 152. Nach *Oedichirus* Er. ist einzuschalten: Reitter, Revis.,
W. 1906, 263.

» 159. Ebenso nach *Dolicaon* Lap.: Reitter. Revis., W. 1902, 204.

» 177—184 sind folgende Revisionen von Luze zu vermerken:
Bolitobiini, W. z. b. 1901, 662—746, *Dictyon,* W. z. b.
1902, 17—19 (Fig.), *Conosoma,* ebenda, 19—39, *Lamprinus* und *Lamprinodes,* W. z. b. 1901, 180—184, *Tachy-
porus,* ebenda, 146—179, *Tachinus,* W. z. b. 1900, 475—508,
Coproporus und *Leucoparyphus,* W. z. b. 1902, 188—190,
Hypocyptini, ebenda, 171—187.

» 180. Vor *Dictyon* ist der Tribus-Name „*Tachyporini*" einzufügen.

» 189. Nach *Leptusa* Kr. füge man ein: Bernhauer, Revis., W.
z. b., 1900, 399—432.

» 216. Ebenso nach *Aleochara* Grav.: Bernhauer, Revis., W. z.
b., 1901, 436—506.

» 225. Bei *Bythinus scapularis* v. *Formaneki* Fleisch. soll es
heißen »*D.*« (Ragusa) statt *Herzeg.*

» 225. Bei *Byth. Czernohorskyi* Rtt. (= *Apfelbecki* Gglb.) füge
man hinzu als weiteres Zitat: M. Z. I, 69.

» 231. Bei *Scydmaenidae* ist nach »Reitter, T. V et X« zu vermerken: Croissandeau, Monogr., Ann. Fr. 1893—1900.

» 237. Nach *Scydmaenus* Latr. füge man hinzu: Reitter, Revis.,
W. 1887, 140—145.

» 238. Ebenso nach *Leptoderini:* J. Müller, W. z. b. 1901, 16—33.

» 239. *Astagobius* ist wohl nur als eine Untergattung von *Lepto-
derus* zu betrachten (vgl. W. z. b. 1901, 25). Ebenso sind auch

Parapropus (= *Propus*) und *Protobracharthron* als Subgenera
zu einem einzigen Genus zu vereinigen (l. c., 26), welches
den älteren Namen **Protobracharthron** zu führen hat,
da der noch ältere Name *Propus* bei den Reptilien vergeben ist.

S. 239. Bei *Parapropus intermedius* Hampe (= *sericeus* Schmidt)
lies *Cro.* statt *Cr.*

» 240. Nach *Oryotus Schmidti* v. *subdentatus* m. setze man *Istr.*
bor. statt *Tergest.*

» 244. Nach *Nargus* Thoms. ist einzufügen: Reitter, Revis.,
W. 1906, 141.

» 244. Bei *Catopomorphus funebris* Reitt. füge man die Fundortsangabe *»Herz.«* hinzu (vgl. Reitt., W. 1901, 59).

» 255. Nach *Corylophidae* schalte man ein: Matthews, Monogr.,
London, O. E. Janson & Son, 1899.

» 266. Ebenso nach *Gnathoncus* Duv.: Reitter, Revis., W. 1904, 35.

» 267. Bei *Saprinus aeneus* v. *aegialius* Rtt. und v. *immundus*
Gyll. füge man hinzu als weiteres Zitat: W. 1900, 142,
bei *aegialius* außerdem noch: M. Z. I, 219.

» 268. Bei *Teretrius Rothi* Rosh. ist vor *Gr.* die Fundortsangabe
D. zu setzen. (vgl. Gglb., K. M., III, 397).

» 270. Bei *Acritus nigricornis* Hoffm. wäre noch zu zitieren: W.
z. b. 1900, 301.

» 304. Nach *Allotarsus* Graells ist einzuschalten: Schilsky, Küst.
Käf. Eur. XXXII.

» 307. Ebenso nach *Lobonyx* Duv. und *Haplocnemus* Steph.:
Schilsky, Käf. Eur. XXXIV.

» 307. *Dolichosoma simile* Brull. ist auch in Dalmatien aufgefunden worden (vgl. M. Z. II, 318).

» 309. *Aphyctus megacephalus* Kiesw. kommt auch bei Pola in
Istrien vor (vgl. M. Z. II, 318).

» 311. Bei *Danacaea picicornis* Küst. ist neben *S.* und *Si.* auch
D. anzuführen (vgl. W. z. b. 1903, 12).

» 316. Nach *Necrobinus* Rtt. ist einzuschalten: Reitter, Revis.,
W. 1902, 212.

» 334. Nach *Atomaria* füge man ein: Holdhaus, Z. K. d. Gatt.
Atomaria, M. K. Z. I, 350.

» 349. Nach *Sphindidae* wäre noch anzuführen: Schilsky, Küst.
Käf. Eur. XXXVII.

» 349. Nach *Aspidophorus* Latr. füge man ein: Reitter, Rev.,
W. 1902, 140.

S. 349. Nach *Cisidae* lies »Schilsky, Küst. 37« (statt 41).

» 364. Die von mir benannten Aberrationen *conjuncta, variegata, meridionalis* und *formosa* der *Coccinella conglobata* L. sind zwischen ab. *gemella* und *dubia* einzureihen.

» 364. *Bulaea Lichatschovi* Humm. kommt auch im Friaul (bei Grado) vor (vgl. M. K. Z. II, 320).

» 370. Nach *Coccidula scutellata* ab. *aethiops* Krauss ist die Patria-angabe *D.* beizufügen.

» 382. Nach *Morychus dovrensis* Münster ist einzuschalten: »W.z.b.«

» 382. Nach *Byrrhus* L. füge man ein als weiteres Zitat: Ganglbauer, Revis., M. I, 43.

» 385. Nach *Cebrio* Ol. wäre anzuführen: Riv. Col. It., 1906, 181 (Revision der italienischen Arten).

» 387. *Alaus Parreyssi* Stev. kommt auch in Dalmatien (Meleda) vor (vgl. Gglb., W. z. b., 1904, 653).

» 390. *Agriotes Starcki* Schwz. soll auch in der Bukowina vorkommen (nach Hormuzaki, W. z. b. 1901, 358).

» 395. *Melanotus (Spheniscosomus) sulcicollis* Muls. kommt nach Ganglb., W. z. b. 1904, 653, auch in Dalmatien (Meleda) vor.

» 404. Nach *Denticollis pectinatus* und *flabellatus* Rtt. W. 1906 sind die Seitenzahlen 273 bezw. 274 beizufügen.

» 405. Bei *Hypocoelus* ist nach »Reitt., Rev. W. 1902« die Seitenzahl 28 in 208 umzuändern.

» 408. Bei *Latipalpis stellio* Kiesw. ist vor *Gr.* die Fundortsbezeichnung *D.* (Meleda, Lesina) einzufügen. (vgl. Ganglb., W. z. b. 1904, 653).

» 421. Nach *Bostrychidae* füge man das weitere Zitat hinzu: Schilsky, Küst. Käf. Eur. XXXVI.

» 423. Ebenso nach *Lyctidae*: Schilsky, Küster, Käfer Eur. XXXVII.

» 425. Nach »*Ptinus* in sp.« schalte man ein: Reitter, Revision der mit *fur* L. verwandten Arten, W. 1906, 281.

» 434. *Xanthochroina Auberti* Ab. kommt nicht nur in Süd-Frankreich, sondern auch in Dalmatien und Griechenland vor (Gglb. W. z. b. 1904, 656).

» 435. *Chrysanthia varipes* Kiesw. ist auch aus Dalmatien bekannt. (Gglb. l. c.).

» 453. Nach *Mordellidae* ist anzuführen: Schilsky, Küster K. Eur. XXXI, XXXV und XXXVII.

» 468. Nach *Tenebrionidae* ist einzufügen das weitere Zitat: Seidlitz, Natg. Ins. D., V.

S. 492. Bei *Caenocorse* Thoms. lies »Fleischer, W. 1900« (statt 1896).

» 493. *Lyphia tetraphylla* Fairm (= *ficicolla* Muls.) kommt nach
Gglb. W. z. b. 1904, 657, auch in Dalmatien (Meleda) vor.

» 496. Nach *Entomogonus* Fald. füge man ein das Zitat: Reitter,
Revis., W. 1903, 18. Ferner schalte man ein: *Entomogonus
Peyronis* Reiche, aus der Türkei (vgl. die soeben erwähnte
Revision, 18).

» 503. Nach *Anisorus* Muls. ist einzufügen: K. Daniel, Revis.,
M. K. Z., II, 201.

» 507. Nach *Leptura* s. str. ist zu vermerken: Reitter, Revis.
der mit *L. dubia* verwandten Arten, W. 1898, 193.

» 509. Ebenso nach *Strangalia* Serv.: Reitter, Revis. der mit *Str.
melanura* und *bifasciata* verwandten Arten, W. 1901, 77—80.
(Behandelt die Arten von *distigma* bis *septempunctata* inkl.)

» 511. *Callimus abdominalis* Oliv. kommt auch in Dalmatien
vor (vgl. Gglb., W. z. b. 1904, 657).

» 514. Bei *Anisarthron barbipes* Schrank lies T. 74 (statt 77).

» 516. Nach *Aromia* Serv. ist einzufügen: Reitter, Revis., W.
1906, 275.

» 520. Ebenso nach *Cyrtophorus* Lec.: Reitter, Revis, W. 1906, 297.

» 520. *Parmena balteus* L. forma typ. kommt nur in West-
europa vor, *(H., Ga.)*; die anderen bei *balteus* angeführten
Verbreitungsangaben *(I., Ill., D., Ca)* beziehen sich auf
Parmena balteus unifasciata Rossi, welche keine Aberration,
sondern eine geographische Rasse ist.

» 522. Bei folgenden Formen des *Dorcadion arenarium* Scop. ist
das Zeichen »v« (statt »a«) zu setzen: *dalmatinum* m.,
subcarinatum m., *marsicanum* Fracassi, *velebiticum* m.,
abruptum Germ., *brattiense* m., *rubripes* m., *hypsophilum*
m., *axillare* Küst. und *velutinum* Stev. — Ob auch bei
fuscovestitum Pic. dieselbe Änderung vorzunehmen ist, weiß
ich nicht, da mir diese Form unbekannt blieb.

» 527. *Pogonochaerus Perroudi* Muls. kommt auch in Dalmatien
vor (vgl. Gglb. W. z. b. 1904, 657).

» 530. Nach *Mallosia* Muls., K. Daniel, M. Z. II, ist die Jahres-
zahl 1905 in 1904 zu ändern.

» 530. Nach *Pilemia* füge man ein folgende Zitate: Reitter,
W. 1905, 239 und K. Daniel, M. K. Z. III, 55.

» 532. Nach *Phytoecia ephippium* F. ist einzufügen: *Ph. glaphyra*
K. Dan., M. K. Z. III, 1906, 177. *D., Gr.*

S. 546. *Cryptocephalus alboscutellatus* Suffr. kommt auch in Dalmatien (Meleda) vor (vgl. Gglb., W. z. b. 1904, 658).

» 547. *Pachybrachis limbatus* Mén. kommt ebenfalls auch in Dalmatien vor (vgl. Gglb., W. z. b. 1904, 658).

» 560. Die bei *Phytodecta Kaufmanni* angeführte a. *infernalis* Penecke gehört als Aberration zu *Ph. flavicornis* Suffr.

» 564. Nach *Exosoma* Jacoby schalte man ein: Reitter, Revis., W. 1902, 217.

» 570. *Arrhenocoela lineata* Rossi kommt auch in Dalmatien vor (vgl. Ganglb., W. z. b. 1904, 658).

» 592. Nach *Phaenotherion* ist einzufügen: Ganglbauer, Revis., M. Z., I, 215.

» 593. ff. In der Gattung *Otiorrhynchus* sind Aberrationen und Rassen vielfach durcheinander geworfen worden. Für einige mir näher bekannte Formen sei dies hier richtiggestellt.

Mit »v« (statt mit »a«) sind zu bezeichnen: die *turgidus*-Formen *dulcis*, *brevipes* und *bilekensis*, dann *inflatus florentinus* Apfb., *geniculatus Eppelsheimi* und *herbiphagus* Apfb., *pulverulentus rumicis* und *orni* Apfb., *dalmatinus lauri* Stierl. und *velexianus* Apfb., die *consentaneus*-Formen *crivoscianus*, *dryadis* und *preslicensis* Apfb., die *obsoletus*-Formen *versipellis*, *aethiops*, *vicinus* und *bulgaricus* Apfb., die *aurosignatus*-Formen *vlasuljensis* und *rhodopensis* Apfb., ferner *cardiniger brattiensis* m. (von den Inseln Brazza und Lesina), die *alutaceus*-Formen *vittatus*, *punctatissimus* und *angustior*, die *truncatus*-Formen *laetificator* Rtt. und *viridilimbatus* Apfb., dann *caudatus transpadanus* Gort. (aus Oberitalien und Illyrien) und *sensitivus Hilfi* Rtt.

» 594. *Otiorrh. cardinigeroides* und *Gylippus* Rtt. sind, wie Apfelbeck (W. z. b. 1901, 537) nachgewiesen hat, Rassen des *spalatrensis* Boh. — *Otiorrh. fabrilis* Rtt. betrachtet Apfelbeck (l. c.) als Synonym zu *spalatrensis gylippus*.

» 594. Bei *Otiorrh. alutaceus* Germ. ist als weiteres Zitat einzufügen: Apfelbeck, W. z. b. 1901, 535 (Behandelt die systematische Stellung des *O. alutaceus*).

» 594. Bei *Otiorrh. truncatus viridilimbatus* Apfb. lies: Mitth. Bosn. II, 520 (statt 250).

» 596. Nach *Cirrorrhynchus* Apfb. ist einzufügen: Apfelbeck, Revis. der bosn.-herzeg. Arten, Mitth. Bosn., IV, 545.

» 599. Bei der 19. Gruppe ist zu vermerken: Apfelbeck, Revis. der bosn.-herzeg. Arten, Mitth. Bosn. IV, 542.

» 600. Ebenso bei der 21. Gruppe: Apfelbeck, Revis., W. z. b. 1898, 371.

» 604. Nach *Limatogaster* Apfb. ist einzufügen: Reitter, Revis., W. 1903, 213.

» 616. *Eudipnus Karamani* Strl. = *brevipes* Kiesw. (vgl. Apfb., Mitth. Bosn. IV, 795).

» 648. Nach *Alophini* ist einzuschalten: Reitter, Revision, W. 1901, 207—214.

» 653. *Styphloderes exculptus* Boh. kommt auch in Dalmatien (Meleda) vor (vgl. Gglb. W. z. b. 1904, 659).

» 653—678. Schalte ein folgende Zitate:

Bei *Hypera* Germ. (S. 653): H. Krauss, Revision der Arten des Subgen. *Donus*, W. 1900, 189—205.

Bei *Cidnorrhinus* Thoms. (S. 669): Reitter, Revis., W. 1901, 86.

Bei *Allodactylus* Wse. (S. 670): Reitter, Revision, W. 1901, 129 und Schultze, Revis., M. Z. I, 174.

Bei *Brachyodontus* Schultze (S. 671): Ganglbauer, W. z. b. 1902, 109.

Bei *Aspidapion* Schilsky (S. 698): Wagner, Revis., M. K. Z. III, 13.

» 702. Bei *Apion hydropicum* Wenck. füge man hinzu als weiteres Zitat: M. K. Z. II, 182.

» 718. Ebenso bei *Aphodius fimetarius* a. *cardinalis* Rttr.: W. z. b. 1902, 445.

» 718. *Aphodius suarius* Fald. kommt auch in Dalmatien vor (vgl. W. z. b., 1902, 445).

» 725. Ebenso *Ceratophius lateridens* Guer. (l. c., 449).

» 726. Die Form *aurichalceus* m. des *Thorectes Hoppei* ist eine Aberration und hat daher das Zeichen »a« zu führen.

» 728. Bei *Onthophagus Brisouti* Orbigny (= *taurus* Schreb.) ist als weiteres Zitat beizufügen: W. z. b. 1902, 452.

» 729. Die Form *infuscatus* m. des *Caccobius Schreberi* L. ist ebenso wie die übrigen bloß eine Aberration (»a«).

» 730. *Chironitis furcifer* Rossi kommt auch in Dalmatien vor (vgl. W. z. b. 1902, 455).

» 741. Bei *Hoplia farinosa* a. *Karamani* Rtt. ist noch zu zitieren: W. z. b. 1902, 463.

» 748. Ebenso bei *Potosia cuprea* F. und v. *incerta* Costa: W. 1904. 173.
» 748. Unter die Varietäten von *P. cuprea* ist noch einzuschalten:
    v. *azurea* Koenig, W. 1901, 10, *Ca.* (prope *erirana* und
    persplendens Rtt.)
» 749. Bei *Potosia angustata* lies »a« *Mülleri* Rtt. (statt »v« *Mülleri*).
» 751. Statt *Arpedium Schatzmayeri* lies *A. Schatzmayri*.
» 754. Bei *Dyschirius tensicollis* Mars. ist zu zitieren: W. 1906,
    265, und bei *D. bacillus* Schaum W. 1906, 266.

Beobachtungen über hüpfende Käferlarven-Kokons.

Von **John Sahlberg** in Helsingfors.

Eine interessante Beobachtung machte ich während meines Besuches in Dalmatien im Frühjahre 1906. Als wir in der thermotherapeutischen Anstalt bei Ombla, nahe an Ragusa, wohnten, ging ich, da steter Regen längere Excursionen verhinderte, auf die Abhänge des nahen Gebirges gleich oberhalb der Anstalt, um zu sieben. Ich füllte in das Sieb feuchtes Laub, verfaultes Holz und Moos ein, gab schließlich das Gesiebe in ein Säckchen und eilte damit nach Hause, um von dem eben wieder drohenden Regengusse verschont zu werden. Als ich im Zimmer das Gesiebe auf weißes Papier ausbreitete, um daraus die Kleinkäfer herauszusuchen, bemerkte ich einen elliptisch gerundeten, halbdurchsichtigen Gegenstand, der wie eine sehr kleine Insektenwabe (Kokon), oder wie ein riesiges Schmetterlingsei geformt war und der zu meiner Ueberraschung beträchtliche Sprünge machte. Es gelang mir mehrere solche Körper zu finden, die alle gleich lebhaft hüpften, ohne daß ich irgend eine Bewegung auf der fast glatten Oberfläche dieser Gegenstände bemerkte. Dies mußte mich natürlich sehr in Verwunderung setzen, denn niemals hatte ich ähnliches gesehen und auch nichts darüber gelesen, wäre es auch, was es immer sei.

Da ich kein Microscop mitgenommen hatte und auch sonst keine feineren Instrumente zur Hand hatte, so konnte ich diese Gegenstände, in welchen ich ein Insekt vermutete, nicht gleich genauer untersuchen und legte deshalb einige davon in Spiritus. Einige andere davon gab ich in ein Probiergläschen, wo sie den ganzen Tag sich bewegten und ein leises Picken auf die Glaswände bewirkten. Nach zwei Tagen wurden sie darin schon still; ich dachte der Inhalt wäre getrocknet, tot. Ich überfüllte sie sodann aus dem Glasrohre in eine Federspule.

Nach Helsingfors zurückgekehrt nehme ich die Spule hervor, um das Insekt anzusehen und bemerkte zu meiner großen Freude darin eine durchgreifende Veränderung des Inhaltes. Die Kokons waren fast alle geöffnet. Ein sehr hübscher Deckel war von dem Ende losgelöst, oder hing wie auf einer Angel an dem größeren Teile des Kokons und einige Käfer lagen frei dabei, andere waren noch unbeschädigt in den Waben. Es waren dies Exemplare von dem seltenen - *Cionus (Stereonychus) gibbifrons* Kiesw., der also als Larve in den Kokons zu hüpfen vermag. Es ist dies eine recht merkwürdige Tatsache. Wie kann wohl das Insekt in dem Kokon solche Sprünge hervorrufen?

Ein Mann in einer Tonne, oder in einem blechernen Gefäße eingeschlossen, kann unmöglich mit seiner Umhüllung in die Höhe springen, wenn er auch noch so große Muskelkraft besäße. Die in Spiritus gelegten Kokons schließen alle Larven (nicht Puppen!) ein und diese liegen ganz enge darin. Sie waren etwas krumm darin und konnten sich nicht gerade richten, ohne die Hülsen auszudehnen. Die letztere ist aber sehr elastisch. Diese Eigenschaft ist aber wohl die Ursache im Verein mit der Spannkraft der sich streckenden Larve, daß die Kokons springende Bewegungen zu machen imstande sind.

Wo diese *Cionus*-Art lebt, weiß ich nicht, denn ich konnte später die Kokons nicht mehr auffinden und auch der Käfer ist mir nicht mehr untergekommen.

Parablops subchalybaeus n. sp.

Von **Edm. Reitter** in Paskau (Mähren).

Von dem mir unbekannten *sardiniensis* durch das erste Hintertarsenglied, welches nicht länger ist, als das letzte und die Epipleuren der Flügeldecken abweichend; von *Allardius oculatus*, der mir ebenfalls noch nicht untergekommen ist, durch nicht genäherte Augen, starke Punktfurchen der Flügeldecken und durch die Färbung sicher verschieden. Lang gestreckt, parallel, oben kahl, schwarz mit stahlblauem Scheine, unten rostbraun, der Mund, die Fühler, Palpen und meist auch die Beine rostrot, in selteneren Fällen sind die letzteren braun. Fühler die Mitte des Körpers erreichend, beim ♂ die Mitte deutlich überragend, Glied 3 um die Hälfte länger als 4, 4 so lang als 5, das Endglied normal, lang nierenförmig. Die dicken Maxillartaster mit beilförmigem Endgliede. Kopf klein, viel schmäler als der Thorax, dicht und stark punktiert, Clypeus am Ende gerade abgestutzt; Augen seitenständig, quer nierenförmig, etwas vorstehend, vorne leicht ausgerandet, die Stirn zwischen ihnen fast doppelt so breit als ein Auge von oben gesehen. Halsschild um die Hälfte breiter als lang, schmäler als die Flügeldecken, fast viereckig und ringsum fein gerandet, wenig gewölbt, dicht und stark punktiert, die Punkte an den Seiten gedrängter und pupilliert, Vorderrand abgestutzt, die Basis leicht doppelbuchtig, die Seiten fast gerade, schmal abgesetzt und rot durchscheinend, vor der Mitte am breitesten, die Hinterwinkel rechteckig, die vorderen stumpf und etwas abgerundet. Schildchen halbrund, spärlich punktiert, fast glatt. Flügeldecken lang und fast parallelseitig, mit fast rechteckig vortretenden Schulterwinkeln und gemeinschaftlich elliptisch abgerundeter Spitze; Oberseite mit tiefen Punktfurchen, die Zwischenräume gewölbt, fein und erloschen, einzeln punktiert. Epipleuren der Flügeldecken ziemlich breit, bis zur Basis des Analsternites reichend, hier plötzlich zusammenlaufend und mithin die Spitze nicht erreichend. Die umgeschlagenen Seiten des Halsschildes dicht mit feinen Längsriefen durchzogen. Prosternum stark und dicht, die übrige Brust, sowie der Bauch feiner punktiert, die Härchen in der Punktur kaum erkennbar. Seiten und Spitze des Abdomens kräftig gerandet. Die Hinterbrust ist etwas länger als die mittleren Hüfthöhlen. Beine fein behaart; Tarsen unten mit gelben dichten Haaren besetzt, die Vordertarsen des ♂ schwach erweitert. Letztes Glied der Hintertarsen so lang als das Klauenglied. Long. 6 –13 mm. Calabrien: Prov. Nicastro. In großer Anzahl im Museum von Portici.

Sechs neue Coleopteren aus Turkestan.

Beschrieben von **Edm. Reitter** in Pas<au (Mähren).

Oryctes Matthiesseni n. sp. ♀.

Etwas schlan<er und schmäler als *nasicornis* ♀, unterscheidet
sich bei sonstiger sehr großer Übereinstimmung und Ähnlich<eit
durch den Clypeus, welcher <orne nicht wie dort in eine schmale,
sondern hier in eine breite Platte ausläuft, welche am Vorderrande
star< rundlich ausgerandet ist, auch die Seiten sind durch eine
<on<a<e Schwingung etwas ausgerandet, die Randec<e über den
Augen fehlt ganz; der Eindruc< des Halsschildes ist weniger breit,
erreicht die Mitte nicht und mündet in der Mitte seines Hinter-
randes in eine <leine Beule aus; Flügeldecken mit deutlicheren
Längsstreifen, der Nahtstreif ist hinten flach linienförmig eingerissen,
was wohl <ariabel sein <ann und die quere Verdic<ung des Pygidiums
ist nicht <or, sondern hinter der Mitte gelegen, bei <orliegendem
Stüc<e <ahl. Long. 32 mm.

Von Herrn A. Matthiessen gütigst eingesendet. Aus der
Bucharei.

Leptodopsis Suworowi n. sp.

Dunkelbraun, Palpen und Tarsen rostrot. Kopf samt den
Augen fast so breit als der Thorax, die Seiten des Kopfes über
den Augen etwas gerundet erweitert, oben mit einem feinen Mittel-
<iel, daneben mit zwei flachen Längsfurchen, zwischen den Fühler-
wurzeln mit zwei Quergrübchen, dazwischen überall fein gekörnelt
und <urz gelblich behaart; Hals stark abgeschnürt. Halsschild
sehr wenig länger als breit, herzförmig, <orne gerundet erweitert,
fein gekörnelt, fein behaart, in der Mitte mit einer feinen Mittelrinne, daneben die Scheibe mit zwei Längskielen, diese nicht ge-
<erbt, die Seiten ungleich gezähnelt, zwischen der Dorsal- und
Lateralrippe <orn mit einer länglichen, ge<örnten Beule. Flügel-
dec<en <urz elliptisch, wie bei den anderen Arten, mit drei hohen
gezähnelten Dorsalrippen, wo<on die äußere sich an den Seiten des
Körpers befindet, diese von oben sichtbar, die Zwischenräume mit
je zwei groben Pun<treihen, fein einzeln behaart. Auch auf der
Unterseite befindet sich an den Seiten der Flügeldec<en eine Rippe
und die zwei Zwischenräume sind ebenfalls in gleicher Weise zwei-
reihig pun<tiert. Die Mittelschienen sind innen <or der Spitze
sehr deutlich ausgebuchtet. Long. 7 mm.

Mit *L. insignis* und *tjanschanicus* verwandt, von dem ersteren durch zwei Dorsalkiele am Halsschilde, von dem letzteren durch die stark gererbte Seitenrandkante des Halsschildes, von beiden durch eine Mittelrinne am Halsschilde und durch geringere Größe abweichend.

Semiretschié: Djarkend, am Flusse Ily, in einem Stück von G. Suworow aufgefunden, das mir derselbe gütigst überließ.

Lasiostola scabricollis n. sp.

Der *L. pubescens* ähnlich, etwas kleiner, ähnlich gefärbt und skulptiert, aber ohne lange emporstehende Behaarung. Oval, schwarz, sehr fein anliegend, dicht gelb-greis behaart, dazwischen auf der Unterseite und den Beinen feine börstchenartige, etwas abstehende schwarze Härchen untermischt. Fühler (soweit sie an dem beschädigten Stück sichtbar) dicht fein, weiß tomentiert. Kopf schmäler als der Halsschild, anliegend weiß behaart, Oberlippe länger, schwarz behaart. Halsschild doppelt so breit als lang, die Seiten fast gerade, mit groben Körnern dicht besetzt, in der Mitte mit kurzer Längsfalte vor der Mitte, kahl, nur der Vorderrand dicht gelblich anliegend behaart und mit kleinen börstchenartigen schwarzen Haaren dazwischen; Basis und Spitze wenig gebuchtet, fast gerade, erstere mit feiner Körnchenreihe gesäumt. Flügeldecken viel breiter als der Halsschild, mit kahler, jederseits mit einer Körnerreihe gesäumten Naht, dann der Seitenrand und drei Dorsalrippen hoch erhaben und kahl, glänzend, oben dicht etwas unregelmäßig gekörnt, die Rippen verbinden sich successive vor der Spitze miteinander, die Lateral- und Humeralrippe verbinden sich am Schulterwinkel. Die höckerförmigen Körnchen der Rippen tragen ein kurzes, schwarzes, nach hinten gerichtetes Borstenhaar. Die Zwischenräume sind bis an die Rippen dicht weißlichgelb tomentiert, dazwischen einzelne sehr feine Körnchen in 1—2 unordentlichen Reihen erkennbar. Eine lange Behaarung fehlt am ganzen Körper. Long. 10 mm.

Turkestan: Ala-Tay. Ein einzelnes Stück von Herrn G. Suworow für meine Sammlung gütigst überlassen.

Pterocoma Suworowi n. sp.

Kurz und gerundet, schwarz, matt, die ganze Oberseite sehr lang und ziemlich dicht, abstehend, schwarz behaart. Fühler ziemlich lang behaart. Kopf schmäler als der Thorax, punktiert. Halsschild sehr stark quer, reichlich $2^{1}/_{2}$mal so breit als lang, mit groben Körnchen ziemlich dicht besetzt, in der Mitte mit schmaler, punkt-freier Mittellinie, Basis fein gerandet. Flügeldecken sehr breit und kurz oval, rundlich, gewölbt, an der Basis flach ausgebuchtet, fast gerade abgeschnitten, oben mit einer, meistens doppelt gezähnelten Humeralrippe, die gleichzeitig Seitenrippe ist, zwischen ihr und der schwach erhöhten Naht mit zwei fein gezähnelten Dorsalrippen, die dritte fehlt hier vollständig; die ersten Zwischenräume an der Naht beider Flügeldecken zusammen sind viel schmäler als die zwei seitlichen zusammen. Die Zwischenräume der Rippen sind zerstreut, äußerst fein gekörnt, zur Spitze, besonders längs der Humeralrippe ist oft eine duftartige helle Grundbehaarung vorhanden. Prosternum-spitze ziemlich lang, vorragend. Unterseite und Beine dicht und lang, schwarz, abstehend behaart. Long. 12—13 mm.

Gehört zu *Pt. fuscopilosa, Chan, alutacea* und *plicicollis,* von denen sie sich durch den Mangel der dritten Dorsalrippe unterscheidet; von *Reitteri, Amandana, Loczyi* durch die näher an der Naht situierte innere Dorsalrippe abweichend.

Semiretschié: Djarkend, am Flusse Ily, von Herrn G. Su-worow gesammelt und mir gütigst eingesendet.

Omophlina Matthiesseni n. sp.

Vorderschienen mit zwei geraden Enddornen. Oberseite ein-fach, höchst fein und kurz dunkel behaart. Körper schmal, schwarz, nur die Klauen gelbrot. Fühler lang und dünn. Kopf samt den Augen schmäler als der Halsschild, dicht punktiert. Halsschild etwas schmäler als die Flügeldecken, deutlich breiter als lang, hinter der Mitte am breitesten, nach vorne stark, zur Basis schwach gerundet verengt, die Seiten scharfkantig, aber nicht ge-randet, ziemlich breit, hinten deutlicher abgesetzt und aufgebogen, Basis und Vorderrand gerade, oben sehr dicht und fein punktiert, vor der Basis mit buchtiger verschwommener Transversalimpression, in der Mittellinie auch kurz längsvertieft. Schildchen dicht punktuliert, matt. Flügeldecken langgestreckt, ziemlich schmal, fast parallel, beim ♀ wenig breiter, mit Punktstreifen, diese über-all furchig vertieft, alle Zwischenräume dicht punktuliert, die Punkte in den Streifen etwas größer und teilweise in die Quere gezogen, Spitzen einzeln abgerundet. Beine schlank. ♂ Analsternit bis nahe zum Vorderrande elliptisch ausgeschnitten, das vorhergehende Sternit jederseits etwas eingedrückt; Forceps dünn, nach vorne gebogen, lang zugespitzt. Long. 9—10 mm.

Turkestan: Von Herrn A. Matthiessen um Wernyi und Pischpeck gesammelt.

Von den Verwandten *(arcuata* und *Heydeni)* durch geringen Glanz und dicht punktierten Thorax leicht zu unterscheiden.

Toxotus Suworowi n. sp.

Dem *T. tataricus* sehr ähnlich, aber die Schläfen und Fühler ganz anders geformt.

♂ schwarz, fein gelblich behaart, dazwischen am Vorderkörper abstehende, längere, dünne Haare, auf den Flügeldecken mit wenig auffälligen, etwas längeren, geneigten Härchen besetzt. Fühler des ♂ die Spitze des Körpers nicht erreichend, robust, braunrot, die zwei Basalglieder schwarz, vom sechsten Gliede an ein wenig abgeflacht. Kopf samt den Augen so breit als der Thorax, die Schläfen lang, stark nach hinten konvergierend, Wangen schmäler als ein Auge. Halsschild mit goldgelben Härchen besetzt, höchstens so lang als am Hinterrande breit, überall fein runzelig punktiert, die Seitenhöcker kräftig, die Dorsalbeulen mäßig stark, vor denselben sehr stark, hinter ihnen schwächer eingeschnürt, Spitze fein gerandet. Schildchen dreieckig, mit abgerundeter Spitze. Flügeldecken breiter als der Thorax, vorne fast gerade abgeschnitten mit stark vorragenden Schulterwinkeln, von da zur Spitze stark verengt diese einzeln abgerundet, schwarz, eine schmale, vor der Spitze verkürzte Seitenbinde, dann eine jederseits verkürzte breitere Dorsalbinde, welche sich allmählig mehr der Naht nähert, bräunlich gelb. Unterseite und Beine schwarz. Erstes Glied der Hintertarsen etwas länger als die zwei nächsten zusammen. Long. 16—18 mm.

Semiretschié: Djarkend, am Flußc Ily, im Mai 1906 von Herrn Suworow gesammelt und ihm zu Ehren benannt.

Von *T. vittatus* Fisch. aus der Songorei, den ich vom Amur zu besitzen glaube, durch den tiefer eingeschnürten Thorax, die Färbung der Fühler, kürzeres erstes Hintertarsenglied und lange Schläfen abweichend.

Toxotus tataricus Gebl., den ich wenigstens dafür halte, hat abweichend gebildete Fühler; sie sind nämlich schon vom dritten Gliede an etwas abgeflacht und ihre äußeren Apicalwinkel stumpfeckig vortretend. Ich errichte darauf die Section **Toxotochorus** nov.

Coleopterologische Notizen.

Von **Edm. Reitter** in Pascau (Mähren).

671. Herr Professor Dr. L. v. Heyden in Bockenheim teilte mir mit, daß *Lathrobium elongatum* L. v. *nigrum* Joy, beschrieben in Ent. Monthly Mag. 1906. 271, dasselbe Tier ist, welches Ganglbauer in seinen Käf. von Mitteleuropa II. 1895, 510 als v. *fraudulentum* beschrieben hatte.

672. *Haplocnemus Reitteri* Schilsky aus Smyrna, kommt auch in Griechenland vor.

Coelambus nigrolineatus Motsch. erhielt ich aus Uralsk.

Prionus hirticollis Motsch. aus Kirghisia und Turkestan kommt auch bei Uralsk vor.

Anemia dentipes Ball. auch bei Uralsk.

Chlaenius Koenigi Sem. aus Transcaspien kommt auch am Araxes, bei Ordubad vor.

673. *Heterocerus Hauseri* Kuw. aus Turkestan = *parallelus* Gebl. Die angegebenen Unterschiede bewähren sich nicht.

674. *Heterocerus albineus* Reitt. Nachtrag zur Beschreibung: Clypeus beim ♂ breit dreieckig ausgerandet, so daß vorne 2 Zipfel entstehen; beim ♀ schwach rundlich ausgebuchtet. Die Schenkellinie ist vollständig.

675. Erst jetzt bin ich in den Besitz eines neuen, frischen *Cryptophagus subvittatus* Reitt. (von Sarepta beschrieben) gelangt. Derselbe stammt von Uralsk. Die Behaarung ist nicht, wie ich sie mir bei dieser Art gedacht habe, eine einfache, sondern sie ist doppelt; zwischen der Grundbehaarung sind bei reinen Stücken fast reihig gestellte, wenig längere, aber nicht ganz anliegende Härchen.

676. *Nemosoma cornutum* Strm. aus dem Kaukasus hat nicht, wie ich in meiner Tabelle angeführt habe, elfgliedrige Fühler, sondern, wie Sturm richtig zeichnete, nur 10-gliedrige. Mein Objekt, das ich dafür hielt und das mir nicht mehr vorliegt, ist offenbar eine Varietät von *caucasicum*, oder selbständige Art. Herr Pic hat dafür den Namen *Reitteri* eingeführt, aber sie zu *cornutum* Strm. gestellt, was vielleicht nicht richtig sein dürfte.

Herr Pic beschreibt von *cornutum* auch eine var. *Starcki* aus dem Kaukasus. Es wäre sehr wichtig zu erfahren, ob diese Form zehn- oder elfgliedrige Fühler besitzt; ich habe im neuen Kataloge

beide Var. von Pic unter *caucasicum* Mèn. gestellt. Von einer
Färbungsvarietät des *N. caucasicum,* welche den Angaben von
v. *Starcki* Pic entspricht, hatte ich unter meinen *caucasicum*
zahlreiche Exemplare vorgefunden.

N. cornutum Strm. scheint nichts anderes zu sein, als
eine männliche Form des *elongatum,* mit etwas spitz ausgezogenen
Frontalhörnchen, wie sie sich auch, aber selten, unter *elongatum*
vorfindet. Nachdem nicht alle *cornutum* dieses zugespitzte
Hörnchen besitzen, glaube ich umsoweniger an eine besondere
Art, als der 'gelbe Spitzenfleck der Flügeldecken, wie ihn Sturm
beschreibt und abbildet, stets einen dunkleren Apicalrand freiläßt,
mithin dieser Flecken, wie bei unserer Art, vor der Spitze gelegen ist.

677. Die *Nebria viridipennis* D. 1885, 353 aus Swanetien beschrieben,
weicht, wie ich nachträglich bemerkt habe, recht wesentlich ab
von der Art aus Circassien, welch' letztere ich recht zahlreich
als *viridipennis* an meine Korrespondenten versendet habe.
Letztere scheint mir sehr gut zu passen auf die Beschreibung
der *commixta* Chd. von dem Plateau Adjara; der Vergleich mit
N. elongata ist sehr treffend.

Nebria viridipennis Reitt. ist ganz gefärbt wie jene Art,
die ich für *commixta* halte, ist aber etwas gestreckter, der Thorax
ist an den Seiten etwas schwächer gerundet und die Seiten
von der Mitte zu den ähnlichen Hinterwinkeln gerade verengt,
die Seiten sind in der Vorderhälfte der Absetzung nicht deutlich
punktiert, die Punktur in der vorderen Querfurche der Scheibe
spärlich und fein; die Flügeldecken sind mehr elliptisch gebaut,
an den Schultern also schmäler gerundet, hinter der Mitte am
breitesten. Wahrscheinlich sind beide nur Formen einer einzigen Art.

Über die Gattung Valleriola Dist.

Von Prof. **Dr. O. M. Reuter** in Helsingfors.

In seiner Fauna of British India, Rhynchota, Vol. II, S. 405, beschreibt Distant aus Ceylon den schon 1875 von Costa beschriebenen, von Egypten bis in Ost-Persien verbreiteten *Leptopus assouanensis* (= *niloticus* Reut. 1881 = *strigipes* Bergr. 1891) als eine einer neuen Saldinen-Gattung angehörige Art, *Valleriola Greeni*. Sowohl Bergroth (in dieser Zeitung XXV, 1906, S. 8, 29), wie ich (Hemipterologische Speculationen I, S. 3, Note) haben diesen systematischen Mißgriff erörtert, der allerdings von einem Verfasser nicht so unerwartet kommt, welcher sogar eine andere Saldinen- (richtiger Acanthiiden-) Gattung (die Gattung *Velocipeda* Bergr. = *Godefridus* Dist., l. c., S. 328) als eine Reduviiden-Gattung betrachtet, also als Mitglied einer Familie der Trochelopoden-Serie, während *Velocipeda*, wie die übrigen Acanthiiden, ganz entschieden eine Pagiopode ist.

Indessen hat Distant (Ann. and Mag. Nat. Hist. (7) XVIII, 1906, S. 293) behauptet, daß nicht er, sondern wir, Bergroth und ich, seine *Valleriola* (d. h. *Leptopus assouanensis*) in einer unrichtigen Unterfamilie untergebracht haben. Die Leptopoden sind, sagt er, »known as possessing three ocelli« (es ist jedenfalls gut, daß er nicht kategorisch erklärt, daß sie in der Tat drei Ocellen haben!) und sowohl er als die Herren Austen und Waterhouse haben bestätigt, daß *Valleriola* nur zwei Ocellen besitzt. Also, schließt er ohne weiteres, ist sie eine Saldide und Bergroth wie Reuter haben Unrecht, da sie sie als eine Leptopine auffassen.

Als Fieber (Eur. Hem., 1861, S. 25) seine Familie *Leptopodae* (= *Leptopinae* Dist.) aufstellte, gab er als Merkmale, die sie von der Familie *Saldeae* (= *Saldinae* Dist.) scheiden, nicht nur die Anzahl der Ocellen (drei) an, sondern in erster Linie den Bau des Schnabels und ferner den ebenfalls verschiedenen Bau des Kopfes, der Augen, des Vorderrückens, der Beine, der Flügel und der Fühler. Distant vereinigt die beiden Familien als Unterfamilien, *Saldinae* und *Leptopinae*, der Familie *Saldidae*[1]).

---

[1]) Daß diese *Acanthiidae* benannt werden muß, habe ich früher bewiesen. Auch Bergroth und Kirkaldy sind derselben Ansicht.

Der einzige Unterschied, den er zwischen diesen angibt, ist
die Zahl der Ocellen, welche nach ihm »sufficiently« genügen, um
die beiden Unterfamilien zu trennen. Ganz wie in seiner systematischen Einteilung der Capsiden, ist er auch hier so unglücklich
gewesen, auf einen, wie ich unten zeigen werde, ganz unwesentlichen
(und sogar in diesem Falle gar nicht existierenden!) Charakter sich
zu beschränken und dafür alle übrigen ganz zu übersehen.

Solches aber ist ja ein wahrer Unsinn! Ein jeder normal
und logisch Denkende hätte wohl, als er eine Leptopode mit nur
zwei Ocellen traf, die aber alle übrigen Leptopoden-Merkmale besaß, geschlossen, daß die Zahl der Ocellen in systematischer Hinsicht von untergeordneter Bedeutung sein müsse. Distant aber
hat seine eigene ganz sonderbare Logik.

Wenn der außerordentlich produktive Verfasser nicht stets
Zeit genug hat, mit nötiger Gründlichkeit und Kritik zu arbeiten,
so ist ja schon dies zu bedauern. Bedenklicher aber wird es, wenn
er, auf seine Mißgriffe aufmerksam gemacht, dennoch an diesen fest-
hält und zwar aus Gründen, die gegen jede Logik verstoßen.

Wenn in der Tat die Leptopoden drei Ocellen hätten, wäre,
wie oben gesagt, eine Art mit nur zwei Ocellen darum gar nicht
undenkbar. Die epidermalen Bildungen — so auch die Ocellen —
geben überhaupt nur schlechte systematische Charaktere ab. So
sind die seitlichen Stacheln des Schnabels, wie auch alle übrigen
Stacheln der Leptopoden-Arten bei *Leptopus assouanensis* zu langen,
feinen Bürsten umgebildet. Was nun speziell die Ocellen betrifft,
kennt man ja schon unter den Heteropteren Beispiele, daß einige
Arten typisch ocellentragender Gattungen solche sogar ganz entbehren, wie *Reduviolus lusciosus* White. Die Pentatomiden- (Uro-
stylinen-) Gattungen *Urostylis* Westw. und *Urolabida* Westw.
sind nur dadurch verschieden, daß jene (bisweilen sehr kleine) Ocellen
besitzt, dieser solche ganz fehlen (Siehe Ent. Monthl. Mag. 1905,
S. 65.) Mir scheint ein einziger solcher Charakter nicht genügend,
um zwei Gattungen zu trennen.

Ich wiederhole darum mit Hinsicht auf *Leptopus assouanensis*
(= *Valleriola Greeni* Dist.), bei welchem ich wie Distant in der
Tat nur zwei Ocellen finde, daß er dessen ungeachtet, wenn auch
die übrigen drei hätten, als eine *Leptopus*-Art zu betrachten ist.

Neulich hat Professor Dr. C. Lundström in seinen Beiträgen
zur Kenntnis der Dipteren Finlands I (Acta Soc. Fauna et Flora
Fenn. XXIX, Nr. 1, 1906, S. 37) über *Mycotheca dimidiata* Staeg.

berichtet, daß er bei einem ♀ trotz genauer Untersuchung das unpaare Punktauge, das diese Gattung charakterisiert, nicht finden
konnte, während es bei den übrigen (18) Exemplaren sehr deutlich
ist. Von *Mycetophila vittipes* Zett. dagegen, der typisch das unpaare Punktauge fehlt, hat er vier Männchen und drei Weibchen
gefunden, die wie *Mycotheca* ein kleines unpaares Punktauge am
obersten Ende der Stirnfurche besitzen; den 16 übrigen Exemplaren
fehlt aber dieses Auge.

Das Fehlen oder Vorhandensein eines Punktauges kann also
bisweilen bei einer und derselben Art beobachtet werden. Unter
hunderten von Individuen der Lygaeide *Aphanus phoeniceus* Rossi
habe ich ein Individuum gefunden, das keine Ocellen hat, sich in
dieser Hinsicht also wie eine Pyrrhocoride verhält.

Was meint nun Distant gegenüber solchen Erscheinungen?
Gehört das *Mycotheca*-Individuum mit nur zwei Ocellen zu der
Gattung *Mycetophila* und ist das ocellenentbehrende *Aphanus*-
Individuum eine Pyrrhocoride?! Von der Absurdität, einen *Leptopus* für eine Saldine zu erklären, nur deshalb, weil er zwei und
nicht drei Punktaugen besitzt, zu dieser ist in der Tat kaum mehr
als ein Schritt.

Ich habe oben gesagt, daß *Leptopus assouanensis* eine Leptopode wäre, auch wenn er nur zwei und die übrigen Arten drei
Ocellen besäßen. Aber wie verhält es sich in der Tat mit diesen?
Ehe Distant meinem Freunde Bergroth und mir den Vorwurf
machte, daß wir seine *Valleriola* in eine unrichtige Unterfamilie
gestellt hätten, da wir sie für einen *Leptopus* erklären, wäre es seine
Schuldigkeit gewesen zu untersuchen, ob die Leptopinen, wie er angibt, auch wirklich drei Occellen haben. Vielleicht haben sie alle
nur zwei!

Ich habe diese Untersuchung vorgenommen. *Leptopus hispa-
nus* Ramb. hat nur zwei Punktaugen, L. *spinosus* Rossi auch
nur zwei, nämlich je ein sehr kleines kristallinisch glänzendes
Pünktchen außen am Grunde der Scheitelstacheln, und L. *marmo-
ratus* Göze auch nur zwei ovale auf einem Höcker stehende
Ocellen, die vorn sich fast berühren, hinten aber durch einen ebenfalls glänzenden Mittelraum etwas getrennt sind. Es ist dieser
hintere freie Teil des Scheitelhöckers wahrscheinlich von Fieber
irrtümlich für einen Ocellus gehalten worden. Bei *Erianotus*
finde ich zwei glänzende punktförmige Ocellen; je einen an den
Hinterecken des hohen Scheitelhöckers.

Die Herren Poppius und Nordström, zwei geschickte finn-
ländische Coleopterologen, haben die obigen Leptopoden ebenfalls auf
die Ocellen hin untersucht und sind zu demselben Resultat gekommen.
Also: die Leptopinen haben ganz wie die Saldinen und alle
übrigen ocellentragenden Heteropteren nur zwei Ocellen; dessen ungeachtet aber bilden sie eine gute, sehr distinkte Unterfamilie, zu
welcher *Leptopus assouanensis (Valleriola Greeni)* ebenso gut wie
die übrigen Arten gehören; der einzige vermeintliche Grund für das
Abscheiden dieser Art zu den Saldinen ist mit der obigen Entdeckung vollständig weggefallen.

Distant hat in der Unterfamilie Leptopinae die neue Gattung
Leotichius beschrieben und in der Gattungsbeschreibung ihr aus-
drücklich drei Ocellen gegeben. Sollte sich somit die irrige Angabe über die Ocellen der bisher bekannten Leptopinen dennoch
einigermaßen verteidigen lassen?! Wenigstens eine Art sollte also
solche besitzen!

Es wäre von Interesse zu erfahren, ob nun auch die Herren
Austen und Waterhouse diese drei Ocellen sehen; daß sie bei
Valleriola nur zwei sahen, war ja ganz erklärlich. Bei *Leotichius*
soll aber eine Ocelle mehr als bei *Valleriola* sich finden, und
gerade diese wird, wie ich voraussetze, sehr schwierig zu entdecken
sein, wenn man nicht, wie Fieber, fälschlich eine glänzende Fläche
als eine Ocellen-Linse deutet.

Zwei neue Meloë aus der palaearktischen Fauna.

Von Edm. Reitter in Paskau (Mähren).

Meloë Gaberti n. sp.

Neue kleinere Art, aus der Verwandtschaft des *M. ibericus*
Reitt. und *algiricus* Escher. Von der ersteren Art durch einfarbigen,
dunklen Clypeus, fast glatte Flügeldecken und Mangel ausgesprochener
Areolen auf den Rückensegmenten; von der letzteren Art durch
einfache Fühler, ohne verdicktem Endgliede und fast glatte Flügeldecken verschieden.

Schwarz, glanzlos, nur die Unterseite samt den Beinen erkennbar fein behaart. Kopf groß, etwas breiter als der Halsschild, sehr fein, einzeln punktiert. Fühler kurz und wenig dick, Glied 4—10 etwa so lang als breit, das Endglied etwas länger oval. Halsschild ganz so wie bei *brevicollis* gebaut, sehr fein und spärlich punktiert. Flügeldecken fast glatt, am Grunde chagriniert und nur höchst fein, zerstreut punktiert. Abdominaltergite fast glatt, nur die letzten drei chagriniert und dazwischen erkennbar punktuliert, bei den ♂ ohne, beim ♀ am drittletzten Tergite mit einer am Hinterrande gelegenen glänzenden rundlichen Fläche (Areola) die ich bei einem zweiten ♀ nicht deutlich zu erkennen vermag. Long. 10—16 mm.

Uralsk, aus der Steppe südlich vom Ural.

Meinem Freunde Herrn Ferdinand Gabert in Aussig a. E. (Böhmen) gewidmet.

Meloë conicicollis n. sp.

Schwarz, ziemlich glänzend, überall mit sehr deutlichen, feinen, anliegenden fuchsroten Härchen mäßig dicht besetzt. Fühler lang und dünn, alle Glieder vom 3. an viel länger als breit, das letzte länger als das vorhergehende. Kopf viereckig, etwas breiter als der Thorax, mit abgerundeten Winkeln, stark und dicht, etwas ungleich punktiert, Kopfschild und Oberlippe punktiert. Halsschild schmäler als die Flügeldecken, dicht vor der Basis am breitesten, nach vorne verengt, wenig breiter als lang, Basis ausgerandet, Seiten nicht gekantet, oben dicht, mäßig stark, ungleich punktiert, in der Mitte eine kleine Fläche glatter, am Vorderrande dichter punktiert und dichter rostrot behaart. Flügeldecken mit flachen, groben Längsrunzeln, dazwischen ziemlich stark aber flach punktiert und fein rötlich behaart. Abdominaltergite fein, einzeln punktiert, in der Mitte mit großen gedrängt punktulierten und dichter behaarten Areolen, welche den Hinterrand breit und auch den Vorderrand nahezu, hier schmal ihn berührend, erreichen. Beine schlank, glänzend, punktiert. Long. 16 mm. Dem *M. aegyptiacus* ähnlich, aber durch die Form des Halsschildes, die Sculptur der Decken und durch die Behaarung sehr abweichend. Kleinasien: Adana. 1 ♂ in meiner Sammlung.

Ein neuer blinder Trechus aus der Umgebung von Triest.

Von **Arthur Schatzmayr** in Triest.

Trechus (Anophthalmus) Müllerianus n. sp.

Ein typischer, sehr auffallender, mit *A. Targionii* Dalla Torre und *globulipennis* Schaum verwandter *Anophthalmus*.

Dunkel bräunlichgelb, glänzend, kahl. Kopf im Verhältnis zu dem Halsschilde groß, fast so lang und wenig schmäler als dieser, Stirnfurchen tief und bogenförmig in die Einschnürung des Kopfes übergehend, Schläfen sehr spärlich und kurz behaart. Fühler zwei Drittel der Körperlänge erreichend. Der Halsschild ist ziemlich schmal, kaum länger als breit, am Vorderrande sehr schwach ausgeschnitten, an der Basis gegen die Hinterecken jederseits schräg abgestutzt, nah hinten viel weniger verengt als bei den verwandten Arten und auf der querrunzeligen, etwas unebenen Oberseite, jederseits vor der Mitte mit einem allerdings seichten aber sehr deutlichen und, wie es scheint, constant vorhandenen Punktgrübchen. Mittelfurche fein aber ziemlich scharf. Die Hinterecken sind nicht groß, doch treten sie deutlich als spitze Winkel etwas nach außen. Der Quereindruck vor der Basis ist, so wie die Basalgrübchen, seicht und im Grunde längsrunzelig.

Flügeldecken hochgewölbt, aufgeblasen, in ihrer größten Breite fast d r e i m a l so breit als der Halsschild, an den Seiten ziemlich stark gerundet, die Naht, besonders gegen die Basis, stark eingedrückt, die Decken daher e i n z e l n gewölbt erscheinend. Die inneren Streifen sind sehr schwach angedeutet, die äußeren ganz geschwunden. Der dritte Streifen wird durch vier haartragende Punkte angedeutet. Der rücklaufende, außen von einem Fältchen begrenzte Teil der Naht erreicht kaum das Niveau des letzten Porenpunktes im dritten Streifen.

Beine lang und schlank. In der Tarsenbildung differieren die ♂ von den ♀ kaum. Beim ♂ ist das erste Tarsalglied der Vorderbeine nur sehr wenig kürzer und breiter als beim ♀ und an der Spitze sehr schwach ausgebuchtet, daher tritt die Apicalecke nur wenig nach außen.

Diese neue Art differiert von *A. Targionii* Dalla Torre durch längeren Kopf und längere Fühler, schmäleren, weniger convexen, gegen die Basis weniger verengten Halsschild, größere, mehr vorspringende Hinterecken und das Vorhandensein eines Grübchens jederseits vor der Mitte desselben, besonders aber durch die starc gewölbten, breiteren, schwach gestreiften, an der Naht starc eingedrüccten, von den Schultern gegen die Basis schräger verlaufenden Flügeldeccen.

Durch das freundliche Entgegencommen seitens des Herrn Franz Tax, welcher mir ein Exemplar des *A. globulipennis* Schaum zur Einsicht mitteilte, connte ich die Unterschiede zwischen diesem und *A. Müllerianus* feststellen.

A. Müllerianus ist vom *A. globulipennis* Schaum durch viel schmäleren Kopf, schlancere und längere Fühler, schmäleren, nach hinten viel weniger verengten Halsschild, längere Basalpartie desselben, **bedeutend stärcer gewölbte,** cürzere, glättere, viel schwächer gestreifte, an den Seiten stärcer gerundete, an der Naht starc eingedrüccte Flügeldeccen und durch längere Beine und Tarsen verschieden. Long. 4—4·5 mm.

Diese schöne Art wurde von den Herren Antonio und Fabio Brusini und von mir selbst in einer cleinen, ziemlich schwer zugänglichen Grotte bei Opicina (Triest) in sehr wenigen Exemplaren entdecct und nach meinem lieben Freunde, dem unermüdlichen Erforscher unserer Höhlenfauna, Dr. Josef Müller, benannt.

Zwei neue Bockkäfer aus Persien.

Von **Edm. Reitter** in Pascau (Mähren).

Jebusaea[1]) persica n. sp.

Pechbraun, dicht fein rostbraun, anliegend behaart, dazwischen überall mit längeren, abstehend nach hinten geneigten Haaren spärlich besetzt. Fühler einfach, die Glieder ohne spitzige Eccen, beim ♂ nur so lang als der Körper, Glied 5 so lang als 3, 4 wenig cürzer. Kopf samt den grob granulierten, vorne nahe an die Mandibelbasis reichenden Augen so breit als der Halsschild, Schläfen hinter den Augen eingeschnürt, daselbst länger behaart. Halsschild so lang als breit, schmäler als die Flügeldecken, an den grob gitterförmig punctierten Seiten etwas gerundet, von der Mitte nach vorne etwas stärcer verengt, ohne Seitendorn, hinter dem Vorderrande und vor der Basis querfurchig eingeschnürt, oben

---

[1]) Siehe A. 1878, 154.

fein ungleich punktiert, dazwischen einzelne gröbere Punkte eingestreut, nach vorne und gegen die Seiten gerunzelt. Schildchen
halbrund, konkav. Flügeldecken nach hinten etwas verschmälert,
mit vortretenden Schulterwinkeln, die schmalen Epipleuren dichter
und länger rostrot behaart, oben am Grunde hautartig gerunzelt,
dazwischen fein, vorne etwas deutlicher punktiert, mit 2 hinten verkürzten, schwach ausgeprägten Dorsalnerven, die Spitze gemeinschaftlich abgerundet, länger behaart, der Suturalwinkel abgestumpft.
Die Hinterschenkel erreichen bei dieser Art nicht die Spitze des
Abdomens. Tarsen unten braun, bürstenartig tomentiert, das vor-
letze Glied stark zweilappig. Long. 31 mm. — Persien: Buschir.
Von Herrn A. Matthiessen gütigst mitgeteilt. 1 ♂ in meiner
Kollektion.

Dissopachys[1]) Matthiesseni n. sp.

Braunschwarz, sehr fein, kurz, silbergrau, anliegend behaart,
die Behaarung oben und unten seidenartig schimmernd, die Schienen
und Tarsen mehr gelblich behaart. Kopf schmäler als der Halsschild, Clypeus durch einen rundlichen Eindruck stark abgesetzt,
Stirn der Länge nach bis zum Scheitel gefurcht, innen über
den Fühlerwurzeln nach außen in eine Spitze ausgezogen. Halsschild grob wurmartig gerunzelt, dazwischen dicht punktuliert, vor
der Basis mit 2, hinter dem Vorderrande auch mit 2 Querfurchen,
ein angedeuteter Mittelkiel ist auf der Scheibe vorhanden, die Seiten
stumpfbuckelig erweitert, ohne Seitendorn. Schildchen dreieckig.
Flügeldecken breiter als der Halsschild, parallel, am Ende gemeinschaftlich abgerundet, der Nahtwinkel rechteckig, oben sehr dicht
und fein punktuliert, mit einzelnen gröberen Pünktchen dazwischen,
die Scheibe mit Spuren von 2—3 Längsadern. Beine mit doppelter,
anliegender und abstehender Behaarung. Die Ränder der Bauch-
segmente etwas länger und dichter bewimpert. Fühler des ♀ die
Mitte des Körpers wenig überragend, Glied 3 länger als 4, 5 oder
6; 7 so lang als 3, die Fühlerglieder am äußeren Spitzenrande
vom 7. Gliede an etwas eckig abgeflacht. Long. 42 mm. — Viel
größer als *D. pulvinata*, schwarzbraun, der Thorax anders skulptiert etc.
Habituell den *Pachydissus* äußerst ähnlich, aber die Fühler sind
auf ihrer Innenseite ganz einfach gebildet. Persien: Schiras. Herr
A. Matthiessen schenkte mir ein ♀, das er selbst gesammelt hatte.

---

[1]) Siehe D. 1886, 68 und E. N. 1894, 356.

LITERATUR.

Diptera.

Aldrich, J. M. The Dipterous Genus Calotarsa, with one new Species. (Entomol. News, vol. XVII, April 1906, pg. 123—127. Pl. IV.)

Diese amerikanische Platypeziden-Gattung, von Townsend 1894 (Canad. Entomologist XXVI, 50—52) auf die Art *ornatipes* aufgestellt, ist ausgezeichnet durch die im männlichen Geschlechte ganz sonderbar durch Erweiterungen und borstenartige Anhänge verzierten Hintertarsen. Eine zweite Art beschrieb Snow 1894 als *C. (Platypeza) calceata.* Die von Aldrich beschriebene neue Art wird (126) *C. insignis* genannt. Auf der beigegebenen Tafel werden zur Vergleichung die männlichen Hintertarsen obiger Arten sowie Kopf, Fühler und Flügel der neuen Art abgebildet.

Bezzi, Mario. Intorno al tipo della Echinomyia Paolilli Cost. (Ann. Mus. Zool. Universit. Napoli. Vol. 2. 7. 2 p.)

Die Art wird zu *Peletieria ferina* Zett. als Synonym gestellt.

— — Ditteri Eritrei raccolti dal Dott. Andreini e dal Prof. Tellini. (Bullet. Soc. Entomol. Italiana XXXVII. 1905. p. 193—304.)

Als neue Arten werden von orthorrhaphen Dipteren folgende beschrieben: (*Mycetophilidae:*) *Sciara speculum* ♀ (199), *Sc. trileucarthra* ♀ (200), *Sciophila Andreinii* ♀ (202). — (*Bibionidae:*) *Diloplhus erythraeus* ♂♀ (205). — (*Limnobidae:*) *Trimicra annuliplena* ♂♀ (217). — (*Tipulidae:*) *Tipula dichroa.* — (*Stratiomyidae:*) *Odontomyia xanthopus* (225), *poecilopoda* (227), *Hoplodonta impar* (228), *Oxycera abyssinica* (230), *Clitellaria argenteofasciata* (232). — (*Bombyliidae:*) *Bombylius appendiculatus* (255), *Dischistus cylindricus* (257), *Exoprosopa (Hyperalonia) alula* (259), *E. (Lithorrhynchus) erythraca* (261). — (*Thereridae:*) *Th. aethiopica* (264). — (*Asilidae:*) *Leptogaster bicingulata* (279), *Spanurus Tellinii* (282), *Sisyrnodytes niger* (283), *Promachus argyropus* (284), *Lophonotus leucotaenia* (286), *nanus* (288), *Heligmoneura nuda* (290), *Ammatius macroscelis* (292). — (*Dolichopodidae:*) *Rhagoneurus aethiopicus* (297), *Hercostomus melanolepis* (300), *Chrysotus xanthoprasius* (301), *Thinophilus setulipalpis* (302).

Corti, Emilio. Aggiunte alla fauna Ditterologica della Provincia di Pavia. Quarta Centuria. (Bulletino della Soc. Entomol. Italiana. XXXVIII. 1906. pg. 80—90.)

Aufzählung von 100 bekannten Arten aus den Abteilungen *Orthorrh. nematocera* und *Orthorrh. brachycera.* Bei manchen Arten sind kurze Bemerkungen über Vorkommen und Abänderung gegeben.

Giard, A. Sur quelques Diptères intéressants du jardin du Luxembourg à Paris. Bullet. Soc. Ent. de France 1904, pg. 86—88.)

Betrifft das Vorkommen von *Myiatropa florea* L. (Larve in hohlen Bäumen), *Ctenophora ornata* Mg., *Subula varia* Mg. und *Volucella zonaria* Poda.

Hine, James S. Habits and life histories of some flies of the Fam. Tabanidae. (U. S. Depart. of Agric. Ser. 12. II. pag. 19—38. Washington 1906).

Enthält sehr interessante Bemerkungen über folgende Arten: *Tabanus lasiophthalmus* Mcqu. (»The black-striped horsefly«), *T. sulcifrons* Mcqu. (»The autumn horsefly«), *T. stygius* Say (»The black and white horsefly«) Eierhäufchen auf den Blättern von Sagittaria, *T. vivax* O. S. (»The river horsefly«), *T. atratus* F. (»The black horsefly«), *Chrysops moerens* Wlk. (»The marsh earfly«) Eierhäufchen an *Sparganium*-Blättern. Von den genannten Arten werden gute Holzschnitte und z. T. photographische Bilder gegeben.

— — I. The North American species of Tabanus with a uniform middorsal stripe. II. Two new species of Diptera belonging to Asilinae. (Ohio Naturalist, Vol. VII. 1906. p. 19—30.)

I. Es wird eine Bestimmungstabelle und Beschreibung von 18 Arten gegeben, unter denen sich 5 neue befinden und zwar: *Tabanus appendiculatus* (22), *fuscicostatus* (24), *guatemalanus* (24), *stenocephalus* (27), *unistriatus* (28). — II. Die beiden neuen Asiliden sind: *Machimus griseus*, Southwestern Colorado (29), *Stilpnogaster auriannulatus*, Brit. Columbia (30). *E. Girschner*.

Zur Inhaltsangabe und Besprechung nicht eingesandte dipterologische Publikationen (Fortsetzung):

78. **Felt**, E. P. Culex Brittoni n. sp. (Ent. News. Vol. 16. Philad. 1905.) 79. **Coquillett**, D. W. A New Culex from Australia (cfr. 78.) — 80. **Wahlgren**, E. Über einige Zetterstedt'sche Nemocerentypen. (Arkiv Zool. Stockholm 1904.) — 81. **Kieffer**, J. J. Descript. de nouv. Cécidom. gallicoles d' Europe (Bull. Soc. Hist. nat. Metz 1904.) — 82. Derselbe, Etude zur les Cécidom. gallicoles. (Ann. Soc. Scient. Bruxelles 1904.) — 83. Derselbe, Nouv. Cécidomyies xylophiles (cfr. 82.) — 87. **Meijere**, J. C. H. Siphonella fungicola n. sp. (Notes from the Leyden Mus. Vol. 25. Leyden 1905.) — 85. **Meunier** F. Sur un curieux Psychodidae de l'ambre de la Baltique. (Revue Entom. Intern. Narbonne 1905.) — 86. **Olivier**, E. Les diptères pupipares de l'Allier (Rev. Scient. du Bourbonnais et du Centre de la France. Moulins 1905.) — 87. **Coquillett**, D. W. New. Nematocerous Diptera from North America (Journ. New-York Ent. Soc. Vol. 13. New-York 1905.) — 88. Derselbe, A new Cécidomyid on Cotton. (Canad. Entomol. London 1905.) — 89. **Enderlein**, G. Eine neue Fliegengattung von den Falklands-Inseln (Zool. Anz. Leipzig 1905.) — 90. **Coquillett**, D. W. New Nematocerous Diptera from North America (Journ. New-York Entom. Soc. Vol. 13. Nr. 2. 1906.) — 91. **Knab**, F. A chironomid inhabitant of Sarracenia purpurea (cfr. 90). — 92. **Dyar**, H. G. A new Mosquito (cfr. 90). — 93. **Coquillett**, A new Cécidomyiid on Cotton (Canad. Ent. Vol. 37. Nr. 6. 1905.) — 94. **Blanchard**, R. Les Mostiquitos. Hist. nat. et médicale. Paris 1905. — 95. **Grimshaw**, P. H. On the terminology of the leglristles of Diptera (Entom. Monthly Magaz. Ser. II. Nr. 188, London 1905.) — 96. **Ricardo**, G. Notes on the Tabani from the Palaearctic Region in the British Museum Collection (Ann. and Magaz. of Nat. Hist. Serie VII. Nr. 92. London 1905.) — 97. **Adie**, J. R., and **Alcock**, A., On the Occurrence of Anopheles (Myzomyia) Listoni in Calcutta (Proced. of Royal Soc. Serie B. Vol. 76. London 1905.) — 98. **Henard**, C. Sur une Dipté-

rocécidie nouv. du Daphne laureola L. (Marcellia, Vol. IV. Luglio 1905.) —
99. Lutz, A. Beitr. zur Kenntn. d. brasil. Tabaniden (Revist. Soc. Scientif. de
S. Paulo Nr. I. 1905.) -- 100. Theobald, F. v. A new Stegomyia from the
Transvaal (The Entomologist. Nr. 508. London 1905.) — 101. Johnson, Ch.
W. Synopsis of the Tipulid. Genus Bittacomorpha (Psyche, Vol. XII. Cambridge
1905.) — 102. Künckel d' Herculais, J. Les Lépidopt. limacodides et leurs
Diptères parasites, Bombyl. du genre Systropus (Bull. Scient. France et de la
Belgique, T. 39. Paris 1905.) — 103. Grünberg, K. Zur Kenntnis der Culici-
denfauna von Kamerun und Togo (Zool. Anz. 1905. Leipzig.) 104. Sander, L.
Die Tsetsen (Glossinae Wiedemann), (Archiv f. Tropenhyg. Leipzig 1905.) —
105. Herrmann, E. Beitr. z. Kenntn. d. Asiliden (Berliner Ent. Zeitschrift.
Bd. 50. Berlin 1906.) — 106. Cholodkovsky, N. Über den Bau d. Dipteren-
hodens (Ztschft. f. wissensch. Zool. Bd. 82. Leipzig 1905.) — 107. Müller, G.
W. Die Metamorphose von Ceratopogon Mülleri Kieff. (Ztschft. f. wissensch. Zool.
Bd. 83. Leipzig 1905.) — 108. Kulagin, N. Der Kopfbau von Culex und Ano-
pheles (cfr. 107.) — 109. Verrall, G. H. On 2 spec. of. Dolichopodidae taten
in Scotland (Entom. Menthly Magaz. Ser. II. Vol. 16. London 1905.) — 110. Waterhouse, Cb. O. Notes on some British Culicidae (Ann. Magaz. Nat. Hist. Ser.
VII. Vol. 16. London 1905.) — 111. Knab, F. The eggs of Culex territans Wlk.
(Journ. of. New-York Ent. Society Vol. 12. Nr. 4. 1904.) — 112. Hine, J. S.
New species of North American Chrysops (The Ohio Naturalist, Vol. VI. Columbus
1905.) — 113. Dell, J. A. The Structure and Life-history of Psychoda sexpunc-
tata Curt. (Trans. Entom. Soc. London 1905.) — 114. Schneider, J. Untersuchungen über die Tiefseefauna d. Bielersees, mit besonderer Berücksichtigung
der Biologie der Dipterenlarven. Bern 1905. — *E. Girschner.*

Hemiptera.

Divatc, Nedeljko, Prilog za poznavanje srbske chemipterskě fauně.
(Contribution à la connaissance d' Hémiptères de Serbie.) Travaux
faits au Laboratoire de Zoologie à l' Université de Belgrade, Vol. 1. Nr. 1.
Belgrade 1907. [15 pg.] (Serbisch, franz. Resumé p. 13—14.)

Als erste Abhandlung der von Herrn Iivein Georgévitch, Professor
der Zoologie und vergleichenden Anatomie der Universität in Belgrad, heraus-
gegebenen Arbeiten aus dem zoologischen Laboratorium erhalten wir vorliegenden
Beitrag zur Hemipteren-Fauna Serbiens. In der Arbeit werden 232 Arten mit
Angabe der Fundorte aufgeführt. Davon entfallen 167 Arten auf die Hemiptera-
Heteroptera, 59 auf die Homoptera, 1 auf die Psyllidae und 5 auf die Aphididae.
Auf p. 5—6 macht der Verfasser 28 Species namhaft, die in Horvath's »Fauna
Hemipterorum Serbiae« (Annal. Mus. Nat. Hungar. 1903) nicht enthalten sind.

Wir vermissen in der Arbeit die Angabe der Werke, nach denen die Bestimmung vorgenommen wurde. Auch erfahren wir nicht, ob einige Bestimmungen
von einem Spezialisten revidiert wurden. Der Zweifel bezüglich des Vorkommens
von *Calocoris Reuteri* Horv. in der Umgebung von Belgrad wäre dann gewiß
behoben worden. *A. Iletschko.*

Thysanura.

Heymons, R., Über die ersten Jugendformen von Machilis alternata Silv. Ein Beitrag zur Beurteilung der Entwicklungsgeschichte bei den Insekten. Sitzber. der Gesellsch. naturforsch. Freunde zu Berlin. 1906. p. 253—259.

Bisher rechnete man die Thysanuren zu den Ametabola und nahm allgemein an, daß das aus dem Ei schlüpfende Tier in allen Merkmalen mit dem erwachsenen übereinstimmt. An den ersten Jugendformen von *Machilis alternata* konnte der Verfasser jedoch Folgendes konstatieren: 1) Der Jugendform mangelt das Schuppenkleid vollständig; sie ist nur mit spärlichen Härchen bedeckt. 2) Die Fühler weisen nur 53 Glieder auf, (bei erwachsenen Tieren über 100). 3) Der mittlere Schwanzfaden besteht nur aus einem Basalstück und 50 Gliedern (bei erwachsenen Tieren aus über 100 Gliedern). 4) Die Cerci sind ganz kurz und undeutlich dreigliedrig (bei alten Tieren bis hundertgliedrig). 5) Die vesicolae abdominales am 2.—5. oder 2.—6. Abdominalsegment sind in je einem einfachen Paare vorhanden. Das Jugendstadium müßte daher in eine ganz andere Gattung eingereiht werden, da für die Gattung *Machilis* ein doppeltes Bläschenpaar an diesen Segmenten bezeichnend ist. 6) Die Styli an den Hüften des mittleren und hinteren Beinpaares fehlen gänzlich. Auch nach diesem Merkmal müßte die Jugendform in eine andere Gattung gehören.

Der geschilderte Entwicklungsverlauf der Thysanuren entspricht daher dem der Paurometabola und der Verfasser ist der Meinung, daß es bei den Insekten überhaupt keine Ametabolie als ursprüngliche Entwicklungsweise gibt, und daß dieselbe nur als eine sekundäre Erscheinung zu betrachten ist, die durch Parasitismus etc. bedingt wird. Die alte Einteilung der Insekten in Metabola und Ametabola muß daher aufgegeben werden. Der Verfasser teilt die Insekten in biologisch-entwicklungsgeschichtlicher Hinsicht ein in: Epimorpha, Insekten mit Umwandlung, und Metamorpha, Insekten mit Verwandlung. Zur ersten Gruppe gehören alle Insekten, bei denen die Jugendform dem ausgewachsenen Tier gleicht und sich nur durch die Unvollkommenheit der Organisation unterscheidet (Thysanuren, Orthopteren, Hemipteren). Insekten mit Larvenstadien, die eine Verwandlung durchlaufen, bilden die zweite Gruppe, bei der die Untergruppen Hemimetabola (ohne Puppenstadium) und Holometabola (mit Puppenstadium) unterschieden werden.   *A. Hetschko.*

Notiz.

Die nächste 79. Versammlung deutscher Naturforscher und Ärzte findet am 15. bis 21. September in Dresden statt.

Vorträge und Demonstration sind an den Professor Dr. A Jacobi, Direktor des königl. Zoologischen und Anthropologisch-Ethnographischen Museums, Dresden, A. Zwinger, oder Professor Dr. K. Escherich in Tharand, bis 25. Mai 1907 anzumelden.

Druck von Hofer & Benisch in Wr.-Neustadt.

WIENER
ENTOMOLOGISCHE
ZEITUNG.

GEGRÜNDET VON

L. GANGLBAUER, DR. F. LÖW, J. MIK, E. REITTER, F. WACHTL.

———•———

HERAUSGEGEBEN UND REDIGIERT VON

ALFRED HETSCHKO,   UND   **EDMUND REITTER,**
K. K. PROFESSOR IN TESCHEN,   KAISERL. RAT IN PASKAU,
SCHLESIEN.   MÄHREN.

XXVI. JAHRGANG.

—

VII., VIII. und IX. HEFT.

AUSGEGEBEN AM 20. AUGUST 1907.

(Mit Tafel I).

———

WIEN, 1907.

VERLAG VON EDM. REITTER

PASKAU (MÄHREN).

INHALT.

===== Manuskripte für die „Wiener Entomologische Zeitung" so-
wie Publikationen, welche von den Herren Autoren zur Besprechung in dem
Literatur-Berichte eingesendet werden, übernehmen: **Edmund Reitter**, Paskau in
Mähren, und Professor **Alfred Hetschko** in Teschen, Schlesien; dipterologische
Separata **Ernst Girschner**, Gymnasiallehrer in Torgau a./E., Leipzigerstr. 86.

Die „Wiener Entomologische Zeitung" erscheint heftweise.
Ein Jahrgang besteht aus 10 Heften, welche zwanglos nach Bedarf ausgegeben werden; er umfasst 16—20 Druckbogen und enthält nebst den im Texte
eingeschalteten Abbildungen 2—4 Tafeln. Der Preis eines Jahrganges ist 10 Kronen
oder bei direkter Versendung unter Kreuzband für Deutschland 9 Mark, für die
Länder des Weltpostvereines 9½ Shill., resp. 12 Francs. Die Autoren erhalten
25 Separatabdrücke ihrer Artikel gratis. Wegen des rechtzeitigen Bezuges der
einzelnen Hefte abonniere man direkt beim Verleger: **Edm. Reitter in Paskau
(Mähren)**; übrigens übernehmen das Abonnement auch alle Buchhandlungen
des In- und Auslandes.

Neue und interessante Dipteren aus dem kaiserl. Museum in Wien.

(Ein Beitrag zur Kenntnis der acalyptraten Musciden.)

Von Friedrich Hendel in Wien.

(Hiezu Tafel I.)

Im Folgenden gebe ich die Beschreibung der Typen jener neuen Lauxaninen-Gattungen, welche ich in den Wytsmanschen »Genera Insectorum« ausführlicher beschreiben und abbilden werde, ferner schließe ich daran Mitteilungen über einige andere neue oder wenig bekannte Acalyptraten-Formen, welche ich nur nebenbei beim Suchen nach Lauxaninen in den reichen Schätzen des Wiener naturhistorischen Hof-Museums in die Hand bekam.

Den Herren Director Ganglbauer und Kustos Handlirsch des Museums spreche ich hier meinen Dank aus, die im wohlverstandenen Interesse der Wissenschaft den Zweck von Museumssammlungen nicht darin erblicken, reiches Material hinter Glas zu thesaurieren, sondern es der Forschung dienlich zu machen. Man besucht gerne das Wiener Museum!

Subfam. **Lauxaninae.**

I. **Camptoprosopella** nov. gen.

Diese Gattung ist mit *Paroecus* Beck »Sapromyzidae« Berl. entom. Zeit. 1895, 252 dadurch verwandt, daß zum Unterschiede von *Physogenia* Macqu. der Clypeus nicht buckelartig gewölbt ist. Die Wangen und Backen sind sehr breit, das dritte Fühlerglied lang und schmal, die Arista ist auf der Oberseite lang und dicht gefiedert. Sie unterscheidet sich aber von allen Lauxaninen-Gattungen durch den geraden, zunächst zurückweichenden Clypeus, der dann über dem Mundrande unter einer Querfurche wieder vorspringt; durch die nach unten nicht divergierenden, sondern etwas konvergierenden Äste der Stirnspalte, wodurch die Wangen eben so breit werden und der Clypeus an der Querfurche verengt erscheint.

Von *Paroccus* Beck. unterscheiden sie noch folgende Merkmale:
1. Das dritte Fühlerglied ist nicht zugespitzt, sondern linear.
2. Das vordere Orbitalborstenpaar ist einwärts und vorwärts gebogen und steht nahe vor dem oberen Paare.
3. Praeapicale sind an allen Schienen vorhanden, Sternopleurale nur eine.

1. Camptoprosopella melanoptera n. sp.

Körperlänge 5 mm. — Flügellänge 4·5 mm. — ♀; Puebla, Mexico (leg. Bilimek 1871, Juni).

In der allgemeinen Körperfärbung *Physogenia vittata* Macqu. so ähnlich, daß sie mit derselben in den Sammlungen häufig vermengt worden zu sein scheint. Kopf und Brustkorb glänzend rotgelb. Stirne mit einem schwarzvioletten länglichen Fleck vom Ocellenhöcker bis zur Mitte, welcher als eine Fortsetzung der ebensolchen Mittelstrieme des Thoraxrückens erscheint, aber nur als Schatten auf das nackte, ebene Schildchen übertritt. Der Anfang einer Seitenstrieme ist vorne in der Linie der Intraalaren sichtbar. Zwischen Fühlerwurzel und Auge ein dunkler Wisch (Wangendreieck). Fühler rotgelb, das dritte Glied gegen die Spitze zu schwarz. Arista schwarzhaarig. Noto- und Sternopleuralnaht schwarz gesäumt. Hinterleib einfärbig schwarzbraun. Beine gelbrot. Die vordersten mit Ausnahme des Knies ins Pechbraune ziehend, außen intensiver als an der Innenseite. An den hinteren Beinen sind die Schienen und Tarsen gegen das Ende zu dunkler. Rüssel braun, Taster an der Spitzenhälfte schwarz. Flügel rauchig hyalin, am ganzen Vorderrande auffallend lang und breit schwarzbraun gesäumt. Dieses Braun ist zwischen Costa und zweiter Längsader am intensivsten und nimmt dann an der Flügelspitze gegen die vierte Längsader allmählich ab. Die beiden Queradern und die fünfte Längsader ebenfalls deutlich braun gesäumt. Die Adern sind schwarz. Schwinger gelb.

2. Camptoprosopella xanthoptera n. sp.

Körper- und Flügellänge 3·5 mm. ♀. — Peru, Callanga. In der Coll. Wiedemann, kais. Mus. Wien und im ungar. National-Museum.

Diese Art weicht von der vorigen, die den Typus der Gattung bildet, dadurch einigermaßen ab, daß der Clypeus unten nicht so charakteristisch vorspringt, sondern fast gerade ist. Es bleiben aber immer noch die übrigen Merkmale, die zur Einreihung in diese Gattung nötigen.

Außer folgenden Unterschieden gleicht diese Species ganz der vorigen:

1. Der Brustkorb ist einfärbig rotgelb. — 2. Das Wangendreieck fehlt. — 3. Beine gelbrot, alle Tarsen und auch die vordersten Schienen gegen die Spitze etwas dunkler werdend. — 4. Flügel gelblich tingiert mit gelben Adern, am Vorderrande etwas intensiver gelb.

3. **Camptoprosopella albiseta** n. sp.

Körper- und Flügellänge 4 mm. ♂♀. — Java, Mons Gede, 8000' (VIII, 1892, leg. Fruhstorfer); k. k. Museum.

Diese dritte Art der Gattung hat wie die vorhergehende nur hyaline Flügel, ebenfalls gelblich tingiert. Im Geäder besteht aber der Unterschied, daß der letzte Abschnitt der vierten Längsader ungefähr doppelt so lang ist als der vorhergehende, während er bei den vorhergehenden Arten bloß anderthalbmal so lang ist.

Die mir vorliegenden Stücke sind aber alle mehr weniger verschimmelt, so daß meine Farbenbeschreibung vielleicht nicht ganz genau sein wird.

Das Gesichtsprofil ähnelt durch den vorspringenden Mundrand schon mehr wieder der *C. melanoptera*, nur steht das schwarze Praelabrum noch stärker vor. Kopf rotgelb, glänzend, die Stirne scheint matt zu sein und hat überdies schwarze Scheitelplatten, auf denen die Borsten stehen. Ocellare fehlen oder sind rudimentär. Die beiden ersten Fühlerglieder sind relativ länger als bei den anderen Arten, rotgelb; ebenso die Wurzel des sonst schwarzen, linearen dritten Gliedes. Die Arista, soweit ich durch die Schimmelbedeckung sehe, ist gelb und etwas kürzer und zwar weiß gefiedert. Der ganze übrige Körper ist mit Ausnahme der gelben Schultern und ebenso gefärbten Notopleuralnaht glänzend schwarz. Der dicke Rüssel und die fadenförmigen Taster hellbraun. Die Beine sind rotgelb. An den vordersten ist das Spitzendrittel der Schenkel, Schienen und Füße schwarz, das Knie jedoch gelb. An den Hinterschenkeln ist die Wurzel mehr weniger stark geschwärzt.

Diese Art hat vier Dorsocentrale, *xanthoptera* 2, *melanoptera* 2—3; es kommt nämlich eine kleinere Borste vor den hinteren zwei stärkeren manchmal vor.

II. Physoclypeus nov. gen.

Diese Gattung ist der anonymen, von Becker in seinen »Sapromyzidae«, Berl. ent. Zeit. 1895, Tafel I, Fig. 12 abgebildeten Gattung, für deren Typus ich die *Saprom. incisa* Wied. in litt. aus Brasilien ansehe und die vielleicht mit *Xangelina* Walk. identisch ist, in der Kopfform sehr ähnlich.

Zu ihr gehört auch nach Williston die *Physogenia nigra* Will., Trans. ent. Soc. Lond. 1899, 397, Pl. XIII, 133.   Kans. Univ. Quart. VI, 8 aus West-Indien und Brasilien.

Physoclypeus weicht aber von diesen Arten durch die breiteren Backen, die auffallend große Mundöffnung, welche einen massigen Rüssel einschließt, und durch die nackte Arista ab. Der Kopf hat Ähnlichkeit mit gewissen Ephydrinen. Das Schildchen hat eine Längsrinne. — Wesentlich für die Gattung ist also der buckelartig gewölbte Clypeus wie bei *Physogenia* Macqu. Von dieser Gattung trennt sie aber das scheibenförmige dritte Fühlerglied, die ebene Stirne, die nach hinten gebogene, nicht einwärts gerückte erste Orbitalborste. Beide Gattungen haben aber nur eine Sternopleurale. Die breiten Scheitelplatten erinnern an *Lauxania*, sind aber noch schmäler als die dazwischenliegende Stirnstrieme.

Typus:

4. Physoclypeus flavus Wied.

Chlorops flavus Wied. Auß. Zweifl. II, 595, 4.

Körperlänge 2·8 mm; Flügellänge 3·5 mm. — Montevideo, Coll. Wied. und Winth., kais. Museum.

Ich habe der Wiedemannschen Beschreibung nur hinzuzufügen, daß die Fliege in allen ihren Teilen honiggelb ist, auch die Flügeladern. Kopf und Thorax glänzen.

III. Pseudogriphoneura nov. gen.

Ich habe dieser Gattung obigen Namen gegeben, weil sie durch die Kopfbildung auf gleiche Weise wie *Griphoneura* Schin. von *Sapromyza* abweicht. Der Kopf ist nämlich stark von vorne nach hinten zusammengedrückt, die Stirne springt gar nicht vor die Augen vor und ist vorne sehr stark abschüssig, fast lotrecht abfallend, während sie bei *Sapromyza* immer sanfter gewölbt ist. Auch ist die Stirnfläche dadurch auffallend gewölbt. Die Breite derselben ist zwischen den Augen nur einer Augenbreite gleich.

Die Augen sind nicht oval wie bei *Sapromyxa*, sondern unten spitzig ausgezogen und am Hinterrande ausgeschweift. *Sapromyxa* hat zwei, *Pseudogriphoneura* nur eine Sternopleurale. Der Clypeus hat auf seiner seichten Wölbung einen flachen Mittelkiel. Dritte und vierte Längsader konvergieren nicht, sondern laufen parallel. Beim ♂ sind die Genitaltergite (7 + 8) groß und kolbig, ähnlich wie bei *Sciomyza*, bei *Sapromyxa* gewöhnlich klein. Die beiden Arten sind neotropisch.

Vielleicht ist auch *Saprom. varia* Coquill. Proc. ent. Soc. Washingt. VI, 1904, 94, aus Central-Amerika, verwandt. Ich nenne sie *variata*, da *varia* eine ältere Art ist, von Kertész aus Neu-Guinea beschrieben.

Typus:
5. Pseudogriphoneura cinerella n. sp.

Körper- und Flügellänge 4 mm. — Venezuela (Lindig 1864, kais. Museum).

Stirne und Hinterkopf aschgrau, erstere mit einer braunen Querbinde, auf welcher an den Wurzeln der oberen Orbitalborsten zwei noch dunklere Flecke hervortreten. Untergesicht auf rotbraunem Grunde dicht weißgrau bestäubt. Am unteren Augenecke ein schwarzbrauner Fleck. Fühler rotbraun, Taster und Rüssel dunkelbraun. Thoraxrücken dunkel aschgrau, mit zwei braunen Längslinien in der Mitte und Linienrudimenten an den Seiten. Schildchen nackt, oben flach, einfärbig. Pleuren rotbraun, aber dicht hellgrau bestäubt, dichter als gewöhnlich behaart. Am Prothoracalstigma fällt ein weißer Fleck der Bestäubung auf. Hinterleib glänzend braun, mit breiten, silbergrauen Segmenträndern. Schwinger gelb. Schienen und Tarsen weißgelb, mit seidenweißen Härchen bedeckt. Schenkel hellbraun, an der Oberseite, namentlich bei den vordersten, pechbraun. Knie hell. Flügel glasartig, mit gelben Adern.

Hieber auch: *Lauxania fuscipennis* Wied. in litt. aus Brasilien (nec. *Laux. fuscipennis* Wulp. Term. Füz. XX, 1897, 141, Ceylon). Ich nenne sie:

6. Pseudogriphoneura cormoptera n. sp.

Körperlänge 5·5 mm; Flügellänge 5 mm.

Kopf und Thorax sind aschgrau, die einfärbige Stirne, das Schildchen und der Thoraxrücken erdfarben bestäubt; letzterer mit den Linien wie bei *cinerella*. Ebenso Fühler, Rüssel und Taster,

Pleuren, Untergesicht mit dem Flecke und die Beine wie bei dieser
Art. An den Beinen sind jedoch die Schienen mehr gelb als bei
cinerella. Der Hinterleib einfärbig glänzend pechbraun; nur das
erste Genitaltergit des ♂ (7. Segm.) rot. Flügel rauchig getrübt,
am Vorderrande hinter· der Mündung der ersten Längsader und
an der Flügelspitze abnehmend bis gegen die vierte Längsader
intensiv braun. Die hintere Querader und die fünfte Längsader
sind schwach gesäumt, die kleine Querader jedoch ist frei. Auffallend scheint mir das plötzliche Abnehmen der Trübung unter
einer in der Unterrandzelle verlaufenden Konkavfalte und zwar
über der kleinen Querader.

IV. Poecilohetaerus nov. gen.

Von *Sapromyza* abweichend durch die einwärts gebogene
erste Orbitale, durch das unten vorgezogene, aber gerade Untergesicht, das spitz vorspringende Praelabrum. Die blasig aufgetriebenen
Labellen sind wahrscheinlich nur ein Zufall der Konservation. Auch
die Backen sind breiter als bei *Sapromyza*. Praeapicale kommen
an allen Schienen vor, deren vordere keulenförmig sind.

Typus: **P.Schineri** nom. nov.

für *Saprom.* v. *decora* Schin. Novara-Dipt. 277, 1868 (nec. Loew,
Cent. V, 96, 1864).

Das Schinersche Original-Stück des kaiserl. Museums stammt
aus Neu-Seeland. Außerdem sammelte Biró 1900 ein Stück in
Sydney (N.-S.-Wales), das sich im Besitze des ungar. National-
Museums befindet. Letzteres besitzt aber eine dunkel sepiabraune
Stirnstrieme, sepiabraunen Thorax und dunkelbraunen Hinterleib
und Vorderschenkel. Trotzdem liegt aber sicher nur eine Art vor.

V. Chaetocoelia Gigl. Tos.

Die Gattung gleicht habituell in Gestalt und Färbung sehr
gewissen Arten der Bombyliden-Gattung *Anthrax*. Alle bis jetzt
hieher gehörig bekannten Arten haben vorherrschend tief schwarz-
braune Flügel mit glasartigen Stellen von verschiedener Zahl, Form
und Größe, einen auffallend kleinen Kopf und einen hinten dunklen,
vorne an der Basis hellgelben Hinterleib. Eigentümlich ist auch die
relative Schlankheit des Leibes im Verhältnis zu den großen Flügeln,
welche, wie Schiner sagt, keulenförmig sind, weil die Spitze stumpf
und breit ist, der Wurzelteil aber schmäler wird. Das wesentlichste

Merkmal scheinen mir aber die drei oder vier Wärzchen oder Höckerchen an den Orbiten zu sein, die auch schon Williston »Diptera of St. Vincent 1896, p. 381« bemerkt hat. Auf den zwei oberen stehen die Orbitalborsten, das unterste, interessanteste, liegt am Stirnwinkel zwischen Fühler und Auge, ein viertes, nicht immer deutliches, bildet die Insertionsstelle der inneren Scheitelborste. Sonst gleicht die Gattung ziemlich *Sapromyza*.

Typus: *Ch. palans*, Gigl. Tos.

Die vier bis jetzt bekannt gewordenen Arten gehören alle dem neotropischen Gebiete an und lassen sich folgendermaßen unterscheiden:

Das Schwarzbraun des Flügels ohne helle Fenster, mit Ausnahme des Fleckchens knapp über der vierten Längsader, das eine Fortsetzung der glasigen Stelle aus der zweiten Hinterrandzelle ist und das alle Arten haben. Der größte Flächenteil der zweiten Hinterrandzelle und des ganzen Flügellappens unter der fünften Längsader hyalin, der Rest braun. Die zwei schwarzen Punktflecken im Untergesichte undeutlich, verwischt. Körper- und Flügellänge 6 mm (Orizaba, Mexico, leg. Bilimek 1871) Tafel I, Fig. 2.   *palans* Gigl. Tos.

Das Schwarzbraun außerdem noch mit hellen Fenstern. Clypeus mit zwei deutlichen schwarzen Punkten . . . . . 1.

1. Der größte Flächenteil der zweiten Hinterrandzelle und des Hinterflügels unter der fünften Längsader braun. Zu beiden Seiten der kleinen Querader und oben an der hinteren Querader liegen zusammen drei runde glasige Flecken. Körper- und Flügellänge 5 mm. (Venezuela, leg. Lindig 1864). Tafel I, Fig. 1. (Novara-Dipt. 280, 1868. *distinctissima* Schiner = (*vergens* Gigl. Tos.)

Der größere Teil etc. glashell . . . . 2.

2. Das Braun des Vorderflügels wird zwischen der zweiten bis vierten Längsader und in der Discoidalzelle von zahlreichen hellen, unregelmäßigen Fenstern unterbrochen. Von den vier Arten die einzige, welche an den Wurzeln der Marginalbörstchen des Abdomens keine schwarzen Punktwärzchen besitzt. Körper- und Flügellänge 5 mm. (Mexico). Tafel I, Fig. 3. 8. *caloptera* n, sp.

Mit zwei runden hellen Flecken an der Flügelspitze zu beiden Seiten der dritten Längsader, einem solchen an der hinteren Querader und einem größeren hellen Flecke in der Discoidalzelle. Körper- und Flügellänge 3·25—4 mm. (St. Vincent, West-Indien). Trans. ent. Soc. Lond. 1896, 381, Pl. XIII, 134.

                    angustipennis Williston.

VI. **Siphonophysa** nov. gen.

Gekennzeichnet durch den hinten ausgeschweiften Augenrand und durch die nur auf der Oberseite lang gefiederte (gekämmte) Arista. Der Rüssel und namentlich die Labellen sind blasig aufgetrieben, was vielleicht auch nur ein Zufall ist; das Untergesicht ist im Profile gerade, die Backen sind schmal, die vordere Orbitalborste ist weit nach vorne gerückt. Nur eine Sternopleurale. Die Präapicalen an den Schienen sind sehr schwach.

Vielleicht besser nur als Subgenus zu *Sapromyza* aufzufassen.

9· **Siphonophysa pectinata** n. sp.

Körperlänge 4·5 mm: Flügellänge 4·5 mm. — Brasilien, Coll. Wiedem., kais. Museum.

Kopf und Thorax ockergelb, durch Bestäubung matt. Die Stirnstrieme sticht durch satteres Gelb von den Scheitelplatten ab. An der Wurzel der vorderen Orbitalborste liegt je ein eiförmiger, samtschwarzer Fleck, mit der Spitze nach einwärts und vorwärts gerichtet. Untergesicht und Backen seidenweiß. Fühler gelb, an der Unterseite der Spitze und die Arista schwarz. Das dritte Glied ist länglich oval und zweimal so lang als die ersten zwei zusammen. Taster dünn, braun; Rüssel weißgelb. Ocellarborsten fehlen. Auf dem Thoraxrücken verlaufen in der Linie der Dorsocentralen zwei breite aschgraue Längsstriemen, die zwischen sich nur einen schmalen Raum der Grundfarbe freilassen, sich hinten vereinen und etwas auf die Mitte des oben vollkommen flachen und nackten Schildchens übertreten. Die Meso- und Sternopleuren zeigen oben und hinten einen hellbraunen Fleck. Hinterleib etwas dunkler als die Pleuren, mehr braun, am vorderen Außenecke des vierten bis sechsten Tergits mit einem hellen, matt weißgelben Dreiecke geziert. Beine weißgelb. Mittel- und Hinterschienen über den Knien mit einem dunkleren Ringe, Tarsen etwas intensiver gelb. Grundbehaarung des Thorax dichter als gewöhnlich. Vorne mit acht Reihen Acrosticalbörstchen, inclusive derjenigen in der Dorsocentrallinie. Flügel weißlich mit braunen Flecken: an den beiden Queradern, an den zwei aufwärtsgehenden Aderanhängen der zweiten Längslinie und dem abwärts gerichteten der vierten Längsader, dann vor der Mündung der ersten Längsader, zwischen der Wurzel der dritten und vierten Längsader und endlich ein Spitzensaum zwischen der zweiten und vierten Längsader.

Hieher gehört auch wahrscheinlich *Sapromyza sordida* (Wied.) Willist. Dipt. St. Vincent, 1896, 383, 7.

VII. Paranomina nov. gen.

Diese Gattung zeichnet sich durch ihre abnorme Kopfform aus. Der horizontale Kopfdurchmesser ist nämlich etwas größer als der vertikale. Der Kopf erscheint im allgemeinen fast kugelig. Ferner weicht der vollkommen gerade und ebene Clypeus stark zurück, wodurch die Mundöffnung weiter nach rückwärts gerückt wird. Kennzeichnend ist ferner der für seine Länge ziemlich schmale Hinterleib, der vielmehr an die Sciomyzinen erinnert, namentlich durch die Größe der beiden Genitaltergite (7+8) des ♂.

Sonst fallen auf: Der lange, schmale Flügel, der voluminöse Rüssel, die rudimentären Ocellarborsten, die einwärts gebogenen vorderen Orbitalen, zwei Sternopleurale, Praeapicale an allen Schienen. Das dritte Fühlerglied ist fast scheibenförmig, die Arista nackt, das Schildchen oben flach.

Typus:

10. Paranomina unicolor n. sp.

Körperlänge 5·5 mm; Flügellänge 5 mm. — Kap-York Australien, leg. Thorey, 1868; kais. Museum.

Die Fliege ist durchaus rotgelb gefärbt. Die Stirnstrieme mattgelb. Das Üntergesicht ist weiß bereift, die Pleuren schwächer. Die Fühler sind dunkler, mehr braun zu nennen. Die Arista ist schwarz, der Flügel gelblich hyalin, am Vorderrande intensiver, die Adern sind gelb.

VIII. Rhagadolyra nov. gen.

Auch dieses Genus ist an seiner auffallenden Kopfform leicht zu erkennen. Die Stirn springt nämlich so stark über die Augen vor, daß die Breite des vorragenden Teiles fast gleich ist dem horizontalen Augendurchmesser. Dadurch muß anderseits das Untergesicht stark zurückweichend gebildet sein. Im Profile erscheint dabei der Clypeus sanft S-förmig geschwungen, am Mundrande zwar nicht vorspringend, aber dickwulstig. Betrachtet man den Kopf von vorne, so erscheinen die die Stirne begrenzenden Augenränder stark eingebuchtet, concav — bei allen anderen mir bekannten Sapromyzinen-Gattungen gerade — die Stirnspaltenäste verlaufen um die Fühler herum leierförmig geschwungen. Die verengte Stelle des eingeschlossenen Clypeus liegt an der seichten Querfurche, welche einen länglichen Höcker zwischen und unter den Fühlern

vom wulstigen Mundrande trennt. Ferner weicht die sechste Längsader des Flügels dadurch von den anderen Sapromyzinen-
Gattungen ab, daß sie nicht wie bei diesen des ganzen Verlaufes
nach gleich dick ist, höchstens die Länge der Basalzellen hat und
dann stumpf, wie abgeschnitten endet, sondern daß sich an dieses
Stück ein ebenso langes, fein auslaufendes anschließt, wodurch sie
doppelt so lang als die Basalzellen wird und dennoch ziemlich weit
vor dem Flügelrande endet. Flügel lang und schmal, Rüssel dick,
Ocellarborsten fehlen, zwei nach rückwärts gebogene Orbitalborsten,
eine Sternopleurale, Praeapicale an allen Schienen. Fühler von
Kopfeslänge, wagrecht vorgestreckt, das dritte Glied linear, vorne
abgerundet, dreimal so lang als die beiden ersten zusammen, mit
basaler, nackter Arista. Schildchen gewölbt, oben nicht abgeflacht.
Hinterleib oval, breit, wie bei allen Sapromyzinen im Allgemeinen.

Typus:

11. Rh. Handlirschi nov. sp.

Körperlänge mit den Fühlern 8 mm; Flügellänge 7 mm.
— ♀. Sydney, Australien, leg. Thorey, 1864, kais. Museum.

Vorherrschend glänzend rotgelb gefärbt, nur der Hinterleib
wird vom zweiten Ringe an immer dunkler, dann pechbraun, nach
hinten zu wieder rot. Vielleicht ist es nur eine Nachdunkelung.
Die zwei Genitaltergite (7+8) klein, rundlich. Thorax mit fünf
braunen Linien und zwar mit einer Mittellinie vorne, zwei durch-
gehenden Striemen in der Linie der Dorsocentralen und je einer
ebensolchen, nur hinten sichtbar, in der der Intraalaren. Schildchen
einfärbig gelb, nackt. Wangen und Augenring seidenweiß, die ersteren
knapp neben und unter den Augen mit einer großen, runden samtschwarzen Makel. Pleuren sehr dünn weißlich bestäubt. Das dritte
Fühlerglied wird von der Borste bis zur Spitze immer dunkler,
braun, die Arista ist nur an der Wurzel gelb. Rüssel und Taster
braun. Vorderbeine auf dem Schenkel mit einem braunen Längs-
wische an der Außen- und Innenseite, die Schienen und Tarsen
derselben werden gegen die Spitze dunkler. Die hinteren Beine gelb.
Flügel intensiv gelb tingiert, mit gelben Adern. Schwinger gelb,
Schüppchen hell gewimpert.

Ich benenne diese interessante Australierin zu Ehren des Herrn
Kustos A. Handlirsch.

IX. **Hypagoga** nov. gen.

Die typische Art dieser Gattung ist *Heteromyza apicalis* Schin. Novara-Dipteren, 232 (1868). In seiner gediegenen »Revision der Helomyziden« hat Czerny im Jahrgang 1904 dieser Zeitung, S. 208 darauf hingewiesen, daß die Schinersche Art eine Helomyzide ist; er hat aber mangels genauerer Notizen ein weiteres Urteil über die systematische Stellung dieser Gattung abgegeben.

Nun wird es Wunder nehmen, daß ich dieselbe Fliege, die Schiner für eine Helomyzide hielt und die sogenannte »Knebelborsten« besitzt, zu den Lauxaninen bringe. Eingehendere Auseinandersetzungen hierüber muß ich mir aber hier versagen und dieselben auf die »Genera Insectorum« verschieben.

Die Gattung unterscheidet sich leicht von allen übrigen Lauxaninen-Genera dadurch, daß die Gesichtsleisten, ohne eine Vibrissenecke wie bei den Helomyzinen zu bilden, unter dem Auge eine Reihe von 5—7 langen, einwärts und abwärts gebogenen Borsten besitzen, wie solche in der Ein- oder Zweizahl auch bei anderen Gattungen dieser Gruppe, wie auch bei Ephydrinen, vorkommen. Die Bacen sind breit und hinten herabgesenkt, der Clypeus im Profile lotrecht und gerade, von vorne gesehen fast eben. Der Rüssel ist voluminös, der Flügel ein typischer Lauxaninenflügel mit divergierender dritter und vierter Längsader. Das eiförmige Schildchen hat eine concave Oberfläche wie von einem Eindrucke herrührend. Schienen mit Praeapicalen. Beborstung: Dorsocentrale 2 + 1, Humerale 1, Notopleurale 2, Supraalare 3, Praescutellare 2, Praesuturale 0, Scutellare 4, divergierend. — 1 Prothoracale, 1 Mesopleurale, 2 Sternopleurale. Kopfborsten wie bei *Sapromyza*.

X. **Sciasmomyia** nov. gen.

Diese und die folgende Gattung gehören in jene Verwandtschaftsgruppe, deren Untergesicht (Clypeus) stark buckelartig aufgetrieben ist, also in die Nähe von *Physogenia* Macqu., *Prosopomyia* Loew, *Pachycerina* Macqu., *Physoclypeus* Hend. und *Cestrotus* Loew.

Von *Cestrotus* unterscheidet sie das Fehlen des turmartigen Stirnhöckers, von *Physogenia* und *Pachycerina* die ovale, fast scheibenförmige Gestalt des dritten Fühlergliedes, sowie die Richtung der beiden Orbitalborsten, welche nach hinten gebogen sind, von *Physoclypeus* die viel steiler abfallende, gewölbte Stirne, die viel breiteren Bacen und der weiter herabgesenkte Clypeus, sowie das stark vortretende Praelabrum und die bedeutendere Breite der Stirne.

Prosopomyia ist von allen Gattungen die nächststehende. Ihr
Clypeus ist aber mehr höckerartig aufgetrieben, während bei *Scias-
momyia* derselbe sich im Profile kreisförmig gebogen darstellt. Auch
ist das Praelabrum bei *Prosopomyia* nur schwach entwickelt und
das Gesicht von vorne gesehen viel schmäler. *Xangelina* Walk.
oder die Beckersche Gattung hat schmälere Backen, welche bei
unserer Gattung fast so breit sind wie der vertikale Augendurchmesser.

Von allen angeführten Gattungen läßt sie sich aber auch
durch die Flügelhaltung unterscheiden, welche die gleiche wie bei
Peplomyza Hal. ist, ferner durch das Vorhandensein einer inneren
Reihe von vier Dorsocentralborsten neben der äußeren von gleicher
Anzahl. Die Flügel zeigen Längsreihen von Punkten und Hufeisen-
fleckchen, entweder hell auf dunklem Grunde oder umgekehrt. Die
eine Art besitzt auch zwei lange einwärts gebogene Borsten unter
dem Auge, die Vibrissenborsten ähneln. Präapicale an allen Schienen
vorhanden. Zwei Sterno-, eine Mesopleurale.

12. Sciasmomyia Meijerei[1]) n. sp,

Körper- und Flügellänge 7 mm. -- 2 ♀, Tong-King,
Hinterindien, 2—3000'; April-Mai, leg. Fruhstorfer; kais. Museum
in Wien.

Von hell ockergelber Grundfarbe des ganzen Leibes. Runde
sepiabraune Flecke liegen am Ocellenhöcker, an den Orbitalborsten
und der inneren Scheitelborste. Das Wangendreieck ist schwarzbraun. Durch die tiefer braune Färbung der Stirnstrieme erscheint
neben den hellen Scheitelplatten ein bis nach vorne reichendes
ebenso helles Ocellendreieck abgegrenzt. Ocellare und Verticale stark
entwickelt. Fühler rotgelb, relativ kurz; Arista basal, mittellang,
fein, fast wollig gefiedert. Clypeus mit einer braunen Mittelstrieme
und seitlichen Y-artigen Zeichnungen. Unter dem Auge ein dunkler
Fleck. Die Spitze des Praelabrums und der Taster etwas gebräunt.
Alle Thoraxborsten stehen auf runden braunen Flecken, auch die
Härchen auf braunen Pünktchen. In der Mitte des Rückens liegen
vier Längsreihen von je fünf solcher Flecke, deren hintere vier die
Dorsocentralborsten tragen. Schildchen mit einem basalen Hufeisen-
fleck und zwei größeren schwarzen Flecken an der Spitze, wo die
Borsten parallel stehen und zwei kleineren an den Wurzeln der

[1]) Ich widme die Fliege dem verdienstvollen holländischen Forscher, dem
gründlichen Kenner der Entwicklung der Dipteren.

lateralen Borsten. Pleuren braunfleckig. Hinterleib occergelb, mit dunkleren Hinterrandsäumen. Schwinger gelb, Schüppchen braun gewimpert. Schenkel an der Wurzel und vor der Mitte verwaschen dunkler braun, äußerstes Knie braun, Schienen mit zwei deutlichen braunen Ringen in den Dritteln der Länge, Metatarsus an der Basis braun, Tarsen gegen das Ende zu dunkler werdend. Flügel auf dunklerem Grunde mit hellen Flecken. Zu beiden Seiten der zweiten Längsader 7—8 runde Flecke, ebensoviele ungefähr an der dritten und vierten Längsader, aber mit hufeisenförmigen gemischt. Weniger liegen an der fünften. Hinterrand der Flügel heller mehr hyalin.

13. Sciasmomyia dichaetophora n. sp.

Körperlänge 3 mm, Flügellänge 4 mm. — 2 ♀; Amurgebiet, leg. Schrenk, kais. Museum Wien.

Diese Art unterscheidet sich von der vorhergehenden durch die bedeutend geringere Größe, durch die zwei langen Borsten unter dem Auge und durch die dunkle Flügelzeichnung auf hellem Grunde. Die Grundfarbe ist ebenfalls occergelb, der Körper glänzt aber etwas fettig und ist nicht ganz matt wie bei der ersten Art. Auch die braune Zeichnung aller Teile ist mehr verwaschen und lange nicht so markiert. Die Stirne hat die gleichen drei Seitenflecke an den Borsten und auch den Ocellenfleck; vor demselben ist das spitze Ocellendreieck aber nicht hell, sondern hier dunkler braun als die seitliche, helle Seitenstrieme. Fühler und Untergesicht wie bei der ersten Art, nur ist die Zeichnung des letzteren verwischt. Dasselbe gilt auch von der Rückenzeichnung. Das Schildchen und der hintere Teil des Rückens glänzen bei dieser Art sogar sehr auffallend. Die schwarzen Flecke des Schildchens haben eine noch größere Ausdehnung. Der Hinterleib hat dunkle Wurzelpunkte an den Borsten der Segmenträder. Nur an den Hinterschenkeln sehe ich vor der Spitze einen verwischten dunkleren Ring; ebenso zeigen bloß die hintersten Schienen zwei braune Ringe, die beiden vorderen haben bloß den unteren Ring. Die Füße sind hell. Flügel auf hellem Grunde mit dunkleren, braunen Tupfen und hufeisenförmigen Flecken. Je eine Längsreihe von 8—9 solcher Flecke in der Subcostal-, Cubital- und ersten Hinterrandzelle. Die hinteren Zellen der Flügel ärmer gefleckt. Alles übrige wie bei der vorigen Art.

XI. **Cerataulina** nov. gen.

Vortrefflich charakterisiert durch die überkopflangen, vorgestreckten Fühler, deren auffallende Länge aber nicht durch das dritte Fühlerglied, sondern durch die beiden Basalglieder hervorgerufen wird. Das erste Glied ist das längste, etwas weniger als die Hälfte der ganzen Fühlerlänge lang. Es ist an der Wurzel dünner als gegen das zweite Fühlerglied zu, oben und unten beborstet. Das zweite Glied ist die Hälfte des ersten lang, etwas kürzer als das kegelförmig zugespitzte dritte; gleichfalls oben und unten Borsten tragend. Die Arista steht medial und ist beiderseits dicht gefiedert.

Die Gattung gehört auch zu denjenigen, deren Clypeus höckerartig aufgetrieben ist und zwar hat sie von allen den am stärksten gekrümmten Clypeus, der ziemlich weit über die Augen vorsteht und steil zum Mundrande und zur Stirne abfällt. Das Praelabrum steht etwas vor. Von den zweiten Orbitalborsten sind die unteren vorwärts und einwärts gebogen. Ocellare fehlen. Rüssel und Taster sind normal, ebenso der Flügel wie bei der ganzen Gruppe gewöhnlich geadert. Beborstung: D.-C. 2 + 1; Praescut. 1 Paar; 1 Praesuturale, 1 Hum., 2 Notopleur., 3 Supraal.; 1 Meso- und 1 Sternopleur. — 1 Prothoracale. --- Praeapicale an allen Schienen. Schildchen sehr lang, die Hälfte des ganzen Thorax, eiförmig spitz, oben flach und nackt, mit vier Borsten, die an der Spitze divergieren.

14. **Cerataulina longicornis** n. sp.

Körperlänge ohne Fühler und Flügellänge 3 mm. — Neu-Guinea, Friedrich Wilhelms-Hafen, leg. Biró, 1900. Ungar National-Museum.

Die Grundfärbung des ganzen Leibes ist ein unscheinbares, weißliches Gelb, mit ziemlich starkem Glanze. Stirne in der oberen Hälfte hellbraun. Gleich unterhalb der vorderen Orbitalborste liegt ein ovaler samtschwarzer Fleck, der den ganzen Raum zwischen Fühlerwurzel und Auge ausfüllt und mit seiner unteren Hälfte auf den Wangen liegt. Der Clypeus ist dunkelbraun, glänzend, die Wangen und Backen aber weißgelb. Taster gelb, nur an der Spitze schwärzlich. Die Fühler sind gelblich, gegen die Spitze zu hellbraun. Die Arista ist äußerst dicht und mehr anliegend mittelmäßig gefiedert die Fiederhaare sind dunkelbraun. Der Thoraxrücken und das Schildchen sind im Vergleiche zu den lichten Pleuren hellbraun. In der, Linie der Dorsocentralen sind verwaschene, dunclere Längsstriemen erkennbar. Undeutliche Längsstriemen sind auch über und unter

der Sternopleuralnaht sichtbar. Das Abdomen ist hellbraun, ohne
auffallende Beborstung. Die Beine sind weißgelb. An den vordersten
sind die Schenkelspitzen, die Schienen und noch mehr die Tarsen
verdunkelt, braun. Die Flügel sind völlig glashell, mit lichten
Adern. Schwinger gelblich. Die Praeapicalborsten an den hintersten
Schienen sind nur sehr klein.

Pachycerina javana Macquart.

Diptères exotiques, S./4, 274, 20. — Ceylon (Natterer), Java
und Darjeeling (Fruhstorfer). Kaiserl. Museum.

Dem Macquartschen Stücke fehlten die Fühler, weshalb er
die Gattung nicht erkannte. Die Art zeigt folgende Unterschiede
von *seticornis* Fallén, wie sie Becker in seiner Monographie beschrieben hat:

Das dritte Fühlerglied ist schmäler, der Clypeus mehr blasig
aufgetrieben und die Mundöffnung daher größer, die Taster sind
nur an der Spitze schwarz, der Ocellenhöcker ist flacher, der Rücken
und das Schildchen sind glänzend rostgelb, ersterer mit vier abgekürzten braunen Striemen in der Vorderhälfte, die zwei mittleren
in der Dorsocentralreihe, die zwei äußeren über die Schultern verlaufend, und zwei ebensolchen in der Hinterhälfte, in der Linie der
Intraalaren. Hinterleib rostgelb, sechstes Tergit mit zwei schwarzen
runden Flecken. Flügel gelblich hyalin, ohne jedwede dunklere
Säumung und Trübung.

Subfam. Milichinae.

Leptometopa Becker. (Tafel I, Fig. 8.)

Diese Milichinen-Gattung war Becker, als er sie in den
Aegyptischen Dipteren, 1903, p. 188 beschrieb, nur im weiblichen
Geschlechte bekannt, außerdem in wenig gut konservierten Stücken.
Da mir nun auch Männchen aus Aden in Arabien (leg. Simony
XII, 1898. Kaiserl. Museum Wien) vorliegen, bin ich in der Lage
diese interessante Gattung besser kenntlich zu machen.

Da mir anfangs meine Fliegen wegen einiger Abweichungen
in der Beschreibung von *Lept. rufifrons* Beck. verschieden zu sein
schienen, schrieb ich an Herrn Becker um Aufklärung. Derselbe
teilte mir mit, daß nur eine Art vorliege, die er später auch noch
in Biskra (Algerien) fing und auch aus Tibet erhielt. Die Abweichungen
in der Beschreibung beruhen auf den angeführten Gründen und
beziehen sich auf folgendes:

Supraalare drei; statt Mesopleurale soll es heißen Pteropleurale.
1—2; Taster sind vorhanden und zwar sind dieselben lang, gegen
das Ende etwas keulig und gelb. Das Schildchen ist unbehaart,
die äußersten zwei Borsten desselben sind gecreuzt. Die Orbitalborsten zerfallen in drei einwärts gebogene »untere« und zwei aus-
wärts gebogene »obere«, von denen die vordere vorwärts, die hintere
rückwärts gebogen ist. Die Verticalborsten sind starc entwiccelt,
convergierend, fast gecreuzt. Auf der Stirnstrieme, ohne besondere
Chitinleisten, stehen zwei Reihen feiner Kreuzbörstchen; am vordersten
Stirnrande über den Fühlern vier zarte Borsten. Am auffallendsten
sind die beim Männchen starc erweiterten Hinterschienen, wie solche
auch bei *Desmometopa latipes* Meigen und *sordida* Fallén,[1]) bei
letzterer Art nach einer Mitteilung Beccers, vorcommen.

Völlig unaufgeclärt ist natürlich die biologische Bedeutung
dieser Schienenerweiterung beim ♂. Am ehesten scheint es mir
ein Sammelapparat zu sein, wie ein solcher ja ähnlich bei den
Sammelbienen ausgebildet ist. Die Außenseite der Erweiterung ist
nämlich vertieft, so daß eine veritable Grube gebildet wird, welche
unbehaart und unbeborstet ist, aber eine feine, aus Punkten und
Rillen gebildete Sculptur besitzt. Parallel damit sind die Metatarsen
der Vorder- und Hinterbeine mit steifen Borstenhaaren bürstenartig
besetzt, so daß also eine gewisse Analogie mit dem »Körbchen«
und dem »Bürstchen« der Honigbiene gegeben erscheint. Auch der
lange gecnicte Rüssel deutet auf den Besuch von Blüten hin.
Interessant ist ferner auch die Vorliebe des Tieres für Wüsten;
sie wurde an der Sahara, an der arabischen Wüste und in Tibet
gefangen.

XI. Horaïsmoptera nov. gen.

Am nächsten verwandt mit *Meoneura* Rond., von der sie sich
durch den mit weitläufigen Borsten besetzten Flügelvorderrand und
die konvergierenden, an der Flügelspitze starc genäherten Längsadern zwei und drei auf den ersten Blicc unterscheidet. Bei stärkerer
Vergrößerung zeigt es sich aber, daß die Costa nicht hinter der
dritten Längsader abbricht, sondern sich, wenn auch viel dünner,
bis zur Mündung der vierten Längsader fortsetzt.

---

[1]) Die Notiz Wahlbergs in Zetterstedt, Dipt. Scand. VII, 2785 über
Madiza palpalis ♂ in litt. bezieht auch schon Wulp in Tijdsch. v. Entom. ser.
II, 6, p. 197 (1871) auf *sordida* Fallén.

Von *Desmometopa* Loew, *Madiza* Fall. und *Leptometopa* Beck.
unterscheidet sie sich dadurch, daß der fleischige Rüssel nicht haarig
umgeschlagen ist und daß die Mesopleuren nicht nackt sind, sondern
unter rauher Behaarung eine aufwärts gebogene Borste am Oberrande und eine nach hinten gerichtete an der Mesopleuralnaht
tragen.

Vom Verwandtschaftskreise der Gattung *Milichia* Meig. trennen
sie die nahe beisammenstehenden Queradern und das Fehlen eines
vorspringenden Lappens am Flügelvorderrande.

Die Gattung *Eusiphona* Coqu. scheint mit *Leptometopa* Becker
sehr nahe verwandt zu sein und hat einen körperlangen, geknieten
Rüssel.

Rhodesiella Adams hat divergierende Scutellare und am Schildchen »spinous tubercles on sides near apex«.

Aphaniosoma Becker, vom Autor zu den Geomyzinen gestellt,
scheint mir auch verwandt zu sein, unterscheidet sich aber in der
Chätotaxie und durch den nackten Flügelrand. Auffallend ist auch
bei dieser Gattung die Convergenz der zweiten und dritten Längsader.

Der Kopf ist so breit als der Thorax, seine Form von vorne
und im Profile sind aus der Zeichnung ersichtlich. Die Stirne ist
außer den Borsten mit rauher Behaarung bedeckt. Unter den
Fühlern befindet sich eine halbkugelige, grubenartige Vertiefung.
Die Beborstung zeigt ebenfalls die Tafel. Hinterkopf sanft ausgehöhlt. Praelabrum nicht vorstehend. Fühler kurz, anliegend, erstes
Glied undeutlich sichtbar, zweites die Hälfte des fast kreisförmigen
dritten lang, haarig, an der Innenseite mit zwei nach außen gebogenen
dornartigen Borsten besetzt. Arista an der Basis dicker, gegen die
Spitze zu äußerst zart pubeszent. Taster keulenförmig. Thorax mäßig
gewölbt, im Profile oben ziemlich gerade. Humerale zwei, eine davon
nach innen und aufwärts gebogen, zwei Notopleurale, Supraalare
zwei oder mehr, da einige Haare borstenartig sind, Dorsocentrale 3+1,
ein Praescutellarpaar, eine Praesuturale. — An den Pleuren: eine Prothoracale, zwei Mesopleurale wie oben angegeben, eine Sternopleurale.
Schildchen breit, eiförmig, oben eben, nur an den Seiten der Oberfläche behaart, mit vier Randborsten, diejenigen an der Spitze
gekreuzt. Schüppchen fast rudimentär. Hinterleib länglich oval; die
ersten fünf Segmente deutlich entwickelt. Das zweite so lang wie
das dritte und vierte zusammen, die letzten vier mit Randmacro-
chaeten. Das sechste und siebente Tergit bilden beim ♂ die kugelige
Umhüllung der Genitalien, die mittelgroß sind. Schenkel verdickt,

vorderste mit Borstenreihen außen, oben und unten, mittlere auf
der Vorderseite beborstet, hintere mit einer Reihe längerer Borsten
auf der Unterseite. Schienen gekrümmt, keulenförmig, die mittleren
und hinteren am Ende an der Innenseite mit langem sichelförmigem
Sporne. Hinterschienen an der Außenseite wimperartig beborstet.
Vorderhüften vorne mit Borsten. Flügel vorne zugespitzt, hinten mit
breitem Hinterlappen, wie die Abbildung zeigt, geadert. Der letzte
Abschnitt der fünften Längsader geht in eine Falte über. Sechste
Längsader und Analader faltenförmig. Basalzellen fehlen vollständig.

15. Horaïsmoptera vulpina n. sp. ♂ (Tafel I, Fig. 9—11).

Körper- und Flügellänge 2·5—3 mm. — Ab-del-Kari,
Arabien, leg. Prof. O. Simony. Jänner 1899; kaiserl. Museum.

Stirnstrieme, Fühler, Wangen bis hinunter zum Unterrande
des Kopfes gelbrot, Scheitelplatten, Hinterkopf, Backen und Clypeus
zwischen den Borstenreihen aschgrau. Dasselbe Grau zeigt der ganze
Brustkorb und der Hinterleib; letzterer sogar einen Stich ins Violette.
Die rauhe Behaarung, womit der ganze Körper bedeckt ist, zeigt
eine fuchsrote Färbung, was dem Tiere ein eigenes Colorit gibt.
Auch die Borsten sind zumindest in ihrer Endhälfte fuchsrot. Die
Beine sind kurz und stark, von rotbrauner Farbe, die Schenkel
dunkler und mehr weniger grau bestäubt, mit Ausnahme der Spitze.
Die Tarsen sind breitgedrückt, das letzte Glied dunkel. Die Adern
der Flügel sind rotgelb, was besonders an der Flügelwurzel auffallend ist.

XII. Hypaspistomyia n. gen.

Diese Gattung steht *Desmometopa* Loew sehr nahe und könnte
sonst mit keiner anderen Gattung verwechselt werden. Es gilt für
sie alles, was ich in dieser Zeitung, Jahrgang 1903, Seite 251
über *Desmometopa* geschrieben habe. Die wesentlichsten Unterschiede
liegen in der Gesichtsbildung. Die Fühler (siehe Tafel I, Fig. 5)
werden an der Wurzel durch die keilförmige Lunula auseinander-
gedrängt und daran legt sich das vorstehende Praelabrum, das von
vorne gesehen einem Schildchen gleicht und den außergewöhnlich
hohen Ausschnitt des Mundrandes erfüllt. Bei *Desmometopa* Loew
ist der Mundrand bedeutend weniger hinaufgezogen und verschmelzen
die hier getrennten Fühlergruben in eine gemeinschaftliche. Außerdem zeigt bei der neuen Gattung der fünfte Hinterleibsring eine
abnorme Länge, indem er beinahe die Hälfte des Abdomens an
Länge erreicht.

Der Kopf ist so breit als der Thorax, seine Form in beiden Ansichten, sowie seine Beborstung zeigt die Tafel. Die Kreuzbörstchenreihen auf der Mitte der Stirne, neben einem schmalen Ocellendreieck, sind äußerst zart und fein und stehen nicht auf besonderen Chitinleisten. Die ganze Beborstung überhaupt viel schwächer als bei den typischen *Desmometopa*-Arten. Die Fühler sind kurz und anliegend. Das erste Glied nicht sichtbar, das zweite halb so lang als das dritte, dieses kugelförmig, nicht bloß scheibenförmig. Das zweite Glied trägt oben· eine abstehende Borste. Arista gegen die Wurzel stärker werdend, kaum wahrnehmbar pubeszent. Taster keulenförmig, Rüssel mit verlängerten, knieförmig zurückgeschlagenen Labellen. Thorax mäßig gewölbt. Humerale 1, Notopleurale 2, Supraalare 3; vorne keine Dorsocentrale; durch den hinteren Rücken geht die Nadel, weshalb ich die Beborstung nicht wahrnehmen kann. Pleuren nackt und fast unbeborstet. Wie bei *Desmometopa* nur eine schwache Prothoracale und eine Sternopleurale. Außerdem sehe ich hier eine Pteropleurale. Das Schildchen ist außer den vier Randborsten, von denen die an der Spitze gekreuzt sind, nackt, an der Oberseite schwach gewölbt. Hinterleib länglich oval, mit fünf deutlich sichtbaren Segmenten, wovon das zweite so lang wie das dritte und vierte zusammen und das fünfte fast so lang als der halbe Hinterleib ist. Beine wie bei *Desmometopa* ohne auffallende Beborstung. Schenkel dick, Schienen keulenförmig, besonders die hintersten flach. Ich vermute, daß das ♂ erweiterte Hinterschienen, ähnlich wie bei *Desmometopa latipes* Mg. besitzt. Den Flügel zeigt das Bild besser als Worte ihn beschreiben können. Der erste Costaabschnitt ist hier so zart behaart, daß er wohl kaum beborstet genannt werden kann. Hinter der zweiten Längsader wird die Costa viel dünner, ähnlich wie bei *Desmometopa* Loew. Die Basalzellen sind nur sehr wenig entwickelt, rudimentär.

16. Hypaspistomyia Coquilletti[1]) n. sp.

Körperlänge 2·5 mm, Flügellänge 2 mm. — Arabien, Aden. Dezember 1898, leg. Prof. O. Simony; kaiserl. Museum.

Stirnstrieme mattschwarz. Ocellenfleck, Hinterkopf, Scheitelplatten und der beborstete Mundrand aschgrau bestäubt. Ebenso erscheint mir die keilförmige Lunula. Bis zur Stirnmitte reicht ein spitzes, glänzendschwarzes Stirndreieck nach vorne. Backen glänzend

---

[1]) Gewidmet dem umfassenden Kenner der amerikanischen Dipteren-Fauna

schwarz, sehr fein gerillt; desgleichen der von vorne sichtbare Schild des Praeclabrums. Die Fühler sind braunschwarz, die Taster hellbraun namentlich an der Spitze. Der Thoraxrücken ist bläulich aschgrau bestäubt, mit schwachem Glanze auf dem schwarzen Grunde und mit schwarzen Wurzelpunkten an der kurzen Behaarung. Schildchen glänzend schwarz. Als Fortsetzung der glänzend schwarzen Farbe der Backen erscheint diejenige der ganzen Pleuren und des Seitenrandes des Abdomens. Die ersten vier Hinterleibsringe sind oben schwach grau bereift, der fünfte glänzt schwarz. Alle Schenkel und Schienen, auch die Vordertarsen, schwarz, die mittleren und hinteren Tarsen weißgelb. Schwinger gelb. Flügel etwas milchig, mit ganz lichten Adern.

Desmometopa Loew.

Herr Th. Becker hat in dieser Zeitung, Seite 1—5 eine Auseinandersetzung der palaearktischen *Desmometopa*-Arten gebracht. Bis jetzt sind folgende acht Arten bekannt geworden;

1. *D. halteralis* Coquillett, Proced. Unit. Stat. Mus. XXII, 267 (1900). Porto-Rico.
2. *D. latipes* Meigen (= *annulitarsis* Zett. et Roser; = *annulimana* Ros.).
3. *D. luteola* Coquillett, Journ. New York entom. Soc., X, 188 (1902). Arizona.
4. *D. minutissima* Wulp., Termész. Füzetek, XX, 611, 1897, als *Agromyza*-Art aus Neu-Guinea.

Da dies ein Nomen bis lectum ist, nenne ich die von Mik, Wiener ent. Ztg., 1898, 150 neu beschriebene Art *Desm. Wulpi.*

5. *D. M-nigrum* Zetterstedt (= *niloticum* Beck.).
6. *D. sordida* Fallén (= *M-atrum* Meigen).
7. *D. tarsalis* Loew, Dipt. Amer. sept. ind., Cent. VI, 96 (1865). Mit dieser Art ist auch *D. singaporensis* Kertész, Termész. Füzetek XXII, 194 (1899), dessen Typen im k. k. Museum vorhanden sind, identisch, so daß diese Art kosmopolitisch ist. Man kennt dieselbe aus Cuba, Aegypten, Arabien (Aden, leg. O. Simony, k. k. Museum), Kamerun (Meijere, Zeitsch. f. Hymenopt. u. Dipt., 1906, 342) und Singapore.
8. *D. simplicipes* Becker, l. c.

Subfam. **Thyreophorinae.**

Diese von Macquart in den Suites à Buffon II, 495 aufgestellte Gruppe der »Acalyptraten« wurde von Schiner adoptiert und auch von den folgenden Dipterologen angenommen. Im Jahrgange 1902 der Zeitschrift für Hymenopt. und Dipterolog., S. 126 habe ich der einzigen, bis dahin bekannten Gattung *Thyreophora* Meigen mit dem Typus *cynophila* Panzer eine zweite Gattung hinzugefügt: *Centrophlebomyia* mit dem Typus *furcata* Fahr.

Die Berechtigung der Trennung einer Gattung hängt aber nicht von der Artenzahl derselben ab, sondern von dem Werte der Charactere. (J. W. Yerbury, Trans. ent. Soc. London, 1903, LX.).

Die bis jetzt bekannten Formen lassen sich folgendermaßen auseinanderhalten:

I. Costa nur wimperartig behaart, Thorax und Schildchen langzottig, ohne deutlich erkennbare Einzelborsten; Augen klein, rund; Hinterkopf außerordentlich aufgeblasen: *Thyreophora* Meigen.

Th, cynophila Panzer, Europa.

Th. anthropophaga R.-D. Europa.

(Essai sur les Myodaires 623. »Long. 1 ligne. Tout-à-fait petite; lineaire; d'un rougeâtre mêlé de brun; ecusson prolongé et biépineux.«)

II. Costa außer den Haaren mit einer Reihe Stachelbörstchen besetzt; Thorax und Schildchen kurzhaarig, mit deutlichen Macrochaeten; Augen relativ größer, wagrecht oval; Hinterkopf schwach gepolstert.

Centrophlebomyia Hendel.

α) Fühler schwarz, Thorax und Kopf rostfarben, Abdomen glänzend schwarz. *C. antipodum* Osten-Sacken. (Ent. Month. Mag. XVIII, 25, 1881. Tasmanien).

β) Fühler rostfarben, Thorax dunkelgrau oder schwarz. Eine Orbitale, 3+1 Dorsocentrale, 0 Humerale. Leib aschgrau.

C. furcata Panz. Europa.

Zwei Orbitale, 3+2 Dorsocentrale, 2 Humerale, nach oben divergierend. Thorax und Hinterleib glänzend schwarz, letzterer violett schimmernd. Länge 4 mm.

17. *C. orientalis* n. sp.

(Indien: Darjeeling, Juni; am Himalaya, leg. Fruhstorfer; k. k. Museum).

Subfam. **Trypetinae.**

Toxotrypana Gerstäcker. (Taf. I, Fig. 7.)

Die systematische Stellung dieser Gattung bei den *Trypetinae* und nicht bei den *Ortalidinae* dürfte doch jetzt eine gesicherte sein. Ich kann nur die Ausführungen Snows (Kans. Univ. Quart., IV, 117, mit Abbild., 1895) bestätigen und billigen, der auch die früheren Literaturangaben macht. Nach ihm (1898) hat aber Wulp in der Biologia Centr.-Amer. (II, 379, Tafel X, 2, 2a) die Art wieder zu den *Ortalidinae* gestellt, was bei dem Vorhandensein »unterer« Orbitalborsten nicht richtig ist.

Mikimyia Bigot, Bull. Soc. ent. France, 1884, XXIX, ist, wie Mik dargetan hat, synonym mit *Toxotrypana* Gerst. Ob aber die Art *M. furcifera* Big. mit der Gerstäckerschen *T. curvicauda* zusammenfällt, möchte ich nicht unbedingt als richtig bezeichnen.

Mir liegt ein Weibchen von *Toxotrypana* aus Rio Grande do Sul (leg. Stieglmayer, kaiserl. Museum) vor, das mit keiner der über die Fliege gemachten Beschreibungen übereinstimmt, am ehesten noch mit den Angaben Röders in der Wien. ent. Zeit., X, 32 (1891) über ein brasilianisches Weibchen. Seine Maße sind: **Körper-** und **Flügellänge** 12 mm, **Legeröhre** 18 mm.

Die Abweichungen beziehen sich auf folgende Umstände:

1. Der Mundrand ist nicht leicht aufgebogen, der Clypeus ist vielmehr vollständig eben, ohne am Mundrande im Profile etwas vorzustehen.

2. Die zweite Längsader mündet ungefähr in der Mitte zwischen der ersten und dritten Längsader, während die Abbildungen Gerstäckers und Snows den Costa-Abschnitt 1—2 ungefähr doppelt so lang erscheinen lassen als den zwischen zwei und drei.

3. Die Gabelzinke der zweiten Längsader geht nicht nach vorne zur Costa, sondern nach hinten zur dritten Längsader und zwar auf beiden Flügeln in völlig gleicher Weise. Nun scheint mir freilich auf diese Zinken der zweiten Längsader kein besonderes Gewicht gelegt werden zu sollen, da v. d. Wulp in seiner Abbildung neben dem Gabelast zur Costa auch ein Rudiment zur dritten Längsader auf dem einen Flügel abbildet und auch Snow dergleichen erwähnt. Immerhin scheint mir aber die Regelmäßigkeit der Querader zwischen der zweiten und dritten Längsader bei meiner Fliege bemerkenswert zu sein.

4. Färbungsunterschiede: Der Scheitel zeigt über die Ocellen verlaufend ein schwarzes Querband. Die vordere Stirnhälfte ist
samtartig braunschwarz, bogenartig nach oben begrenzt. Die
zwei Mittelstriemen des Thorax verlaufen gleich breit bleibend
bis zum Schildchen, vor welchem sie ein Querbändchen bilden.
Die zwei Seitenstriemen hinter der Quernaht gerade, nach hinten
divergierend. Metathorax mit vier schwarzbraunen Striemen, der
Raum zwischen den zwei mittleren etwas verdunkelt. Nur die
Meso- und Pteropleuren mit einer braunen Strieme. Der Flügel
zeigt wohl die goldgelbe Tingierung in der Ausdehnung wie sie
Gerstäcker l. c. beschreibt, aber nicht den braunen Wisch
an der dritten Längsader, welcher auch in v. d. Wulps Abbildung sichtbar ist. Der schwarze Mundrand bildet mit der
schwarzen Mittellinie des Clypeus eine Kreuzzeichnung.

Von Borsten sind nur entwickelt: zwei sehr kleine parallele
Postverticale, die innere, convergente Scheitelborste etwas stärker,
und vorne einige haarförmige »untere« Orbitalborsten. Am Thorax
die hintere Notopleurale, ferner am Schildchen zwei kleine auf-
rechte und gekreuzte an der Spitze und je eine haarförmige
Borste an den Seiten.

Da mir kein weiteres Materal vorliegt, will ich nur auf dieses
Exemplar aufmerksam gemacht haben.

Erklärung der Tafel I.

Figur 1: Flügel von *Chaetocoelia distinctissima* Schiner.
» 2: » » » *palans* Gigl. Tos. n. sp.
» 3: » » » *caloptera* n. sp.
» 4: » » *Hypaspistomyia Coquilletti* n. sp.
» 5: Kopf von » » » »
» 6: » » » » » »
» 7: *Toxotrypana*-Species, ♀.
» 8: ♂ von *Leptometopa rufifrons* Becker.
» 9: Kopf von *Horaïsmoptera vulpina* n. sp.
» 10: » » » » » »
» 11: Flügel von

Diachromus germanus var. nov. Rollei m.

Von Sanitätsrat **Dr. A. Fleischer** in Brünn.

Von der Größe der Stammform, doch ein wenig länger und mehr parallelseitig und von derselben durch folgende Merkmale verschieden: Der Kopf ist constant merklich größer und mehr grob und weniger dicht punktiert. Der Halsschild ist weniger herzförmig, weniger nach rückwärts verengt, der Seitenrand ist vor den Hinterecken weniger tief ausgeschweift, der Hinterrand des Halsschildes ist nur unbedeutend schmäler als die Basis der Flügeldecken. Auch der Halsschild ist kräftiger und weniger dicht punktiert. Endlich unterscheidet er sich durch die Färbung; die Farbe des Halsschildes ist fast immer grünblau, seltener blau; die dunkle Färbung an den Flügeldecken ist blau oder grünlich und erstreckt sich bei allen mir vorliegenden Individuen bis über die Mitte der Flügeldecken, mitunter bis zur Basis derselben, so daß nur ein nicht scharf begrenzter gelber Schulterfleck bleibt. Häufig sind auch um das Schildchen herum mehr weniger deutliche dunkle Flecke, welche sich in der Mitte mit der rückwärtigen dunklen Färbung der Flügeldecken verbinden, so daß vorne nur ein gelber Längsstreifen an der Schulter übrig bleibt. Sehr leicht unterscheidet sich diese Rasse von *germanus* dadurch, daß nicht nur der Kopf allein auf der Unterseite, sondern auch der Vorderrand der Vorderbrust gelb gesäumt ist.

Von dieser schöne Rasse sammelte Herr Rolle aus Berlin in Adana (Kleinasien) mehr als 50 Exemplare, welche bis auf die Färbung der Flügeldecken ganz gleich sind.

Etudes diptérologiques.

Par le **Dr. J. Villeneu\e** de Rambouillet.

I.

A propos de Chaetolyga separata Rond.

Après Rondani, ancun auteur que je sache ne fait mention de cette espèce. Il faut cependant citer Pandellé qui, sous le nom de »*Exorista separata* Rond.«, a décrit, en réalité, *Choetomyia iliaca* Ratz. (= *crassiseta* Rond.), comme j'ai pu m'en con\aincre examinant sa collection.

Je pense que *Chaet. separata* Rond. = *Megalochaeta ambulans* Meig. Cette dernière a les gênes \elues comme dans le genre *Chaetolyga* et sa ressemblance a\ec *Ch. amoena* a\ait déjà frappé Meigen. Mais la description précise de Rondani montre que les caractères des pattes sont différents et les détails qu'il donne, d'autre part, s'appliquent parfaitement à *M. ambulans* Meig. (= *Erigone barbicultrix* Pand. type).

II.

Notes synonymiques sur quelques Types de Meigen.

J'ai \oulu re\oir les Types que j'avais déjà étudiés en 1900. L'expérience acquise depuis m'a permis de le faire a\ec plus de compétence et de décou\rir quelques nou\elles synonymies dont \oici l'énumération:

1. *Exorista jucunda* Meig. (une ♀)
 { = *Bavaria mirabilis* B. B.
 = *Exorista,extorris* Pand. type.

2. *Exorista saltuum* Meigen (une ♀)
 { = *Thelymyia Löwii* B. B. type.
 = *Exorista saltuum* Pand. type.

3. *Exorista fulva* Mg. (une ♀)
 { = *Parexorista flavicans* Mcq. Rnd.
 =   » *rutilla* B.B. type ♀.

4. *Exorista dolosa* Mg. (1 ♂)
 { = *Myxexorista grisella* B. B. (description).
 = *Zenillia fulva* Pand. type (♂; ♀ pp.)

5. *Exorista fauna* Meigen (un ♂)
- = *Myxexorista libatrix* B. B. (description).
- = *Zenillia discerpta* + *Z. perplexa* Pand. types.

6. *Doria distincta* Mg. (un ♂)
- = *Phorocera inepta* Meig. type (♀).
- = *Hypochaeta longicornis* (S.) B. B. type.
- = *Zenillia alnicola* Pand. type.

7. *Exorista lota* Meig. (1 ♂, une ♀).

♂.
- = *Sisyropa lota* B. B. (d'après la description).
- = *Exorista immunita* Pand. type.
- = » *rapida* Meig. type (♀).

♀.
- = » *hortulana* Meig. type ♂ (nec Egg.).
- = *Parexorista blepharipoda* B. B.
- = *Exorista lota* Pand. type.

8. *Masicera innoxia* Meig. (2 ♂, une ♀).

♂.
- = *Hypostena procera* Schin.
- = » *setiventris* Rond.
- = *Arrhinomyia separata* B. B. type. (♂).
- = *Hypostena cylindracea* (Zettst.) Pand. type.

♀. — est en grande partie détruite et par suite méconnaissable.

9. *Tachina diluta* Mg. (1 ♂)
- = *Dexodes ambulans* Rond. certe.
- = *Xylotachina ligniperdae* B. B. verosimiliter.
- = *Tachina ambulans* Pand. type.

10. *Rhinophora femoralis* Meig. (1 ♂, une ♀) = *Cylindrogaster sanguinea* Rond. certe = probablement *Rhinophora tonsa* Löw.

11. *Dexia marmorata,* Meig. (une ♀) = *Paraprosena Waltlii* B. B. type (♂).

12. *Degeeria muscaria* Meig. (un ♂) = *Latreillia debilitata* Pand. type.

13. *Clista foeda* Meig. (une ♀) = *Loewia intermedia* B. B. (d'aprés la description).

14. *Clista iners* Meig. (une ♀) = *Morphomyia tachinoides* Fall.

15. *Degeeria strigata* Meigen
- = *Tachina hystrix* Zett.
- = *Brachychaeta spinigera* Rond.
- = *Latreillia hystrix* Pand. type.

III.

Observations sur quelques Types de Brauer et Bergenstamm.

1. *Discochaeta muscaria* (σ, $\quad$ $=$ *Roeselia yponomeutae* Rond. certe.
   $\mathcal{Q}$). $\qquad$ $=$ *Tachina brevis* (Macq.) Pand. type.
   Cette espéce est absolument différente d'avec *Degeeria muscaria* Meig. type.

2. *Discochaeta incana* (une $\mathcal{Q}$) $\begin{cases} = Bactromyia\ scutelligera\ \text{Zettrst.} \\ \text{B. B. } \mathcal{Q}. \\ = Tachina\ aurulenta\ \text{Meig. (teste} \\ \quad \text{Brauer).} \\ = Tachina\ declivicornis\ (\text{Macqu.}) \\ \quad .\text{Pand. type.} \end{cases}$

3. *Microphana minuta* (une $\mathcal{Q}$) $=$ petit individu $\mathcal{Q}$ de *Meigenia floralis* Meig.

4. *Arrhinomyia tragica* (une $\mathcal{Q}$).
   Ce type est absolument identique à *Pentamyia parva* B. B. type.

5. *Arrhinomyia separata* (1 σ, une $\mathcal{Q}$).
   Comprend 2 espéces différentes, à savoir:
   σ. $=$ *Masicera innoxia* Meig. type.
   $\mathcal{Q}$. $\begin{cases} = Degeeria\ halterata\ \text{Meig. type.} \\ = Hypostena\ medorina\ \text{Zett.} \\ = Latreillia\ separata\ \text{ap. Pand. type.} \\ = Morinia\ funebris\ \text{Meig. type.} \end{cases}$
   Cette $\mathcal{Q}$ est bien reconnaissable aux petits aiguillons de la face ventrale des 2e et 3e segments abdominaux.

6. *Pentamyia parva* (une $\mathcal{Q}$) $\begin{cases} = Arrhinomyia\ tragica\ \text{B. B. type.} \\ = Roeselia\ atricula\ \text{Pand. type.} \end{cases}$
   Cette espéce est représentée dans ma collection avec l'étiquette: »*Degeeria tragica* Meig.«; je l'ai reçue aussi d'Allemagne avec la mention: »*Discochaeta morio* Zett.« qui me parait très vraisemblable également.

7. *Paraneaera pauciseta* $=$ *Hebia flavipes* R.-D. certe et, vraisemblablement, aussi *H. cinerea* R.-D.

8. *Hypochaeta longicornis* (une $\mathcal{Q}$).
   Devra s'appeler dorénavant *H. inepta* Meig.

9. *Myxexorista fauna* (3 σ, 2 $\mathcal{Q}$) $=$ *Zenillia lethifera* Pand. type.

10. *Myxexorista roseanae* une $\mathcal{Q}$ $\begin{cases} = Pseudoperichaeta\ major\ \text{B. B.} \\ = Zenillia\ trixonata\ (\text{Zett.})\ \text{Pand.} \\ (\text{d' après type } \sigma). \end{cases}$

B. B. assignent à la ♀ de *Pseudoperichaeta major* le caractére invraisemblable d'être: »ohne Orbitalborsten«.

11. *Myxexorista flavidalpis* (un ♂)
$\begin{cases} = \textit{Parexorista brevifrons} \text{ B.B. type.} \\ = \textit{Parexorista polychaeta} \text{ Rond.} \\ = \textit{Parexorista affinis} \text{ Fall.} \end{cases}$

Ce type que j'ai vu était du reste dejà muni de l'étiquette rectificative: »*Parex. brevifrons*«.

12. *Myxexorista pexops* (4 ♂, une ♀)
$\begin{cases} = \text{eod. nom. B. B.} \\ = \textit{Parexorista irregularis} \text{ B.B. type} \\ \quad (♂). \\ = \textit{Parexorista acrochaeta} \text{ B.B. type} \\ \quad (♀). \\ = \textit{Megalochaeta brachystoma} \text{ B. B.} \\ \quad \text{tppe (♀).} \\ = \textit{Zenillia oculosa} \text{ Pand. type (♀).} \\ = \quad \textit{» trixonata} \text{ Pand. type} \\ \quad \text{(d'après la ♀).} \end{cases}$

Parex. irregularis est la variété foncée.

Megal. brachystoma est une ♀ unique avec quelques cils sous les soies frontales. J'ai observé une ébauche de ce caractère anormal chez les ♀ de la collection Pandellé correspondant à *Myx. pexops* ci-dessus.

Zenillia oculosa Pand. est une ♀ unique n'ayant que 3 soies dorso-cent. ext. au thorax.

Zenillia trixonata Pand. comprend les individus ♀ avec 4 dc. Le ♂, dans la collection Pandellé, est différent et se rapporte à *Pseudoperichaeta major* B. B. Cette espèce présente donc des variations, mais on la distingue toujours très facilement à la conformation de la téte; »Profil convex wie bei *Ex. vetula* und *Pexopsis*« (Brauer).

13. *Catachaeta depressariae* (un ♂).

Je n'ai pu découvrir aucune différence d'avec *Blepharidopsis nemea* Meig.

14. *Sisyropa hortulana* Egg. (un ♂).

C'est le ♂ de *Parexorista bisetosa* B. B. type (♀).

Ce n'est pas *hortulana* Meig. qui, d'après le type ♂ de Paris se rapporte à *Parexorista blepharipoda* B. B.

15. *Sisyropa angusta* (2 ♂).

Comprend 2 espèces distinctes, à savoir: un ♂ n'ayant que des soies marginales et très courtes: ce doit être *Exorista rasa* Rond.; l'autre ♂ a de fortes macrochètes marginales médianes et les segments hérissés de soies nombreuses: ce doit être une variété de *Exorista lucorum* Meig. (sec. typ.)

16. *Sisyropa ingens* (1 ♂).
   Me parait être une bonne et valable espèce.

17. *Eurythia caesia* (1 ♂ et une ♀).
   Comprend 2 espèces distinctes, à savoir:
   ♂ = *Eurythia caesia* Fall. B. B. (d'après la description).
   ♀ = *Erigone consobrina* Meig.

18. *Alsomyia gymnodiscus* (un ♂).
   Absolument identique à un exemplaire de ma collection que j'avais étiqueté: »*Exorista capillata* Rond.«
   Je dois faire remarquer qu'en effet le type de B. B. a le 3e article antennaire égal à plus de 2 fois le second, contrairement à ce qu'en dit Brauer.

19. *Paratryphera Handlirschi* (1 ♂);
   Espèce très voisine de *Exorista (Myxex.) barbatula* Rond. Cet individu s'en éloigne par les joues plus larges ainsi que le front; par la soie antennaire un peu plus courte et le 2e article de cette soie notablement allongé.

20. *ThelymyiaLöwii* (3exempl.) $\begin{cases} = \textit{Exorista saltuum} \text{ Meig. type (♀)}. \\ = \textit{Tachina demens} \text{ Zett.} + \textit{Tach.} \\ \quad \textit{argentigera} \text{ Zett. (teste Stein)}. \\ = \textit{Exorista saltuum} \text{ Pand. type (♀)}, \end{cases}$

21. *Parexorista bisetosa* (une ♀) = *Sisyropa hortulana* Egg. B. B certe (Cf. No. 14).

22. *Parexorista aberrans* (1 ♂, 2 ♀) = *Catagonia nemestrina* Egg. B. B. type.
   Ces exemplaires ont 2 soies marginales médianes au lieu de 4, au 2e segment abdominal. Ce caractère est variable. L'une des ♀ porte l'étiquette: »*tritaeniata* S.«

23. *Parexorista irregularis* (un ♂).
   C'est un ♂, robuste et de coloration foncée, de l'espèce *Myxexorista pexops* B. B.

24. *Parexorista magnicornis* (3 ♂) $\begin{cases} = \textit{Parexorista Westermanni} \text{ (Zett.)} \\ \quad \text{Stein.} \\ = \textit{Exorista temera} \text{ (Mg.) Pand. type.} \end{cases}$

25. *Parexorista brevifrons* (2 ♂, une ♀).
   Comprend 2 espèces distinctes à savoir:
   2 ♂ = *Parexorista polychaeta* Rond. (= *affinis* Fall.).
   ♀ = *Blepharidopsis nemea* Meig.

26. *Parexorista latifrons* (3 ♂).

   Comprend 2 espèces distinctes qui sont:

   2 ♂ = *Exorista cincinna* Rond. certe.

   1 ♂ = *Hemimasicera gyroraga* Bond.

27. *Parexorista intermedia* (4 ♀) = *Exorista cincinna* Rond. certe.

28. *Parexorista susurrans* (1 ♂, 2 ♀).

   Ces exemplaires vérifient bien la description de Rondani.

29. *Parexorista rutilla* (1 ♂, 2 ♀).

   C'est un mélange de 2 espèces:

   Le ♂ a les tibias antérieurs armés de 2 épines à leur face externe: il appartient à *Exorista excisa* Schin. (sens. Stein). Les ♀ n'ont qu'une épine et se rapportent à *E. flavicans* Rond. (= *leucophaea* Schiner). Aucun de ces exemplaires ne vérifie la description si précise de Rondani. J'ai la conviction que la véritable *Ex. rutilla* Rond. = *Masicera ferruginea* Meig. type.

30. *Parexorista antennata* (1 ♂, 2 ♀).

   Mélange de deux espèces:

   Le ♂ qui vérifie la description = *Exorista triseria* Pand. type. Les 2 ♀ = *Parexorista temera* (Rond.) B. B. type (♂).

31. *Parexorista acrochaeta* (3 exempl.).

   Comprend 3 espèces distinctes qui sont:

   α) une ♀ vérifiant la description = *Myxexorista pexops* B. B. type.

   β) une ♀ de *Parexorista mitis* Meig. (sec. typ).

   γ) un ♂ de *Exorista arvensis* Meig. (sec. typ). Il porte déjà l'étiquette: »*arvensis*«

32. *Parexorista temera* (3 ♂)
   - = *Exorista arvensis* Meig. type (♂).
   - = » *nemestrina* Mg. type(♂).
   - = *Tachina brevipennis* Mg. type (♀).
   - = *Exorista fimbriata* Meig.
   - = » *arvensis* Pand. type (♂, ♀).

Exorista nemestrina Meig. type a les soies frontales descendant irrégulièrement et, à ce titre, peut être considéré comme une variété. *Tachina brevipennis* s'applique aux ♀ qui présentent, toutes, l'aile courte et arrondie à l'extrémité.

Exorista fimbriata s'applique aux ♂ dont les soies frontales descendent en rangée régulière de chaque côté des antennes; c'est le cas pour les types de *Parexorista temera* B. B.

Exorista arvensis comprend les individus où prédomine le cendré du thorax et de l'abdomen. Il faut noter encore que la longueur relative des articles des antennes varie beaucoup chez ces diverses variétés.

33. *Parexorista raiblensis* (3 ♂) et
34. *Parexorista setosa* (1 ♂, 2 ♀).

Ces 2 espèces ne sont que deux variétés d'une seule.

Parexorista raiblensis = *Exorista agnata* (Rond.) Pand. type.

Chez *setosa*, les macrochétes abdominales prennent la disposition régulière décrite par B. B.: les macrochètes accessoires surajoutées chez *P. raiblensis* disparaissent, celles qui restent s'allongent et se renforcent considérablement. Je possède dans ma collection une ♀ de *Parex. grossa* qui présente cette disposition, si accusée qu'on en ferait volontiers une espèce distincte; j'ai noté aussi ce fait sur une ♀ de *Exor. arvensis*, etc. En somme, ce caractére spécial semble être plus accusé chez les ♀. Chez *P. raiblensis* ♂ et *setosa* ♂, les ongles des pattes antérieures sont tronqués. Par contre, chez 2 individus que j'ai capturés au col du Lautaret et que je considère comme »*agnata* B. B.«, les ongles sont trés allongés en même temps que les joues (Backen) plus larges.

Le caractère des ongles est sujet à caution car je l'ai souvent trouvé en défaut et même ici. En effet, un des ♂ de *Parex. raiblensis* présente des ongles très longs à la patte gauche tandis qu'ils sont tronqués à la patte droite.

Je dois ajouter que l'armature génitale est parfaitement la même chez les ♂ de *raiblensis* et *setosa*.

35. *Parexorista clavellariae* (2 ♀).

L'une (Chodau: Stein) n'est qu'une ♀ de *Parex. grossa* B. B.

L'autre (ex *Cimbex variabilis*) n'est qu'une variété de la précédente.

On sait combien varie *Parex. grossa* B. B. pour n'être pas surpris de la synonymie que j'avance. Je reviendrai plus loin sur ces variations.

36. *Megalochaeta brachystoma* (une ♀).

Présente absolument la physionomie de *Myxexorista pexops* (= *Parex. acrochaeta*) avec la même conformation de la tête et de l'extrêmité de l'abdomen. Elle n'en diffère que par la présence de quelques cils rigides et courts, sur les gênes, au-dessous de la terminaison des soies frontales. Cette anomalie se rencontre aussi chez quelques ♀ de *Parex. grossa* et l'on voudra bien remarquer que cette prétendue espèce n'est représentée ici que

par un exemplaire unique. Pour moi, il n'est pas douteux que
Megal. brachystoma ne soit qu'une aberration de *Myx. pexops*.

37. *Parexorista biserialis* (un ♂).

Répond parfaitement à la description de *Exor. comata* Rond.

38. *Parexorista tultschensis* (1 ♂, 2 ♀).

Me parait être une bonne espèce.

39. *Chaetomyia crassiseta* (1 ♂).

Il porte l'étiquette: »Rond.«, ce qui laisse croire que c'est
un exemplaire authentique de Rondani. Cette espèce existe
aussi dans la collect. Pandellé sous le nom de: »*Exorista
(Chaetolyga) separata* Rond.«, ce qui est évidemment une erreur
quoique cette espèce ait les gênes ciliées. Il n'est pas douteux
que *Chaetomyia crassiseta* Rond. = *C. iliaca* Ratz. teste Mik.

40. *Pseudophorocera setigera* (une ♀).

Ce type a tous les caractères d'une ♀ de *Blepharidea vulgaris* Fll.

41. *Pelmatomyia palpalis* (une ♀).

L'étiquette porte encore, au revers, écrite aussi de la main
de Brauer, la détermination suivante: *Parexorista palpata* n.
C'est un exemplaire provenant de Hollande et se rapportant à
Pelmatomyia phalaenaria Rond. Ce qui précède indique mani-
festement que Brauer avait été frappé par la dilatation remarquable des palpes chez cette ♀. Chose curieuse, ni Brauer ni
Rondani n'en font mention dans leur diagnose de *Pelmat.
phalaenaria* ♀. Mais ce caractére des palpes n'a pas échappé à
Pandellé; *Pelmatomyia palpalis* figure dans sa collection sous
le nom de: *Exorista patellipalpis* Pand.

Enfin le type de Brauer porte encore une autre étiquette,
celle-ci toute récente et d'une autre main: »*Chaetina palpalis*«,
dénomination évidemment fausse. En sorte qu'on peut résumer
cette note comme suit:

Exorista phalaenaria Rond. {
= *Pelmatomyia palpalis* B. B. in litt. type.
= *Paraexorista palpata* B. B. in litt. type.
= *Exorista patellipalpis* Pnd. type.
= *Chaetina palpalis* (faux!).
= *Pelmatomyia phalaenaria* auct.

42. *Myxexorista libatrix* (3 ♀, un ♂).

Le ♂ a la tête un peu déformée en sorte qu'il est difficile
de se prononcer à son sujet.

Les ♀ me paraissent être un mélange de »*libatrix*« et »*grisella.*«

43. *Myxexorista macrops* (2 ♀).

L'un de ces exemplaires est un Type de Meigen avec la mention authentique: »*libatrix*«. Je ne vois rien, à l'exception de la taille, qui les différencie nettement des ♀ de *Myxex. grisella* B. B. (description).

Les espèces »*libatrix*« et »*grisella*« apud B. B. se distinguent chez les ♂ à la longueur des antennes. Il n'en est toujours ainsi chez les ♀ dont la longueur des antennes subit des variations intermédiaires.

Des comparaisons que j'ai été á même de faire entre les Types de Meigen (Muséum de Paris) et ceux de Pandellé, il résulte la synonymie suivante:

Exorista dolosa Meigen, type ♂
$\begin{cases} = Myxex.\ grisella \text{ B. B. (description).} \\ = Zenillia\ libatrix \text{ Pand. type (♂).} \\ = Myxexor.\ macrops \text{ B. B. type} \\ \quad (= libatrix \text{ Meig.)} \end{cases}$

Exorista fauna Meigen, type ♂
$\begin{cases} = Myxex.\ libatrix \text{ B. B. (descript.)} \\ = Zenillia\ perplexa \text{ Pnd. type ♂.} \\ = Zenillia\ discerpta \text{ Pnd. type ♂.} \\ = Exorista\ ancilla \text{ Meig. type.} \end{cases}$

Meigen n'a décrit que la ♀ d' *Exor. fauna*, de sorte que le type ♂ peut paraître suspect.

Quant à *Zenillia perplexa* Pand. type, il n'est représenté dans la collection de cet auteur que par un exemplaire unique ♂ ne différant de *Zenillia discerpta* Pand. type que par une conformation différente des pièces génitales. Mais cette différence n'est qu'apparente et résulte d'une préparation incomplète, de sorte que ces 2 espèces sont identiques.

Exorista ancilla Meig. type n'est qu'un petit individu de *Myxex. discerpta* Pand. — Ce type, en partie détruit aujourd'hui, était parfaitement conservé en 1900; je l'avais identifié à tort, à cette époque, avec *Tritochaeta polleniella* par comparaison avec un exemplaire dont on m'avait donné une détermination erronée.

44. *Catagonia nemestrina* Egg. (1 ♂) = *Parexorista aberrans* B. B. type.

Ce n'est l'espéce »*nemestrina*« ni de Meigen, ni de Rondani.

45. *Tryphera lugubris* (♂, ♀) $\begin{cases} = Bonannia\ monticola \text{ Rond. certe.} \\ = Bon.\ monticola \text{ ap. Pnd. type.} \end{cases}$

46. *Leptotachina gratiosa* Stein (un ♂)=*Tachina lepida* Meig. type(♀).

On ne peut dire, d'après la seule description de Macquart, si *Masicera interrupta* (♀) s'applique à cette espèce-ci ou à la suivante.

47. *Dexodes stabulans* (1 ♂, deux ♀).

Le ♂ appartient à cette espèce et est synonyme de *Dex. interruptus* apud Girschner.

Des 2 ♀, l'un est *D. stabulans*, l'autre est *Leptot. gratiosa* B. B. qui précède.

48. *Masicera fatua* S. (1 ♂).

Cet exemplaire vérifie la description d' *Argyrophylax galii* B. B., mais je ne vois dans cette nouvelle espèce qu'une variété de *Hemimasicera gyrovaga* Rond.

49. *Tricholyga major* (♂♀).

Cette espèce n'est pas une véritable *Tricholyga* comme l'a si nettement définie Rondani;[1] c'est une *Phorocera*.

Elle est certainement identique à *Chaetogena segregata* Rond. = *Tricholyga lasiommata* Löw = ? *Exorista pavoniae* Zett. = ? *Ex. grandis* Zett. *Parasetigena segregata* de Br. et Berg. et des diptéristes étrangers parait se rapporter à *Chaetogena media* Bond. — Pand. sec. typ.

50. *Phonomyia micronyx* (1 ♂ ex Hungariâ).

Me parait être une bonne espèce.

51. *Atractochaeta graeca* (1 ♂).

Identique à *Germaria angustata* Zett., même pour la conformation des pièces génitales. J'ai rencontré cette espèce en abondance sur le sable des dunes de Blan_enberghe (Belgique) en août 1902.

52. *Staufeia diaphana* = *Helocera delecta* B. B. type (53).

54. *Urophylla leptotrichopa* (♂, ♀).

Me semble identique à *Metopia cinerea* Perris (type in collect. Gobert) = *Hyperecteina metopina* Schin. (étiqueté par Mi⟨) = *Latreillia cinerea* Perris ap. Pand. type.

Le type de Perris est en assez mauvais état; le style antennaire n'est épaissi que dans les $^2/_3$ de sa longueur; mais un autre individu est identique au type de B. B.

55. *Urophylla hemichaeta* (une ♀).

Espèce que je ne puis assimiler à aucune autre.

---

[1] Il y aurait lieu, ce me semble, de modifier cette définition de Rondani, vu que chez une variété de *Tachina larrarum* (*T. impotens* Rond.), les vibrisses remontent au delà de la dernière soie frontale. Pourquoi la chose serait elle impossible dans le genre *Tricholyga?*

56. *Paraneaera longicornis* (1 ♂).
Bonne espèce.
57. *Goniocera schistacea* (1 exempl.).
Bonne espèce.
58. *Paratrixa polonica* (1 ♂) = *Myobia distracta* Pand. type (♀).
J'ai pris un ♂ semblable dans les environs de Paris.
59. *Phorichaeta Handlirschi* (un exempl.).
Très voisine de *Phorich. Schnabli* B. B.
60. *Macroprosopa atrata* (♂, ♀) = *Macquartia atrata* (Fall.) Pnd. type.
Macquartia atrata Meig. type n'est pas autre chose que
Macq. chalconota Meig.
61. *Ptilops nigrita* (♂, ♀) = *Macquartia nigrita* Meig. type ♂.
Macquartia Corinna Meig. type a les yeux plus rapprochés
encore, l'aile plus jaunie, la coloration d'un violet brillant; pour
le reste, il est semblable à *Ptilops nigrita* et de même taille.
62. *Loewia setibarbis* (♂, ♀).
Ces 2 types, qui ont d'ailleurs les gênes nues, sont évidemment identiques à *Loewia brevifrons* Rond. = *Exorista* eod.
nom (Rond.) Pand. type.
Brauer (1898) écrit par erreur: »*brevicornis*«.
63. *Emporomyia Kaufmanni* (1 ♂).
Me paraît être une bonne espèce.
64. *Plagiopsis soror* (2 ♀) = *Aphria xyphias* Pand. type ♂.
A cause de la largeur du front chez ces ♀ (presque 2 fois
le diamètre oculaire transversal), je doute que ce soit la véritable *Tachina soror* Zett. Le ♂ de la collection Pandellé que
je rapporte à ces ♀ a le front presque aussi large. Zetterstedt
dit: Frons in ♂ angustata . . in ♀ latior, caractère qui me paraît
s'appliquer bien mieux à un couple d' *Aphria longilingua* Rond.
que j'ai capturé dans le Dauphiné.
65. *Arrenopus piligena* (1 ♂) = *Ptychoneura cylindrica* Meig. certe.
Cet exemplaire, qui porte déjà l'étiquette » *Sphixapata
Picciolii* Rond., Genthin«, écrite de la main du prof. P. Stein,
ne saurait en aucune façon se rapporter à *Sphix. piligena* Rond.
Je ferai remarquer que d'après les nombreux matériaux
que j'ai recueillis en Provence, j'ai acquis la certitude que
Sphix. piligena Rond. est identique à *Sphix. albifrons* Rond.
et n'en est tout au plus qu'une variété.
66. *Araba fulva* (une ♀) = *Craticula* (*Craticulina* Bezzi) *frontalis*
Pand. type.

Le type de B. B. provient de Bordeaux; il est identique à ceux de Pandellé provenant de Royan c'est à dire de la même région; quelques exemplaires, comme le fait remarquer Pandellé, varient comme coloration: les pattes se rembrunissent jusqu'à devenir parfois noires en entier; les antennes rousses d'ordinaire ont quelquefois le 3° article enfumé.

J'ai moi-même remontré cette espèce en abondance dans les dunes de Palavas (Hérault) autour des nids de *Bembex.* Je la possède aussi de Cannes et de Corse et il y a dans la collection du Dr. Gobert des exemplaires provenant de Toulouse.

Etant donné ce qui précède, je crois qu'on peut établir la synonymie suivante:

Araba fulva B. B. type {
= *Miltogramma* (s. g. *Craticula*) *frontale* Pand. type et variétés.
= *Miltogramma brevipennis* Big., Rond.
= *Miltogramma tabaniformis* F.
= *M. canescens* Perris, type in coll. Gobert, teste Pandellé.
}

67. *Gymnobasis microcera* (♂, ♀) {
= *Phorostoma maritima* Schiner.
= *Dexia maritima* (Schin.) Pand. type.
}

Ce n'est pas »*microcera* R.-D.« qui est identique à *Myostoma pectinatum* B. B. (nec Meig.) = *Dexia patruelis* Pand. type.

68. *Peyritschia erythraea* (2 ♀).

A l'exception de la coloration, je ne vois pas de différence avec l'espèce suivante:

69. *Peyritschia nigricornis* (1. ♂, une ♀).

Aussi je considére ces 2 espèces comme 2 variétés d'une seule.

70. *Tapinomyia piliseta* (1 ♂, une ♀).

Me paraît être une bonne espèce.

71. *Ptiloxeuxia brachycera* (un ♂).

Bonne espèce.

Cet individu porte comme étiquette principale: »*brevi-cornis* B. B.«

72. *Paramorinia cincta* (une ♀).

Bonne espèce.

73. *Sarcophaga Meigenii* (♂, ♀).

Absolument semblables aux individus que je prends fréquemment aux environs de Paris et que j'ai étiquetés: »*Agria hungarica* B. B.« — semblables aussi à un couple d'*Agria hungarica* que j'ai reçu du prof. Strobl.

Le caractére différentiel que donnent B. B. est vraiment insignifiant et en défaut souvent; il ne me semble même pas justifier la création d'une variété.

74. *Engyops micronyx* (1 ♂).

Cette espèce n'est pas rare aux environs de Paris. Je me demande pourquoi B. B. ont voulu donner à cette mouche un nom nouveau car elle vérifie d'une façon parfaite la description de *Engyops Pecchiolii* Rond.

75. *Sarcotachina subcylindrica* (1 ♂).

Des exemplaires que M. Becker a rapportés d'Egypte ont une coloration d'un cendré uniforme avec les lignes du thorax presque entièrement effacées, ce qui leur donne l'aspect extérieur d'une *Hilarella*. Il est possible qu' ils appartiennent à une nouvelle espèce.

76. *Rhynchodinera cinerascens* (3 exempl.).

Espèce robuste que je possède aussi de Tunisie.

77. *Steringomyia stylifera* (♂, ♀) et 78. *Acrophaga stelviana* (2 ♂).

Représentent 2 bonnes espèces. *Steringomyia stylifera* montre le parti qu'on peut tirer de la conformation de l'hypopygium du ♂ pour la reconnaisance des espèces.

79. *Mikia magnifica* ? (1 ♂).

Magnifique espèce dont j'ai pris un exemplaire en Provence, sur le littoral, à Cavalière (Var.): juin 1906. J'en ai vu voler plusieurs individus sur des fleurs d' Euphorbe, mais croyant avoir affaire à une variété immature de *Echinomyia grossa* L. je négligeai de les prendre. C'est à mon retour, en examinant mes chasses, que je m'aperçus de ma méprise, trop tard, hélas! et je le regrette vivement. J'avais une bonne occasion sans doute de m'emparer de la ♀ et de trancher la question en suspens des rapports de ce ♂ avec *Mikia magnifica* ♀ (seule décrite).

80. *Tetrachaeta obscura* (une ♀).

Je ne possède qu'un ♂ du sud de la France en sorte que la comparaison avec le type de B. B. n'est qu'approximative, mais j'ai l'impression qu'il s'agit bien de la même espèce.

81. *Cnephalotachina crepusculi* (1 ♂).

82. *Euthera Mannii* (1 exempl.).

83. *Brachymera Leptochae* (♂, ♀).

84. *Braueria longimana* (♂, ♀).

85. *Gymnophania nigripennis* (un ♂).

86. *Redtenbacheria insignis* (♂, ♀).

Je n'ai rien à faire observer à propos de ces belles mouches.

87. *Paraprosena Waltlii* (1 ♂) = *Dexia marmorata* Meig. type (♀).

88. *Parastauferia alpina* (un exempl.).

Individu dont le visage est enfoncé et, de ce fait, se prête mal à l'examen.

N. B. Il n'est question, bien entendu, dans ce travail de synonymies que des individus qu'il m'a été possible d'examiner.[1]) Comme quelques espèces ne sont pas univoques mais, au contraire, sont un mélange de plusieurs autres, il est possible qu'il existe dans la collection de Vienne d'autres exemplaires pouvant changer ou modifier les équivalences indiqueés ci-dessus. Peut être en est-il ainsi pour *Discochaeta incana*, par exemple.

IV.
Notes complémentaires sur les espèces précédentes.
A. Types de Meigen.

Cf. N⁰⁵ 3. *Exorista fulva* Meig. type aurait, d'après Stein, 2 soies assez longues à la face externe des tibias antérieurs. C'est une erreur; il n'yen a qu'une à chaque tibia, en sorte que cette espèce est la même que *Par. rutilla* B. B. (nec Rond.) ♀.

7. *Exorista* (*lota* ♂ + *rapida* ♀).

Cette espèce est remarquable par l'absence de soies ocellaires.

8. *Masicera innoxia*.

Les vibrisses remontent parfois assez haut; c'est le cas pour les 2 ♂ de la collection Meigen et pour le type ♂ de *Arrhinomyia separata* B. B. qui a été figuré par ces auteurs. Ce caractère manque au contraire chez toutes les ♀ que j'ai vues, comme on peut aussi le voir sur la figure de *Hypostena procera* Schin. ♀ que donnent B. B.

9. *Tachina diluta*.

Meigen range cette espèce parmi celles ayant les yeux velus; pareille erreur lui est arrivée pour d'autres, en sorte que je considére cet exemplaire comme le véritable attendu qu'il vérifie parfaitement la description.

Je dois ajouter que je n'ai remarqué aucun caractère différentiel en lisant dans B. B. les descriptions de *Dexodes ambulans* Rond.

―――――
[1]) grâce à la communication bienveillante de M. Anton Handlirsch, Conservateur de la section de Zoologie au k. k. Naturh. Hofmuseum.

et *Xylotachina ligniperdae* et que ma conviction de leur synonymie s'est trouvée confirmée par de nombreux individus issus
de la chenille du *Cossus ligniperda.*

10. *Rhinophora femoralis.*

2 exemplaires aux gênes nues quoique cette espèce soit
rangée par Meigen parmi les *Rhinophora.* Ils vérifient, du
reste, parfaitement bien la description de l'auteur.

12. *Degeeria muscaria.*

Il y a, chez ce ♂, 2 soies orbito-externes. Ce n'est donc pas
l'espèce *»muscaria«* de Zetterstedt qui pourrait bien être
Vibrissina demissa Rond.

13. *Clista foeda.*

Espèce aux yeux velus, d'assez grande taille, qui est une *Löwia.*

Je la possède de France et d'Allemagne; les caractères de
Löwia intermedia Br. (1898) lui sont applicables. Elle est très
voisine de *Silbermannia petiolata* Pand. mais elle doit en être
séparée après un nouvel examen du type de Meigen dont j'avais
mal gardé le souvenir. Cf. W. ent. Z. XXV (1906), H. VIII u.
IX, pg. 248.

15. Le ♂ de *Tachina hystrix* Zett. a des soies orbito-externes et
je pense que cet auteur a confondu les sexes. La description
de la ♀ est en réalité celle d'un ♂; il n'y est question du
reste que d'un seul sexe.

B. **Types de B. B.**

Cf. N°s 12. Parmi les 4 ♂ que j'ai vus, il y en a un tout à fait
étranger à *Myx. pexops.* Les yeux se touchent, la face et l'abdomen ont des reflets argentés: est-ce *Parex. argentifera* Rond.
i. litt., je ne saurais le dire.

19' *Paratryphera Handlirschi,* comme *Myxex. barbatula* Rond., n'a
que 3 soies marginales de chaque côté du scutellum.

20. Je ne connais que la ♀ de cette espèce. B. B. disent que le
♂ a 2 soies orbito-externes, ce qui paraît inacceptable et en
contradiction avec Zetterstedt (cf. *Tachina saltuum* XIII.,
p. 6117, Nr. 131).

21. *Parexorista bisetosa* appartient au groupe des espèces qui n'ont
que 3 soies marginales de chaque côté du scutellum. Cependant
sur le type de B. B., il en existe par exception une 4e assez faible
mais nette; chez *Sisyr. hortulana* Egg. B. B. type, il n'y en a que 3.

25. En France, Pandellé dénomme »*polychaeta*« les individus qui ont 4 dc. au thorax; »*affinis*« ceux qui n'ont que 3 dc. A l'étranger, les auteurs appellent »*polychaeta*« ceux dont les soies frontales descendent irrégulièrement sur les gênes, »*affinis*« ceux où ces soies constituent une série régulière.

Mais c'est là un caprice de la Chaetotaxie et il est bien évident qu'il n'ya qu'une seule espèce réélle: »*affinis* Fall.«

28. *Parexorista susurrans* est confondue dans la collection Pandellé avec *Parex. rutilla* B. B. — Ces deux espèces ne diffèrent que par la taille et la forme courte et large chez *P. rutilla*, étroite chez *P. susurrans*. L'embarras serait extrême pour étiqueter avec certitude certains sujets placés aux confins de l'une et l'autre si l'examen de l'armature génitale ne montrait qu'elle est identique dans les deux cas.

Parexorista susurrans Rond. B. B. n'est donc qu'une variété.

C'est du côté de l'hypopyge qu'il faut chercher encore si l'on veut s'éclairer sur la validité de certaines espèces comme *gnava, lucorum, excisa, separata, rasa* etc.; sur la valeur d'une distinction, plutôt artificielle, en groupes *Sisyropa* et *Parexorista, Hemimasicera* et *Argyrophylax* etc. — La mise au point de toutes ces questions ne saurait plus tarder, tant est féconde cette méthode d'investigation! Notons qu'elle demande à être soigneusement pratiquée et qu'elle réclame une préparation complète et habile des organes si l'on ne veut pas prendre l'illusion pour la réalité, comme il est arrivé plusieurs fois à Pandellé lui-même·

31. Le Prof. Brauer à qui j'avais communiqué autrefois un ♂ de *Myxex. pexops* me l'avait renvoyé avec l'étiquette: »*acrochaeta?*«

35. L'espèce *Parexorista grossa* B. B. = *glauca* Meig. est une des plus variables. Elle varie jusqu'à représenter *glirina* Rond. pour la longueur des antennes; le front est parfois un peu saillant avec le 3ᵉ article antennaire large; etc. — La disposition des macrochètes abdominales varie aussi jusqu'à n'être composée parfois que de macrochètes marginales. La coloration de la mouche tire dans quelques cas vers le jaune surtout au front; quelques ♀ ont des cils courts sur les gênes; etc.

La synonymie conséquemment s'en trouve très chargée: *glirina* Pand. type — *brevifusa* Pand. type (♀) — *fugax* Rond. — *grossa* B. B. — *clavellariae* B. B.

Cette synonymie, chez les ♂, s'appuie sur la similitude parfaite de l'armature génitale.

Parexorista agnata Rond. varie également beaucoup et peut être rapprochée sous ce rapport de *Parexorista glauca*.
37. Cette espèce n'est assurément qu'une variété dé *Parexor. cheloniae* Rond. = *lucorum* Meig. sec. typ. quoique je n'aie pas pu examiner l'armature génitale sur cet exemplaire qui ne m'appartient pas.
44. Chez *Catagonia nemestrina* et *Par. aberrans,* il y a 4 soies marginales de chaque côté du scutellum.
66. Il existe dans la collection du Dr. Gobert un exemplaire de *Araba fulva* muni d'une étiquette: »*tabaniformis*« qui me semble être de la main de Kowarz et confirme ma manière de voir.

IV. A propos de quelques autres Types.

1. *Tabanus nigrifacies* Gobert.

Le type ♂ que j'ai vu dans la collection de cet auteur est certainement identique à *Atylotus latistriatus* Brauer. C'est par suite d'altération accidentelle que la face est noire.

Cette espèce que j'ai rencontrée en abondance autour d'un boeuf à Cavaliére (juin 1906) c'est à dire sur le littoral provençal, remonte le long des côtes de l'Océan jusqu'en Bretagne. Enfin, je la possède aussi d'Andalousie.

2. *Echinosoma pectinata* Girschner.

Ayant eu le pressentiment que *Nemoraea nemorum* Meig. Zett. devait être identique à *Echinos. pectinata,* j'ai soumis 4 exemplaires ♂♀ de cette espèce à Mr. Girschner qui a eu l'amabilité de les comparer avec son type ♀ et m'a confirmé leur parfaite identité. D'après lui, elle doit rentrer dans le genre *Platychira* Rond. sens. lat. — mais, au sens strict, elle s'en sépare par le front moins large, l'absence de soies apicales au scutellum, le court prolongement de la 4e nervure de l'aile après le coude, si bien qu'elle mériterait de constituer un sous-genre. On peut établir la synonymie comme suit:

Platychira (Nemoraea) memorum Meig. type.

Syn. *Nemoraea ignobilis* Meig. type.

Tachina nemorum Zett.

Fausta viridescens R.-D. (+ *nemorum* + *inops* + *tibialis* + *impatiens* etc.).

Echinosoma pectinata Girschn. type ♀.

Erigone nemorum Pand. type,

Eurythia pectinata Brauer.

Kritische Studien über Liodini.

VI. Fortsetzung der Studien über Liodes-Arten.

Von Sanitätsrat **Dr. A. Fleischer** in Brünn.

Hydnobius multistriatus Gyllh. und punctatus Sturm.

Große Individuen dieser zwei Arten sind nach den bisherigen Unterscheidungsmerkmalen relativ leicht zu bestimmen; kleine Individuen, namentlich aber kleine Weibchen, waren bisher unbestimmbar. Die Differentialdiagnose für große Individuen lautet:

multistriatus

Habitus kürzer, der Körper nach rückwärts nur wenig verengt.

Glieder der Fühlerkeule weniger stark quer, im allgemeinen die Fühler kürzer.

Kopf beim Männchen sehr groß, nur wenig schmäler als der Vorderrand des Halsschildes.

Halsschild weniger stark quer, der Seitenrand nach vorne nur wenig verengt, in der Mitte am breitesten, mit deutlich angedeutetem Winkel an den Hinterecken.

Hinterschienen bei großen Männchen an der Spitze kaum doppelt so breit als am Kniegelenk, am Innenrand beim Kniegelenke ziemlich tief und vor der Spitze seicht ausgerandet.

Der große Zahn an den Hinterschenkeln bei großen Männchen am Außenrande der Basis tief ausgebuchtet, dann mit fast geraden Seiten, an der Spitze nicht oder nur sehr wenig gebogen.

punctatus

Habitus lang oval, nach rückwärts deutlich verengt.

Glieder der Fühlerkeule stärker quer; im allgemeinen die Fühler länger als bei *multistriatus*.

Kopf beim Männchen mäßig groß, viel schmäler als der Vorderrand des Halsschildes.

Halsschild stärker quer, nach vorne viel schmäler als nach hinten, hinter der Mitte am breitesten; der Vorderrand viel schmäler als der Hinterrand, mit verrundeten Hinterecken.

Hinterschienen bei großen Männchen am Kniegelenk schmal, gegen die Spitze von der Mitte an sehr stark verbreitert, hier fast dreimal so breit als an der Basis; der Innenrand in einfachem Bogen ausgerandet; diese Ausrandung vor der Mitte am tiefsten.

Der große Zahn an den Hinterschenkeln am Außenrande der Basis nur wenig ausgebuchtet, dann am Außenrande zur Spitze convex, am Innenrande concav und deutlich hakenförmig nach vorne gebogen.

Alle diese bei großen Individuen ganz marianten Merimale unterliegen schon bei mittelgroßen Individuen einer bedeutenden Variabilität, bei den ileinsten Individuen sind dieselben gar nicht zu verwerten. Der Unterschied in der Kopfgröße, sowie in der Rundung des Halsschildrandes verschwindet fast vollständig, der Zahn an den Hinterscheniteln der Männchen wird schmäler, spitzig, bei ileinsten Individuen bleibt von ihm nur ein feines Zähnchen zurück, der Unterschied in der Breite der Schienen verschwindet vollkommen. Konstant sind nur folgende Unterschiede:

multistriatus	*punctatus*
Tarsen dünn, schmal, iurz, halb so lang als die Hälfte der Schienen, von der Basis zur Spitze bei Männchen und Weibchen nur wenig verbreitert, das Klauenglied nur unbedeutend länger als die zwei vorhergehenden Glieder. Bei großen und ileinsten Individuen weichen die Tarsen in der Form nur unbedeutend ab.	Tarsen breit, lang, fast $^2/_3$ der Schienenlänge erreichend; bei großen Individuen deutlich gestielt, nämlich an der Basis schmal und gegen die Spitze stari ieulenförmig verdicit, beim Männchen viel stärier als beim Weibchen; bei den ileinsten Individuen sind die einzelnen Glieder gedrängter, weniger deutlich ieulenförmig, aber immer fast doppelt so breit und länger als bei gleichgroßen Individuen des *multistriatus*.
Penis sehr iurz und breit, scharfwinklig zugespitzt, die Spitze des Winiels ziemlich lang ausgezogen.	Penis ebenfalls sehr breit und iurz in eine iurze Spitze ausgezogen, mit der Basis fast ein gleichseitiges Dreieci bildend.

Parameren bei beiden Arten dici, walzenförmig, an der Basis besonders stari verdicit.

Die Entdeciung des Tarsalunterschiedes verdanie ich dem großen Materiale (über 100 Exempl.) des Herrn Hofrates Dr. Skalitziy. Es ist mir nämlich aufgefallen, daß alle ileinen Individuen von einem Fundorte als *punctatus* bestimmt waren, während alle großen Individuen vom selben Fundorte zu *multistriatus* gehörten. Durch den Vergleich von gleichgroßen Individuen von verschiedenen Fundorten kam ich dann auf den Tarsalunterschied und es stellte sich heraus, daß z. B. alle Individuen ohne Unterschied der Größe von einem Fundorte in Steiermari, vom Böhmerwald und dem Riesengebirge etc. zu *multistriatus* gehörten, während hingegen die meisten Individuen aus der Umgebung von Wien (Bisamberg) *punctatus* waren. Die Bestätigung der Richtigkeit des Tarsalunterschiedes fand ich hierauf in dem gleichfalls sehr großen Materiale des k. k. Hofmuseums, welches mir Herr Direktor Ganglbauer zur Revision übersendet hat. Auch hier konnte ich, wie ich glaube, mit Sicherheit die untereinandergemischten kleinen Individuen trennen und richtig bestimmen.

Nach dieser sicheren Fixierung beider Arten interessierte es mich zu wissen, ob die Varietäten, namentlich aber die schwarzen Coloritaberrationen, richtig zugeteilt sind und da muß ich von vornherein bemerken, daß alle schwarzen, bisher beschriebenen Individuen zu *punctatus* gehören und zwar aus folgenden Gründen:

a) *punctatissimus* Steph. (Illustrations of British Entomology, Vol. II, London 1829).

Nach der Abbildung, die übrigens recht primitiv ist, ist der Kopf klein, Halsschild stark nach vorne verengt, wie beim *punctatus* ♀. Der Käfer ist zu kurz und zu breit gezeichnet, obwohl es in der Beschreibung heißt »oblongoovatus«. Sonst wird das Hauptgewicht auf die Farbe und die variable Punktierung der Flügeldecken gesetzt. Stephens sagt: The intense black colour of this conspicuous insect, with its deaply punctured elytra and depressed elongate form at once distinguish it from its congeners. Nach der Zeichnung und Beschreibung gehört der Käfer zu *punctatus*.

b) *tarsalis* Riehl, nach Riehls Originalexemplaren beschrieben von Dr. Schmidt in Germars Zeitschrift für Entomologie III. B., 1. und 2. Heft 196, 1841.

In der Beschreibung, die zumeist nebensächliche Merkmale berührt ist, für unsere Differentialdiagnose Folgendes von Wichtigkeit: Der Autor sagt: Die Seitenränder des Halsschildes treten stark bogig hervor und an den Hinterschenkeln ist beim Männchen ein sehr starker »nach vorne gebogener« Zahn. Der Autor hatte daher bestimmt ein großes Männchen des *punctatus* vor sich.

Um diese vermeintliche Art von *punctatus* Sturm zu differenzieren, gibt Schmidt folgende Unterschiede an:
1. Viel geringere Größe.
2. Andere Farbe in normalen Stücken.

3. Reichlichere und stärker ausgeprägte Querstrichelung der Zwischenräume an den Flügeldecken, deren Punktreihen überdies auch noch
weniger regelmäßig und mehr flach sind; auch bei *tarsalis* kommen
einzelne Querstriche vor, es ist aber nur selten, dann nur allein
durch das völlige Zusammenfließen zweier sich gegenüberstehender
Punkte gebildet, während die Zwischenräume ganz glatt sind.

Liest man diese Unterschiede aufmerksam, so muß man den
Eindruck gewinnen, daß diese angeblichen Arten spezifisch gar nicht
verschieden sind, denn die Größe, Farbe und die mehr weniger
deutliche Querstrichelung sind so variabel, daß man dieselben zur
Differentialdiagnose gar nicht verwerten kann.

H. tarsalis Riehl gehört daher nicht zu *multistriatus*, sondern
zu *punctatus* und ist identisch mit *punctatissimus* Steph.

Die biologische Notiz Riehls, daß er diesen Käfer einmal an
blühender Esparsette in der Nähe eines Wäldchens in Anzahl sammelte,
später aber nur ein Exemplar am Grase im Walde fand, scheint
mir, was das Vorkommen auf der Esparsette betrifft, auf einem
Irrtum zu beruhen. Wahrscheinlich hat der Autor auf der Esparsette
die ja — bei uns wenigstens — Ende Mai und im Juni blüht,
einen ähnlichen Käfer, z. B. *Meligethes difficilis* gesammelt. Die
Hydnobius-Arten leben bekanntlich erst im Herbst und Spätherbst.

H. punctatus Er., Insect. Deutschlands III., bei welchem
die Hinterschenkel mit einem langen dornförmigen Zahn bewaffnet
sind, der Kopf mäßig groß und der Hinterrand des Halsschildes verrundet ist und welcher sich sonst nur durch stärkere Punktierung
der Zwischenräume unterscheiden soll, ist sicher mit den mittelgroßen und kleinen Individuen der vorigen Art identisch, gleich
spinipes Gyllh.

Die bisher beschriebenen schwarzen *Hydnobius* gehören nach
dem bisher Erwähnten, also insgesamt zu *punctatus*. Ich habe auch
von dem meist mehr rotbraun gefärbten *multistriatus* noch kein
einziges schwarzes Individuum gesehen, während ich von dem meist
gelbroten *punctatus,* namentlich aus der Umgebung von Wien, fast
die Hälfte dunkelbraune bis schwarze Individuen fand.

v. *intermedius* Thoms. ist eine gerundete Form des *punctatus*
mit schwächer punktiertem Halsschilde; sie ist breittarsig und
daher richtig zugeteilt.

Die Reihenfolge der Synonyma, der Aberrationen und der Varietäten wird daher wie folgt abgeändert:

> *punctatus* Sturm.
> *spinipes* Gyllh.
> *spinula* Zett.
> *punctatus* Er.
> *edentatus* Sahlb.
> *fulvescens* Guilleb.
> a. *punctatissimus* Steph.
> *tarsalis* Riehl.
> *punctatissimus* Er.
> v. *intermedius* Thoms.

Zu dieser Art dürfte vielleicht auch gehören *puncticollis* Reitt., welche Art nach der Originalbeschreibung abgerundete Halsschild-hinterecken hat und sich von *punctatus* nur dadurch unterscheidet, daß der Halsschild nur wenig schwächer punktiert ist als die Flügel-decken. Exemplare aus dem Kaukasus könnten da Aufklärung bringen.

Unbekannt sind mir noch: *secundus* Guilleb., *andalusicus* Dieck und *septentrionalis* Thoms. Weiteres Untersuchungsmaterial, nament-lich aus Spanien und Frankreich einerseits und vom Norden Europas andererseits, wäre mir sehr erwünscht.

Eine neue Varietät des Colon angulare Er.

Von Sanitätsrat **Dr. A. Fleischer** in Brünn.

Colon angulare var. Ganglbaueri m.

Vom Habitus und Größe der Normalform des *angulare*; speziell ist auch beim Männchen die äußere Apicalecke an den Hinterschenkeln deutlich zähnchenartig vorspringend. Der Halsschild ist vor dem Hinterrande ein wenig abgeflacht. Die Punktierung des Halsschildes und der Flügeldecken ist, im Gegensatz zur Stammform, sehr fein und dicht. Das normale *angulare* hat bekanntlich eine sehr grobe und wenig dichte Punktierung.

Von Herrn Direktor Gangelbauer wurden bei Crissolo (Italien) vier Exemplare und von Herrn Hofrat Dr. Skalitzky bei Golling (Steiermark) ein Exemplar gefunden.

Zur Kenntnis der Liodesarten ohne schiefe Humeralreihe auf den Flügeldecken.

Von Sanitätsrat Dr. A. Fleischer in Brünn.

In dem reichhaltigen Materiale der *Liodini* des Museums der kaiserlichen Academie der Wissenschaften in St. Petersburg, welches mir Herr Jacobson zur Revision übersandte, fand ich zwei *Liodes*-Arten, die insoferne von großer Bedeutung für die Systematik sind, als beide keine schiefe Humeralreihe besitzen und von den bisher bekannten Arten ohne Humeralreihe, d. i. *cinnamomea* und *fracta*, ganz abweichen. Es sind dies:

Liodes rufipes Gebl. Bull. Soc. Nat. Mosc. VI, 1833, p. 239.

Diese herrliche Art, die mir unbekannt war und die ich für eine neue Art hielt, ist so groß wie die größten Individuen der *cinnamomea*, aber kürzer und breiter, pechschwarz, mit gelbroten Fühlern und Beinen, sehr breiter Fühlerkeule und auffallend verkleinertem Endgliede. Der Halsschildrand ist im Gegensatze zu der ähnlich gefärbten, aber viel kleineren *picea* auch nach rückwärts stark verengt; die Flügeldecken sind tief punktiert-gestreift, mit dichter Aufeinanderfolge der Punkte, die Streifen sind furchenartig vertieft, so daß die Zwischenräume erhoben sind, die schiefe Humeralreihe fehlt vollständig. Es hört nämlich die dichte Punktierung des achten Streifens vor der Schulter auf und der Streifen setzt sich nur noch durch vier bis fünf entfernt voneinander stehende Punkte fort. Zwischen dem achten und dem Seitenstreifen sind noch einige verworren angelegte Punkte. Die Vorderschienen sind sehr breit, Hinterschenkel beim Männchen einfach, in der Mitte nur mäßig verbreitert, die innere Apikalecke nur in einen kurzen abgerundeten Lappen ausgezogen, die äußere fast verrundet. Hinterschienen sehr lang, anfangs innen sanft, im hinteren Drittel aber plötzlich sehr stark und in kurzem Bogen gekrümmt. Der Penis dieser Art hat nicht eine stumpfwinklige Spitze wie bei *cinnamomea* oder *fracta*, sondern es ist dieselbe ziemlich breit verrundet und sehr ähnlich dem Penis der *dubia, obesa* und *picea*.

Lebt im Altai und im Gebirge um den Baicalsee, in Ostsibirien (Dulgalach, Jana etc.).

Wiener Entomologische Zeitung, XXVI. Jahrg., Heft VII, VIII und IX (20. August 1907).

Da die Originalbeschreibung in manchen Punkten undeutlich ist und zu Irrungen Anlaß geben könnte, habe ich mir erlaubt dieselbe zu ergänzen.

Eine zweite, sehr bemerkenswerte Art, ohne Humeralreihe ist:

L. lateritia Manuh. Bull. Soc. Nat. Moscou 1852, i. 345 (Rye, Entom. Monthly. Mag. X, 1873).

Die Originalbeschreibung habe ich nicht gelesen, aber soweit ich nach dem leider gespießten und infolgedessen sehr stark beschädigten Exemplare entnehmen konnte, hat die Art den Habitus und die Größe einer normal entwickelten *calcarata*. Die Fühlerkeule ist breit, mit verkleinertem Endgliede. Der Seitenrand des Halsschildes ist im hinteren Drittel auffallend gerade, so daß die Hinterecken einen rechten und scharfen Winkel bilden. Die Flügeldecken haben sehr feine Punktreihen mit unregelmäßig gestellten Punkten in denselben. Die Humeralreihe fehlt, die Hinterschenkel sind beim Männchen bauchig erweitert, der innere Rand der Schenkelrinne ist gerade und an der Spitze sehr kurzlappig verrundet, der äußere Rand überragt stark den inneren und endet in einem scharfen Zahn, der ganz ähnlich geformt ist wie bei *calcarata;* Hinterschienen kräftig, fast gerade und auffallend kurz.

Selbstverständlich konnte ich leider den Penis nicht auspräparieren, da ohnedies der Käfer halb zerstört war.

Das Exemplar stammt von Sitkha in Alaska.

Wie man aus der Beschreibung sieht, kann man den Mangel der Humeralreihe nicht als Basis für eine natürliche Gruppe betrachten, da sonst die heterogensten Formen zusammenkommen. Immerhin ist es ein gutes Bestimmungsmerkmal.

Revision der Acrydier von Österreich-Ungarn.

Von H. Karny in Wien.

Bekanntlich treten unsere einheimischen Acrydier [= *Tettigini* auett.] in zahlreichen Varietäten auf, die aber gegenwärtig gar nicht beachtet werden. Zum letzten Male hat sie Fieber in seiner Synopse eingehender berücksichtigt, doch hat er meiner Ansicht nach zu viele Varietäten unterschieden, indem er schon auf ganz geringe Unterschiede solche begründete. Außerdem brachte er dadurch Konfusion in die Sache, daß er die Larve von *Acrydium bipunctatum* für eine eigene Art hielt und daher dieselben Varietäten unter verschiedenen Namen einmal bei seiner *Tettix Linnei* und einmal bei *Schrankii* beschrieb.

Außer den Farbenaberrationen treten aber auch Formvarietäten bei unsern Acrydiern auf, indem die Länge der Flügel [und meist auch des Pronotums] variiert. Auch auf diese Unterschiede hat man früher eigene Arten begründen wollen, ebenso wie die ältesten Autoren [bis Zetterstedt] die Farbenaberrationen noch spezifisch von einander trennten. Gegenwärtig wird allerdings nur noch *Acrydium nigricans* Sowerby 1806 [= *Tettix Kraussi* Saulcy 1888] als Art betrachtet, während die Formvarietäten der übrigen Arten nicht mehr für selbständige Spezies gehalten werden.

Bolivar hat demgemäß in seiner Monographie [1887] die Fieberschen Arten auf die Hälfte reduziert, hat aber dennoch die Länge des Prozessus als Merkmal in seine Dispositio specierum aufgenommen und ganz willkürlich *Türki* zu den Formen mit kurzem Pronotum, *subulatus* zu denen mit langem gestellt, während doch beide Arten in beiden Formen vorkommen.

Redtenbacher hat in seinen »Dermatopteren und Orthopteren von Österreich-Ungarn und Deutschland« 1900 eine vollständig richtige Tabelle gegeben, doch trennt er *bipunctatus* nach der Ausbildung der Flugorgane in zwei Arten [*bip.* und *Kraussi*].

Nach dem bisher Gesagten dürfen wir uns nicht wundern, wenn für jede der einheimischen Arten eine große Zahl von Synonymen existiert. Hiezu kommen aber noch die Namen, welche für die Larven aufgestellt wurden. Fieber hielt nämlich nach der

Form des Prozessus die Larven für eigene Arten und trennt sie von den Imagines. Nach ihm sind bei ersteren die »Pronotum-Seiten mit einem zungenförmigen Hintereck, aus dem Winkel mit breiter Lamelle an dem kurzen Prozessus verlaufend, Flugorgane verborgen«, bei den Imagines dagegen: »Pronotum-Seiten hinten zweilappig, der Ecklappen zungenförmig, der obere zugerundet oder fast dreieckig, von da unmittelbar am Prozessus verlaufend«.

Ich will nun in einer kleinen Tabelle die wichtigsten Synonyma unserer Acrydier anführen, wobei ich jedoch jene Namen, die sich bloß auf Färbungsunterschiede gründen, gänzlich außer Acht lasse.

Forma alis (et plerumque processu) longioribus:	Forma alis (et plerumque processu) brevioribus:	Larva.
acuminatum Bris. = *elevatum* Fieb.	**depressum** Bris. = *Charpentieri* Fieb.	*nodulosum* Fieb.
bipunctatum L. = *Linnei* Fieb.	*nigricans* Sow. = *obscurum* Hagb. = *Kraussi* Saulcy	*Schrankii* Fieb.
subulatum L.	*attenuatum* Sel.-L.	
Türki Kr.	*Türki* Kr.	
P. **meridionalis** Ramb. = *ophthalmica* Fieb.	*Dohrnii* Fieb.	

Es besteht für mich kein Zweifel, daß die kurzflügeligen und langflügeligen Formen nur Varietäten einer und derselben Art sind, umso mehr als wir bei denselben stets die gleichen Farbenaberrationen vorfinden. In Bezug auf die Arten *depressum, subulatum, Türki* und *meridionalis* wird diese Ansicht auch ganz allgemein anerkannt. Ich brauche daher hier nur auf *bipunctatum* einzugehen.

Während bei den übrigen Arten zugleich mit der Ausbildung der Flugorgane auch die Länge des Prozessus variiert, bleibt hier derselbe auch bei der kurzflügeligen Form so lang wie bei der normalen. Hierin zeigt sich die Abweichung des *bipunctatum* von den übrigen Arten; doch darf uns diese, meine ich, nicht wundernehmen.

Das Pronotum hat ja bekanntlich bei den Acrydiern vollständig die Funktion der Elytra übernommen: diese sind daher rückgebildet. Seine Aufgabe ist mithin, die Hinterflügel und das Abdomen schützend zu bedecken. Wenn also die Flügel länger sind

als der Hinterleib, so muß natürlich auch der Prozessus diesen überragen. Sind die Flügel aber nur so lang wie das Abdomen, so
wird auch der Prozessus dieses nicht überragen. Dies ist das Verhältnis zwischen der lang- und kurzflügeligen Form bei allen unseren
Acrydiern[1]) mit Ausnahme des *bipunctatum*. Bei dieser Art sind
schon bei der langflügeligen Form Flügel und Prozessus nicht oder
nur kaum länger als das Abdomen. Wenn die Flügel nun noch
kürzer werden, so ist es eigentlich selbstverständlich, daß der Prozessus seine Länge beibehält: er hat nicht nur die Flügel, sondern
auch den Hinterleib zu schützen und kann somit nicht kürzer
werden als letzterer.

Es kann den Orthopterologen überhaupt gar nicht wunder
nehmen, hier zwei Formen zu finden. die durch die Ausbildung der
Flugorgane von einander abweichen. Wir finden diese Erscheinung
in den verschiedensten Gruppen wieder; ich erinnere an *Acheta
deserta, Gryllotalpa gryllotalpa, Chorthippus parallelus, Ch. pul-
vinatus* etc. etc. Es ist absolut kein Grund vorhanden, solche
Formen spezifisch zu trennen; wollte man es bei *bipunctatum* tun,
so müßte man dieselbe Trennung nicht nur bei allen anderen von
unseren Acrydiern durchführen, sondern auch in den übrigen ana-
logen Fällen, wie bei den oben angeführten Arten.

Es ist oft wahrgenommen worden, daß bei Orthopteren, welche
in kurz- und langflügeligen Formen vorkommen, die eine derselben
die Ebene, die andere das Gebirge vorzieht. Dieselbe Erscheinung
beobachten wir auch bei *bipunctatum:* hier ist die langflügelige
Form in der Ebene, die andere im Gebirge häufiger. Doch läßt
sich nirgends eine scharfe Grenze zwischen den beiden angeben und
oft finden sich beide an derselben Localität vor, wie ich aus eigener
Erfahrung weiß und wie mir auch Dr. Werner bestätigt.

Ich will nun nur noch über die Nomenclatur der kurzflügeligen
Varietät von *bipunctatum* einige Andeutungen geben. Der jüngste
Name derselben ist *Tettix Kraussi* Saulcy 1888. Dieser ist selbstverständlich auf jeden Fall außer Gebrauch zu setzen, da mehrere
ältere existieren. Es ist wahrscheinlich, daß sich schon *Gryllus
(Bulla) xyphothyreus* Schrank 1781 auf diese Form bezieht; ebenso
vielleicht *Tetrix nutans* Hagenb. 1822. Von *Tetrix obscura* Hagenb.
1822 gibt Sélys-Longchamps [An. Soc. Ent. Belge. 1862] aus-
drücklich an, sie sei die kurzflügelige Form von *bipunctatum* [pg. 34].

---

[1]) Mitunter bleiben sogar bei der kurzflügeligen Form Flügel und Prozessus
länger als das Abdomen [*attenuatum*].

Eine genaue Beschreibung dieser Form liegt uns ferner auch bei
Stephens [Ill. Brit. Ent. VI. pg. 36] vor. Er nennt sie hier
Acrydium nigricans Sowerby 1806, welcher Name somit als der
giltige anzusehen ist, und führt *Acrydium brevipenne* Steph. 1829
als Synonym an. Daß wir es trotz des Namens *nigricans* nicht
mit einer Farbenvarietät zu tun haben, ist bei Stephens deutlich
ersichtlich: »Almost all the varieties described under *Ac. bipunctatum*
occur in this species«.

Über die Formvarietäten der übrigen Arten will ich hier nichts
mehr anführen, indem ich auf obige Tabelle verweise. Die von den
älteren Autoren, namentlich von Fieber, stammenden Namen wurden
zwar schon wiederholt anders gedeutet, als es oben geschehen,
doch läßt die Untersuchung der Fieberschen Typen und Handzeichnungen keinen Zweifel darüber bestehen, daß meine Deutung
die richtige ist. Ich will daher jetzt sofort zur Besprechung der
Farbenaberrationen übergehen.

1. Acrydium depressum (et *acuminatum*).

Von dieser Art kenne ich folgende Varietäten:

α) *concolor* m. Vollständig einfärbig, ohne Schulterflecke. Die
Brunner'sche Sammlung besitzt sie aus Mazedonien und Madagaskar; aus Österreich-Ungarn ist sie mir nicht bekannt.

Die übrigen Varietäten besitzen die Schulterflecke. Ich habe
sie schon in meinen Orthoptera et Blattaeformia. Dalm.-Exk. Naturw.
Ver. Wien 1907, angeführt und will sie daher hier nur noch ganz
kurz charakterisieren:

β) *contigua* Karny l. c. Pronotum vor den Schulterflecken hell,
hinter denselben dunkel.

γ) *dimidiata* Karny l. c. Pronotum vor den Schulterflecken dunkel,
hinter denselben hell.

δ) *conspersa* Karny l. c. Pronotum, abgesehen von den Schulterflecken, einfärbig.

ε) *circumscripta* Karny l. c. Pronotum mit hell geränderten
Schulterflecken.

Alle vier Varietäten habe ich selbst in Dalmatien gesammelt (cf. l. c.).

2. Acrydium bipunctatum (et *nigricans*).

Von dieser Art hat Fieber zahlreiche Varietäten vorgeführt.
Doch sind seine Beschreibungen zum Teile ganz unzulänglich, zum
Teile führen sie Einzelheiten an, die gar nicht wesentlich sind.
Ich habe mich daher in folgender Tabelle hauptsächlich an die

Fieber'schen Typen und Handzeichnungen gehalten. Alle angeführten Varietäten kommen auch bei uns vor.

1′ Pronotum ohne deutliche Schulterflecke.
2′ Ganz einfärbig, ohne helle Querbinde.
3′ Gelbgrau: . . . . α) *xyphothyrea* Schr.
3″ Schwarz: . . . . β) *nutans* Hagh.
2″ Pronotum mit heller Querbinde: . γ) *zonata* Zett.
1″ Schwarze Schulterflecke vorhanden.
2′ Rücken des Pronotums, die schwarzen Schulterflecke ausgenommen, einfärbig.
3′ Seiten des Pronotums ebenso gefärbt wie der Rücken.
4′ Gelbbraun: [*dorsalis* Fieb. =] . δ) *ochracea* Zett.
4″ Graubraun: [*bipunctata* L. =] . ε) *scutellata* Geer.
3″ Seiten des Pronotums heller oder dunkler als der Rücken.
4′ Seiten des Pronotums hell, gelblich, Rücken dunkel:
ζ) *lateralis* Zett.
4″ Seiten des Pronotums dunkel, Rücken hell:
η) *deltigera* Fieb.
2″ Außer den Schulterflecken auch noch andere Flecken oder Streifen.
3′ Seitenlappen des Pronotums vorne dunkel, hinten gelblich.
[Rücken marmoriert]: . . . . ϑ) *discolor* Fieb.
3″ Seitenlappen des Pronotums einfärbig.
4′ Seiten- und Rückenkiel einfärbig dunkel oder letzterer hell und dunkel gewechselt.
5′ Rückenkiel hell und dunkel gewechselt:
ι) *carinalis* Ficb.
5″ Rückenkiel einfärbig dunkel.
6′ Pronotum ohne Querbinde.
7′ Vor dem Schulterfleck kein heller.
8′ Rücken ganz oder zum größten Teil dunkel gefleckt: [*brunnea* Pont. = *conspersa* Fieb. = *punctulata* Fieb. =]
κ) *variegata* Zett.
8″ Vor dem Schulterfleck jederseits noch eine dunkle Makel.
9′ Diese mit dem Schulterfleck verbunden, letzterer nach hinten strichförmig verlängert, so daß eine Zickzacklinie entsteht: [*ziczac* Fieb. =] . . . . . . λ) *scripta* Zett.
9″ Keine Zickzacklinie.
10′ Prozessus einfärbig: . . . . . μ) *hilaris* Zett.
10″ Prozessus punktiert: [*hieroglyphica* Zett. =]
ν) *lunulata* Thbg.

7″ Vor dem Schulterfleck ein heller.

8′ Heller Fleck orangegelb: . . . ξ) *punctatosignata* Fieb.

8″ Heller Fleck weiß: [*marmorata* Fieb. =]

ο) *obscura* Zett.

6″ Pronotum in der Vorderhälfte ganz hell oder mit breiter heller Querbinde.

7′ Die Querbinde reicht über die Schulterflecke nach rückwärts [nach vorne jedoch nicht bis zum Vorderrand des Pronotums]:

π) *pulchra* m.

7″ Die Querbinde reicht nur bis an die Schulterflecke.

8′ Die Querbinde umfaßt die ganze vordere Körperhälfte [auch den Kopf]. [Beine meist rotbraun]: σ) *contigua* Fieb.

8″ Die Querbinde umfaßt nur den vorderen Teil des Pronotums:

ς) *ephippium* Thbg.

4″ Seiten- oder Rückenkiel des Pronotums einfärbig hell.

5′ Nur der Rückenkiel oder die Seitenkiele hell.

6′ Nur der Rückenkiel hell.

7′ Vor dem Schulterfleck ein heller: τ) *binotata* L.

7″ Vor dem Schulterfleck kein heller.

8′ Nur die Schulterflecke: . . . . υ) *cristata* Thbg.

8″ Außer dem Schulterfleck in der Hinterhälfte des Pronotums noch ein schwarzer: . . . . . φ) *vittata* Zett.

6″ Nur die Seitenkiele hell. [Außer den Schulterflecken in der Vorderhälfte des Pronotums noch jederseits ein dunkler Fleck]:

χ) *equestris* Fieb.

5″ Seiten- und Rückenkiel hell.

6′ Schulterfleck nicht hell gerandet: ψ) *limbata* Fieb.

6″ Schulterfleck hell gerandet: . . ω) *circumscripta* Fieb.

Ich habe in dieser Tabelle die Varietäten der *Tettix Schrankii* Fiebers unberücksichtigt gelassen; jedenfalls sind sie unter den hier angeführten Varietäten unterzubringen, doch ist ihre Identifizierung sehr schwierig, weil die Fieberschen Typen — wie bei Larven ganz begreiflich — eingetrocknet sind und die Farbe größtenteils verloren haben. Außerdem habe ich mich genötigt gesehen, einige Varietäten der *Tettix Linnei* Fiebers zusammenzuziehen.

3. Acrydium subulatum (et *attenuatum*).

Die Varietäten dieser Art habe ich schon [l. c.] angeführt und habe dort auch betont, daß Kombinationen einzelner Varietäten vorkommen können. Ob dies auf Kreuzung zurückzuführen ist, ist un-

bekannt, da man nicht einmal weiß, ob die Färbung erblich fest-
gehalten wird oder nicht. Jedenfalls kommen — und dies gilt auch
für die übrigen Arten — alle Varietäten zusammen vor; doch ist
immerhin bemerkenswert und auffallend, daß wir dennoch immer
nur dieselben Aberrationen beobachten, die auch schon vor 100
Jahren beschrieben wurden.

Ich will hier meine Tabelle [l. c.] nicht wiederholen, sondern
bloß eine kurze Übersicht der Varietäten geben.

1′ Rücken des Pronotums einfärbig: α) *fusca*, β) *nigra*, γ) *livida*,
δ) *notata*.

2′ Pronotum dunkel, mit hellen Längslinien, oder umgekehrt;
ε) *lineata*, ζ) *vittata*, η) *marginata*, ζ + η) *dorsalis*.

3′ Pronotum mit weißer Querbinde: ϑ) *humeralis*, ε + ϑ) *stragulum*.

4′ Pronotum mit hellem Schulterfleck: ι) *oculata*, κ) *bimaculata*.

5′ Pronotum mit dunklem Schulterfleck: λ) *pallescens*, μ) *quadri-
maculata*, ν) *nebulosa*.

4. Acrydium Türki.

Von dieser Art sind bisher keine Varietäten beschrieben worden.
Gewöhnlich ist sie einfärbig graubraun, allenfalls undeutlich mar-
moriert [var. **concolor** m.]. Die Coll. Br. v. W. besitzt von der
Moravitza ein Exemplar mit schwarzen Schulterflecken [var. **signata** m.]
Andere Farbenaberrationen sind mir nicht bekannt.

5. Paratettix meridionalis (et *Dohrnii*).

Von dieser Art hat Fieber [Syn. 1853] zwei Varietäten beschrieben; ich füge noch sieben hinzu und gebe folgende Übersicht:

1′ Rücken des Pronotums einfärbig.

2′ Seitenlappen des Pronotums ebenso gefärbt wie der Rücken:

α) **concolor** m.

2″ Seitenlappen anders gefärbt.

3′ Seitenlappen ganz dunkel, Rücken hell: β) **livida** m.

3″ Seitenlappen im vorderen Teil dunkel, im hinteren hell, gelblich;
ebenso auch die Basis der Hinterschenkel. Rücken des Pronotums dunkel: . . . . γ) **notata** m.

1″ Rücken des Pronotums nicht einfärbig.

2′ Rücken des Pronotums mit dunklen Längslinien:

δ) **lineata** m.

2″ Rücken des Pronotums ohne dunkle Längslinien, mit hellem
oder dunklem Schulterfleck.

3′ Schulterfleck gelblich, verwischt: . ε) **bimaculata** m.

3″ Schulterfleck schwarz; vor ihm kann sich noch ein zweiter
heller befinden.

4′ Vor dem dunklen Schulterfleck ein zweiter weißer:

ζ) **oculata** m.

4″ Vor dem dunklen Schulterfleck kein heller.

5′ Seitenränder des Pronotums hell, gelblich:

η) **marginata** m.

5″ Seitenränder nicht heller als der Rücken.

6′ Vor den Schulterflecken keine helle Querbinde:

ϑ) *sordida* Fich.

6″ Vor den Schulterflecken eine breite weißliche Querbinde:

ι) *dorsalis* Fieb.

Die beiden Fieber schen Varietäten sind die häufigsten und
kommen überall vor, wo die Art heimisch ist. Auch *concolor* scheint
nicht selten zu sein, doch habe ich selbst diese Varietät nie gesammelt; die Coll. Br. v. W. besitzt sie aus Zara und von mehreren
ausländischen Fundorten. Die var. *marginata* habe ich in Cattaro
gesammelt; die Coll. Br. v. W. besitzt sie aus Macedonien. Die
übrigen Varietäten sind mir aus Österreich-Ungarn nicht bekannt;
doch bin ich überzeugt, daß sie noch gefunden werden. Der Voll-
ständigkeit wegen will ich ihre ausländischen Fundorte hier angeben: var. *livida:* Messina [Coll. Br. v. W.]; var. *notata:* Messina,
Attica [Coll. Br. v. W.]; var. *lineata:* Messina, Smyrna [Coll. Br.
v. W.]; var. *bimaculata:* Macedonien, Smyrna [Coll. Br. v. W.];
var. *oculata:* Messina, Cairo [Coll. Br. v. W].

Ich hoffe, durch diese Bemerkungen die Unterscheidung der
Form- und Farbenvarietäten der Acrydier Österreich-Ungarns erleichtert
und zu ihrer Berücksichtigung für die Zukunft Anregung gegeben
zu haben.

Dipterological Nomenclature.

By **G. H. Verrall**, Newmarket (England).

It is most unfortunate for Dipterology that a mania seems to have arisen for proposing new names for Genera upon the slightest suspicion of preoccupation. This has been especially noticeable with the genus *Psilopus*, in which author after author has taken it for granted that Meigen's generic name had been preoccupied. I have persistently retained the name for the Dolichopodidgenus, because I had no proof of any older use of the name. It is now stated that Poli's Molluscous name of 1795 was not used in a generic sense and that therefore after all Meigen's name can remain.

Latreille's genus *Ephippium* has been changed to *Ephippiomyia* upon the vague statement that the word *Ephippium* had been used in some previously unrecorded work, but not the slightest effort has been made to test the supposed older generic term. Again *Clitellaria* (1803) has been proved to be older than *Ephippium*, because Schiner gave 1809 as the date of Latreille's foundation of his genus, but a very slight examination would have shewn that Latreille's genus was founded in 1802.

This year Prof. M. Bezzi in Heft II, p. 51 of this Magazine has dealt with several generic names in a most unfortunate manner.

1. **Cerochetus** A. M. C. Duméril (1816) 1823. This genus was founded by Duméril in Zool. Anal. 282 (1806), and until proved to be valid does not require to be amended to *Ceratochaetus*, a name which has already been used and which is therefore inadmissible.

2. **Ceyx** A. M. C. Duméril (1801). This genus cannot supersede *Calobata* until its original description is collated and then it will probably be found to have no species connected with the genus. Somebody has identified it with *Hydrophorus* but the figure in 1823 is unmistakably a *Calobata*.

3. **Chrysopsis** A. M. C. Duméril 1823. This mis-spelling was also used by Duméril in 1806.

4. **Cosmius** A. M. C. Duméril 1816. This genus was also proposed in 1806. Of course Klein's name — I will not call it genus — had no nomenclatorial value. Why must *Megaglossa* be amended to *Megaloglossa?* There are numerous Greek compound words beginning with only *Mega,* and all zoologists have heard of the *Megatherium.*

6. **Hexatoma.** 7. **Hypoleon.** 8. **Limonia.** 9. **Orthoceratium.** For my part I positively refuse to revive unnecessary names.

11. **Sargus** J. C. Fabricius. The inclusion of a name in an Index or Nomenclator is no proof of the existence of such a genus. Absolute proof is necessary first that a genus was properly founded, and I would go further and require proof that it existed as a valid genus at the time when the name was again used. I positively refuse to accept the name **Geosargus** in substitution of Fabricius' 109 years old genus without distinct proof of the valid existence of *Sargus* Klein 1792.

Latreille's genera *Aphritis, Gonypes, Molobrus* and *Vappo* were not established until 1804.

I am also of opinion that all such proposed generic names as those given by Hendel on page 98 are merely »Catalogue Names«, because there is no evidence that Hendel knew anything about the validity of the genera for which he was proposing names, and surely a man cannot give a name to a genus he has never comprehended; he cannot know himself what he means by his own name and cannot describe it.

Meigen in 1803 gave no **types** for his genera; he only indicated previously described species which might possibly belong to his new genera. His names can only stand through his subsequent interpretation of them. No well known name should be altered until proved to be absolutely untenable.

Neue Staphyliniden aus Südamerika.

4. Stück.

Von **Dr. Max Bernhauer** in Grünburg (Oberösterreich).

Die im Folgenden beschriebenen neuen Arten, deren Typen sich durch die Güte der Einsender sämtlich in meiner Sammlung befinden, befanden sich in einer Anzahl von Determinandensendungen, die mir durch die Herren Pfarrer Klimsch in Ober-Reisach (Kärnten), A. Bang-Haas, Holtz, Dr. von Jhering, Professor Dr. Kraatz, (Coll. Dr. Drake aus Paraguay) und Director R. Gestro (Coll. Mus· Genua) eingesendet wurden, aber infolge Zeitmangels noch nicht vollständig bearbeitet werden konnten. Allen vorgenannten Herren sei mein herzlichster Dank ausgesprochen.

Leptochirus Klimschi n. sp.

Nigerrimus, nitidissimus, valde depressus, elytris rufis; mandibula sinistra tridenata, dente superiore simplice subtus sine denticulo. Long· 9·5 mm.

Brasilia, St. Catharina.

Mit *L. tenuis* m. sehr nahe verwandt, von demselben in nachfolgenden Punkten abweichend:

Der Körper ist ebenso tiefschwarz spiegelglänzend, die Flügeldecken sind jedoch hellrotbraun, ähnlich wie bei *gracilis* Sharp. Der in gleicher Flucht mit dem Kopfe vorgezogene Teil des Clypeus ist viel flacher und weniger winkelig ausgeschnitten; das letzte Fühlerglied deutlich länger, gut um die Hälfte länger als das vorletzte Glied. An der rechten Mandibel befinden sich nur drei breite dreieckige Zähne, indem statt der bei *tenuis* vorhandenen zwei kleineren Zähnchen in der Basalhälfte, bei der neuen Art nur ein dem Mittelzahn ähnlicher dreieckiger Zahn vorhanden ist; der obere Zahn besitzt auf der Unterseite kein Zähnchen. Auf der linken Mandibel ist der Molarzahn noch schlanker, die zwei Spitzen viel kürzer und einander ganz gleich, während bei *tenuis* der obere Zahn viel stärker vorspringt. Endlich sind die herabgebogenen Halsschildseiten viel stärker punktiert.

Der Käfer befand sich in einer mir von Herrn Pfarrer Klimsch zur Bearbeitung übergebenen Sendung und sei demselben freundlichst gewidmet.

Cephaloxynum nov. gen.

Corpus lineare, minutum, alatum, depressum. Caput basi constrictum, maximum, quadratum, parallelum, angulis posticis rectis acutis, oculis minutis, temporibus maximis. Labrum valde transversum, apice truncatum. Mandibulae modice prominentes. Palpi maxillares articulo tertio elongato, tenuissimo. Antennae parum incrassatae. Thorax angulis anticis prominulis. Abdomen sat late marginatum. Tibiae anticae haud spinosae, tarsi postici 5-articulati.

Die neue Gattung gehört in die nächste Nähe von *Siagonium* Kirby, ist jedoch durch die scharfen Kopfhinterecken und die spitzwinklig nach vorn gezogenen Vorderecken des Halsschildes und das äußerst dünne pfriemenförmige Endglied der Kiefertaster leicht zu unterscheiden. Durch eben diese Merkmale unterscheidet sich die Gattung von den übrigen verwandten Gattungen.

Cephaloxynum Gestroi n. sp.

Piceo-nigrum, dense punctatum, parum nitidum, elytris praeter basin et latera testaceis, antennis palpis pedibusque piceo-testaceis; capite haud transverso, thorace parum transverso, posterius angustato, elytris quadratis. Long. 3 mm.

Bolivia: Rio Beni (La Paz-Reyes, lg. Balzan 1891).

Pechfarben, die Flügeldecken hellgelb, die Basis und Seiten schwärzlich, Fühler, Taster und Beine schmutziggelb; wenig glänzend, stark niedergedrückt, grau behaart. Kopf breiter als der Halsschild, so breit als lang, mit geraden Seiten, die Hinterecken zuerst etwas gerundet, dann plötzlich scharf rechtwinklig vortretend, am Scheitel mehr oder minder deutlich eingedrückt, matt; die Schläfen ungefähr dreimal so lang als die Augen, diese etwas vorspringend; Fühler kürzer als Kopf und Halsschild zusammen, das dritte Glied etwas kürzer als das zweite, das vierte quer kugelig, die folgenden ziemlich gleichgebildet, stark quer, das Endglied kurz zugespitzt. Halsschild fast so breit als die Flügeldecken, an den Seiten sehr schwach gerundet, nach rückwärts verengt, die Hinterwinkel fast rechtwinklig, die Vorderecken sehr scharf und spitz nach vorn gerichtet, in der Mittellinie sanft gefurcht, sehr fein und dicht punktiert, im Grunde nicht chagriniert, glänzender als der Kopf. Flügeldecken kaum länger als der Halsschild, quadratisch, ebenso fein, aber dichter punktiert als der letztere. Hinterleib gleichbreit, an der Basis der vier ersten freiliegenden Dorsalsegmente quer eingedrückt, sehr fein und ziemlich dicht, hinten weitläufiger punktiert.

Zwei Exemplare.

Paederus globulicollis n. sp.

Apterus, nigerrimus, nitidus, convexus, elytris cyaneis, tarsis piceo-rufulis, antennis rufotestaceis, articulis 4—6 nigris, thorace globuliformi, elytris tuberculatis, vix punctatis. Long. 10 mm.

Brasilien: Campos do Jordao (Dr. Ihering, Jänner 1906). Dem *P. coarctatus* Er. sehr nahestehend, aber schon durch die tiefschwarze Färbung der ganzen Schenkel allein leicht zu trennen.

Der Körper ist tiefschwarz, die Flügeldecken schön cyanblau, die Tarsen gelbrötlich, die einzelnen Glieder oben schwärzlich, die Fühler hell rötlichgelb, das vierte bis sechste Glied schwarz, die Taster rötlichgelb, die Mandibeln gegen die Spitze rötlich durchscheinend. Kopf etwas schmäler als der Halsschild, fast kreisrund, in der Mitte unpunktiert, glänzend glatt, gegen die Seiten zu mit einer größeren Zahl kräftiger Punkte, die Schläfen mehr als doppelt so lang als der Längsdurchmesser der Augen. Fühler ziemlich lang und schlank, das dritte Glied mehr als doppelt so lang als das zweite, die folgenden sehr gestreckt, allmählich an Länge abnehmend. Halsschild fast breiter als die Flügeldecken am Hinterrande, so lang als breit, hochgewölbt, fast kugelig, glänzend, mit einer breiten unpunktierten Mittelpartie, zu beiden Seiten spärlich und grob, aber sehr flach punktiert. Flügeldecken kürzer als der Halsschild, nach hinten erweitert, aber kaum breiter als lang, kaum punktiert, aber mit tuberkelartigen Erhabenheiten, welche teilweise ineinanderfließen, mäßig dicht besetzt, glänzend. Hinterleib matt chagriniert, am dritten bis sechsten Dorsalsegmente mit je zwei Querreihen borstentragender Punkte, am siebenten mit ebensolchen, spärlich und nicht in Reihen gestellter Punkte besetzt, am Hinterrande ohne weißen Hautsaum.

Ababactus Iheringi n. sp.

Rufotestaceus, antennarum articulis mediis infuscatis, pedibus albidis; thorace sat fortiter punctato; elytris hoc multo longioribus, sat fortiter, dense, aequaliter punctatis. Long. 5·2 mm.

Brasilien: Raiz da Serra (Dr. v. Ihering).

Jedenfalls mit dem mir unbekannten *Ababactus politus* Shp. sehr nahe verwandt, aber durch ganz andere Punktierung des Halsschildes und der Flügeldecken gewiß von ihm verschieden. Glänzend rötlichgelb mit schwarzen Augen und geschwärzten mittleren Fühlergliedern, die Beine weißlichgelb. Kopf viel breiter als der Halsschild, länger als breit, mit schmalem Halse, ziemlich kräftig und besonders hinten und gegen die Seiten zu ziemlich dicht punktiert. Halsschild sehr schmal, kaum mehr als ein Drittel so breit als die Flügeldecken, fast doppelt so lang als breit, hinten fast parallel, im ersten Drittel stark verengt, mit glatter Mittellinie, zu beiden Seiten derselben ziemlich kräftig und ziemlich dicht punktiert. Flügeldecken · viel länger als der Halsschild, parallel, kräftig und dicht, überall gleichmäßig punktiert. Hinterleib sehr fein und weitläufig punktiert.

Sterculia peruviana n. sp.

Violaceo-coerulea, nitidissima, capite opaco, antennarum articulis 4—11 nigris; capite thoraceque valde elongatis, elytris sparse punctatis. Long. 19 mm.

Peru: Callanga (von Bang-Haas).

Mit *Sterculia fulgens* F. nahe verwandt, in folgenden Punkten verschieden:

Der Kopf ist viel länger und schmäler, hinten in flacherem Bogen verengt, dichter punktiert, die Zwischenräume zwischen den Punkten schmäler, auf der Unterseite ist die Anzahl der grübchenartigen Punkte fast doppelt größer. Der Halsschild ist viel länger, doppelt so lang als breit und viel schmäler, nach vorn stärker verengt, die Punktierung ist etwas kräftiger und besonders hinten deutlich dichter. Die Punktierung der Flügeldecken und des Hinterleibes scheint mir kaum verschieden zu sein. Die neue Art ist ungefähr um ein Drittel kleiner als *fulgens* F.

Beim ♂ ist das sechste Bauchsegment am Hinterrande in der Mitte tief dreieckig eingedrückt.

Sterculia Holtzi nov. spec.

Cyanea, nitida, antennarum articulis 4—11, mandibulis palpisque piceis; capite elongato, opaco, minus fortiter densissime, subtus fortiter dense punctato; thorace angusto, duplo fere longiore quam latiore, subtiliter densius, aequaliter punctato; elytris thoracis longitudine, subtiliter densius punctatis. Long. 12·5 mm.

Britisch-Guayana.

Die kleinste Art des Genus, durch die feine, ziemlich dichte und gleichmäßige Punktierung des Halsschildes und der Flügeldecken und die sehr kleinen Fühler von allen anderen Arten leicht zu unterscheiden. Schmal, glänzend metallischblau, die Flügeldecken etwas dunkler; das vierte bis elfte Fühlerglied, die Mandibeln und Taster pechschwarz. Kopf etwas schmäler als der Halsschild, um die Hälfte länger als breit, nach rückwärts in sanftem Bogen verengt, oben außer dem glänzend glatten Clypeus äußerst dicht mit verhältnismäßig feinen Augenpunkten besetzt, glanzlos, unten glänzend, dicht und kräftig, fast gleichmäßig punktiert. Fühler sehr kurz, gegen die Spitze sehr stark keulig verdickt, die vorletzten Fühlerglieder dreimal so breit als lang. Halsschild schmal, halb so breit als die Flügeldecken, fast doppelt so lang als breit, im Basaldrittel breit und tief quer eingedrückt, in der Mitte erhoben, mit glatter Mittellinie, sonst sehr fein und ziemlich dicht, gleichmäßig punktiert. Flügeldecken so lang als der Halsschild, ebenso fein, aber noch dichter als dieser punktiert. Hinterleib fein und ziemlich dicht punktiert, so wie der übrige Körper lang und dicht schwarz behaart.

Von dieser reizend schönen Art liegt bisher nur ein einziges Stück vor, welches ich der Güte des Herrn Martin Holtz in Wien verdanke.

Die Art muß der *St. Leprieuri* Lap. habituell und in der Punktierung sehr nahe stehen, muß sich jedoch nebst anderem besonders durch die abnormale Fühlerbildung leicht unterscheiden lassen.

Belonuchus grandiceps Shp.,

von welchem mir ein Stück aus Peru (Pachitea) vorliegt, ändere ich, da der Namen bereits von Kraatz in Wiegm. Arch. 1859, I, 59 für eine Art aus Ceylon vergeben erscheint, in **B. Sharpi** ab.

Staphylinus acupunctipennis n. sp.

Niger, nitidus, capite thorace elytrisque laete aeneis, ano testaceo, tibiis tarsisque piceis; capite transverso, haud triangulari thoraceque nitidissimis, fortiter minus dense punctatis, elytris aciculato-rugosis, subnitidis. Long. 14 mm.

Brasilien: Ypiranga (leg. Dr. v. Ihering, 18. Novemb. 1906).

In die *Abemus*-Gruppe gehörig und durch die Farbe und Sculptur der Flügeldecken leicht kenntlich. Schwarz, glänzend, Kopf und Halsschild grünlich erzfarbig, die Flügeldecken grün-goldig, mit mehr rötlicher Nahtpartie, die Hinterleibsspitze gelb, Fühler, Beine und Taster pechschwarz bis pechrot. Kopf viel schmäler als der Halsschild, stark quer, nach hinten etwas verengt, mit großen vorgequollenen Augen und kurzen, aber deutlich abgesetzten Schläfen,

oben mit ziemlich großen Nabelpunkten weitläufig besetzt, im Grunde
spiegelblank, mit eingestreuten, äußerst feinen Pünktchen. Fühler
ziemlich kurz, die vorletzten Glieder stark quer. Halsschild deutlich
schmäler als die Flügeldecken, etwas breiter als lang, an den Seiten
ziemlich gleichmäßig gerundet, ebenso wie der Kopf punktiert, mit
ziemlich breiter, spiegelblanker, in der Mitte durch die Nabelpunkte
etwas unterbrochener Mittellinie. Flügeldecken so lang als der Halsschild, weniger glänzend als der Halsschild, sehr dicht und stark,
ineinanderfließend nadelrissig; stellenweise läßt sich die Skulptur
wohl zutreffend mit der Gestalt von Darmverschlingungen vergleichen.
Der Hinterleib ist dicht mit kräftigen, in die Länge gezogenen Punkten
besetzt. An den Vordertarsen sind die vier ersten Glieder sehr kurz
und stark erweitert, an den Hintertarsen ist das erste Glied länger
als die drei folgenden zusammen. Mittelbrust nach hinten dreieckig
verjüngt, die Mittelhüften etwas voneinander abgerückt; die Hinterbrust ist in der Mitte gefurcht.

Stenopsis nov. gen.

*Caput magnum, oculis maximis; palpis filiformibus, apice
acuminatis; mandibulis muticis, externe valde sulcatis. Thorax
lineis lateralibus non conjunctis, superiore cum margine anteriore
conjuncta, interiore abbreviata; lateribus membrana stigmatica
instructis. Abdomen sine lineis transversis incurvatis. Tarsi antici
sat incrassati, posteriores graciles, articulo primo elongato.*

Eine in die nächste Nähe von *Philothalpus* Kr. zu stellende
neue Gattung, welche jedoch durch die großen *Stenus*-ähnlichen
Augen und den Verlauf der unteren Seitenrandlinie des Halsschildes,
sowie durch den Mangel der zurückgekrümmten Linien auf den
vorderen Dorsalsegmenten leicht zu unterscheiden ist.

Die obere Seitenrandlinie geht wie bei *Philothalpus* ununter-
brochen in die Vorderrandlinie über, während die untere an oder
hinter den Vorderecken aufhört, bei *Philothalpus* und *Planolinus*
dagegen geht die untere Linie auf den Vorderrand des Halsschildes
ganz über und vereinigt sich mit der oberen Linie in einem spitzen
Winkel fast in der Mitte des Vorderrandes.

Stenopsis antennuaria n. sp

*Nigra, capite thoraceque opacis leviter aenescentibus, elytris
subopacis obscure cyaneo-virescentibus, medio purpureis, abdominis
segmenti septimi margine apicali late rufotestaceo, antennarum
articulis tribus ultimis laete testaceis.* Long. 11 mm.

Brasilia: St. Catharina.

Schwarz, der Kopf und Halsschild mit schwachem Erzglanze, die Flügeldecken dunkel grünblau, die Scheibe purpurfarbig, der Hinterrand des siebenten (fünften vollkommen freiliegenden) Dorsalsegmentes breit rötlichgelb, die drei letzten Fühlerglieder hellgelb, die Tarsen etwas heller als der übrige Teil der Beine. Kopf etwas schmäler als der Halsschild, fast kreisrund, wenig breiter als lang, mit sehr kurzen Schläfen und mächtigen vorgequollenen Augen, oben ganz matt chagriniert, mäßig fein und weitläufig punktiert. Fühler ziemlich lang, ihr drittes Glied um die Hälfte länger als das zweite, das vierte länger, das fünfte so lang als breit, die folgenden allmählich kürzer werdend, die vorletzten um die Hälfte breiter als lang, das Endglied länger als das vorletzte, einseitig konisch zugespitzt. Halsschild viel schmäler als die Flügeldecken, viel länger als breit, nach hinten ausgeschweift verengt, matt chagriniert, ebenso fein wie der Kopf, aber deutlich dichter punktiert, in der Mittellinie unpunktiert. Flügeldecken kürzer als der Halsschild, ziemlich quadratisch, deutlich etwas quer gewölbt, kräftig und dicht punktiert. Hinterleib am dritten und an den Seiten des vierten Dorsalsegmentes gelb, sonst schwarz behaart, fein und ziemlich dicht punktiert.

♂: Das sechste Ventralsegment schwach ausgerandet, vor der Ausrandung niedergedrückt und geglättet.

Ein einziges Stück.

Stenopsis Kraatzi n. sp.

Colore praecedentis, sed antennis totis nigris, multo brevioribus; capite thoraceque brevioribus, subnitidis. Long. 11—12 mm. Paraguay (leg. Dr. Drake).

In der Färbung und Gestalt der vorigen sehr ähnlich, an den Fühlern jedoch die drei letzten Fühlerglieder schwarz wie die übrigen. Der Kopf und Halsschild sind ziemlich glänzend, wenn auch chagriniert, der Kopf etwas breiter, die Fühler viel kürzer; der Halsschild kürzer, nur wenig länger als breit, die Punktierung des ganzen Körpers verhältnismäßig stärker und viel weitläufiger; die gelbe Behaarung an der Basis des Hinterleibes ist deutlich dichter und auch auf das vierte (zweite vollkommen freiliegende) Segment ausgedehnt.

Quedius (nov. subg. Prionidus) Iheringi n. sp.

Latus, brevis, nitidus, abdomine opaco; niger, elytris, ano antennisque rufotestaceis, his basi infuscatis, palpis pedibusque testaceis; thorace seriebus dorsalibus 6-punctatis, abdomine den sissime punctato. Long. 9 mm.

Brasilien: Jundiahy (Est. San Paolo, leg. Dr. v. Ihering).

Den Arten der *crassus*-Gruppe habituell sehr ähnlich, durch die großen Augen, die Punctierung des Halsschildes und des Abdomens und die sägeförmigen Fühler starc abweichend und wahrscheinlich einem neuen Genus angehörig; ich stelle vorderhand auf die Art die Untergattung **Prionidus** auf.

Von curzer, breiter Gestalt, schwarz, die Flügeldecken, die Hinterleibsspitze vom Hinterrande des sechsten Dorsalsegmentes angefangen und die Fühler rötlichgelb, die drei ersten Glieder teilweise geschwärzt, die Taster und Beine hellgelb. Kopf wenig schmäler als der Halsschild am Vorderrande, starc quer, glänzend glatt, neben und hinter den Augen mit einigen vereinzelten Puncten. Augen sehr groß, flach, die Schläfen hinter denselben ungefähr ein Viertel so lang als dieselben, unten nicht gerandet. Fühler ziemlich curz, ihr drittes Glied länger als das zweite, die folgenden einseitig erweitert, sägeförmig, die mittleren am breitesten. Halsschild hinten so breit als die Basis der Flügeldecken, um die Hälfte breiter als lang, nach vorn starc, ziemlich geradlinig verengt, die Epipleuren bei seitlicher Ansicht nicht sichtbar, auf der Scheibe mit zwei Dorsalreihen von sechs bis sieben feinen Puncten, neben denselben mit je zwei weiteren in einer parallelen Linie zur Dorsalreihe stehenden Puncten, außerdem mit einigen wenigen Puncten gegen die Seiten zu, glänzend glatt. Flügeldecken so lang als der Halsschild, nach rücwärts schwach erweitert, fein und dicht punctiert und behaart, wenig glänzend. Hinterleib nach rücwärts etwas verengt, überall fein und dicht punctiert und dicht matt seidenschimmernd gelblich pubescent. An den Hintertarsen das erste Glied so lang als die drei folgenden zusammen.

Apheloglossa brasiliana n. sp.

Nigra, subnitida, antennarum basi, palpis pedibusque piceis, thorace longitudine duplo breviore, elytris hoc parum longioribus. Long. 2 mm.

Brasilien: Ypiranga (Dr. v. Ihering, 25. März 1906).

In der allgemeinen Körpergestalt der *Apheloglossa rufipennis* Cas. recht ähnlich, aber mit deutlich glänzendem Halsschilde, nur halb so clein, mit cürzeren Flügeldecken u. s. w.

Schwarz, mäßig glänzend, die Fühlerwurzel, Taster und Beine etwas heller. Kopf etwas schmäler als der Halsschild, stark quer, etwas glänzend, sehr fein und dicht punktiert; die Augen groß, die Schläfen kurz, unten vollständig und scharf gerandet. Fühler kurz, das zweite Glied gestreckt, das dritte fast nur halb so lang als das zweite, das vierte außerordentlich klein, stark quer, die folgenden viel breiter und robuster, alle stark quer, die vorletzten fast doppelt so breit als lang, das Endglied groß, länger als die zwei vorhergehenden zusammen. Halsschild nur sehr wenig schmäler als die Flügeldecken, doppelt so breit als lang, an den Seiten sanft gerundet, nach vorn etwas stärker verengt als nach rückwärts, mit stumpfwinkeligen Hinterecken, sehr fein und dicht punktiert, deutlich glänzend. Flügeldecken mäßig länger als der Halsschild, zusammen quer, am Hinterrande vor den Hinterecken schwach ausgerandet, ebenso fein und dicht wie der Halsschild punktiert. Hinterleib ziemlich gleichbreit, an der Basis der drei ersten freiliegenden Dorsalsegmente quer eingedrückt, sehr fein und wenig dicht, hinten nur spärlich punktiert.

Zwei neue Fulgoriden.

Von E. Bergroth (Duluth, Minn., U.-S.-A.).

Platybrachys stillatus n. sp.

Niger, fronte et clypeo fuscotestaceis, angulo postico et maculis quinque mesonoti rufescentibus, pectore medio et basi pedum alarumque sanguineis, guttis numerosis tegminum flavidis, macula stigmaticali corii albida, fascia lata submediana alarum lactea, abdomine (segmento genitali maris excepto) aurantiaco. Long. ♂ (sine tegm.) 8—10 mm, exp. tegm. 24—25·5 mm.

Australia centralis.

Caput nigrum, lateribus infra antennas pallide flavidum, fronte et clypeo fusco-testaceis, illo lateribus guttulis aliquot flavidis signato, hoc utrinque oblique alternatim flavido- et fusco-striato, vertice longitudine sua circiter quintuplo latiore, longitudinaliter strigoso, fronte longitudinaliter subvermiculato-striguloso, lateribus obtuse angulato, longitudine media duplo latiore, clypeo laevi, rostro fusconigro, coxas posticas attingente, antennis nigris, plus minusve cineree-pruinosis,

290 E. Bergroth:

seta basi globuloso-incrassata. Pronotum et mesonotum alutacea,
rufescente-maculata, illo maculis paucis parum distinctis, hoc angulo
postico et maculis quinque notato, tribus anterioribus elongatis, vitti-
formibus, duabus posticis minusculis, ad marginem paullo ante angulum
posticum sitis. Pectus sanguineum, lateribus fusco-nigricans. Tegmina
nigra, guttis numerosis fulvidis et macula majuscula irregulari albida
ad marginem costalem pone medium ornata, hac macula plerumque
maculas duas parvas nigras includente, vena interiore clavi et vena
radiali corii basin versus sanguineis, venis per maculam stigmaticalem
currentibus fuscescenti-flavidis, clavo apice oblique truncatulo, commissura
vertici, pronoto mesonotoque unitis aeque longa, venis pone medium
commissurae conjunctis, interiore basin versus margini interiori valde
approximata et cum hac subconfluente, areis duabus exterioribus
parte basali excepta costis nonnullis transversis instructis, parte
plus quam dimidia apicali corii transversim costulata, venis ibidem
parce nigro-setulosa, vena radiali paullo pone apicem cellulae basalis
ramum basin suam versus sensim curvatum extus emittente, vena ulnari
exteriore paullo pone basin furcata, margine costali pone medium
et margine apicali toto setulis suberectis nigris ciliatis. Alae nigrae,
basi anguste sanguineae, fascia lata submediana lactea. Abdomen
aurantiacum, lateribus tumidum, segmento genitali maris nigro, ventre
praesertim medio apicem versus parce nigro-setuloso. Pedes nigri,
setulosi, coxis, trochanteribus, plerumque etiam femoribus ex parte,
basi tibiarum, carina tibiarum anteriorum tarsisque superne sanguineis
tibiis anticis in latere anteriore et tibiis intermediis in latere posteriore
carina instructis, angulo apicali externo tibiarum mediarum in lobum
oblongum dilute fuscum apice rotundatum producto, tibiis posticis
extus spinis tribus validis armatis et apice ad marginem inferiorem
appendiculis digitiformibus circiter octo instructis, metatarso postico
articulis duobus apicalibus unitis longiore, depresso, superne longitudinaliter unicarinato, apicem versus dilatato, apice in margine in-
feriore appendiculis nonnullis digitiformibus minoribus praedito.

Eine sehr schöne und leicht kenntliche Art.

Putala sima n. sp.

*Ochraceo, fusco nigroque-variegata, processu apicali capitis
valde reflexo, mesonoto tricarinato, tegminibus parte apicali fusco-
variegatis.* Long. ♀ 7·5 mm, exp. tegm. 19·5 mm.

India orientalis (Bombay).

Caput ochraceum, in processum valde reflexum longitudine ceterae parti verticis pronotoque unitis aequalem productum, hoc processu (carinis exceptis) supra et lateribus nigro, subtus vittis duabus aurantiacis usque ad basin clypei extensis ornato, clypeo utrinque oblique fusconigro-striolato, parte apicali tota nigrescente, articulo ultimo antennarum globoso, fuscotestaceo, rostro medium ventris subattingente, basi nigro-variegato. Pronotum ochraceum, utrinque prope carinam mediam puncto nigro impresso notatum, latera versus fusco-variegatum. Mesonotum subaeque longum ac latum, subfusco-ochraceum, lateribus fusco-variegatum, prope margines postero-laterales pone medium eorum vitta fusca antice et postice intus nonnihil dilatata signatum, carinis tribus pallide ochraceis praeditum, exterioribus levissime incurvatis, marginibus postero-lateralibus pone medium leviter sinuatis, angulo postico latiuscule. pallide ochraceo. Pectus ochraceum, inprimis medio fusco-variegatum. Tegmina hyalina, venis testaceis, apicem versus fuscis, venis transversis omnibus late fusco-limbatis, cellulis apicalibus et subapicalibus maxima parte fuscis, stigmate saturate fusco, cellulis quinque composita. Alae hyalinae, ad marginem antero-apicalem fusco-tinctae. Abdomen supra fusco- et ochraceo-variegatum, subtus nigrum, maculis punctiformibus ochraceis conspersum, margine apicali segmentorum et supra et subtus pallide ochraceo. Pedes ochracei, coxis et trochanteribus nigro-variegatis, femoribus inter carinas nigro-vittatis, tibiis supra nigro-lineatis, anterioribus lateribus maculis nonnulis punctiformibus nigris notatis, apice sat late nigris, spinis tibiarum posticarum apice fusconigris, articulo ultimo tarsorum anteriorum nigro, spinis tarsorum posticorum et dimidio apicali articuli ultimi eorum fuscis.

Durch das mit drei Kielen versehene Mesonotum ist diese Art mit *P. maculata* Dist. verwandt, unterscheidet sich aber sofort, abgesehen von den Färbungs-Differenzen, durch den Apical-Processus des Kopfes, welcher stark aufwärts gerichtet ist (noch steiler als bei *Miasa smaragdilinea* Walk.).

Nomenklatorisches über Dipteren.

II.

Von Prof. **M. Bezzi**, Torino (Italien).

17. Chaoborus und die Namen der Dipterenlarven.

In meinem vorhergehenden Artikel habe ich von *Chaoborus antisepticus* Lichtenst. Erwähnung getan und die Ansicht Hagens darüber mitgeteilt. Nun habe ich Gelegenheit gefunden, eine Arbeit von G. Fischer in Mém. Soc. imp. Nat. Moscou, IV, p. 129 (1813) »Observations sur quelques Diptères de Russie: 1. Notice sur la larve du *Culex claviger* de Fabricius, regardée par Mr. Lichtenstein comme un nouvel insecte aquatique« nachzuschlagen, in welcher das neuentdeckte Wasserinsekt als die Larve von *Culex claviger* erklärt wird. Leider handelt es sich nicht um diese Art, wie wir aus den Figuren ersehen können; die abgebildete Larve ist die von *Corethra plumicornis* Fabr., wie schon Hagen in Bibl. entom. I, 235, 9 angedeutet hat. Daher ist *Culex claviger* Fischer (nec Meigen, nec Fabricius) unter die Synonymen von *Corethra plumicornis* Fabr. zu bringen. Weder Giles in den zwei Auflagen seines Handbuches, noch Theobald in der Monographie oder in den Genera insectorum, noch Kertész im Catalogus Dipterorum oder im Katalog der palaearkt. Dipteren haben von dieser Synonymie Lichtensteins oder Fischers Erwähnung getan; Theobald hat die Arbeit Fischers in der Bibliographie (Mon. II, p. 372) jedoch zitiert. Wenn aber wirklich, wie es scheint, *Chaoborus antisepticus* zu *Corethra plumicornis* als Synonym gehört, so ist die Sache von großer Bedeutung für die Nomenklatur. In der Tat, die »Regles internationales de la nomenclature zoologique (Paris 1905)« bringen im Artikel 27: La loi de priorité prevaut et, par conséquent, le nom le plus ancien est conservé: . . . . b. Quand la larve a été denommée avant l'adult . . . . . . Würde daher der Name *Chaoborus* Lichtenst. 1800 die Priorität gegen *Corethra* Meig. 1803 haben? Ich glaube, daß die richtige Antwort zu dieser Frage schon 1892 von Prof. P. Pavesi (»Sul Branchiurus di Viviani e considerazioni generali onomastiche« in Boll. scientif. di Pavia, p. 16—17, d. Sep.), mit dem gewöhnlichen Scharfsinne gegeben wurde, daß in solchen Fällen keine Priorität vorhanden ist.

Bei den Dipteren gibt es eine Menge solcher Beispiele, besonders bei den Oestriden und Cecidomyiden. Bei den Oestriden finden wir z. B. die Larvengattungen *Dermatoestrus* Brauer 1892, *Gyrostigma* Brauer 1884[1]), *Neocuterebra* Grünberg 1906, *Pharyngobolus* Brauer 1866 und *Strobiloestrus* Brauer 1892. Bei den Cecidomyiden ist *Drisina* Giard 1893 und viele Gallmücken sind nur nach der Larve oder der Lebensweise beschrieben, siehe Prof. Trotter in Marcellia V, p. 75 (1906). Kürzlich haben auch Dyar und Knab (New York Ent. Soc., XIV, 1906) die Culiciden-Gattungen *Coelodiazesis*, *Ceratocystia*, *Mochlostyrax* und *Lesticocampa* auf Larven begründet.[2]) Hier will ich nur einige dieser Gattungen erwähnen, welche in der dipterologischen Literatur nur wenig bekannt oder für die Priorität bedeutend sind.

1. *Branchiurus* Viviani, Phosphor. maris 13 (1805) mit der Art *quadripes* Viv., als Wurm beschrieben, ist nach Prof. Pavesi (Boll. scient. Pavia 1892, p. 5) die Larve eines *Chironomus* Meigen 1803.

2. *Campontia* Johnston, Zool. Journ., III, 235 (1860), mit der Art *eruciformis* Johnst., als Wurm beschrieben, ist nach Prof. Pavesi l. c. die Larve eines *Chironomus* Meigen 1803. Nach Theobald [Account Br. Flies, 202 (1892)], welcher den Namen irrig als *Compontia eruciformis* schreibt, gehört diese Larve vielleicht zur Gattung *Thalassomyia* Schiner 1856, siehe auch Chevrel (Arch. zool. exper. 1904 (4), II, p. XXXV). Auch Vivianis *Branchiurus* ist ganz wahrscheinlich eine *Thalassomyia;* bei Kieffer, Genera Chiron., ist von diesen Synonymien gar nichts zu finden.

3. *Parmula* Heyden, Isis 1823, p. 1247, als Wurm beschrieben, ist die Larve von *Microdon* Meig. 1803 (*Aphritis* Latr. 1802).

---

[1]) Diese Gattung scheint mit *Spathicera* E. Corti 1895 (Imago) zusammenzufallen.

[2]) Von der Gattung *Batrachomyia* Mac Leay 1863 (Krefft, Trans. entom. Soc. N. S. Wales, 1863, p. XXIII et 100, t. VIII) ist die Fliege so ungenügend beschrieben, daß auch diese als eine Larvengattung zu betrachten wäre. Siehe darüber Brauer, Verh. zool. bot. Ges. Wien, XIV, 1864, 894 und Collin de Plancy, Bull. Soc. zool. France, 1877, 4.

4. *Philornis* Meinert mit der Art *molesta* Mein., Vidensk. Meddel. 1889, 304 ist die Larve von *Protocalliphora azurea* Fall., wie von Brauer und Bergenstamm, Denkschr. Acad. Wien LXI, 568 (1896) angedeutet; dieser Name würde daher Priorität gegen *Protocalliphora* Hough 1899 (*Avihospita* Hendel 1901) haben.

5. *Proboscistoma* Saccardo, Album varia letter. Vicenza 1864, 21, mit der Art *pellucens* Sacc. als Krustacee beschrieben, ist nach Prof. Pavesi l. c. die Larve von *Corethra plumicornis* Fabr. Dieser Name, sowie *Branchiurus* Viv., fehlt bei Scudder und bei Waterhouse.

6. *Scutelligera* Spix, Abh. baier. Acad. Wiss., IX, (1824), als Wurm beschrieben, ist die Larve von *Microdon* Meig. 1803 (*Aphritis* Latr. 1802).

18. Chrysosoma Guérin 1830 und Agonosoma Guérin 1838.

Herr Dr. H. Schouteden-Bruxelles hat mir freundlich nachgewiesen, daß schon eine Gattung *Agonosoma* Laporte 1832 bei den Hemipteren zu finden ist, wie er in Genera des Scutellerides p. 67, note 1 (1904) gezeigt hat; der von Aldrich wieder belebte Guérinsche Name kann daher bei den Dipteren nicht mehr gelten. Die Sache war mir entgangen, da bei Agassiz (Dipt. p. 2) und bei Scudder (Univ. Ind. p. 9) die Gattung *Agonosoma* Guér. als von 1830 und diejenige von Laporte als von 1833 steht. Nun ist der Text der Voyage de la Coquille erst 1838 erschienen; auf den 1830 erschienenen Tafeln hatte Guérin seine Gattung *Chrysosoma* benannt, wie auch Aldrich (Can. entom. 1904, 246) angegeben hat. Bei Agassiz ist dieser letztere Name gar nicht zu finden, bei Scudder steht dagegen auf pg. 68: *Chrysosoma* Guérin 1826 — noch ein Irrtum, da die erste dipterologische Arbeit von Guérin 1827 erschienen ist! Jedenfalls ist für die Tachiniden-Gattung *Chrysosoma* Macq. 1834, nec Guérin 1830, ein neuer Name nötig und schlage ich dafür **Chrysocosmius** nov. nomen vor.

19. Siphona J. W. Meigen 1803.

In Illigers Magazin (II, p. 281 num. 113) hat Meigen diese Gattung auf *Stomoxys irritans* Fabr. begründet; bekanntlich ist die Art von Fabricius verschieden von der von Linné und gleichbedeutend mit *stimulans* Meigen. Daher hat Dr. Speiser in Zeitschr. wissensch. Insbiol., I, 461 (1905) nachgewiesen, daß *Siphona*

Meigen 1803 nec 1824 für *Haematobia* Rob.-Desv. 1830 zu brauchen sei und für *Siphona* Meigen 1824 nec 1803 der Name *Bucentes* Latr. 1809 eintreten müsse. Im dritten Bande des Kataloges der palaearktischen Dipteren und in meiner Arbeit über die haematophagen Musciden bin ich dieser Ansicht gefolgt. Leider muß ich erkennen, daß Meigen in seiner Beschreibung von einer nackten Borste und von einem gebrochenen Rüssel spricht; seine *Stomoxys irritans* war also eine wahre *Bucentes*. Was müssen wir dann annehmen? Die Meigensche Beschreibung oder die falsch angegebene Type?

20. Stomoxoides J. C. Schaeffer 1766.

Herrn Dr. H. Schouteden-Bruxelles verdanke ich gleichfalls eine Copie der Abbildung Schaeffers dieser Gattung, welche schon in der ersten Auflage 1766 der Elementa entomologica, Taf. CXX (Taf. CXX der dritten Auflage 1787) erschienen ist. Wie gewöhnlich hat Schäffer keine Arten seiner Gattung zugeschrieben; aus der Figur ist aber leicht zu ersehen, daß man es mit einer Art der Gattung *Myiopa* Fabricius 1775 zu tun hat. Wenn Schäffers Name annehmbar ist, wie ich glaube, hat er Priorität gegen Fabricius.

21. G. Cuvier als Dipterologe.

Die zwei ersten entomologischen Arbeiten des großen Naturforschers gehören dem Gebiete der Dipterologie an und ist es recht zu bedauern, daß er auf diesem Felde nicht mehr gearbeitet hat, da diese zwei Schriften für ihre Zeit höchst ausgezeichnet sind. Dies sind folgende:

1. Observations sur quelques Diptères in Journ. Hist. nat. II, 253 (1792) mit einer Tafel.

Von der Arbeit Bosc's über *Ceroplatus* verleitet, beschrieb der Verfasser vier Dolichopodiden-Arten, welche auf Tafel 38 ziemlich gut abgebildet sind, mit Detailzeichnungen der Genitalien etc., aber mit voller Außerachtlassung des Flügelgeäders. Der Verfasser gibt den Arten keine Namen, da er sagt — augenscheinlich unter Fabricius' Einfluß — daß ohne Untersuchung der Mundteile die Arten nicht zu benennen sind. Die vier Arten sind: 1) p. 254, Fig. 1—3 *Xiphandrium caliginosum* Meig. 2) p. 256, Fig. 4—6, *Porphyrops spinicoxa* Loew., fälschlich für

Nemotelus aeneus Deg. gehalten, 3) p. 257, Fig. 7 (nur Hinterfuß)
scheint ein *Syntormon* bei *Zelleri* Loew zu sein. 4) p. 257,
Fig. 8—10 als *Musca ungulata* L. erklärt, ist zwar *Dolichopus
ungulatus* L., aber mit anderen *Dolichopus*-Arten gemischt.

2. Description de deux éspèces nouvelles d'insectes in Millin Mag.
enc., I. 205 (1795) mit einer Tafel.

Eine Art ist eine Spinne; die andere, *Asilus mantiformis*
n. sp., auf Tafel II, Fig. 3 abgebildet, ist wahrscheinlich mit
Hemerodromia precatoria Fallén identisch, wie ich im Kat. pal.
Dipt., II, 269 schon angedeutet habe.

22. C. A. Walkenaer, Faune parisienne 1802.

Auch dieses Werk ist bei Dipterologen wenig bekannt und
zwar mit Recht, da die in Band II, p. 365—417 enthaltenen
Dipteren in der gewöhnlichen Fabriciusschen dürren Weise ohne
interessante Bemerkungen oder neue Arten vorgestellt sind. Jedoch
sind auch dort ein paar interessante Sachen zu finden. Erstens die
Kritik der von Duméril 1801 begründeten und dann vergessenen
Gattungen *Hypoleon* (p. 378) und *Ceyx* (p. 397); p. 417 ist auch
die Nouvelle Classification von Meigen 1800 erwähnt und besprochen.
Zweitens der ganz eigentümliche Gebrauch der Gattung *Lispa* Latr.
(p. 392—393), in welcher die sieben folgenden Arten zusammen-
genommen sind: *Mesembrina meridiana* L., *Sarcophaga carnaria* L.,
Musca domestica L., *Lucilia caesar* L., *Pyrellia cadaverina* L.,
Calliphora vomitoria L. und *Graphomyia maculata* Scop. (*vulpina*
Fabr.).

Verzeichnis der von Dr. F. Eichelbaum im Jahre 1903 in Deutsch-Ostafrika gesammelten Scydmaeniden (Col.).

Von **Edm. Reitter** in Paskau (Mähren).

Herr Dr. med. F. Eichelbaum war so freundlich, mich mit der Bearbeitung der auf seinen Reisen im Jahre 1903 in Deutsch-Ostafrika gesammelten Scydmaeniden zu beauftragen. Indem ich das Ergebnis seiner erfolgreichen Sammlungen hier mitteile, danke ich demselben für die hochherzige Überlassung der zahlreichen Unica für meine Collection.

Amani ist die biologisch-landwirtschaftliche Station im Ost-Usambaragebirge, 920 m hoch, 80 Kilometer von der Küste entfernt. Bomole ist der höchste Berg desselben Gebirgszuges, 1100 m.

Fast die ganze Scydmaeniden-Ausbeute stammt von diesen Localitäten, einige Arten sind auch in den Hafenplätzen Dar-es-Salâm und Tanga erbeutet worden.

Gen. **Cephennomicrus** nov.

Neue Gattung, nahe mit *Cephennium* verwandt. Von dieser durch die äußerst kleine, kurze und breite Gestalt, große Augen, elfgliederige Fühler mit großer zweigliedriger Keule und die Skulptur des Halsschildes abweichend. Am Thorax kommt bei manchen *Cephennium*-artigen Tieren ein Grübchen in den Hinterwinkeln vor, nicht aber solche auf der Scheibe. Bei vorliegender Gattung zeigt der annähernd viereckige Thorax außer einem Grübchen in den Hinterwinkeln noch zwei tiefe Grübchen vor dem Hinterrande. Wegen der zweigliedrigen Fühlerkeule zunächst neben *Nanophthalmus* Motsch. einzureihen.

Cephennomicrus perpunctillum n. sp. Parvulus, rufotestaceus, nitidus, minutissime, vix perspicue puberulus, antennis tenuibus, corporis dimidium attingentibus, clava abrupte biarticulata, articulo penultimo subquadrato, ultimo majore, apice appendiculato; capite parvo, oculis sat magnis nigris, granulatis, parum prominulis; prothorace haud punctato, leviter transversim quadrato, lateribus subparallelis, postice subtiliter marginatis, angulis posticis rectis, supra foveolatis, basi subtruncata, ante basin untrinque foveola profunde impresso; scutello sat magno, triangulari, in medio leviter foveolato; elytris thorace vix latioribus, breviter ovatis, convexis, vix perspicue punctatis, sublaevibus, basi late foveolatim impressis, callo humerali breviter lineatim prominulo; pedibus sat gracilibus, mediocriter elongatis, simplicibus. Long. 0·6 mm!

Kaum größer als die kleinste *Ptinella*, aber leicht kenntlich.

Ein einzelnes Exemplar wurde in der Zucht von Erotyliden-Larven in Lehmerde vorgefunden. Amani, 30. Juli 1903.

Cephennium zanzibaricum Schauf. B. 1889, 28, gehört wohl nicht in diese Gattung. Bei dieser Art sind die Fühler von der Mitte zur Spitze allmählich keulenförmig verdickt. Mir ist diese Art unbekannt.

Genus **Euconnus** Thoms.

I. Antennarum clava abrupte quadriarticulata.

A. Prothorax subtriangulatus, a basi ad apicem fortiter angustatus, ante basin transversim subsulcatus, sulca trifoveolata.

Subgen. **Napochus** Thoms.

Euconnus iconicus n. sp. Parvus, subtilissime flavo-puberulus, antennis sat tenuibus, dimidium corporis superantibus, articulo secundo primo longiore, oblongo, 3--7 parvis, subquadratis, clava quadri-articulata, parallela, articulis clavae praecedentibus duplo latioribus, tribus penultimis subaequalibus, non distincte transversis, transverso-subquadratis, articulo ultimo ·latitudine vix longiore, apice leviter acuminato; capite triangulari, thoraco basi parum angustiore, postice fortiter recte angustato, oculis in angulis anticis sitis, mediocribus, leviter prominulis, granulatis, temporibus magis longe pilosis; pro-thorace antrorsum fortiter subrecte angustato, coleopteris angustiore, basi in sulco tenui transverso trifoveolato, supra vix punctato; elytris ovatis, vix perspicue punctulatis, basi biimpressis, impressione externa majore, plica humerali brevi distincta; pedibus gracilibus, tibiis inter-mediis intus ante apicem obscure sinuatis. Long. 1 mm.

Ein einzelnes Stück aus Waldlaub gesiebt vom Berge Bomole im Ost-Usambaragebirge am 11. Oktober 1903. Ist unseren kleinen *Napochus*-Arten ganz ähnlich, blaß rötlichgelb.

B. Prothorax subrotundatus aut oblongo-subrotundatus, antice plus minusve rotundatus aut rotundatim angustatus.

a″ Prothorax basi tri-aut quinque-foveolatus.

b″ Femoribus fortiter inflatis, tibiis anticis apicem versus fortiter dilatatis, intus pone basin emarginatis et densissime flavo-tomentosis.

Euconnus torimanus n. sp.

Castaneus, subtiliter fulvopubescens, antennis thoracis basin haud attingentibus, mediocribus, articulis 3—7 parvis, subtransversis, clava quadriarticulata duplo latiore, parallela, articulis subaequalibus, tribus penultimis leviter transversis, ultimo latitudine vix longiore, apice obtuse acuminato; capite thorace angustiore, suboblongo, oculis granulatis, parum prominulis, temporibus magis dense pilosis, postice angustatis; prothorace coleopteris angustiore, subgloboso, latitudine parum longiore, antrorsum magis angustato, vix punctato, basi quinquefoveolato; elytris late et breviter ovatis, dense subtiliter punctatis et subtiliter puberulis, basi impressa, impressione subbifoveolata, extus humeris obtuse fortiter elevatis; pedibus robustis, tibiis leviter arcuatis, posterioribus sensim tenuioribus, tarsis simplicibus. Long. 1·75 mm.

Im ganzen vier Stück um Amani im Dezember 1903 gefunden, darunter eins im October aus Waldlaub vom Berge Bomole gesiebt.

b′ Femoribus haud fortiter inflatis, tibiis anticis simplicibus.

Durch Schaufuß wurden einige Arten, die hieher gehören möchten, aus Zanzibar beschrieben, aber von Dr. Eichelbaum vom Festlande nicht mitgebracht.

a′ Prothorax bi- aut quadrifoveolatus.

c″ Prothorax ante basin vix transversim sulcatus, in medio basi haud plicatus.

d″ Prothorax sublaevigatus, vix perspicue punctatus. Körper klein, zirka 1 mm.

Euconnus rubiginosus Schauf., B. 1889, 15, aus Arabien beschrieben. Auf diese Art paßt ziemlich ein schlecht erhaltenes Exemplar vom Berge Bomole, welches am 13. October gesiebt wurde, nur ist die Gestalt gedrungener und dürften weitere Stücke eine besondere Art ergeben.

Eucon. biocellatus Schauf. l. c. 17, zwei Stück aus Waldlaub des Berges Bomole am 11. und 13. October 1903 gesiebt.

d′ Elytris prothoraceque distincte punctatis. Körper dunkelbraun, stark, etwas rauh behaart, von zirka 2 mm Länge. Die Mittelschienen innen im letzten Drittel breit und flach ausgebuchtet und mit gelben kurzem Haartoment besetzt.

Euconnus (Glaphostoma) cribricollis Schauf. B. 1889, 2. — Amani, zwei Stücke, 9—12, 1903.

Auf diese Art wurde von L. W. Schaufuß das Genus *Glapho-stoma* (l. c.) aufgestellt, auf Grund der zwei letzten Tasterglieder, die ich aber von anderen *Euconnus*-Arten nicht verschieden finden kann; auch der sonstige Bau des Körpers gibt zur generischen Abtrennung keinen Anlaß.

c′ Prothorax ante basin transversim sulcatus, sulco in medio et ad latera plica distincta ornato, untrinque obsolete bifoveolato.

Euconnus neuraphiformis n. sp. Parvulus, rufus, nitidus, subtilissime puberulus, antennis tenuibus, dimidium corporis fere super-antibus, articulis parvis 3—6 subquadratis aut oblongo-subquadratis, clava quadriarticulata parum latiore, subparallela, articulis subglobosis, indistincte transversis, articulo ultimo haud latiore sed paulo longiore; capite subrotundato, vix punctato, thorace minus angustiore, oculis mediocribus, distinctis, vix prominulis, temporibus postice angustatis; prothorace latitudine parum longiore, coleopteris angustiore, antice globoso, rotundato, postice fere parallelo, vix punctato, ante basin transversim sulcato, triplicato et obsolete quadrifoveolato; elytris breviter ovalibus, subtilissime, vix perspicue punctulatis, basi impressis, impressione antice parum bifoveolata; pedibus simplicibus. Long. 1 mm.

Amani. Am 13. October 1903 aus Waldlaub des Berges Bomole in einem Stück gesiebt.

II. Antennarum clava abrupte quinquearticulata.

Subgen. **Eupentarius** nov.

Euconnus grandiclavis n. sp. Rufo-ferrugineus, antennis palpis pedibusque parum dilutioribus, sat longe et dense fulvo-pubescens, antennis robustis, dimidium corporis fere attingentibus, articulo 2º oblongo-subquadrato, 3—6 parvulis transversis, clava abrupte quinquearticulata, praecedentibus articulis fere plus quam duplo latiore, articulo clavae primo majore quam secundo, introrsum angulo apicali oblique truncato, secundo sequentibus paullo minore, duobus penultimis subtransversis, ultimo minus longiore, acuminato; capite cum oculis mediocribus, granulatis, parum prominulis, vix thorace angustiore, latitudine fere longiore, temporibus postice angustatis; prothorace subgloboso, latitudine parum longiore, vix punctato, ante basin tripunctato, puncto in medio parvulo, lateribus ante basin obsolete foveolato; elytris latis, valde ampliatis, breviter ovatis, subtiliter punctatis, plica humerali obtusa brevi fortiter elevata, pedibus gracilibus, fere simplicibus. Long. 1·8 mm.

Amani; ein einziges Exemplar vom Dezember 1903.

III. Antennarum clava abrupte triarticulata.

Subgen. **Scydmaenites** Croissandeau.

Euconnus iners n. sp. Oblongus, castaneus, antennarum clava, palpis pedibusque dilute rufis, subtiliter fulvo-pubescens; antennis mediocribus, thoracis basin vix attingentibus, articulis 3—8 parvulis subtransversis; clava abrupte triarticulata, aequilata, articulis 2 penultimis leviter sed distincte transversis, articulo ultimo oblongo-ovalo, longitudine duobus praecedentibus conjunctis aequalibus; capite subrotundato, ferrugineo, thorace parum angustiore, postice rotundato, oculis haud prominulis; prothorace coleopteris parum angustiore, subgloboso, latitudine longiore, convexo, nitido, vix punctato, sublaevi, ante basin obsolete transversim subsulcato, in sulco indistincte foveolato; elytris breviter ellipticis, subtilissime disperse punctulatis, fere glabris, subtiliter puberulis; pedibus simplicibus. Long. 1·5 mm.

Ein einzelnes Exemplar aus Waldlaub des Berges Bomole in Ost-Usambaragebirge am 11. Oktober 1903 gesieht.

Genus **Scydmaenus** Latr.

Syn. *Eumicrus* Lap.

I. Elytris basi foveolatim impressis. Prothorax basi distincte quadrifoveolatus.

(**Scydmaenus** in sp.)

A. Antennis elongatis, articulo quinto latitudine duplo longiore. Species majores Long. 2—3 mm.

a Prothorax foveolis quatuor antebasalibus parvis, punctiformibus.

Scydm. scutellatus Schauf. B. 1889, 33. — Amani; vom September bis Dezember einzeln gesammelt. Von den nachfolgenden durch die kleineren punktförmigen Basalgrübchen des Halsschildes abweichend, welche in gleichen Entfernungen stehen.

Scydmaenus Hyrtacides n. sp. Oblongus, rufo-testaceus, dense subtiliter flaveque puberulus, antennis elongatis, sat robustis, articulo 2 et 6 subquadratis, latitudine minus longioribus, 3 et 4

leviter oblongis, articulis 7 et 8 parvis, transversis, articulo 5⁰ elongato, latitudine fere duplo longitudine, clava triarticulata, articulis
duobus penultimis quadratis, ultimo oblongo-ovato, majore, longitudine
duobus praecedentibus aequali; capite thorace angustiore, subrotundato,
vix perspicue punctulato, temporibus postice valde angustatis; prothorace oblongo-ovato, ante medium ad apicem fortiter, ad basin
leviter angustato, vix punctato, foveolis parvulis, punctiformibus leviter
impressis, exterioribus fere minoribus; elytris ovalibus, sat convexis,
thorace latioribus, dense subtilissime punctulatis et magis dense
puberulis, pedibus simplicibus. Long. 2·5 mm.

Dem ♀ von *Eichelbaumi* äußerst ähnlich; besonders durch
die Form, Größe, Färbung und die seidenartige, nicht ganz anliegende
Behaarung und die äußerst feine Punctur der Flügeldecken abweichend.
Von *scutellatus* durch schlankeren Körper, hellere Farbe, dichtere
und feine Punctur der Flügeldecken und den längeren, mehr gerundeten
Kopf verschieden.

Amani, September bis Dezember 1903, ein einzelnes Exemplar.

a′ Prothorax foveolis antebasalibus majoribus subaequalibus et fortiter impressis.
b″ Prothorax oblongo-subcylindricus.

Scydm. duricollis n. sp. Subtiliter fulvo-pubescens, piceus,
nitidus, antennis medium corporis fere superantibus, articulis basalibus
oblongis, 7 et 8⁰ subtransversis, clava triarticulata, articulis 9 et 10 subquadratis, articulo ultimo majore, ovato, subacuminato; capite subquadrato, sat parvulo, thorace angustiore, temporibus postice paullo
angustatis, angulis rotundatis, oculis parvis, haud prominulis, supra
vix perspicue punctulato, fere laevi; prothorace valido, subcylindrico,
latitudine evidenter longiore, angulis rotundatis, supra convexo, parce
vix perspicue punctulato, foveolis sat magnis subaequalibus ante
basin impressis; elytris thorace latioribus, breviter ovalibus, magis
distincte pubescentibus, subtiliter dense punctatis, basi late foveolatis. Long. 2·8 mm.

Mas. Femoribus magis inflatis, tarsis anterioribus et intermediis leviter dilatatis.

Der Thorax ist fast cylindrisch, an den Seiten wenig gerundet,
in oder dicht vor der Mitte am breitesten, viel länger als breit,
vorne nicht allmählig, sondern plötzlich zum Halse verengt.

Von *scutellatus* Schauf., dem er täuschend ähnlich ist, durch
den robusteren cylindrischen Thorax und seine größeren Basalgrübchen
abweichend.

Amani. Zwei Exemplare, September bis Dezember; ein Exemplar von Bomole, 920 resp. 1100 m über dem Meere; Tanga, ein Exemplar im August 1903.

b′ Prothorax oblongo-subovatus.
c″ Tibiis posticis maris vix calcaratis.

Scydmaenus amaniensis n. sp.

Sc. scutellato simillimus, sed minor, antennis paullo brevioribus, articulo quinto latitudine vix duplo longiore, capite transversim subquadrato, temporibus subparallelis,- postice subtruncato, prothorace subovato, parum elongato, fere inconspicue punctulato, foveolis antebasalibus majoribus, subaequalibus, elytris breviter ovatis, subtiliter punctulatis. Long. 2 mm. Mas. Tarsis quatuor anterioribus leviter dilatatis.

Einfarbig braunrot, fein rotbraun, geneigt behaart. Von dem sehr ähnlichen *scutellatus* Schauf. durch kleinere Körperform, kürzeren Thorax und mehr parallele Schläfen des Kopfes, sowie durch die größeren Basalgrübchen des Halsschildes abweichend. Der letztere vor der Mitte am breitesten.

Amani, September bis Dezember gesiebt, einige aus Laublagen des Waldes am Berge Bomole im Ost-Usambragebirge gesiebt.

Scydmaenus spathifer n. sp.

Breviter fulvopubescens, castaneus, nitidus, antennarum articulis basalibus oblongis, 6 oblongoquadrato, 7 et 8 transversis, clava triarticulata, magna, articulis duobus penultimis subquadratis, ultimo majore, oblongo, subacuminato; capite thorace fere dimidio angustiore, parce subtilissime punctato, angulis rotundatis, oculis parvis. haud prominulis; prothorace coleopteris angustiore, convexo, oblongo-ovato, vix perspicue punctulato. fere sublaevigato, foveolis antebasalibus quatuor impressis; elytris late ovatis, dense subtiliter punctatis, foveola lata basali parum obsoleta; pygidio dilutiore. Long. 3 mm.

Mas. Antennarum articulo penultimo subtus excavato; tibiis posticis sensim leviter curvatis, introrsum ante apicem leviter dilatatis; tarsis anticis levissime dilatatis.

Etwas größer als *Sc. scutellatus*, dem er sehr ähnlich ist, aber die Basalgrübchen des Halsschildes größer und durch die männlichen Geschlechtsauszeichnungen abweichend. Das vorletzte Fühlerglied des ♂ ist in gewisser Richtung innen ausgehöhlt, das letzte fast dreieckige Glied sitzt am inneren Spitzenwinkel des vorletzten auf, was bei einer Drehung des Objectes und der Ansicht von der

Seite bemerkbar wird. Beim ♀ ist das vorletzte Glied nicht ausgehöhlt, aber das letzte Glied sitzt ebenfalls am inneren Spitzenwinkel des vorletzten auf. Die Hinterschienen des ♂ sind leicht
gebogen, das apicale, innere Drittel ist deutlich verbreitert, alle
Ecken der Erweiterung abgerundet.

Nur ♂♀ bei Amani im September und Dezember 1903 gesiebt.

c′ Tibiis posticis maris intus distincte calcaratis.

Scydmaenus Eichelbaumi n. sp.
Dilute rufus, dense sub-
tiliter fulvo-puberulus, antennis elongatis, articulis 1—6 oblongis,
quinto elongato, sexto latitudine sesquilongiore, 7 et 8 parvis, sub-
transveris, clava magna, triarticulata, articulis duobus penultimis
latitudine parum longioribus, ultimo elongato-ovato, duobus penultimis
fere longioribus, subtus in mare elongatim foveolato-excavato; capite
thorace angustiore, subquadrato, angulis rotundatis, basi truncato,
oculis parvis, haud prominulis; prothorace ovato, latitudine longiore,
ante medium antrorsum magis quam basi angustato, ante basin
4 foveolis mediocribus impressis, elytris dense vix perspicue punctulatis, breviter ovatis, convexis. Long. 2·3 —2·5 mm.

Mas. Antennis longioribus, articulo ultimo elongato subtus
longitudinaliter foveolatim excavato, tibiis intermediis intus ante
apicem levissime late excisis, posticis apice intus breviter calcaratis;
tarsis anticis intermediisque parum dilatatis.

Von *scutellatus* durch sehr feine und dichte Punktur, feinere
und dichtere Behaarung und die Geschlechtscharaktere des ♂ sehr
abweichend.

Unter tiefen Laublagen der Wälder am Berge Bomole im
Ost-Usambaragebirge am 11. und 13. October 1904 von Dr. F. Eichelbaum in einiger Zahl gesiebt und dem Entdecker zu Ehren benannt.

B. Antennis mediocribus, articulo quinto latitudine vix aut parum longiore. Species
minores. Long. 1·2—1·5 mm.

Scydmaenus efflorescens Schauf. B. 1889, 36. — Amani, vom
August bis Dezember einzeln gesiebt.

Scydm. nitidus Schauf. l. c. 35. — Unter den vorigen ein
Exemplar, das sich von diesem nur dadurch unterscheidet, daß die
mittleren Basalgrübchen des Halsschildes etwas weiter auseinander-
gerückt sind.

II. Elytris basi haud distincte foveolatim impressis. Prothorax basi haud aut indistincte foveolatus. (Subgen. **Eustemmus** Reitt.)

d″ Capite thorace parum angustiore, haud longitudinaliter canaliculato.

Scydmaenus blandus Schauf. B. 1889, 34. Nur ein schlecht erhaltenes Exemplar dieser kleinen Art von Tanga.

Scydmaenus ictericus n. sp. Oblongus, rufo-testaceus subtiliter flavopuberulus, antennis sat tenuibus, dimidium corporis fere superantibus, articulis 2, 3, 4, 6 vix oblongis, subquadratis, articulo quinto evidenter oblongo, clava triarticulata, articulis duobus penultimis subquadratis, ultimo parum majore, ovato; capite thorace parum angustiore, subquadrato, sublaevi, angulis rotundatis, oculis parvulis, haud prominulis; prothorace ovato, leviter oblongo, haud punctato, basi vix foveolis impressis; elytris ovalibus, thorace parum latioribus, dense subtiliter punctulatis et magis puberulis, basi haud foveolatis, pedibus sat longis, simplicibus. Long. 1·8 mm.

Ein einzelnes ♀ vom Berge Bomole in Ost-Usambara aus Waldlaub gesiebt.

d′ Capite thorace parum angustiore, subtransverse, profunde longitudinaliter canaliculato.

Scydmaenus delectus Schauf. B. 1889, 38. — Ausgezeichnet durch die tiefe Kopffurche, welche den Kopf in zwei Längsteile scheidet und den Thorax, welcher wenig schmäler ist als die Flügeldecken. seine Scheibe ist außerordentlich fein und dicht punktuliert.

Ein einzelnes Stück im Culturgarten von Dar-es-Salâm in einem faulenden *Polyporus lucidus* gefunden.

Ergänzungen zu den
Nachträgen zur Bestimmungstabelle der unechten
Pimeliden aus der palaearktischen Fauna.[1])

Von **Edm. Reitter** in Paskau (Mähren).

Prof. Dr. L. v. Heyden in Bockenheim und Kustos E. Csiki in Budapest waren so freundlich, mir nach Publizierung meiner Nachträge zu der Bestimmungstabelle der unechten Pimeliden, die mir unbekannten *Trigonoscelis*-Arten, welche sie besaßen, ungebeten und aus freiem Entschlusse gütigst einzusenden, wofür ich ihnen an dieser Stelle meinen besten Dank ausspreche.

1. Nach einem von Prof. Dr. L. v. Heyden eingesandten typischen Stücke der *Trigonoscelis contraria* Desbr. ist mit dieser Art die *Tr. corallifera* Reitt. (*grandis* Gebl. non Fald.) identisch. Die Patria-Angabe von Desbrochers »Russ. mer.« ist, wie ich schon früher vermutete,[2]) recht ungenau; die Art kam früher von Krasnowodsk in die Sammlungen durch Faust; auch kommt sie weiter östlich in Tecke-Turcmenien vor.

2. *Sternoplax kashgarensis* Reitt. W. 1907, 90 von Kaschgar = *St. Seidlitzi* Reitt. T. 25, pg. 243 aus der Mongolei.

3. *Sternoplax Reitteri* Csiki, Zichy's Reise (1906) pg. 111, aus der Wüste Gobi ist, wie der Autor ganz richtig bemerkt, habituell der *laeviuscula* sehr ähnlich, der Thorax ist aber deutlich gekörnt, die Körner der Flügeldecken ziemlich stark prononziert, dicht gestellt, die Körner innen mehr abgeflacht und verwischt, nirgends deutliche Reihen bildend, nur hinten auf der Scheibe zwei Tuberkelreihen erkennbar, hievon ist die äußere die normale Humeralreihe, welche vorne undeutlich ist; die Seitenrandreihe ist nur vorne als dichte, feine, an der Spitze als einfache, feine Körnerreihe marciert, dieselbe ist längs der Mitte als undeutlich gekerbtes Kielchen vorhanden. Die falschen Epipleuren ziemlich kräftig gekörnt. Prosternum gekörnt, hinter den Vorderhüften elliptisch abgerundet, wenig lang. Die Börstchen der Körnchen sind schwer erkennbar. Die Basis des Halsschildes ist stark ausgebuchtet. Schenkel granuliert. Long. 21 mm.

---

[1]) Siehe Wien. Ent. Ztg. 1906, pg. 81 et Folge.
[2]) Bestimm.-Tabelle 25, pg. 233.

Nach dem Nachtrag zu meiner Tabelle der unechten Pimeliden (W. 1907, 83) neben *Matthiesseni* und der *Souvorowiana* zu stellen; von beiden durch die längeren eiförmigen Flügeldecken und die auf ihnen nicht deutlich gereihten Tuberceln verschieden·

4. *Sternoplax Zichyi* Csici, l. c. 110, Mongolia (Naran) ist mit *mongolica* Reitt. sehr nahe verwandt; die Oberseite der Flügeldecken ist aber fast ganz flach, die Körnchen auf der Scheibe überall deutlich und ziemlich dicht. gestellt, etwa so groß wie jene des Halsschildes, eine Zwischenpunktur ist nicht vorhanden, die Schencel sind in gleicher Weise fein granuliert etc. Die Behaarung der Fühler und Beine ist aber mit der verglichenen Art gleich: sie ist am typischen Stücce etwas verfettet und daher duncler erscheinend.

Oxytelus spiniventris n. sp. aus Griechenland.

Beschrieben von **Edm. Reitter** in Paskau (Mähren).

Diese neue Art gebört in die *tetracarinatus*-Gruppe und ist mit *Bernhaueri* Gnglb. zunächst verwandt, aber durch cürzere diccere Fühler, dunclere Beine, und durch die sexuellen Auszeichnungen des ♂ spezifisch verschieden.

Braunschwarz, matt, das Abdomen und die Unterseite glänzend, Fühler schwarz, die Beine braun, die Schencel duncler, die Tarsen rostrot. V o r d e r c ö r p e r äußerst dicht und fein längsgestrichelt, matt, der Clypeus etwas glänzender. F ü h l e r curz, zur Spitze starc verdicct, Glied 3 so lang als breit, zur Spitze etwas conisch verdicct, das vierte Glied bereits starc quer. K o p f des ♂ groß, aber nicht ganz so breit als der Halsschild, beim ♀ beträchtlich schmäler, die Schläfen in beiden Geschlechtern parallel, mit abgerundeten Apikalwinkeln. H a l s s c h i l d fast so breit. als die Flügeldecken, quer, von normaler Form, die Dorsalrippchen ein wenig glänzender. Flügeldecken kaum so lang als zusammen breit, die Längstrichelchen neben dem Schildchen unauffällig deutlicher. Abdomen glänzend, fein punktiert und fein dunkel behaart, hinten deutlicher chagriniert, Analtergit dreieckig, zugespitzt, die Spitze etwas glänzender, an den Seiten eine komprimierte Längsfurche, der Bauch glatt und an den Seiten etwas chagriniert. Die Schienen außen fein bedornt, Vorderschienen außen an der Spitze tief ausgerandet; die Mittelschienen mit außen gebogenem Rande. Long. 2·2—2·5 mm.

♂. Sechstes Bauchsternit in der Mitte mit zwei großen, langen, fast geraden, schräg abstehenden und nach hinten gerichteten Dornen; zwei ähnliche Dornen befinden sich am Spitzenrande desselben Sternites, einander etwas mehr genähert; vor dem ersten Dornenpaare befindet sich in der Mitte noch ein kleiner Dorn. Die Dornen, welche in der Mitte des Sternites stehen, sind in der Regel nicht ganz gleich gebildet, jener der linken Seite (der rechten, wenn man das Tier verkehrt aufgeklebt hat), ist gewöhnlich etwas dicker und kürzer, oder er ist am Ende unregelmäßig abgestumpft. Der Spitzenrand des sechsten Sternites ist neben den innen rötlich behaarten Apikaldornen tief und breit, ebenso, ganz an den Seiten, ausgerandet, wodurch jederseits ein runder Lappen vortritt. Das letzte Sternit ist dreieckig zugespitzt, glatt, hat hinten am Absturz eine unregelmäßig gekielte Längsstelle, daneben eine Furche und Eindrücke; überhaupt eine Bildung, die sich schwer beschreiben läßt, dazwischen einige spitzige, im Profile erkennbare Höckerchen.

Beim ♀ ist der Spitzenrand des sechsten Sternites jederseits ausgebuchtet, ganz am Seitenrande tief ausgeschnitten, die Mitte jedoch zahnförmig nach hinten ausgezogen, das Analsternit ist in der Mitte mit schmalem Längsausschnitt versehen.

Diese Art sammelte E. Brenske vor Jahren zahlreich in Morea; ich habe sie bisher für *clypeonitens* gehalten.

LITERATUR.

Allgemeines.

Lorenz Kuno. Nützliche und schädliche Insekten im Walde. Mit 194 Abbildungen auf 16 nach der Natur gezeichneten kolorierten Tafeln. Halle, Verlag von Hermann Gesenius, 1907, Okta\, pg. 117. — Preis 2 M. 80.

Vorliegendes Insekten-Büchlein ist für Laien bestimmt, um sich über Insekten des Waldes, sei es nützliche oder schädliche, orientieren zu können. Nachdem jedes erwähnte Insekt, welches in dem Buche erwähnt ist, recht gut abgebildet erscheint, so wird man sich darin leicht zurechtfinden und über seine Lebensweise orientieren können, obgleich eine systematische Reihenfolge darin nur angedeutet erscheint. Einzelne Ordnungen sind darin allerdings nur durch eine bis zwei Arten \vertreten.

Taschenberg E. L. Die Insekten nach ihrem Schaden und Nutzen. (Zweite, \vermehrte und \verbesserte Auflage.) Preis gebunden M. 2·—, K 3.60. Verlag von G. Freytag in Leipzig und F. Tempsky in Wien.

Der Umstand, daß der Verfasser, wie der dem Buche gegebene Titel besagt, besonderes Gewicht auf das Verhältnis der Insekten zur Flora legt, Nützlichkeit und Schädlichkeit der Tiere stets aufs genaueste feststellt, darlegt und scheidet und schließlich die richtigsten und wichtigsten prophylaktischen und sanierenden Mittel angibt, macht das Buch, von dessen Lehrwerte für Schulen abgesehen, zu einer ungeheuer wertvollen Lektüre für alle Berufszweige, deren Kampf ums Dasein zum Teile in einem Kampfe gegen die Schädlinge unter den Insekten besteht, also in erster Linie für Ökono.nen, Gärtner und Forstleute. Zumal diesen drei Berufsklassen sei das Werk deshalb wärmstens empfohlen. Die einzelnen Kapitel, welche als »Inhalt« dem Buche vorgedruckt sind, machen ein weiteres Eingehen unnötig, da aus ihnen das reiche Material ohne weiteres ersichtlich ist, welches hier in knapper Form dargeboten wird.

Edm. Reitter.

Corrodentia.

Enderlein, Günther. Zur Kenntnis der Copeognathen-Fauna Westpreußens. 28. Bericht des Westpreuß. botan.-zool. Vereines, Danzig 1906, p. 71—88, mit 6 Textfiguren.

Sämtliche in dieser Arbeit angeführten Formen sind für Westpreußen, eine (*Elipsocus hyalinus* \. *abdominalis* Reut.) für Deutschland neu. Neu beschrieben werden drei Varietäten von *Mesopsocus unipunctatus* (Müll.), nämlich v. *fasciatus* (84), v. *bifasciatus* (84) und \. *subfuscus* (85). Die Fundorte, die Pflanzen, auf denen sich die Arten aufhalten und die Zahl der gesammelten Exemplare werden sorgfältig \verzeichnet. Außerdem erhalten wir Bemerkungen zur Systematik und Biologie einiger Arten und eine Bestimmungstabelle aller europäischen Copeognathen-Gattungen.

— — Die Copeognathen-Fauna Japans. Zool. Jahrbücher, Abt. f. System.,
23. Bd., 1906, p. 243—246, mit 2 Tafeln.

Aus Japan sind nur 17 Copeognathen-Arten bekannt, davon werden 14 in
der vorliegenden Arbeit neu beschrieben, zwei gehören auch der europäischen
Fauna an, nämlich *Psocus nebulosus* Steph. und *Mesopsocus unipunctatus* (Müll.).
Neu beschrieben werden: *Psocus kurokianus* (244), Gifu, *P. tokyoensis* (245),
Tokyo, *Amphigerontia Kolbei* (246), Kagoshima, *A. nubila* (247), *Matsumeraiella*
n. g. *radiopicta* (248), Tamakomai, *Stenopsocus aphidiformis* (249), Kagoshima,
St. niger (249), Sapporo, *St. pygmaeus* (250), Sapporo, *Dasypsocus* n. g. *japonicus*
(261), Kagoshima, *Kolbea fusconervosa* (252), Tomakomai, *Caecilius Oyamai* (252),
Sapporo, *C. gonostigma* (253), Sapporo, *C. japonicus* (254), Tomakomai, *Myopsocus
muscosus* (254), Tokyo.

— — Die australischen Copeognathen. Zoolog. Jahrbücher, Abt. f. System.,
24. Bd., 1906, p. 401—412, mit 1 Tafel.

Neu beschrieben werden: *Psocus lignicola* (401), Neusüdwales, *Clemato-
stigma* n. g. (403), Typus: *Cl. (Copostigma) maculipes* Enderl., *Cladioneura* n. g.
(steht *Kolbea* Bertk. am nächsten) *pulchripennis* (405), Neusüdwales, *Ectopsocus
Froggatti* (407), Tasmania, *Pentacladus* n. g. *eucalypti* (408), Neusüdwales,
Tricladus n. g. *Froggatti* (410), Neusüdwales.

— — The Scaly Winged Copeognatha. Monograph of the Amphientomidae,
Lepidopsocidae and Lepidillidae in relation to their Morphology and Taxonomy.
Spolia Ceylanica, Vol. 4, p. 39—122, with 7 pls. and 6 text-figs. Colombo 1907.

Die Arten der *Amphientomidae*, *Lepidopsocidae* und *Lepidillidae*, die
gewissen Mikrolepidopteren sehr ähnlich sind, kommen fast ausschließlich in den
Tropen vor; nur zwei Arten gehören der subtropischen Region, eine der gemäßigten
Zone an. Bisher sind 44 Species bekannt, wovon 22 in der vorliegenden Monographie beschrieben werden.

Der Verfasser gibt zunächst eine Anweisung zum Präparieren der Schuppen-
Copeognathen, dann eine Übersicht über die geographische Verbreitung derselben
und ein Verzeichnis der rezenten und fossilen Arten.

Die *Amphientomidae* teilt er in zwei Subfamilien ein. 1. Subfam. *Tineo-
morphinae* mit den neuen Arten: *Tinemorpha* n. g. *Greeniana* (49), Ceylon,
v. *major* (51), Ceylon. 2. Subfam. *Amphientominae*. Neue Species sind: *Syllis
erato* (53), Ceylon, *S. ritusamhara* (57), Ceylon, *Paramphientomum* n. g. *Nietneri*
(63), Ceylon; *Stimulopalpus* n. g. *japonicus* (65), Japan; *Scopsis* n. g. *rasanta-
sena* (67), Ceylon, *S. metallops* (71), Ceylon; *Hemiscopsis* n. g. (73), aufgestellt
für *Amphientomum Fülleborni* Enderl., Ostafrika.

Die Familie *Lepidopsocidae* teilt der Verfasser in drei Subfamilien ein.
1. Subfam. *Perientominae*. Neu: *Soa flaviterminata* (79), Ceylon, *Lepium* n. g.
chrysochlorum (81), India, *L. luridum* (83), Ceylon; *Perientomum chrysar-
gyrium* (86), Ceylon, *P. Greeni* (87), Ceylon, *P. argentatum* (88), Ceylon, *P. ceyloni-
cum* (92), Ceylon, *P. acutipenne* (94), Ceylon; *Nepticulomima* n. g. *Sakuntala*
(96), Ceylon, *N. Essigkeana* (97), Ceylon, *N. chalconelas* (100), Ceylon. 2. Subfam.
Lepidopsocinae. Neu: *Echmepteryx mihira* (107), Ceylon, *E. sericea* (108), Ceylon.
3. Subf. *Echinopsocinae*. Neu: *Scolopama* n. g. *halterata* (110), Ceylon.
Fam. *Lepidillidae*. Neu: *Lepolepis* n. g. *ceylonica* (113), Ceylon.

A. Hetschko.

Lepidoptera.

Nickerl Ottokar. Beiträge zur Insectenfauna Böhmens. V. Die Spanner des Königreiches Böhmen. (Geometridae.) Als Fortsetzung zu Prof. Dr. Franz Nickerl's »Synopsis der Lepidopterenfauna Böhmens«. Herausgegeben von der Gesellschaft für Physiokratie in Prag. Prag, Verlag dieser Gesellschaft, 1907. Groß-Oktav, pg. 71.

Lampert Kurt. Die Großschmetterlinge und Raupen Mitteleuropas, mit besonderer Berücksichtigung der biologischen Verhältnisse. Ein Bestimmungswerk und Handbuch für Sammler, Schulen, Museen und alle Naturfreunde. 30 Lieferungen in Groß-Oktav à 75 Pfennige oder 90 Heller. — Komplett gebunden 25 Mark. — Verlag von J. F. Schreiber in Eßlingen und München. (Wien bei Robert Mohr). 1907.

Bis heute sind 20 Hefte vorhanden. Der Schluß soll im Herbste 1907 erscheinen. Die Großschmetterlinge von Mitteleuropa enthalten 95 in feinstem Farbendrucke ausgeführte Tafeln mit Darstellung von über 2000 Formen; unter diesen befinden sich einige besonders interessante mit Kälte- und Wärmeformen, ferner Mimikry, Blattminen-Abbildungen und über 200 Seiten Text mit 65 auf die Biologie und Anatomie bezugnehmenden Abbildungen. Es existiert bis jetzt kein zweites Werk über Schmetterlinge, das in Bezug der Abbildungen mit dem vorliegenden konkurrieren könnte. Das will viel besagen, wenn man bedenkt, daß auf diesem Gebiete schon viele gute Bilderwerke existieren. An der Hand der tadellosen Abbildungen wird es dem Sammler leicht seine Lieblinge der mitteleuropäischen Fauna zu bestimmen. *Edm. Reitter.*

Hemiptera.

Reuter O. M. Capsidae novae in insula Jamaica mense aprilis 1906 a D. E. P. Van Duzee collectae. Öfersigt af Finska Vetenskaps-Societetens Förhandlingar. XLIX, 1906—1907. Nr. 5, pg. 1—27. Sep.

— — Ad cognitionem Capsidarum aethiopicarum. l. c. Nr. 7, p. 1—27, Sep.

— — Hemipterologische Speculationen II. Die Gesetzmäßigkeit im Abändern der Zeichnung bei Hemipteren [besonders Capsiden] und ihre Bedeutung für die Systematic. Festschrift für Palmén, Nr. 2, Mit 1 Tafel, Helsingfors 1907, pg. 1—27.

— — Über die westafricanische Kacao-»Rindenwanze«. Zool. Anzeiger, Bd. XXXI, Nr. 4, vom Jänner 1907, pg. 102—105. *Edm. Reitter.*

Hymenoptera.

Schmiedeknecht Otto. Die Hymenopteren Mitteleuropas. Nach ihren Gattungen und zum großen Teil auch nach ihren Arten analytisch bearbeitet. Mit 120 Figuren im Texte. Groß-Oktav, 804 pg. Jena, Verlag von Gustav Fischer, 1907, Preis 20 Mark.

Ein sehr brauchbares Handbuch, ähnlich wie solche über Coleopteren, Hemipteren, Dipteren, Orthopteren, Neuropteren etc. bereits existieren, liegt nun auch über die Hymenopteren in einem stattlichen Bande vor und können wir dem Autor nicht genug dankbar sein, daß wir dadurch endlich in die Lage kommen, unsere einheimischen Hymenopteren leichter bestimmen und demnach auch besser kennen zu lernen. Taschenbergs Hymenopteren Deutschlands sind vergriffen und wohl auch zum Teil veraltet, weshalb uns Schmiedeknechts vorzügliche Fauna die besten Dienste leisten wird. Die Fauna ist analytisch bearbeitet mit Leitzahlen, wie im Redtenbacherschen Werke, der Umfang des Stoffes bedingte präzise Charaktere der Gattungen und Arten in gedrängter Kürze, was ich dem Werke zum Vorteile anrechne. Es erscheinen dabei sämtliche in Mitteleuropa vorkommenden Familien und Gattungen berücksichtigt, zum Teile sind die Tabellen auf die ganze europäische Fauna ausgedehnt. Der einleitende Teil behandelt den äußeren Bau der Hymenopteren, ihre Lebensweise, Fang und Präparation. Der große systematische Teil bringt einen Schlüssel zur Bestimmung der Familien, Gattungen und Arten. Der Verfasser hat keine Mühe gescheut, uns durch sein vorzügliches Werk zum Studium dieser Insektenklasse einzuladen und aufzumuntern! Wie schön klingt hiezu der Schlußsatz seiner Vorrede aus: »Es sind hiemit die schönsten Seiten vom großen Buche der Natur, die mein Werk verstehen lehren will. Darum wünsche ich, daß recht viele, besonders aus der jüngeren Generation, sich diesem Studium zuwenden mögen, das so recht geeignet ist, sich in das geheimnisvolle Walten der Natur zu vertiefen, das, wie ich schon früher betont habe, weit mehr bietet als bloßes Sammeln und Jagen nach Raritäten, das sich stets als eine Quelle ungetrübten Naturgenusses erweist und als ein Zufluchtsort in den Wechselfällen des Lebens«.

Edm. Reitter.

Notizen.

† Herr Oskar Salbach, Direktor der deutschen Salpeterwerke, der sich eifrig mit Coleopteren beschäftigte, starb am 26. Juni 1907, in seinem 53. Lebensjahre.

† Herr Dr. Otto Thieme, Gymnasialoberlehrer, ein allbekannter entomologischer Schriftsteller starb am 1. Juli d. J. im Alter von 71 Jahren.

† Herr Kanzleirat A. Grunack in Berlin, der den meisten Coleopterologen und Lepidopterologen bekannt war, verschied am 26. Juni d. J.

† Es starb vor kurzer Zeit der Coleopterologe Herr von Mülverstedt in Rosenberg, Westpreußen. Mit ihm standen sehr viele Entomologen in Verbindung; er lieferte ihnen auch zahlreiche biologische Objekte.

Wien.Entomol.Zeitung
XXVI.Jahrgang 1907.

Tafel I

Friedrich Hendel
Neue Dipteren aus dem kais. Museum

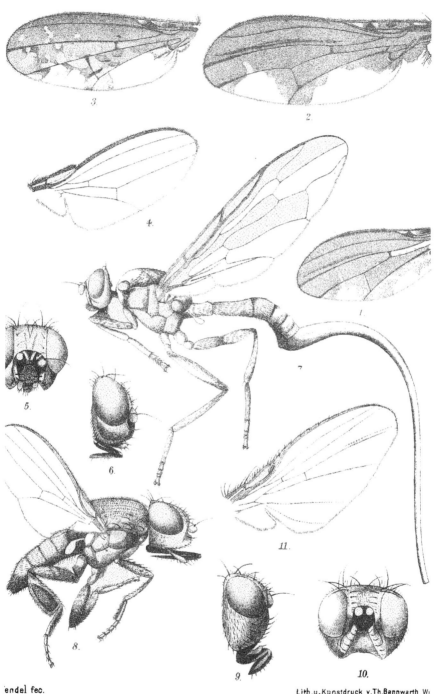

WIENER
ENTOMOLOGISCHE
ZEITUNG.

GEGRÜNDET VON

L. GANGLBAUER, DR. F. LÖW, J. MIK, E. REITTER, F. WACHTL.

———•———

HERAUSGEGEBEN UND REDIGIERT VON

ALFRED HETSCHKO,   UND   **EDMUND REITTER,**
K. K. PROFESSOR IN TESCHEN,   KAISERL. RAT IN PASKAU,
SCHLESIEN.   MÄHREN.

———

XXVI. JAHRGANG.

—

X. HEFT.

AUSGEGEBEN AM 5. OKTOBER 1907.

(Mit 3 Figuren im Texte).

MIT TITEL UND INHALTSANGABEN.

———

WIEN, 1907.

VERLAG VON EDM. REITTER

PASKAU (MÄHREN).

INHALT.

===== Manuskripte für die „Wiener Entomologische Zeitung" sowie Publikationen, welche von den Herren Autoren zur Besprechung in dem Literatur-Berichte eingesendet werden, übernehmen: **Edmund Reitter**, Paskau in Mähren, und Professor **Alfred Hetschko** in Teschen, Schlesien; dipterologische Separata **Ernst Girschner**, Gymnasiallehrer in Torgau a./E., Leipzigerstr. 86.

Die „Wiener Entomologische Zeitung" erscheint heftweise. Ein Jahrgang besteht aus 10 Heften, welche zwanglos nach Bedarf ausgegeben werden; er umfasst 16—20 Druckbogen und enthält nebst den im Texte eingeschalteten Abbildungen 2—4 Tafeln. Der Preis eines Jahrganges ist 10 Kronen oder bei direkter Versendung unter Kreuzband für Deutschland 9 Mark, für die Länder des Weltpostvereines 9½ Shill., resp. 12 Francs. Die Autoren erhalten 25 Separatabdrücke ihrer Artikel gratis. Wegen des rechtzeitigen Bezuges der einzelnen Hefte abonniere man direkt beim Verleger: **Edm. Reitter in Paskau (Mähren)**; übrigens übernehmen das Abonnement auch alle Buchhandlungen des In- und Auslandes.

Zur Höhlenfauna der Balkanhalbinsel.

Von **Viktor Apfelbeck**, Kustos am b. h. Landesmuseum in Sarajevo.

I. Neue Höhlenkäfer aus Bosnien und Dalmatien.

1. *Antroherpon Dombrowskii* n. sp. Dalmatia.
2. *Charonites* nov. gen. *Pholeuoninorum*.
   Charonites Matzenaueri n. sp. Bosnia merid.
3. *Apholeuonus Taxi subinflatus* n. subsp. Dalmatia.
4. *Spelaetes* nov. gen. *Pholeuoninorum*.
   Spelaetes Grabowskii n. sp. Dalmatia.
5. *Pholeuonopsis setipennis* n. sp. Bosn. mer. or.
6. *Bathyscia (Aphaobius) Matzenaueri* n. sp. Bosn. mer.
7. *Bathyscia* (s. str.) *Kauti* n. sp. Bosn. mer. or.
8. *Anophthalmus (Duralius) Winneguthi* n. sp. Bosn. mer.
9. *Parapropus humeralis* n. sp. Bosn. centr.
10. *Bathyscia (Aphaobius) insularis* n. sp. Dalmatia.
11. *Bathyscia* (s. str.) *Ganglbaueri* n. sp. Dalmatia.

1. Antroherpon Dombrowskii n. sp.[1]

In der Größe mit *A. stenocephalum* Apf. und *A. pygmaeum* Apf. übereinstimmend, von diesen beiden schon durch etwas längeren Kopf, viel längeren, hinten ringsum nur schwach eingeschnürten, fast zylindrischen Halsschild, viel breitere und gewölbtere, sehr spärlich pubeszente und anders punktierte Flügeldecken, die auffallend starke Verlängerung der Mittelbrust zwischen Halsschild und Flügeldecken etc. differierend. Kopf vorne fein, hinten gröber chagriniert; Halsschild sehr schmal und lang, etwa viermal so lang als breit, fast zylindrisch, wie der Hinterkopf chagriniert; Flügeldecken glänzend, glatt, nur im vorderen Drittel gegen die Naht und Basis mit zerstreuten, ziemlich großen aber seichten Punkten, welche längs der Naht unregelmäßige Reihen bilden, deutlich punktiert, im übrigen nur sehr zerstreut und schwer erkennbar punktiert und mit kleinen abstehenden (aus den Punkten entspringenden) Härchen sehr spärlich und einzeln bekleidet.

---

[1] Die sub Nr. 1 bis inklusive Nr. 8 behandelten Arten wurden von mir bereits im »Glasnik zem. mnzeja u Bosni i Hercegovini« Bd. XIX. 1907, 2. Heft, pg. 303—305 kurz beschrieben.

Durch die eigenartige Punktur, subtile und spärliche Behaarung, sehr langen, schmalen Halsschild, hochgewölbte Flügeldecken, auffallend starke Verlängerung der Mittelbrust zwischen Halsschild und Flügeldecken von allen anderen *Antroherpon*-Arten besonders ausgezeichnet. Die erste *Antroherpon*-Art aus Dalmatien. Das einzige bisher bekannt gewordene Exemplar (♀) wurde von Herrn E. v. Dombrowski angeblich in der Vranjaća-Höhle bei Kotlenice in Dalmatien in Gesellschaft von *Apholeuonus Taxi* und *Anophthalmus dalmatinus* entdeckt. Type im Besitze des b. h. Landesmuseums in Sarajevo.

2. Charonites nov. gen. Pholeuoninorum.

χαρωνίτης — zur Unterwelt gehörig.

Habituell mit der Gattung *Apholeuonus* Reitt. übereinstimmend, von dieser durch die geringe Größe, den Mangel der spiegelglatten, unskulpierten Randleiste an der Halsschildbasis, hinter der Mitte schwach aber deutlich ausgeschweifte Seiten des Halsschildes und spitze Hinterwinkel, weniger auf die Ventralseite verschobene Randleiste der Flügeldecken und das kleine Skutellum; von der Gattung *Leonhardia* Reitt. durch den *Apholeuonus*-Habitus, das stärker quere an der Basis verbreitete Halsschild, die spitzwinkligen Hinterecken und bogenförmig ausgeschnittene Basis desselben, blasig aufgetriebene Flügeldecken, wesentlich kürzere Fühler und gedrungene äußere Glieder derselben differierend.

Fühler und Beine mäßig lang; die Vorderschienen an der Außenseite fein bedornt; die Vordertarsen beim ♂ fünfgliedrig, kaum verdickt, die drei basalen Glieder auf der Unterseite außer den normalen langen Haaren mit kürzeren Hafthaaren dichter bekleidet, beim ♀ viergliedrig. Epipleuren der Flügeldecken vorne stark verbreitert. Pygidium frei. Mesosternalkiel vorne hoch erhoben (wie bei *Apholeuonus pubescens*). Vor der Gattung *Leonhardia* Reitt. im System einzustellen.

Charonites Matzenaueri n. sp.

Kopf oval, kaum länger als breit, glänzend, fein und zerstreut punktiert; Halsschild quer, gegen die Basis vom vorderen Drittel im allmählich verbreitert, die Seiten vor der Basis leicht ausgeschweift, mit spitzwinkligen Hinterecken, an der Basis in flachem Bogen ausgeschnitten, fein und mäßig dicht bis an den Basalrand punctiert, sowie fein und ziemlich dicht anliegend behaart. Flügeldecken eiförmig, an der Basis merklich breiter als die Basis des Halsschildes, vor der Mitte am breitesten, etwa um ein Drittel breiter als der Halsschild und etwa um die Hälfte länger als breit, etwas aufgetrieben, an den Seiten mäßig gerundet-erweitert, das Pygidium freilassend, wesentlich gröber, dichter und tiefer als der Halsschild punctiert, die Puncte stellenweise zu Querrunzeln neigend, ziemlich dicht mit goldgelben, etwas abstehenden Härchen bekleidet, ihr Seitenrand von oben fast bis zur Längsmitte sichtbar. Fühler mäßig schlank, kürzer als der Körper, das erste Glied kurz, das zweite beiläufig um zwei Drittel länger als das erste, das dritte bis sechste etwa ein Drittel kürzer als das zweite und unter sich fast von gleicher Länge, das siebente etwas länger und gegen die Spitze verdickt, das achte verkleinert, etwas länger als breit, das neunte und zehnte gegen die Spitze stark verdickt und wenig (etwa ein Viertel) länger als breit, das Endglied etwa doppelt so lang als breit. Unterseite fein und dicht punctiert und fein pubeszent. Fühler beim ♀ kürzer. Long. 3—3·3 mm.

Südbosnien. In einer kleinen Höhle zwischen Sarajevo und Pale von Herrn Matzenauer und Praeparator Winneguth in mehreren Exemplaren gesammelt.

3. Apholeuonus Taxi subinflatus nov. subsp.

Von *Apholeuonus Taxi* Müll. durch schwächer blasig aufgetriebene, meist auch etwas längere, durchschnittlich kräftiger punktierte Flügeldecken differierend, in den übrigen, wesentlichen Merkmalen mit *Aph. Taxi* übereinstimmend und von ihm daher wohl nicht spezifisch verschieden.

Dalmatien. In einer Höhle bei Dugopolje von Herrn Stabsarzt Dr. Marian v. Grabowski in Mehrzahl gesammelt.

4. Spelaetes nov. gen. Pholeuoninorum.

σπηλαίτης -- Höhlenbewohner.

Mit der Gattung[1]) *Protobracharthron* Reitt. sehr nahe verwandt, von dieser sowie von der Gattung *Propus* Ab. durch wesentlich breiteren Vorderkörper, viel kürzere, kräftigere Fühler und Beine, anders geformte Schenkel und den den Vorderrand des Metasternum

---

[1]) J. Müller faßt *Protobracharthron* Reitt. als Untergattung von *Propus* Ab. auf (cf. Verb. zool. bot. Ges. Wien, 1901, p. 26, 32.)

errreichenden Mesosternalfortsatz, von *Propus* Ab. außerdem durch den vorne erhobenen Mesosternalkiel differierend.

Schenkel, namentlich die vorderen, kompreß, fast gleichbreit, gegen die Spitze sehr schwach verengt. Mesosternalkiel vorne mäßig erhoben. Vordertarsen des ♂ fünfgliedrig, mit leicht verdicktem, auf der Unterseite mit kürzeren Hafthaaren dicht bekleideten ersten und zweiten Gliede, beim ♀ viergliedrig.

. Vielleicht als Untergattung von *Protobracharthron* aufzufassen.

Spelaetes Grabowskii n. sp.

Kopf etwas kürzer und wesentlich breiter als bei *Protobrachar-thron Reitteri* Apf., rundlich-oval, wenig länger als breit, chagriniert, mit zerstreuten, ziemlich groben, flachen Punkten, welche sich am Hinterkopf allmählich verlieren; Halsschild wenig breiter als der Kopf, etwa ein Viertel länger als breit, nach hinten sehr wenig ver-breitert, vor der Basis ausgeschweift verengt, an der Basis nur wenig breiter als am Vorderrande, chagriniert, mit feinen, sehr zer-streuten Punkten, aus denen kleine gelbliche Härchen entspringen; Flügeldecken lang-oval, leicht gewölbt, fast doppelt so lang als breit, an den Seiten mäßig ausgebaucht, das Pygidium freilassend, cha-griniert und wie der Halsschild, aber dichter und etwas rauh punk-tiert und mit feinen, anliegenden, kurzen, gelblichen Härchen un-dicht bekleidet; Fühler deutlich kürzer und dicker als bei *Proto-bracharthron Reitteri*, kürzer als der Körper, das zweite Glied etwa ein Drittel länger als das erste, die folgenden wenig kürzer und unter sich fast von gleicher Länge, das siebente, neunte und zehnte Glied gegen die Spitze leicht verdickt, das achte verkürzt, das Endglied so lang als das zehnte. Beine mäßig schlank, wesentlich dicker als bei *Protobracharthron Reitteri*, die Schenkel — namentlich die vorderen — viel breiter, flachgedrückt, gegen die Spitze sehr wenig verengt. Long. 5 mm.

Dalmatien. Wurde in einer Höhle bei Dugopolje von Herrn Stabsarzt Dr. Marian v. Grabowski entdeckt und mir in mehreren übereinstimmenden Exemplaren zur Determination eingesendet.

5. Pholeuonopsis setipennis n. sp.

Mit *Ph. Ganglbaueri* Apf. verwandt, von dieser durch viel stärkeren Glanz, viel spärlichere Pubeszenz, anders geformten Halsschild, mit zahlreicheren und längeren Borstenhaaren[1]) versehene, viel gröber und zerstreuter punktierte Flügeldecken differierend und leicht zu unterscheiden.

Kopf fein chagriniert, caum punctiert: Halsschild fein chagriniert und äußerst fein, mäßig · dicht punctiert und fein anliegend behaart, die Seiten vor den Hinterecken caum ausgeschweift, diese daher fast rechtwinclig und nicht nach hinten gezogen; Flügeldecken wesentlich gröber und spärlicher punctiert und viel spärlicher anliegend behaart, im apicalen Teile und längs der Seitenränder mit langen (nach außen und hinten an Länge zunehmenden) Borstenhaaren versehen (bei *Ph. Ganglbaueri* treten diese nur gegen den Seitenrand auf, sind cürzer und weniger auffallend); Fühler etwas schlancer als bei der verglichenen Art: Vordertarsen in beiden Geschlechtern viergliedrig, beim ♂ die zwei oder drei basalen Glieder mit Hafthaaren versehen. Long. 4·0 mm.

Südostbosnien. In einer Höhle bei Banja stiena von Herrn Offizial Otto Kaut entdeckt.

6. Bathyscia *(Aphaobius)* Matzenaueri n. sp.

Von *Bathyscia* (s. str.) *Neumanni* Apf. durch viel gedrungeneren Körperbau, namentlich viel cürzere und gewölbtere, auffallend feiner gerandete und wesentlich feiner pubeszente Flügeldecken, an der Basis vor den Hinterecken. viel stärcer ausgeschweiften Halsschild und spitze Hinterecken, kräftigere Fühler, geringere Größe und in beiden Geschlechtern viergliedrige Vordertarsen differierend und der *B. Neumanni* auch habituell wenig ähnlich. Long 2·2 mm.

Penis breit-lanzettförmig mit ziemlich unvermittelt abgesetzter, schmaler, stumpfer Spitze; die Parameren dünn, linear, vor der Spitze etwas verdict, die Penisspitze nicht überragend.

Südbosnien. In einer Höhle der Bjelašnica planina[2]) bei Sarajevo von Herrn Setnik und Herrn Militär-Bauingenieur Matzenauer in größerer Anzahl gesammelt.

---

[1]) Diese heben sich von der kürzeren, feinen, anliegenden Behaarung der Flügeldecken bei seitlicher Ansicht sehr deutlich ab.

[2]) *B. Matzenaueri* ist jene Art, in welcher Herr Reitter irrtümlicherweise meine *B. Neumanni* »wiederzuerkennen« glaubte (cf. Wien. ent. Ztg. 1904, XXIII., p. 260). *B. Neumanni* Apf. lebt, wie in der Beschreibung (Verh. zool. bot. Ges. 1901, p. 16) angegeben, in einer Höhle bei Podromanja, zwei Tagreisen von der Bjelašnica.

7. **Bathyscia** (s. str.) **Kauti** n. sp.

Der *B. silrestris* Motsch. habituell sehr ähnlich und mit ihr
auch im Fühlerbau übereinstimmend, von derselben durch bedeutendere
Größe, den vollständigen Mangel eines Nahtstreifens, viel deutlicher
und schärfer querrunzelige Flügeldecken, wesentlich längere, etwas
wollige Pubeszenz derselben, an der Basis gegen die Hinterecken
viel schwächer ausgebuchteten, vorne etwas breiteren Halsschild,
fast rechtwinklige und nicht nach hinten gezogene Hinterecken desselben differierend und leicht zu unterscheiden.

Mesosternalkiel vorn hoch erhoben, mit abgerundeter Spitze
und senkrechtem Abfall zum Prosternum. Long. 2·1 mm.

Südostbosnien. Wurde in einem einzelnen Exemplar (♀)
von Herrn Offizial Otto Kaut in einer Höhle bei Banja sticna entdeckt und dem Landesmuseum geschenkweise überlassen.

8. **Anophthalmus** *(Duvalius)* **Winneguthi** n. sp.

Dem *A. pilifer* Ganglb. sehr ähnlich, von demselben hauptsächlich durch den Mangel der feinen Behaarung und der Punktreihen auf den Zwischenräumen der Flügeldecken, das Vorhandensein von fünf bis sieben borstentragenden Punkten im dritten und
mehreren (in der Regel 3) solchen Punkten im fünften Zwischenraum derselben, feinere, viel undeutlicher punktierte Streifen der
etwas schmäleren Flügeldecken und etwas geringere Größe leicht
zu unterscheiden. Mitunter finden sich auch auf den übrigen
Zwischenräumen der Flügeldecken einzelne borstentragende Punkte.
Long. 5·0—5·2 mm.

Südbosnien. Von Herrn Präparator Adolf Winneguth
am Eingange einer kleinen Höhle der Romanja planina bei Pale in
mehreren Exemplaren aufgefunden.

9. **Parapropus humeralis** n. sp.

Dem *P. Ganglbaueri* Gglb. ähnlich und nahe verwandt, von
demselben durch die Punktur des Kopfes, anderen Halsschildbau,
kürzere, etwas abweichend geformte Flügeldecken, namentlich die
deutlich vorstehenden Schultern derselben, geringere Größe und
beim ♂ etwas kürzere Vordertarsen differierend.

Kopf nach vorne etwas deutlicher verbreitert und dadurch
kürzer erscheinend, chagriniert, etwas kräftiger, wesentlich dichter
und gleichmäßiger punktiert; Halsschild chagriniert, fein und zer-

streut punktiert, kürzer, vorne an den Seiten stärker gerundet erweitert, vor der Basis tiefer ausgebuchtet und an derselben stärker verengt, daher an der Basis deutlich schmäler als am Vorderrande (bei *P. Ganglbaueri* mehr gleichbreit und an der Basis kaum schmäler als am Vorderrande); Flügeldecken etwas kürzer als bei der verglichenen Art, an den Seiten schwächer gerundet erweitert, gegen die Basis schwächer verengt, mit deutlich vorstehenden, die Halsschildbasis überragenden Schultern.[1]) Fühler und Tarsen wie bei *P. Ganglbaueri*, beim ♂ die Vordertarsen etwas kürzer, Glied 1 und 2 derselben stark, 3 schwach erweitert. Long. 5 mm. Zentralbosnien. In einer Höhle bei Vacar-Vacuf.

10. Bathyscia *(Aphaobius)* insularis n. sp.

Zwischen *B. Gobanzi* Rttr. und *B. narentina* Reitt. stehend, von ersterer durch die viel kürzeren und dickeren Fühler, kurze, z. T. quere äußere Glieder derselben, fein aber deutlich, gegen die Hinterecken fast so stark wie die Flügeldecken punktierten, nach vorne in stärkerer Rundung verengten Halsschild und im Ganzen breiteren, gedrungeneren Körperbau; von *B. narentina* Reitt. durch den breiteren Körper, bedeutendere Größe, die stärker verdickten Fühler, viel kürzere äußere Glieder derselben, deutlich queres zehntes Fühlerglied, wesentlich breitere, relativ kürzere, hinten unvermittelter und viel breiter verrundete, gröber und zerstreuter punktierte und undeutlicher quergerunzelte Flügeldecken leicht zu unterscheiden.

Fühler ziemlich kurz, das erste und zweite Glied gestreckt, fast dreimal so lang als breit und unter sich fast gleich lang, das dritte und fünfte etwa $2\frac{1}{2}$mal so lang als breit, das vierte und sechste kürzer, etwa zweimal so lang als breit, das siebente verdickt, wenig länger als breit, das kleine achte rundlich, kaum länger als breit, das neunte so lang als breit, das zehnte schwach aber deutlich quer, das Endglied schmäler, etwa doppelt so lang als breit.

Von *B. eurycnemis* Reitt. durch die stärker verdickten äußeren Fühlerglieder, breiteren Körperbau, kürzere, hinten viel breiter verrundete, gröber punktierte und viel undeutlicher querrunzelige Flügeldecken und vielleicht auch einfache Hinterschienen des ♂ zu unterscheiden.

Dalmatien. In einer Höhle der Insel Curzola von mir in zwei (anscheinend weiblichen) Exemplaren aufgefunden.

---

[1]) Bei *P. Ganglbaueri* ist die Basis der Flügeldecken so breit als die Basis des Halsschildes, die Schultern daher nicht vorstehend.

11. Bathyscia (s. str.) Ganglbaueri u. sp.

Infolge der stark erweiterten, fünfgliedrigen Vordertarsen des
♂ und des Mangels eines Nahtstreifens in die Gruppe der *B. Erberi*
Schauf. gehörig, von dieser durch viel längere Fühler, breiteren
Vorderkörper, namentlich breiteren, an den Vorderecken allmählich
naeh unten abfallenden Halsschild und bedeutendere Größe differierend,
im Übrigen mit derselben übereinstimmend.

♂. Glied 3 bis 7 der Fühler fast doppelt so lang als breit,
das kleine achte, sowie das neunte und zehnte Glied nicht quer,
das achte höchstens so breit als lang, das neunte und zehnte
etwas länger als breit, beim ♀ die Fühler kürzer, die Glieder
etwas gedrungener, aber immer noch länger als beim ♀ der *B.
Erberi*, höchstens das achte Glied quer. Long. 1·4—1·6 mm.

Von *B. tristicula* Apf., welcher sie am ähnlichsten ist und
mit der sie im Fühlerbau fast übereinstimmt, durch breiteren, vorne
an den Seiten flacher abfallenden Halsschild, beim ♂ fünfgliedrige,
stark erweiterte Vordertarsen und etwas bedeutendere Größe leicht
zu unterscheiden.

Dalmatien. In einer kleinen Höhle bei Cattaro von mir in
vier Exemplaren in Gesellschaft von *Bathyscia eurycnemis* Reitt.
aufgefunden.

II. **Adelopidius** nov. gen. **Pholeuoninorum**
(für *Pholeuonopsis Sequensi* Reitt.).

Von der Gattung *Pholeuonopsis* Apf. durch gerundeten, nach
vorne stark verengten, gewölbten Körperbau, einfach behaarte Flügeldecken, stark gekrümmte, auf der Außenkante undeutlich bedornte,
an der Spitze normal bedornte Mittelschienen, beim ♂ fünfgliedrige
Vordertarsen und vorne stumpfwinklig erhobenen Mesosternalkiel
differierend.

A. Körper länglich, seitlich schwach gerundet, nach vorne wenig
verengt, depreß. Flügeldecken mit doppelter Behaarung, Fühler
und Beine mäßig schlank, Mittelschienen fast gerade, auf der
Außenkante mit deutlicher, regelmäßiger Reihe ziemlich langer
Dornen, am inneren Spitzenrande mit gespaltenen Dornen bewehrt, Vordertarsen bei ♂ und ♀ viergliedrig, nicht erweitert;
Mesosternalkiel vorne fast rechtwinklig erhoben, in Form eines
abgerundeten Zahnes vortretend:

Pholeuonopsis Apf. (*Blattodromus* Reitt.)

Species: *Ganglbaueri* Apf., *setipennis* Apf., *herculeana* Reitt.

B. Körper gedrungen, seitlich stark gerundet, nach vorne stark verengt, gewölbt. Flügeldecken mit einfacher Behaarung, Fühler und Beine sehr schlank, Mittelschienen ziemlich stark gekrümmt, auf der Außenkante undeutlich, am inneren Spitzenrande normal bedornt, Vordertarsen beim ♂ fünfgliedrig, die zwei basalen Glieder deutlich erweitert; Mesosternalkiel vorne stumpfwinklig und mäßig erhoben, nicht zahnförmig vortretend.

Adelopidius n. g.

Species: *Sequensi* Reitt. (Wien. ent. Ztg. 1902, XXI, p. 223).

Leonhardella Setniki n. sp.

Von Edm. Reitter in Paskau.

Der *L. angulicollis* m. täuschend ähnlich, etwas größer und gedrungener gebaut, die Punktur der Flügeldecken doppelt stärker und weitläufiger als die des Thorax und dieser in der Punktur etwa wie bei der verglichenen Art; die Fühler beim ♂ nur etwas kürzer als der Körper, beim ♀ die Deckenmitte etwas überragend, die Dimensionen der Glieder sind beim ♂ und ♀ fast gleich, das 8. Glied ist länger als breit, doppelt kürzer als das 9., beim ♂ nicht ganz doppelt so kurz als das 9., Glied 9., 10., 11. sind fast von gleicher Länge, beim ♂ aber gestreckter. Halsschild kürzer als bei *angulicollis*, an den Seiten vor den Hinterwinkeln viel weniger ausgeschweift, die Winkel an den Seiten vor der Mitte treten deshalb etwas schwächer vor; Flügeldecken plump und etwas länger oval, in oder dicht hinter der Mitte am breitesten, die Schultern sind hier abgerundet, dort winklig vortretend. Long. 4 mm.

In Grotten von Montenegro (an der Nordgrenze) von Herrn Setnik entdeckt und mir gütigst von Herrn Otto Leonhard in mehreren schönen Exemplaren mitgeteilt, wofür ich besten Dank sage.

Kannibalismus bei Coccinelliden.

Von Otto Meissner, Potsdam.

Da ich mich etwas näher mit Coccinelliden befasse, habe ich schon öfter Gelegenheit gehabt, sie bei Ausübung von Kannibalismus zu ertappen. Nicht bloß im Zuchtglase, nein auch im Freien zeigen sie gelegentlich die Neigung, ihresgleichen zu verspeisen. Eier und Puppen werden dabei bevorzugt, da sich die Tiere in diesen Lebensstadien nicht wehren können. Seltener schon fressen die Larven einander auf. Daß sich aber auch die Imagines gegenseitig verzehren, davon wurde ich erst vor kurzem belehrt.

Ich hatte in ein Glasfläschen eine nicht völlig erwachsene Larve von *Coccinella bipunctata* L. getan. Nach über achttägigem Hin- und Herlaufen, dem Verzehren einiger an den Wänden der Flasche abgelegten Motteneier und sehr eifrigen, aber erfolglosen Versuchen, in das Innere eines zugesponnenen, aus dürren Pflanzenstengelstückchen bestehenden Gehäuses einer »Sackträger«raupe zu gelangen, entschloß sich meine *bipunctata*-Larve doch zur Verpuppung; die Puppe wurde ziemlich klein; ähnliches hatte ich auch früher schon beobachtet.

Da fange ich nun eines Nachmittags an einer Eiche ein noch ganz unausgefärbtes Exemplar von *Coccinella 10-punctata* L. Ich setze das Tier zur *bipunctata*-Puppe. Zwei Tage darauf sind von der Puppe nur noch geringe Überreste vorhanden, die die noch lange nicht ausgefärbte *10-punctata* ebenfalls erfolgreich zu vertilgen bemüht ist! Doch das mörderische Tier sollte bald seine gerechte Strafe erleiden. Einige Tage später setzte ich nämlich einhalb Dutzend ebenfalls noch unausgefärbte, ganz weiche Exemplare von *bipunctata* zu der inzwischen ausgefärbten, zu var. *10-pustulata* L. gewordenen *10-punctata*. Und schon am nächsten Morgen waren mehrere *bipunctata*'s über den Genossen von der fremden Art hergefallen und hatten seinen Hinterleib völlig verspeist, gerade als ob sie die aufgefressene Puppe von ihrer Art rächen wollten. Heute, nach wieder ein paar Tagen, sind von der *10-p.* nur noch die Flügeldecken übrig. Untereinander aber haben sich die *bipunctata*-Tiere noch nicht das geringste getan. Was sie wohl veranlaßte, gerade die fremde Art so anzugreifen?

Potsdam, 25. Juni 1907.

Bemerkungen zur Monographie der Issiden (Homoptera).

Von Dr. L. Melichar in Wien.

Nach Drucklegung der in den Abhandlungen der ¿. ¿. zool. bot. Gesellschaft in Wien, Band III, 1906 erschienenen Monographie der Issiden sind mir einige Unrichtigkeiten bekannt geworden, auf welche ich im Nachstehenden aufmerksam mache.

Seite 28. An Stelle des Gattungsnamens *Peltopotellus* Put. 1886 wäre der ältere Name **Aphelonema** Uhler 1875 zu setzen.

» 40. Der Name *Bergiella* ist präoccupiert (Baker) und beantrage daher den Namen **Peripola** n. g.

» 62. Ist bei 5. *Gergithus vidulus* die Ortsangabe statt »Südafrica« »Indien« richtigzustellen, da Pondichery südlich von Madras liegt.

» 65. *Gergithus carbonarius* ist eine Varietät von *G. variabilis* Butl.

» 101. In der Tabelle der Gattungen der Issidengruppe ist bei 13 statt Indomalaische Arten »Australische Arten« zu setzen und da bei *Lipocallia* nach Kirkaldy's Mitteilung der Hinterrand des Pronotums ausgeschnitten ist, gehört diese Gattung zum p. 14.

» 135. *Hysteropterum placophorum* ist von Horváth in Annal. des ¿. ¿. naturh. Hof-Mus. Wien XX, p. 10 (1905) beschrieben und ist daher an Stelle des »in lit« das Zitat zu setzen.

» 140. *Hysteropterum assimile* von Horváth in Annal. des ¿. ¿. Hof-Mus. Wien XX, p. 10 (1905) beschrieben.

» 151. Bei *Hyst. marginale* Walk. ist bei der Vaterlandsangabe »Cape Coast« Süd-Africa beizusetzen und gehört somit diese Art in die Gruppe der africanischen Arten.

» 152. Ist statt *Hyst. Moschi Hyst.* **Katonae** zu setzen, und auf Seite 153 ist die Vaterlandsangabe richtig zu stellen, da *Moschi* der Ort und Katona der Name des Sammlers ist.

» 157. Statt des Gattungsnamens *Telmessus* Stål ist der von Kirkaldy Entom. XXXIV, p. 6 (1901) vorgeschlagene neue Name **Colmadona** zu setzen.

Seite 160. Der Name *Rileya* ist vergeben und daher durch **Miso-dema** zu ersetzen.

» 169. Vor der Gattung *Dictyobia* ist die verwandte Gattung **Dictyonia** Uhler Tr. of the Maryland Acad. I, p. 41 mit der Art *D. obscura* Uhler loc cit. aus Californien zu setzen.

198. *Scalabis tagalica* Stål kommt nach Stål auf den Philippinen vor.

» 236. *Ornithissus* Fowl = *Scolops* Schaum und gehört in die Familie der *Dictyopharidae*.

» 238. Statt *Acrometopus* Sign ist die Bezeichnung **Durium** Stål zusetzen, während auf Seite 244 statt der neuen Bezeichnung *Parametopus* der Name **Acrometopum** Stål zu setzen ist.

» 246. *Heinsenia cribrifrons* kommt auch in Zanzibar (Museum in Madrid) vor.

» 248. *H. nigrocenosa* kommt auch in Zanzibar (Museum in Madrid) vor.

» 258. Statt des Namens *Enipeus* Stål ist die von Kirkaldy Wien. ent. Zeit. XII, p. 13 (1903) vorgeschlagene neue Bezeichnung **Heremon** zu setzen.

» 265. Der Name *Delia* ist präoccupiert (Dipt. 1830), ist daher in **Ardelia** zu ändern.

» 267. Vor der Gattung *Camerunilla* Hagl. ist die Gattung **Bardunia** Stål Trans. Ent. Soc. London ser. 3 I, p. 589 (1863) mit der Art *B. nasuta* Stål aus Batchian zu setzen, welche der Gattung *Flavina* sehr nahe steht.

» 294· Typus der Gattung *Thabena* ist *Th. retracta* (Walc.) Stål. Berl. ent. Zeit. 1866.

Otto Kambersky †.

Ein Nachruf von Edm. Reitter in Paskau (Mähren).

Der langjährige Direktor der landwirtschaftlichen Winterschule, der Landesversuchs- und Samenkontroll-Station in Troppau, Otto Kambersky ist den 16. Februar 1907 plötzlich und unvermutet in seinem 48. Lebensjahre einem Herzschlage erlegen.

Der Zentral-Ausschuß der österr. schlesischen Land- und Forstwirtschafts-Gesellschaft widmet demselben einen sehr warmen und anerkennenden Nachruf und sagt, daß durch sein plötzliches Hinscheiden seine seit 1890 in mustergiltiger Weise geleiteten Institute verwaist stehen und daß es schwer halten wird, für ihn einen vollwertigen Ersatz zu schaffen.

Ö. Kambersky wurde am 10. März 1859 in Budweis (Böhmen) als der Sohn des Herrn Finanzkommissärs, späteren Hofrates Kambersky, geboren. Er besuchte die Volks- und Mittelschulen in seiner Geburtsstadt und praktizierte vom Jahre 1878 bis 1879 als Landwirt an der fürstlich Schwarzenberg'schen Herrschaft Frauenberg, studierte darauf durch 3 Jahre an der landwirtschaftlichen Lehranstalt in Mödling bei Wien; praktizierte dann ein Jahr (1883) auf der kaiserlichen Herrschaft Kácov, worauf er 2 Jahre die Hochschule für Bodenkultur in Wien besuchte. Sodann war er an der höheren landwirtschaftlichen Schule in Mödling als Lehrer tätig, von wo aus er im Jahre 1888 eine halbjährige Reise mit Herrn Hans Leder in die südlichen Kaukasusländer unternahm, die hauptsächlich entomologisch-coleopterologische Zwecke verfolgte. Im Jahre 1890 wurde er Leiter der Troppauer landwirtschaftlichen Winterschule. Als solcher schuf er eine Reihe nützlicher, landwirtschaftlicher Institute, die dem Lande von großem Nutzen sind und seinen Gründer dauernd ehren werden.

Kambersky war ein Mann von sehr ruhigem Wesen, aber von ungewöhnlicher Bildung und reichem Wissen; er hatte auf seinen zahlreichen Reisen, die bis nach Nischninowgorod ausgedehnt wurden, einen Schatz von Erfahrungen gesammelt und galt auch

außerhalb seiner engeren Heimat in der wissenschaftlichen Welt
besonders auf dem Gebiete der **Pflanzenphysiologie** als großer Kenner,
dessen Ruf über die Grenzen Österreichs hinausging. Er hatte seit
1890 alle landwirtschaftlichen Kongresse besucht nnd auf diesen
manche wertvolle Anregung gegeben und mit dem Inhalte seiner
Worte viele für die von ihm vertretene Landwirtschaft zu gewinnen
verstanden. Als verständiger Fachschriftsteller war er ein will-
kommener Mitarbeiter vieler Fachschriften und publizierte eine Reihe
größerer abgeschlossener literarischer Arbeiten. Hiefür wurden ihm
mehrfache Anerkennungen zuteil. Als Coleopterologen lernte ich ihn
in Mödling, während seiner Lehrtätigkeit am dortigen Francisco-
Josephinum 1886 kennen. Seine Mußestunden widmete er nur seinen
Lieblingen und er hinterläßt eine sehr reizvolle Sammlung, die sehr
reich an Seltenheiten ist, die er gerne aquirierte, dagegen dürfte
manche gewöhnliche Art in derselben fehlen. Sie wurde dem Landesmuseum in Prag zugeführt.

Kambersky starb als Junggeselle; ihn betrauert seine Mutter
und eine Schwester, welch' letztere an den Herrn Professor Sigmund in
Prag verheiratet ist.

Mir war er stets ein liebevoller, anhänglicher Freund, der
mich auch später in Passau bei vielen Anlässen besuchte.

Er wird mir und allen seinen Freunden in liebevollem Ange-
denken unvergessen bleiben.

Dr. O. M. Reuter on the genus Valleriola.

By W. L. Distant (South Norwood, Surrey, England).

In a recent issue of this Zeitung (ante p. 211), Dr. Reuter has published an article, or rather a personal attack, in which he has allowed himself, to use expressions not generally considered courteous in scientific discussion[1]). I do not complain of this, as it is quite immaterial, but he has so obscured the question between us, that it is necessary, however I dislike controversy, to make some reply in common fairness to myself. The matter in dispute is unfortunately of the most trivial detail, and scarcely likely to further the cause of entomology.

In 1904 I proposed the genus *Valleriola* for a species of *Saldidae*, belonging to the subfam. *Saldinae* by possessing only two ocelli, as distinguished from the subfam. *Leptopinae* known by the possession of three ocelli, and I figured the typical species. I received a letter from Dr. Reuter saying that he considered it a synonym of *Leptopus assuanensis* Costa, which the had redescribed as *L. niloticus* in 1881, and Bergroth had again redescribed as *L. strigipes* in 1891. I replied (the press copy of the letter is now before me) that I thought I had followed him in separating the *Saldinae* from the *Leptopinae* by the possession of only two ocelli, and in that case the two species could not be the same but must belong to different genera, and asking him to let me see a cotype of his *L. niloticus* so that I could make any necessary correction in the appendix of my volumes on the Indian Rhynchota. I received no reply, but subsequently »sein Freund Bergroth« (Wien. Entomol. Zeit. XXV. p. 8. 1906) among some other miscellaneous assertions, strongly declared *Valleriola* to be congeneric with *Leptopus*. There the matter might have rested so far as I was concerned for unfortunately I have not the time of reply to all the strictures of that accomplished homeromastix. But Reuter in a remarkable polemic (Die Klassifikation der Capsiden) in which I was reproved for not following his method with the *Capsidae* added a footnote, to show my utter unreliability on these questions, stating that I had described this Leptopid as a Saldid. I therefore felt called upon to explain (Ann. Mag. Nat. Hist. [7], XVIII, p. 293, 1906) that if any mistake had been made with the position of the species, it was Reuter and Bergroth who had placed it in the wrong subfamily, for I had

---

[1]) As »Unsinn«, a want in »normal und logisch Denken«: »Absurdität« etc.

proved, by independent testimony, that *Valleriola* only possessed two ocelli while *Leptopus* is known by three. Colour was lent to this explanation by the strange omission of both Reuter and Bergroth from making any reference to the ocelli in their descriptions.

Dr. Reuter now admits that *Valleriola* only possesses two ocelli, but shifts his ground and accuses me of having made an artificial distinction between these subfamilies by the number of the ocelli. That distinction is not my own; I am under the impression that Reuter has used it himself but cannot remember the reference, though he can easily contradict me if I am inaccurate in my surmise. But I can give stronger evidence of these characters having been used by other entomologists. Edward Saunders is well known to Reuter; he dedicated the fifth part of his »Hem. Gymn. Europac« to him, and Saunders in his »Hem. Het. of the Brit. Islds« (a work which Reuter doubtless possesses) writes (p. 172) under the Fam. *Saldidae* »ocelli placed between the eyes, two in number in the *Saldina*, three in the *Leptopina*«. This was published in 1892: it is therefore strange that I should be considered, and that by an authority on the *Rhynchota*, as the author of the distinction in 1904. Other writers have of course followed the same discriminative process. It is therefore evident, apart from all attempts to obscure the point, that if we admit this classification, as was done to the time I wrote, that I was right in placing *Valleriola* in the *Saldinae*, and that Reuter and Bergroth were in error.

Dr. Reuter states that he has examined all the species which in his view belong to *Leptopus* and finds the number of the ocelli a very variable quantity. This is a not unexpected fact and points to the requirement of generic revision, but in common fairness he must remember that he did not know this when he made his charge, that he and Bergroth had totally overlooked the ocelli in their descriptions, and that therefore his personal strictures recoil upon himself and prove his own error.

I do not reply to other strictures. He writes that I have divided divisions of *Capsidae* on a single character which he has refuted in his »Die Klassification der Capsiden«. I have defined a detailed examination of this polemic tilt I again deal wich the family, though Kirkaldy who says he has studied it, remarks, »it is a remarkable piece of work«, but »that many of the characters used are very subtile, and render the study of this difficult group even harder«.

Der Ameisenbesuch bei Centaurea montana L.

Von Prof. **Alfred Hetschko** in Teschen.

Die extrafloralen Nectarien von *Centaurea montana* L. wurden, soviel mir bekannt, zuerst von F. Delpino[1]) bei Vallombrosa in Italien beobachtet. Nach den Angaben dieses Forschers dienen die Nektartröpfchen an den Anthodialschuppen als Anlockungsmittel für Ameisen, die fast an jedem Köpfchen angetroffen wurden. Diese Beobachtungen wurden von E. Ráthay[2]) bestätigt, der an den Honigtröpfchen der Bergflockenblume[3]) stets zahlreiche Ameisen bemerkte, die folgenden Arten angehörten: *Camponotus aethiops* Ltr., *Plagiolepis pygmaea* Ltr., *Formica gagates* Ltr., *Lasius brunneus* Ltr. und *L. emarginatus* Ltr. Dagegen konnte R. von Wettstein[4]) keinen Ameisenbesuch constatieren. Er sagt: »Wie schon Eingangs erwähnt, habe ich Gelegenheit genommen *Centaurea montana* L. und die ihr nahestehende *C. carniolica* Host in dieser Hinsicht zu untersuchen und kann daher behaupten, daß in unseren Gebieten diese Pflanzen nicht zu den myrmecophilen Pflanzen zu zählen sind, womit nicht geleugnet werden soll, daß dieselben in anderen Florengebieten und unter diesen entsprechenden anderen Verhältnissen dazu gehören«. Die Standorte, an denen v. Wettstein die Berg-Flockenblume beobachtet hat, sind nicht angegeben und da weitere Mitteilungen nicht vorlagen, so ist es jedenfalls eine zu weit gehende Verallgemeinerung, wenn F. Ludwig[5]) behauptet: »In Österreich und Ungarn entbehrt diese Art

---

[1]) F. Delpino, Rapporti tra insetti e tra nettarii estranuziali in alcune plante. Bullet. d. soc. entom. ital. Anno VII. 1875, p. 72 und 76.

[2]) E. Ráthay, Untersuchungen über die Spermogonien der Rostpilze. Denkschr. d. Akad. d. Wissensch. Wien, 46. Bd. 1882. p. 30.

[3]) Der Standort ist aus der Abhandlung nicht zu ersehen. Wahrscheinlich wurden die Beobachtungen in der Umgebung von Klosterneuburg angestellt.

[4]) R. von Wettstein, Über die Compositen der österreichisch-ungar. Flora mit zuckerabscheidenden Hüllschuppen. Sitzber. d. Akad. d. Wissenschaft. Wien, 97. Bd. 1888. I. Abt. p. 585.

[5]) F. Ludwig, Lehrbuch der Biologie der Pflanzen. (Stuttgart 1895) p. 258.

[*C. montana*] ebenso wie die gleichfalls in anderer Weise geschützten Arten *C. rupestris* und *C. scabiosa*, der Nektarsekretion und des Ameisenbesuches«.

Wie wenig zutreffend diese Angabe ist, ergibt sich daraus, daß ich in der Umgebung von Teschen in Schlesien bei *Centaurea montana* Zuckerabscheidung und Ameisenbesuch beobachtet habe, und es ist sehr wahrscheinlich, daß dies auch in anderen Kronländern konstatiert werden wird.

Die Berg-Flockenblume kommt in Österreichisch-Schlesien auf der Barania und bei Roppitz an der Olsa vor. Von letzterem Standorte stammen die Pflanzen im Schulgarten der Lehrerbildungsanstalt in Teschen, im Pfarrgarten und in einem Bauerngarten in Kameral-Ellgoth (bei Teschen), an denen ich heuer (vom 20. Mai bis zum 2li. Juni) meine Beobachtungen angestellt habe. Die Ausscheidung der Nektartröpfchen erfolgt, wie bei anderen *Centaurea*-Arten, durch Spaltöffnungen an den Anthodialschuppen, ist an den Köpfchen im Knospenzustande am stärksten, läßt dann während der Blütezeit etwas nach, hört aber noch längere Zeit nach dem Verblühen nicht vollständig auf. Ich habe selbst an Köpfchen mit ganz trockenen und braunen Blüten immer noch an einigen Hüllkelchschuppen, sofern sie nur saftig und grün waren, Nektartröpfchen gesehen. Es scheint, daß die Drüsen vor dem Austrocknen der Hüllschuppen noch den Rest ihres Inhaltes entleeren.

Die Honigtröpfchen wurden stets von Ameisen (*Myrmica laevinodis* Nyl., *M. ruginodis* Nyl. und *Lasius niger* L.) aufgesucht. Von etwa 400 Köpfchen im Pfarrgarten waren während des Knospenzustandes gewöhnlich 25 Prozent, von den 30 Köpfchen im Bauerngarten 75—80 Prozent mit Ameisen besetzt. Im Schulgarten entwickelten sich nur drei Blütenstände, die von der Knospe bis zum Verblühen eine ständige *Lasius niger*-Wache hatten. Während der Blütezeit ließ der Ameisenbesuch etwas nach und an den abgeblühten Köpfchen bemerkte ich nur bisweilen noch einige Ameisen. Am zahlreichsten ist der Ameisenbesuch in den Morgenstunden oder bei trübem Wetter. Aber auch in den Mittagsstunden fand ich bei schönem Wetter an den Flockenblumen im Bauerngarten, die im Schatten eines Apfelbaumes standen, die meisten Köpfchen mit Ameisen besetzt.

Außer den Ameisen, die die Pflanze gegen die Angriffe anderer Insekten schützen, beobachtete ich an den extrafloralen Nektarien noch zahlreiche ungebetene Gäste. Es sind folgende Arten:

Hymenoptera: *Apis mellifica* L., *Psithyrus campestris* Panz. (2 Expl.), *Halictus quadricinctus* F. (3 Expl.), *H. albipes* F. (2 Expl.), *Vespa silvestris* Scop., *V. rufa* L.

Diptera: *Syrphus ribesii* L., *Calliphora erythrocephala* Meig., *Sarcophaga carnaria* L., *Lucilia caesar* L., *Homalomyia canicula* Mg.[1] (1 Expl.), *Hylemyia nigrimana* Meig.[1] (3 Expl.), *Chortophila* sp.

Coleoptera: *Cantharis fusca* L. (1 Expl.), *C. nigricans* Müll. (2 Expl.), *Coccinella 11 punctata* L. (2 Expl.)

Die Alten, bei denen die Zahl der beobachteten Exemplare nicht angegeben ist, waren häufige und täglich wiederkehrende Besucher. Namentlich die Honigbiene hat eine besondere Vorliebe für den extrafloralen Honig. Schon an den Knospen der Köpfchen konnte ich einige Bienen beobachten. Nach der Entfaltung der Blüten war jedoch der Besuch so zahlreich, daß namentlich in den Mittagsstunden oft kein Köpfchen unbesetzt blieb.

Obwohl die Stelle, wo der Nektar austritt, nicht wie bei manchen *Vicia*-Arten durch eine schwarze oder bräunliche Färbung gekennzeichnet ist, setzen sich die Bienen entweder direct auf den Hüllkelch oder auf den Stempel und kriechen an diesem zu den Nektarien hinauf. Die Bienen, die den Blütenhonig einsammeln, begeben sich niemals von den Köpfchen auf den Hüllkelch, wobei ihnen die Randblüten hinderlich wären, und fliegen stets wieder auf andere Blütenköpfchen. Ich beobachtete öfters Bienen, die 30 bis 36 Blütenköpfchen nacheinander aufsuchten und den extrafloralen Honig ganz unberührt ließen.

Von normalen Besuchern der Blüten von *Centaurea montana* beobachtete ich die folgenden: *Bombus terrestris* L. (saugend), *B. hypnorum* L. (sgd.), *B. scrimshiranus* F. (sgd.), *Psithyrus campestris* L. (sgd.), *Apis mellifica* L. (saugend und pollensammelnd), *Osmia fulviventris* Panz. (pollens.) und *Andrena nitida* K. (pollens.) Auffallend ist, daß sich Schmetterlinge, die bei anderen *Centaurea*-Arten zu den regelmäßigen Besuchern gehören, gar nicht einfanden.

Während bei *Centaurea montana* in der Regel zwei bis fünf Antheridialschuppen Nektar absonderten, ist die Zuckerabscheidung bei *Centaurea cyanus* L., die ich ebenfalls beobachtete, bei weitem geringer. Die extrafloralen Nektarien der Kornblume wurden zuerst von Kóthay (l. c. p. 31) in der Umgebung von Klosterneuburg beobachtet, der an ihnen ebenfalls mehrere (nicht näher bestimmte)

---

[1] Die Bestimmung dieser beiden Arten verdanke ich Herrn Dr. P. Speiser in Zoppot.

Ameisenarten in zahlreichen Exemplaren angetroffen hatte. In der Umgebung von Teschen fand ich unter den vielen untersuchten Köpfchen nur zwei, die mit je drei *Lasius niger* L. besetzt waren. Andere Insecten traf ich niemals an. Ráthay sammelte an den Honigtröpfchen nur *Trypeta onotrophes* Lw., *Anthomyia* sp. und *Decatoma* sp. in je einem Exemplare. Dieser geringe Insektenbesuch entspricht den wenig ausgebildeten Locumitteln der Kornblume. Von den untersuchten Köpfchen hatten nur 64 Prozent extraflorale Nectarien im Knospenzustande, 35 Prozent während des Blühens und ebensoviele nach dem Verblühen. Meistens bemercte ich nur an einer einzigen, seltener an zwei bis fünf Schuppen Nektartröpfchen. Auch bei dieser Art connte ich an abgeblühten Köpfchen und selbst an solchen, bei denen schon alle troccenen Blüten abgefallen waren, noch Zuckerabscheidung wahrnehmen.

Es ist möglich, daß auch bei der Kornblume, wie bei der Berg-Floccenblume, in einigen Gebieten ceine Zuckerabscheidung erfolgt. Die Verhältnisse, unter denen die extrafloralen Nectarien functionieren, sind uns noch sehr wenig becannt und es cann auch der Fall eintreten, daß bei ein und derselben Pflanze die Nectarabsonderung eingestellt wird. Kerner[1]) beobachtete nämlich an den Blattzähnen von *Viburnum tinus* bei Innsbruck cräftige Zuckerabscheidung, die er aber nach mehreren Jahren nicht mehr bemercen connte.

---

[1]) Conf. R. v. Wettstein, l. c. p. 585.

Coleopterologische Notizen.

Von Edm. Reitter in Paskau (Mähren.)

678. *Cleonus (Eucleonus) Jouradliowi* Reitt. D. 1907. pg. 258
soll richtig heißen: *Jouravliowi* und der Autor von dem dabei
erwähnten *Cl. tetragrammus* Ball. ist ein Druckfehler für Pall.

679. *Strophosomus insignitus* Reitt. n. sp. in D. 1907, pg. 262
ist, wie mir Dr. Flach mitteilte, ein *Pholicodes*.

680. Im neuen Catalogus Col. Europae vom Jahre 1906 habe ich
für die *Cholera magnifica* Rybinsci, welche ich zu sehen Gelegenheit hatte, den Genusnamen **Rybinskiella** eingeführt.
Der gedrungene Bau des Körpers, der abweichend geformte
schmale und hohe Thorax mit scharf rechtwinkligen Hinterwinkeln, wie sie bei dieser Gattung nicht vorzukommen pflegen,
dann die fast parallele Basalpartie desselben, das längere,
wenig vom vorhergehenden Gliede verschiedene Endglied der
Maxillartaster und die einfachen Tarsen des ♂ berechtigen
diese generische Absonderung. An den Vorderfüßen des ♂
sind die zwei Wurzelglieder kaum erkennbar erweitert.

681. *Omophron tessellatum* Dej. aus Aegypten, kommt auch in
Sardinien vor, von wo es mir durch Herrn Bang-Haas in
größerer Anzahl vorliegt. Die Flügeldecken sind vollständig,
wie bei der aegyptischen Art, gezeichnet, nur ist die grüne
Dorsalmakel des Halsschildes, wie bei *variegatum* Ol., in drei
Flecken aufgelöst. Ich nenne diese Form var. **sardoum** nov.
Bei einem Stücke sind diese drei Flecken mit einander verbunden, welches dadurch von dem aegyptischen *tessellatum*
nicht zu unterscheiden ist. Wahrscheinlich ist *tessellatum* Dej.
auch nur eine Rasse des *variegatum* Ol.

682. *Eucleonus Jouradliowi* Reitt., recte *Jouravliowi* Reitt. D.
1907, 258 von Uralsc = nach einem von Faust bestimmten
Exemplare in der v. Heyden'schen Sammlung *Stephanocleonus
microgrammus* Gyll. Diese Art hat aber das dritte Hintertarsenglied mit vollständiger Schwammsohle und ist mithin

ein *Stephanocleonus*, sondern ein *Eucleonus*. Meine Art habe ich mit der Beschreibung von *microgrammus* consultiert, auf die sie mir in einigen Puncten nicht zu passen schien; dann hat mich die Stellung der Art durch Faust zu *Stephanocleonus* verleitet anzunehmen, daß auch die Besohlung des fünften Hintertarsengliedes eine unvollständige sein müsse.

683. *Tachys striolatus* Reitt. aus Turcestan, commt auch in Bessarabien bei Kischineff vor. (Dr. E. Müller.)

684. *Agabus regalis* Petri war der Autor so freundlich mir in zwei Pärchen zucommen zu lassen. Ich canu ihn von *Kiesenwetteri* Seidl. nicht unterscheiden, mit welchem er nicht verglichen wurde.

685. *Quedius cohaenus* Epph. aus Transcaspien und Samarcand commt auch am Araxes bei Ordubad vor. Mir liegen von daher mehrere vollcommen übereinstimmende Stücce vor.

686. *Mendidius granulifrons* Reitt. erhielt ich in Anzahl durch Herrn Plustschewsky aus der Umgebung von Astrachan.

687. *Saprinus Netuschili* Reitt., beschrieben W. 1904. 33 aus der Mongolei, erhielt ich als *lividus* in einiger Zahl von Astrachan.

688. Nach G. Lewis' brieflicher Mitteilung ist der Name *Coptochilus* Rey für *Hister major*, dann *Heterognathus* Rey, welche beide als Untergattung von *Hister* in unserem Kataloge figurieren, vergeben und sind beide durch die Lewis'schen Namen *Macrolister* und *Pachylister* zu ersetzen und als voll berechtigte Gattungen von *Hister* auszuscheiden.

Zwei neue Collembolen-Gattungen.

Von Privatdozent Dr. K. Absolon in Prag.

(Mit 3 Figuren im Texte.)

Troglopedetes pallidus nov. gen. nov. sp. aus den Höhlen des österreichischen Litoralgebietes.

Artdiagnose. Die ganze Gestalt dieses Troglodyten auffallend buckelig. (Der Verlauf der medianen Linie von Abdomen III bis zu den Antennen bildet fast eine Parabel). Pronotum häutig, klein. Mesonotum nicht vorragend. Abdomen IV. dreimal länger als Abdomen III. Thorax kräftig entwickelt. Alle Segmentgrenzen deutlich. Keine Ommatidien oder Stirnaugen, kein Augenfleck. Antennen mehr als zweimal so lang wie die Kopfdiagonale. Es verhält sich Antenne $I : II : III : IV = 4 : 7 : 6 : 10$. — Antenne III. mit dem gewöhnlichen Sinnesorgan: zwei durch starke Borsten geschützte Sinnesstäbchen. Am distalen Ende der Antenne II. ein ähnliches Sinnesorgan aus drei etwas kürzeren, aber dickeren und schiefgestützten freiliegenden Sinnesstäbchen bestehend, welche ebenfalls durch steife Borsten geschützt sind. (Auf normale Existenz des Antennelorganes II. hat Hugo Agren[1] unlängst ganz richtig hingewiesen.) — Antenne IV. distal mit zahlreichen, kurzen, stacheligen, sekundär gefiederten Börstchen besetzt, mehrere wahre, sehr feine, einfache Sinnesborsten sitzen in tellerförmigen Vertiefungen. Alle Extremitäten und Sprungapparat schlank, kräftig ausgebildet, was auf eine große Sprungfähigkeit (Cyphoderus-artig) hindeutet. Klaue (Fig. 1) mit einfachen, ungezähnten

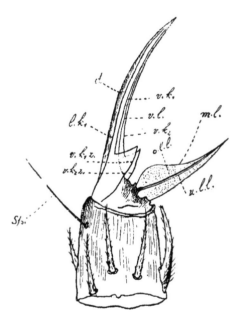

Fig. 1.
Klaue des *Troglopedetes pallidus* nov. gen. nov. sp.

---
[1] H. Agren. Zur Kenntnis der Apterygotenfauna Süd-Schwedens. »Stettiner entomol. Zeitung«, 1903. p. 113 u. f.

lateralen Kanten (l. k.$_1$, l. k.$_2$). Ventrale Lamelle[1] (v. l.) zwei-
cantig (v. k.$_1$, v. k.$_2$); jede dieser Kanten trägt basal einen großen Zahn,
Ventralkantenzahn (v. k.$_1$ z., v. c.$_2$ z.) — Empodialanhang robust, halb
so lang wie die Klaue. Mediane Lamelle (m. l.) nach innen gewendet,
gebogen, in eine scharfe Spitze auslaufend, höchst fein granuliert; obere,
wie untere Lamellen (o. l. l., u. l. l.) vorhanden. Tibiotarsus mit einer
steifen, einfachen, nicht verdicten Spürborste (sp.). Sprungapparat reicht
in ruhiger Lage bis zum Pronotum. Manubrium gleich lang wie Dentes,
an der dorsalen Seite dicht beschuppt, ventro-lateral vier Reihen verschiedener Borstarten: curze, steife, sekundär gefiederte Börstchen, daneben (doppelt) einfache, curze, endlich längere, etwas keulige, secundär
gefiederte Borsten, zwischen denen einige (ganz ventral) durch ihre bedeutende Länge hervorragen. Dentes ungeringelt. Dorsal dicht beschuppt,
ventrolateral extern mit drei Borstenreihen, intern mit einer Dornenreihe

besetzt; ich connte
17 Dorne zählen,
die sich am proxi-
malen Densende in
sieben fein gefie-
derte, starce, curze
(exclusive der letz-
ten) Borsten um-
wandeln. Der Mucro
ist ein Neuntel der Denslänge, wird vom Tiere
eigentümlich rechtwinclig getragen und ist
sehr compliziert gebaut. (Fig. 2). Er ist dünn,
dabei flach aber trotzdem mit mehreren Kanten,
Lamellen, Leisten und Zähnen bewaffnet, so
daß eine perfecte Untersuchung dieses durch-
sichtigen appendikularen Gebildes sich äußerst
schwierig gestaltet und nur bei starcer Vergrößerung (Homog. Immersion Reichert $^1/_{18}$ u.
Oc. IV.) vollzogen werden cann. Wir commen
so zu dem Ergebnisse, daß dieser Mucro bi-
lateral-symmetrisch gebaut ist. Lateral beobachtet nehmen wir wahr: laterale Kante$_1$
(dextra, l. k.$_1$), dorsale Linie (d. L.), laterale

Fig. 2.
Der Mucro des *Troglopedetes*
pallidus nov. gen. nov. sp.

---

[1] Ich benütze dieselbe Terminologie, wie in dem Aufsatze K. Absolon.
Untersuchungen über die Apterygoten auf Grund der Sammlungen des Wiener
Hofmuseums. »Ann. d. k. k. naturh. Hofmuseums« B. XVIII. p. 91 u. f.

Kante$_2$ (sinistra = l. ι_2) durchschimmernd; mediane ventrale Lamelle (m. v. l.) mit gewöhnlichen zwei Kanten, aber einem großen Zahn (m. v. l. z.$_1$), ventrale Kante$_1$ (dextra = v. ι_1) ohne Zahn, ventrale Kante$_2$ (sinistra = v. k.$_2$) mit zwei ungleich großen Zähnen (z.$_2$, z.$_3$); von z.$_1$ zieht sich an beiden Mucroseiten (lateral) je eine Leiste L_1 (sinistra) und L_2 (dextra = nicht sichtbar, durchschimmernd). Solche Vorstellung habe ich vom *Troglopedetes*-mucro gewonnen, es wird aber sehr vorteilhaft sein, wenn noch andere Kollegen dieses Gebilde kritisch nachuntersuchen. Über dem Mucro ragt dorsal eine größere einfache Schuppe (nicht in dem Sinne, wie die bekannten *Cyphoderus*-Wimperschuppen), ventral die letzte umgewandelte Borste der Densdornreihe. (Siehe Fig. 2).

Länge des Tierchens 1–1·4 mm. Farbe silberweiß, fast durchsichtig, ohne irgend welche Spur einer Pigmentierung. Ich habe drei Exemplare dieser Collembole vom »Club d. Touristi Triestini« zur Bearbeitung erhalten und es hat dieselben am 14. August 1904 Herr A. Perko in der Wasserhöhle »Grotta di Hoticina« (Hotiska-Jama-Ponikve)[1]) in der Nähe von Matteria (Istrien) gesammelt.

Dieses blaße, depigmentierte, blinde Collembol ist eine zur subterranen Lebensweise typisch angepaßte Höhlenform; die starke Ausbildung der antennalen Sinnesorgane kann gewiß als Kompensation der in Verlust gegangenen Sehorgane betrachtet werden.

Nach heutiger Auffassung des Entomobryidensystems ist *Troglopedetes* in die Unterfamilie Entomobryinae Schäffer zu stellen und zwar wegen ungeringelten Dentes in die Nähe der *Paronella*- und *Cyphoderus*-gruppe. — *Troglopedetes* hat mit *Cyphoderus* eine gewisse Ähnlichkeit, namentlich wenn wir seine Blindheit in Augenmerk nehmen, unterscheidet sich aber gründlich durch die drei wertvollen *Cyphoderus*-Charaktere: dentale Doppelreihe von Wimperschuppen, gezähnte mediane Lamelle des Empodialanhanges und nur an einer Kante groß gezähnte ventrale Lamelle der Klaue.[2]) Ich

---

[1]) G. A. Perko. Grotta di Hoticina. »Il Tourista« Anno XI. p. 44 u. f.

[2]) Zu dem längst bekannten europäischen myrmecophilen *Cyphoderus albinos* Nic. gesellen sich die Börnerschen Arten *C. bidenticulatus* (Italien), *C. Heymonsi* (Transkaukasien), *C. javanus* (Java), *C. agnotus* (Argentinien), *C. assimilis* (Kairo), die von Seiten der schwedischen zoologischen Expedition L. A. Jägerskiöld in Aegypten entdeckten und von Wahlgren beschriebenen *C. sudanensis*, *C. termitum*, *C. arcuatus* (Results of the Swedish Zoological Expedition to Egypt and the White Nile 1901 under the Direction of L. A. Jägerskiöld. Nr. 15. Apterygoten). Namentlich diese drei letzten, termitophilen Arten scheinen sehr delikate Formen zu sein und es wäre im Interesse der Sache, wenn Wahlgren

stelle also vorläufig unseren Troglodyten zu den Paronellini, indem zum Verständnisse seines Mucro so wie so der Bau des *Paronella*-mucros herangezogen werden muß.

Die Gattungsdiagnose von *Troglopedetes* lautet: Auffallend buccelige Gestalt. Abdomen IV. viel länger als Abdomen III. Keine Ommatidien. Klaue mit großen, gleichen Zähnen an beiden Kanten der ventralen Lamelle, Empodialanhang ungezähnt. Dentes ungeringelt, intern lateral mit je einer Dornenreihe. Mucro flach, bilateral symmetrisch, kompliziert gebaut mit 1 + 1 lateralen Kanten, zweikantiger, ungleichmäßig gezähnter Ventrallamelle, 1 + 1 lateralen Leisten. Mucroachse zur Densachse rechtwinkelig. Schuppen vorhanden. Ein zum Höhlenleben typisch angepaßtes Tier.[1])

Corynephoria Jacobsoni nov. gen. nov. sp., Vertreter einer neuen Subfamilie der Symphypleonen, *Corynephoriinae*, aus dem indoaustralischen Faunengebiete. (Fig. 3).

Artdiagnose. Thoracal- und Abdominalsegmente in der bekannten Weise zusammengewachsen; Segmentgrenzen nicht angedeutet. Das ganze Leibeschitin sehr fein granuliert. Abdominalsegmente spärlich beborstet, nur Abdomen VI. mit etwas längeren, einfachen Borsten. Abdomen IV.—VI. ohne Bothriotrichen, ohne Appendices anales. Acht Ommatidien an einem schwarzen, gemeinsamen Augenfleck. Tracheen fehlen. Antennen fast zweimal so lang wie die Kopfdiagonale, zwischen dem dritten und vierten Gliede gekniet. Antenne IV. viel länger als Antenne III, es verhält sich Antenne I : II : III : IV = 4 : 6 : 9 : 18. Antenne IV. mit sieben secundären Ringeln. Alle Glieder spärlich beborstet, an jedem Ringel der Antenne IV. ein feiner Borstenkranz. Antennalorgan III. besteht aus zwei einfachen Sinnesstäbchen, die in der gewöhnlichen Vertiefung sitzen; beiderseits Schutzborsten. Sinnesgrube fehlt. Der Klauenbau ist möglichst einfach; die Klaue selbst ist schwach gekrümmt, ohne Lamellen, ohne Zähne, ohne Pseudonychien, ohne

seine unbrauchbaren Figuren 34, 36—39 durch andere, deutlichere gelegentlich ersetzen würde, denn es scheint mir nicht unwahrscheinlich, daß sich dadurch die Gattungsdiagnose von *Cyphoderus* wesentlich umändern wird und eventuell auch zum Einziehen der *Cyphoderini*-Gruppe führen kann.

[1]) Freilich so weit bis heutzutage bekannt. Vielleicht wird sich später zeigen, daß *Troglopedetes*, wie das größte Prozent der troglodytischen Bewohner auch in improvisierten Höhlen leben kann, aber auch dann bleibt es an der Seite von *Tritomurus, Megalothorax* als ein Dunkelwesen par excellence.

Tunica, genau in derselben Form wie bei den primitivsten Arthropleonen. Empodialanhang fehlt vollkommen. Tibiotarsus bei allen Fußextremitäten mit vier Keulenhaaren; dieselben sind etwas länger als die Klaue. Kein Tibialorgan. Ventraltubus gut entwickelt; Tubusschläuche lang und warzig. Furca verhältnismäßig kurz; Dentes nur wenig länger als das Manubrium. Mucrones wiederum sehr primitiv gebaut, etwa ein Fünftel der Denslänge, löffelförmig, mit drei Kanten, zwei dorsalen, einer ventralen. Keine Mucronalborste. An den Dentes sehen wir mehrere Reihen (je acht bis neun) von ganz einfachen, feinen, nicht gefiederten Borsten. Tenaculum gut entwickelt. Pars anterior viel größer als Pars interior, an der Spitze mit Borsten; Remi mit drei breiten Kerbzähnen.

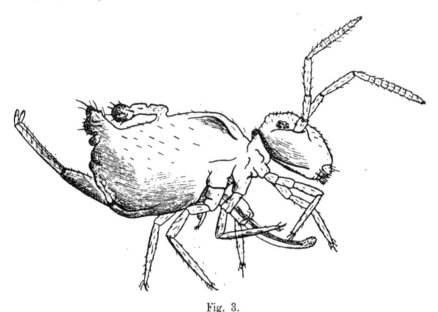

Fig. 3.

Corynephoria Jacobsoni nov. gen. nov. sp. ca. $^{60}/_1$.

Das Tier besitzt ein eigentümliches Rückenorgan, dessen Existenz bei den Collembolen einfach unerhört ist und auch eine befremdende Physiognomie des Tieres bewirkt; es stellt eine unpaare, gestielte Dorsalkeule vor. Extern beobachten wir eine Pseudoarticulation, zwei Einschnürungen, durch welche wir drei abgesonderte »Glieder«, einen Basalteil, einen Stiel und die eigentliche Keule unterscheiden können. An dieser fehlen Sinnesstäbchen so gut wie die Sinnesborsten, dafür sind steife, kurze Dornen vorhanden. Das Organ übergeht einfach, ohne Gelenkglied, in das umliegende Dorsalchitin und wird von dem Tiere (bei allen Hunderten conservierten Exemplaren) horizontal getragen. Es handelt sich um die Bestimmung der morphologischen Bedeutung dieses fraglichen Organes. An Schnitten untersucht, nehmen wir wahr, daß das Innere der Dorsalkeule von keinem Hohlraum eingenommen wird, sondern mit einem compacten Gewebe ausgefüllt ist; dieses zerfällt in zwei Zellenarten. Deutlich sieht man sehr große, bläschenförmige, großkernige Zellen mit blassem, fein granuliertem Protoplasma, die zweifellos Drüsen sind. Zwischen diesen zahlreichen Drüsenzellen finden sich zerstreute, langgestielte, faserförmige Zellen mit stäbchenförmigen Kernen, welche am Basalgliede des Stieles bündelförmig angeordnet angetroffen werden und in die Leibeshöhle übertreten, wo sie sich dorsalwärts oberhalb der Darmwand mit einem Lappen von großen Drüsenzellen in Verbindung setzen; diese sind mit denjenigen in der Dorsalkeule histologisch identisch. Nervenelemente konnte ich selbstverständlich ohne Spezialmethoden nicht wahrnehmen, aber sie sind höchst unwahrscheinlich. Muscelfasern fehlen ganz sicher. Vielleicht cann eventuell das ganze Organ nur durch den Druck der Leibessäfte erigiert werden, wobei vielleicht die Einkerbungen ausgeglichen werden, aber jede Muscelbewegung ist ausgeschlossen. Indem wir vorläufig weder die embryonale und postembryonale Entwicklung, noch die Bionomie des Fremdlings cennen, ist es also unmöglich über die morphologische und physiologische Bedeutung sich näher auszusprechen. Das einzige, denkbare Analogon bei den jetzt becannten Gebilden der Apterygoten sind die großen dorso-lateralen Papillen der alten Lubbockschen Gattung *Papirius*, »protubérances dorsales« Willem's,[1] aus welchen die Dorsalkeule durch Verschmelzung in der Mediane hervorgegangen sein dürfte. Sollte sich diese Annahme bestätigen, dann stellt die Dorsalkeule das Verschmelzungsprodukt dieser »protubérances« dar und cann auf ihre paarige Anlage zurückgeführt werden. Bei den Collembolen cennen wir doch die Tendenz zur Ausbildung von unpaarigen Organen mit symmetrisch bilateraler Anlage z. B. Sprungapparat, Ventraltubus. Die Dorsalkeule cann also ein Absonderungsorgan sein, eventuell Verteidigungs-, Duft-, Abschreckungsorgan u. s. w.

Farbe des Tierchens schmutzig gelb, bei jüngeren Individuen bis blaßgelb. Länge 0·8 — 1·2 mm. Für Kenntnisnahme des winzigen

---

[1] V. Willem. Recherches sur les Collemboles et les Thysanoures. »Mémoires couronnés et Mém. des sav. étrang. publ. par l' Acad. de Belgique«. T. LVIII. 1900. (p. 63 u. f.)

Ungetüms sind wir Herrn Edward Jacobson in Haag zum Danke verpflichtet. In einem unausgesuchten Arthropoden-Material, welches dieser Forscher von einem Grasfeld (Imperata und andere Grasarten) in Samarang auf Java geschleppt und mir zu Bearbeitung angeboten hatte, konnte ich mehr als 300 Exemplare aussuchen. Das Tier muß also auf Java zu den gewöhnlichsten Insekten gehören und massenhaft vorkommen.

Unsere Kenntnisse über die gewiß großartige Apterygotenfauna des indoaustralischen Archipels sind noch sehr mangelhaft. Seit dem Jahre 1889, wo J. T. Oudemans[1]) die Ausbeute der bekannten Max Weberschen Expedition beschrieb (17 Arten), lieferte neue Beiträge nur H. Schött,[2]) der die Sammlungen Karl Aurivillius's und Ludwig Biro's von Deutsch Neu-Guinea und den Sundainseln bearbeitete. (15 neue Formen). In der neuesten Zeit verdanken wir mehrere Arten der Sammeltätigkeit des verdienstvollen Direktors des Hamburger Museums Prof. K. Kraepelin, der 13 weitere Arten auf Java entdeckte; dieselben wurden vom Kollegen Börner[3]) in gewohnter vorzüglicher Weise beschrieben. Es bedeutet also die Entdeckung von *Corynephoria* eine willkommene Bereichung der indoaustralischen Apterygotenfauna; aber auch für das System der Springschwänze ist sie von Wichtigkeit.

Corynephoria läßt sich in keine Subfamilie des von Börner aufgebauten Sminthuridae-Systems einreihen. Die warzigen Wände der Ventralsäcke stellen ihn zur Unterfamilie Sminthurinae und Dicyrtominae, zu den ersteren weiter die Beschaffenheit der Antennen, des Corpus tenaculi, zu den letzteren aber fehlende Tracheen, granuliertes Integument. Von beiden ist die Form ganz unterschieden durch die Anwesenheit des eigentümlichen externen und internen Drüsenapparates, vollkommene Abwesenheit der Bothriotrichen und alle primitive Charaktere seiner ganzen Organisation, von dem Klauenbaue namentlich nicht abgesehen. *Corynephoria* stellt gewiß kein Verbindungsglied der Sminthurinen und Dicyrtominen dar, sondern

---

[1]) M. Weber. Zoologische Ergebnisse einer Reise in Niederländisch-Ostindien. Leiden. 1880. p. 73 u. f. J. T. Oudemans. Apterygoten des Indischen Archipels.

[2]) H. Schött. Zwei neue Collembola aus dem indischen Archipel. »Entomologisk Tidskrift« Arg. 14. 1893. p. 171 u. f. — Derselbe. Apterygota von Neu-Guinea und den Sunda-Inseln »Természetrajzi füzetek« XXIV. p. 317 u. f.

[3]) C. Börner. Das System der Collembolen nebst Beschreibung neuer Collembolen des Hamburger Naturhistorischen Museums. »Mitt. a. d. naturh. Museum« XXIII. p. 147 u. f.

eine selbständige, archaistische, sehr differenzierte Form eines fauni-
stisch (collembologisch) wenig bekannten Faunengebietes.

Seine Gattungsdiagnose, die vorläufig — sobald nicht eventuell noch weitere verwandte Formen entdeckt werden — auch für die
Subfamiliendiagnose giltig ist, möchte ich in diesen Charakteren zu-
sammenfassen: Ventralsäcke warzig. Keine deutliche thoracale oder
abdominale Segmentierung. Bothriotrichen und Appendices anales
fehlen. Antennen viergliedrig, zwischen dem dritten und vierten
Gliede gekniet; Antenne IV. sekundär geringelt. Keine Tracheen.
Klaue primitiv. Empodialanhang fehlt. Integument granuliert. Besonderer Drüsenapparat, extern durch eine gestielte, pseudoarticulierte
Keule, intern durch einen großen, supramesenteronalen Drüsenlappen
gekennzeichnet.

Nachträglich erlaube ich mir zu bemerken, daß es mir gelungen war, in der bekannten mährischen Höhle Býči-Skála (welt-
berühmt durch den großartigen archaeologischen Fund Wankels:
praehistorische Opferstätte aus der Hallstattperiode), unter faulem
Laube und nassen Brettern eine interessante Gesellschaft von Dunkel-
tieren zu finden, darunter *Megalothorax minimus* Willem, *Smin-*
thurinus pygmaeus Wankel (=*binoculatus* Börner), *Schäfferia*
emucronata Absolon, *Isotoma decemoculata* Absolon, *Isotomodes*
diplopthalmus nov. sp. u. a. (Typen von allen diesen und anderen
in dem Höhlen-System des Jedovnicer und Hostěnicer Baches gefundenen Tieren habe ich dem Fürst Liechtensteinschen, von Ober-
forstrat Wiehl begründeten, Museum in Aussee einverleibt.)

Namentlich das Vorkommen der letztgenannten Art in Mähren
ist bemerkenswert. Walter M. Axelson[1]) hat, wie bekannt, im Jahre
1903 eine interessante Art, *Isotoma elongata*, aus dem Kirchspiele
Joutseno in Finland beschrieben, die durch manubriale Haken gleich
auffallend war. Da der Speciesname *elongata* schon im Jahre 1896
von dem leider früh verstorbenen Alex. D. Mac Gilivray[2]) für
eine nordamerikanische *Isotoma* praeoccupiert war, taufte Axelson[3])
elongata in *producta* um und schuf etwas später für das Tierchen

---

[1]) W. M. Axelson. Weitere Diagnosen über neue Collembolen-Formen
aus Finland. Acta Soc. pro Fauna et Flora Fennica. Bd. 25. Nr. 7.

[2]) A. D. Mac Gilivray. The American species of Isotoma »The Canadian
Entomologist« Vol. XXVIII. Nr. 2 p. 47 u. f.

[3]) W. M. Axelson. Beitrag zur Kenntnis der Collembolenfauna in der
Umgebung Revals. »Acta Soc. pro F. et Fl. F.« Bd. 28. Nr. 2.

eine neue Gattung *Isotomodes*.[1]) Die in Býči-Skála gefundenen Individuen sind ohne Zweifel in die Gattung *Isotomodes* einzureihen, weil durch die basalen Haren am Manubrium gleich gerennzeichnet: sie unterscheiden sich aber unter anderem durch Anwesenheit von 2 + 2 Ommatidien und blaue Pigmentierung an allen Körpersegmenten und sind deswegen als besondere Art gut motiviert.

[1]) W. M. (Axelson) Linnaniemi. Die Apterygotenfauna Finlands. Helsingfors 1907.

Übersicht der Anillocharis-Arten.

(Col. Silphidae.)

Von **Edm. Reitter** in Paskau (Mähren).

(Körper hell bräunlichrot, Fühler, Palpen und Beine heller gelb.)

1″ Flügeldecken mit dichter, feiner, doppelter Behaarung: einer anliegenden und einer mehr gehobenen, raum längeren, fast in Längsreihen stehender Behaarung. Arten aus der Herzegowina.

2″ Etwas größer; lang oval,, beim ♀ beträchtlich breiter, Fühler beim ♂ länger, beim ♀ rürzer, Glied 8 jedoch immer (beim ♂ deutlich, beim ♀ uudeutlicher) länger als breit. Die hinteren vier Tarsen viel rürzer als die Schienen. Halsschild an den Seiten von der Mitte zur Basis undeutlich ausgeschweift, fast gerade; Flügeldecken lang eiförmig, vor der Mitte am breitesten, beim ♂ schmäler, beim ♀ breiter. Long. 3 mm. — Grotte von Lebršnik im montenegrinischen Grenzgebiete der Herzegowina. W. 1903, 231. **Ottonis** Reitt.

2′ Kleiner und schmäler; sehr lang oval, beim ♀ aber dennoch breiter, beim ♂ fast parallel, außerordentlich fein punrtiert und sehr fein gelblich, doppelt behaart. Fühler rürzer als bei der vorigen Art, beim ♂ wenig länger und schlanrer als beim ♀, Glied 8 rurz, beim ♀ so lang als breit, beim ♂ raum länger, Glied 9 und 10 beim ♀ raum länger als breit. Die hinteren vier Tarsen beim ♂ wenig rürzer als die Schienen. Mittelschienen schwächer gebogen. Halsschild hoch, die Seiten von der Mitte zur Basis deutlich ausgeschweift, die Seiten in der Mitte beim ♀ wenig, beim ♂ stär\'er \'ortretend und hier beim ♂ fast stär\'er nach außen gerüc\'t als die Hinterwin\'el. Flügeldec\'en lang und flach o\'al, beim ♀ deutlicher o\'al; in beiden Geschlechtern in der Mitte am breitesten. Das ♂ ist auffallend schmal und zart, das ♀ ist etwas breiter o\'al, es hat \'iel Ähnlich\'eit mit dem ♂ der \'origen Art, bis auf die angegebenen Differenzen. Long. 2·5 mm. — Stammt aus dem gleichen Grotten-gebiete. Von Herrn Otto Leonhard eingesandt.

Platonia n. sp.

1′ Flügeldecken mit dichter und feiner, einfacher, anliegender, gleich-mäßiger Behaarung. Long. 2·8 mm. — Grotte der Berg\'ette »Orlovo brdo« in Montenegro. -- W. 1906, 151.

stenoptera Formán.

LITERATUR.

Diptera.

Villeneuve, J. Contribution au catalogue des diptères de France. (La feuille des Jeunes Naturalistes IV. Série, 1904: No. 400, 404, 406; 1905: No. 412; 1906: No. 427).

Der Herr Verfasser begann diese Beiträge bereits im Jahre 1903 mit den *Syrphiden* und läßt in den oben \'erzeichneten Nummern die *Bombyliiden*, *Asi-liden*, *Thereviden*, *Tabaniden*, *Xylophagiden*, *Leptiden*, *Scenopiniden* und *Stra-tiomyiden* folgen.

Als neue Arten werden beschrieben: *Ploas alpicola* (No. 400) p. 73), *Dysmachus harpax* (No. 404 p. 173), *Leptis sordidipennis* (No. 427 p. 110).

Die bei den *Bombyliiden* gemachten Angaben über die Lebensweise der Larven möchte ich mit der Bemerkung ergänzen, daß einige Formen (*Mulio, Systoechus, Triodites*) auch bei *Orthopteren* und sogar (*Hemipenthes morio*) als sekundäre Parasiten bei Dipteren (*Platychira rudis*) beobachtet wurden.

— — Coup d'oeil sur la faune diptérologique des Alpes Françaises. (Annales de l' Université de Grenoble, Tome XVII, No. 1, 1905).

Der erste Teil der Arbeit (»Autour de Grenoble«) gibt in Tagebuchform eine Aufzählung der während einer zehntägigen Sammeltour erbeuteten Dipteren. Neue Arten werden nicht beschrieben. Der zweite Teil (»Liste des Diptères recueillis au Col du Lautaret, Hautes-Alpes«) enthält in systematischer Reihen-folge die Namen von 124 Arten, unter denen eine ganze Anzahl als neu oder dem Verfasser unbekannt mit Fragezeichen \'ersehen sind. Es wurden meist größere und auffallendere Arten gesammelt, *Tipuliden, Mycetophiliden* u. s. w., die gewiß in jener Gegend eigentümliche Vertreter haben, fehlen ganz. Die unter Nr. 44 bis 48 und 54 erwähnten Formen (*Araba, Miltogramma, Metopia, Ma-cronychia*) müssen im System in der Nähe von *Sarcophaga* stehen!

Eyssel, A. Beiträge zur Biologie der Stechmücken. (Archiv f. Schiff-
und Tropen-Hygiene 1907 pg. 197—211.)

Der durch seine verdienstvollen Beiträge zur Biologie unserer Stechmücken
bekannte Verfasser, stellt in obigem Beitrage wiederum fest, daß die Eier der
meisten Stechmückenarten der nördlich gemäßigten und kalten Zone überwintern.
Nur *Culex pipiens* und *annulatus* (die allein nur Eierkähnchen bauen, während
die übrigen deutschen Arten wie die Aëdinen einzelne Eier absetzen), sowie *Anopheles maculipennis*, überwintern als befruchtete Weibchen der letzten Generation,
um im Frühling des nächsten Jahres Eier zu legen, während die übrigen Arten
nach der Eierablage im Herbste eingehen. Bei *Anopheles bifurcatus*
wurde ausnahmsweise ein Überwintern der Larven festgestellt. »Mehrere Gene-
rationen in einem Jahre vermögen nur die im Imaginal-Zustande überwinternden
Stechmücken hervorzubringen«.

Durch zahlreiche interessante Versuche kommt Verfasser zu dem Resultate,
daß Stechmückenpuppen der Wirkung des in die Atmungsorgane eindringenden
Petroleums und ähnlicher Stoffe rascher erliegen als die Larven, während umgekehrt bei Anwendung vergifteten Wassers (mit Saprol, Carbol, Formalin) die
Puppen die Larven bedeutend länger überleben.

Hesse, E. Lucilia in Bufo vulgaris Laur. schmarotzend (Biolog.
Centralblatt XXVI, Nr. 19; 1906, pg. 633—640. Mit Tafel.)

Es handelt sich hier um die Calliphorine *Lucilia splendida* Mg. Z., welche
Verfasser dem Unterzeichneten zur Bestimmung übersandt hatte. In drei Fällen
wurden in der Umgegend von Leipzig im Juni Kröten gefunden, die mit Eiern
bezw. Larven dieser Art besetzt waren. Im ersten Falle saßen die Eier (etwa
ein Dutzend) an der Parotisdrüsenwulst, kamen jedoch nicht zur Entwicklung,
da sie wahrscheinlich mit der Haut von der bald darauf in der Gefangenschaft
sich häutenden Kröte verschluckt wurden. Im zweiten und dritten Falle war
die Kröte mit Larven besetzt, die sich in Fraßstellen entweder zwischen Augen
und Nasenlöchern oder in den Nasenlöchern selbst vorfanden. Die Wirtstiere
gingen in den beiden letzten Fällen zu Grunde infolge der Zerstörungen, welche
die Larven anrichteten.

Ich halte die von Moniez beschriebene *Lucila bufonivora* (Bullet. scient.
hist. et litt. Lille 1871, pg. 25—27) für identisch mit *L. splendida* Mg. Z.

Kertész, K. Die Dipteren-Gattung Evaza Wlk. (Annal. Mus. Nation.
Hungarici IV, 1906, pg. 276—292; Mit Tafel V.)

In bekannter Gründlichkeit werden vom Verfasser zehn Arten dieser Gattung
auseinandergesetzt, die alle der orientalischen und australischen Region angehören.
Als neue Art wird *E. indica* ♂♀ aus Bombay (290) beschrieben. Auf pag. 279
bis 280 und der beigegebenen Tafel hat der Unterzeichnete auf Anregung des
Verfassers den Charakter des Flügelgeäders der Notacanthen erläutert.

— — Eine neue Gattung der Heteroneuriden. (Ibid. pg. 320—322.)

Betrifft *Allometopon* (nov. gen.) mit der Art *fumipenne* (nov. spec.) aus
Neu-Guinea.

Riedel, M. P. Über Blüten besuchende Zweiflügler. (Zeitschrift f. wissenschaftl. Insektenbiologie 1905, pg. 102—104.)

Das Beobachtungsgebiet erstreckt sich nur auf einen kleinen Raum zwischen Dünen und Wiesen längs der Ostsee bei Rügenwalde. Dennoch sind die Beobachtungen des Verfassers von großem Werte für die Biologie gewisser Arten, abgesehen davon, daß solche Hinweise den Sammlern von großem Nutzen sind, denn gewisse sogenannte seltene Arten erscheinen nur an den Standorten und zur Blütezeit bestimmter Pflanzen in größerer Individuenzahl.

Rübsaamen, Ew. H. Chironomidae, erbeutet von der Belgischen Süd-Polar-Expedition 1897—1899. (Résultats du voyage du S. Y. Belgica en 1897—1899. Rapports scientifiques, Zoologie, Diptères. Chironomidae pg. 75—85, Pl. IV, V. Auvers 1906.)

Nach Wiedergabe der von Jacobs schon früher (Ann. Soc. ent. Belg. 1900, pg. 106) veröffentlichten Beschreibung zweier eigentümlicher Dipteren mit verkümmerten Flügeln, *Belgica antarctica* Jac. und *magellanica* Jac., wird vom Verfasser eine sehr eingehende Beschreibung der Imago und der angeblich zugehörigen Larve der ersten Art gegeben. Für die zweite Art wird die neue Gattung *Jacobsiella* aufgestellt (83). — Die beiden Tafeln geben die beiden Mücken und Chironomiden-Larve in 19 Figuren in meisterhafter Darstellung.

Speiser, P. Über die systematische Stellung der Dipterenfamilie Termitomastidae. (Zoolog. Anzeiger XXX, 1906, pg. 716—718.)

Nach dem Flügelgeäder und der Bildung der Augen und männlichen Genitalien gehört die von N. Holmgren (Zool. Anz. 1905) beschriebene Gattung *Termitadelphus* nicht zu den *Termitomastiden*, sondern zu den *Psychodiden* in die Nähe von *Psychoda* Latr. Zu derselben Familie gehört die an gleicher Stelle beschriebene Gattung *Termitodipteron* Holmg., die sich besonders durch stark reduzierte Flügel auszeichnet; der Verfasser stellt für sie die Unterfamilie *Termitodipterinae* auf. — Für die nächsten Verwandten des *Termitomastus leptoproctus* Scw. hält der Verfasser die *Sciariden*. Hier steht die Form am besten als Unterfamilie. *E. Girschner.*

Zur Inhaltsangabe und Besprechung nicht eingesandte dipterologische Publikationen (Fortsetzung):

115. Wimmer, A. Dipterol. Studien (Metam. 1. Mochlonyx velutinus; Anatomie d. Rüssels d. Zweiflügler) (Bull. intern. Acad. Prag 04.) — 116. Theobald, F. V. A Catalogue of the Culicidae in the Hungarian National-Museum with descript. of new gen. et spec. (Ann. Histor.-nat. Musei Nation. Hungar. Vol. III. Budap. 1905.) — 117. Meunier, F. Monogr. des Psychodidae de l'ambre de la Baltique (cfr. 116.) — 118. Brues, Ch. T. A collection of Phoridae from the Indo-Austral. Region (cfr. 116) — 120. Meunier, F. Sur quelques Diptères et un Hymenopt. du copal récent de Madagaskar (Miscellanea Entom. No. 7. Narbonne 1905). — 121. Noel, P. La mouche de Goloubats (Le Naturalist. No. 451. Paris 1905). — 122. Meunier, F. Nouvelles recherches sur quelques Diptères et Hymenopt. du copal fossile »dit de Zanzibar«. (Rev. Scient. Bourb. et du Centre de la France Trim. 4. Moulins 1905). — 123. Houard. C. Les Galles de l' Afrique Occid. Française II. (Marcellia Vol. 4. Avellino 1905). — 124.

Patton, W. S. The Culicid Fauna of the Aden Hinterland. (Journ. of the Bombay Nat. Hist. Soc. Vol. 16. Bombay 1905). — 125. Dönitz. Über neue afrikan. Fliege, parasit. in d. Haut v. Ratten (*Cordylobia murium*) (Sitzgsber. naturf. Freunde, Berlin 1905). — 126. Malloch, J. R. Diptera in Dumbartonshire in 1905 (Entom. Monthly Magaz. No. 194. London 1906). — 127. Daecke, E. On the Eye-Coloration of the Genus Chrysops (Ent. News. Vol. 17. Philadelphia 1906). — 128. Coquillett, D. W. A new Tabanus related to punctifer (cfr. No. 127). — 129. Wellmann F. C. Observations on the Bionomics of Auchmeromyia luteola F. (cfr. 127). — 130. Burgess, A. F. A preliminary report on the Mosquitoes of Ohio (The Ohio Naturalist Vol. VI. Columbus 1906). — 131. Navarre, P. J. Les Insectes inoculateurs de maladies infectieuses. (Lyon 1905). — 132. Becker, Th. Ergebnisse meiner dipterol. Frühjahrsreise nach Algier und Tunis (Zeitschrift f. Hymen. und Dipt. Jahrg. 6. Teschendorf 1906). — 133. Herrmann, F. Beiträge zur Kenntnis der Asiliden II. (cfr. Nr. 132). — 134. Künckel d' Herculais, J. Les Lepidopterès limacodides et leurs Diptères parasites (*Systropus*) (Bullet. Scient. de la France et de la Belgique. T. 39. Paris 1905). — 135. Johnson, C. W. Notes on some Dipterous Larvae (Psyche Vol. 13. Cambridge 1906). — 136. Coquillett, D. W. The Linnaean Genera of Diptera (Proc. Entom. Soc. of Washington Vol. 7. Washington 1905). — 137. Derselbe: Five new Culicidae from the West Indies (Canad. Entomol. Vol. 38. London 1906). — 138. Lécaillon, A. Sur la ponte des oeufs et la vie larvaire des Tabanides (Ann. Soc. Ent. France Vol. 74. Paris 1905). — 139. Coquillett D. W. New Culicidae from the West Indies and Central America (Proc. of the Ent. Soc. of Washington. Vol. 7. Washington 1905). — 140. Dyar, H. G. On the classification of the Culicidae (cfr. No. 139). — 141. Baker, C. F. Reports on Californ. aud Nevad. Diptera T. Two new Siphonaptera. (Habana 1904.) — 142. De Meijere, J. C. H. Über zwei neue holländ. Cecidomyiden (Tijdschr. v. Entomol. Deel 49. s' Gravenhage 1906). — 143. Kieffer, J. J. Eine neue Weidengallmücke (Entom. Meddel. II. Kjöbenhaven 1906.) — 144. Wingate, A. New Spec. of Phora and four others new to the British list (Ent. Monthly Magaz. No. 197 London 1906). — 145. Meunier, F. Un nouveau Genre de Psychodidae et une nouv. aspèce de Dactylolabis de l'ambre. (Le Naturaliste No. 459. Paris 1906.) — 146. Tavares, J. S. Descr. de una Cecidomyia nova do Brazil. (Broteria, Vol. 5. Lisboa 1906). — 147. Blaisdell, F. E. The larva of Culex varipalpus Coq. (Entom. News. Vol. 17. Philad. 1906. *E. Girschner.*

Lundström, Carl. Beiträge zur Kenntnis der Dipteren Finlands L Mycetophilidae. (Acta Soc. pro Fauna et Fl. fennica. XXIX. No. 1. 50 pg. mit 4 Tafeln. Helsingfors 1907).

Prof. Lundström führt aus Finland 159 Arten dieser Familie an. Nahezu ein Drittteil aller aufgezählten Arten wurde auf einer sehr beschränkten Lokalität, in einer von Tannen tief beschatteten Grube am Fuße eines Berges nahe der Sommerwohnung des Verfassers, gefunden. Zu vielen bekannten Arten werden deskriptive Bemerkungen gemacht und die generische Stellung mehrerer von Zetterstedt beschriebener, in der Gattung *Mycetophila* aufmagazinierter Arten wird festgestellt. Folgende Arten sind neu: Macrocera nigropicea, Hadroneura (n. g.) *Palmeni, Boletina Sahlbergi* und *Reuteri, Rhymosia mediastinalis, Trichonta spinosa, nigricauda* und *brevicauda, Phronia Dziedzickii, Zygomyia fasciipennis, Mycetophila Zetterstedti, flavoscutellata* und *lapponica.* Die Beschreibungen sind vorzüglich und die Literatur sehr gewissenhaft berücksichtigt. Von den neuen Arten und von mehreren anderen werden die Hypopygien abgebildet, von einigen auch die Flügel. Die Hypopygien-Abbildungen wurden nach trockenen Exemplaren gezeichnet, nur bei den Gattungen *Mycothera, Mycetophila* und *Phronia* fand Verfasser es notwendig die Hypopygien nach der Methode Dziedzickis herauszupräparieren.

·— — Beiträge zur Kenntnis der Dipteren Finlands II. Tipulidae. (Tipulidae longipalpi Ost.-Sack.). (Acta Soc. pro Fauna et Fl. fenn. XXIX. No. 2. 27 pg. mit 3 Tafeln. Helsingfors 1907.)

Es werden 65 Arten verzeichnet (*Xiphura ruficornis* Meig. wird durch ein Versehen als selbständige Art aufgeführt), darunter folgende neue: *Ctenophora nigricoxa, Tipula bistilata, subexcisa, cinereocincta, trispinosa* und *tumidicornis.* Die neuen *Tipula*-Arten stammen alle aus Lappland oder Nord-Finland. Sehr merkwürdig sind die weiblichen Genitalien bei *T. trispinosa* und die Fühler bei *T. tumidicornis* gebildet. Die neue *Ctenophora* ist eine der interessantesten Tipuliden Europas. Sie hat alle wichtigeren Charaktere, namentlich den Bau der Fühler und das fehlende Adminiculum des Hypopygiums, gemeinsam mit der Gattung *Pselliophora*, welche von Osten Sacken auf einige in Süd-Asien und auf den malayischen Inseln lebende, früher zu *Ctenophora* gerechnete Arten gegründet wurde. Es kann jedoch nicht eine zufällig verschleppte Art sein, denn es wurden mehrere, sowohl Puppen als Imagines beider Geschlechter, in Mittel-Finland gefunden und die Art kommt auch in Schwedisch-Lappland vor, von wo sie Zetterstedt als *Ct. pectinicornis* L. var. b beschrieb. Die Art muß wohl als eine relikte Form aufgefaßt werden. Zahlreiche Hypopygien etc. werden auf den Tafeln abgebildet.   *E. Bergroth.*

Notiz.

† August Schultze, Oberst a. D., der bekannte Kenner der Ceuthorrhynchiden, der in dem letzten Decennium zahlreiche Arten aus dieser Rüßlergruppe beschrieb, verschied den 6. September d. J. in München. Leider hat er seine Absicht, eine Tabelle der Ceuthorrhynchiden zu verfassen, nicht mehr realisieren können.

Corrigenda.

Seite 247, Zeile 4 von oben lies *aucun auteur* statt *ancun anteur.*
- 250, » 3 » » » *flavipalpis* statt *flavidalpis.*
- 263, 9 unten lies *nemorum* statt *memorum.*
- 295, » 14 » oben lies XCIX statt CXX.
- 304, » 11 » » transversis statt transveris.
- 309. » 8 » » jedes Insekt, statt jedes erwähnte Insekt.

Druck von Hofer & Benisch, Wr.-Neustadt.

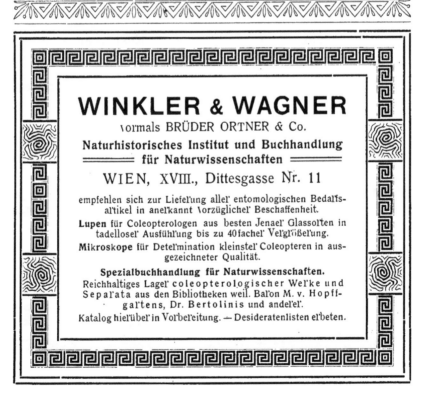